ネイチャーガイド・シリーズ
# 恒星と惑星

化学同人

ネイチャーガイド・シリーズ

# 恒星と惑星

監修／アンドリュー・K・ジョンストン
文／ロバート・ディンウィディ, ウィル・ゲイター
　　ガイルズ・スパロウ, キャロル・ストット
訳／後藤　真理子

化学同人

A DORLING KINDERSLEY BOOK
www.dk.com

Nature Guide　Stars and Planets
Copyright © Dorling Kindersley Limited, 2012

Japanese translation rights arranged with
Dorling Kindersley Limited, London
through Tuttle-Mori Agency, Inc., Tokyo
For sale in Japanese territory only.

ネイチャーガイド・シリーズ
恒星と惑星
2014年8月1日　第1刷発行

監　修　アンドリュー・K・ジョンストン
　文　　ロバート・ディンウィディ,
　　　　ウィル・ゲイター,
　　　　ガイルズ・スパロウ,
　　　　キャロル・ストット
　訳　者　後藤真理子
　発行人　曽根良介
　発行所　株式会社化学同人

〒600-8074　京都市下京区仏光寺通柳馬場西入ル
TEL：075-352-3373　FAX：075-351-8301

装　丁　岡崎健二
本文DTP　悠朋舎

**JCOPY**〈(社)出版者著作権管理機構委託出版物〉
本書の無断複写は著作権法上での例外を除き禁じられています．複写される場合は，そのつど事前に，(社)出版者著作権管理機構（電話 03-3513-6969, FAX 03-3513-6979, email : info@jcopy.or.jp）の許諾を得てください．

無断転載・複製を禁ず

Printed and bound in China by Leo Paper Products

© M. Goto 2014
ISBN978-4-7598-1551-1

乱丁・落丁本は送料小社負担にて
お取りかえいたします．

ハーフタイトルページ画像：皆既日食
タイトルページ画像：オリオン大星雲

# 目 次

## 夜 空
- 宇宙って何？ 8
- 空にあるものたち 10
- 天球という考え方 16
- 星つなぎと星座 18
- 季節と黄道星座 20
- 天の動き 22
- 天体の命名法 24
- 天体の距離と明るさ 26

## 観測器具と技術
- 観測の基本 30
- いつどこで観測するか 32
- 方位と位置測定法 34
- 双眼鏡の種類 36
- 双眼鏡を使う 38
- 望遠鏡の種類 40
- 望遠鏡の架台 42
- 望遠鏡の性能 44
- 望遠鏡の設定 46
- 望遠鏡の極軸合せ 48
- GO-TO 望遠鏡 50
- 望遠鏡観測 52
- 写真観測 54
- 観測記録をつける 58

## 太陽系
- 太陽と惑星たち 62
- 惑星観測 64
- 太 陽 66
- 月 72
- 食 82
- 水 星 86
- 金 星 88
- 火 星 90
- 木 星 94
- 土 星 98
- 天王星 102
- 海王星 104
- 準惑星とカイパーベルト天体 106
- 彗 星 108
- 流 星 112
- 小惑星 114
- オーロラ 118
- 気象現象 120

## 恒星とその向こう
- 恒星って何？ 124
- 重星、変光星、近傍星 126
- 星 雲 128
- 天体の変わり種 132
- 星 団 134
- 天の川銀河 138
- 銀 河 142
- 銀河団 146
- 宇宙をつかむ 148

## 毎月の観測ガイド
- この章の使い方 152
- 1月の空 154
- 2月の空 160
- 3月の空 166
- 4月の空 172
- 5月の空 178
- 6月の空 184
- 7月の空 190
- 8月の空 196
- 9月の空 202
- 10月の空 208
- 11月の空 214
- 12月の空 220

## 88星座
- この章の使い方 228
- 星 座 229

- データ集 328
- 用語解説 338
- 索 引 342
- 謝 辞 350

---

### 記 号
- ▣ 太陽からの平均距離
- ◉ 公転周期
- ⟳ 自転周期
- ⊖ 赤道直径
- ● 衛星の数
- ✳ 極大等級
- ᠁ 星座の広さランキング（1〜88）
- ↔ 腕を一杯に伸ばした手ではかる横幅
- ↕ 腕を一杯に伸ばした手ではかる縦幅
- ✧ 一番明るい恒星（単位：等）
- ↰ 午後10時にこの星座が天頂に来る時期

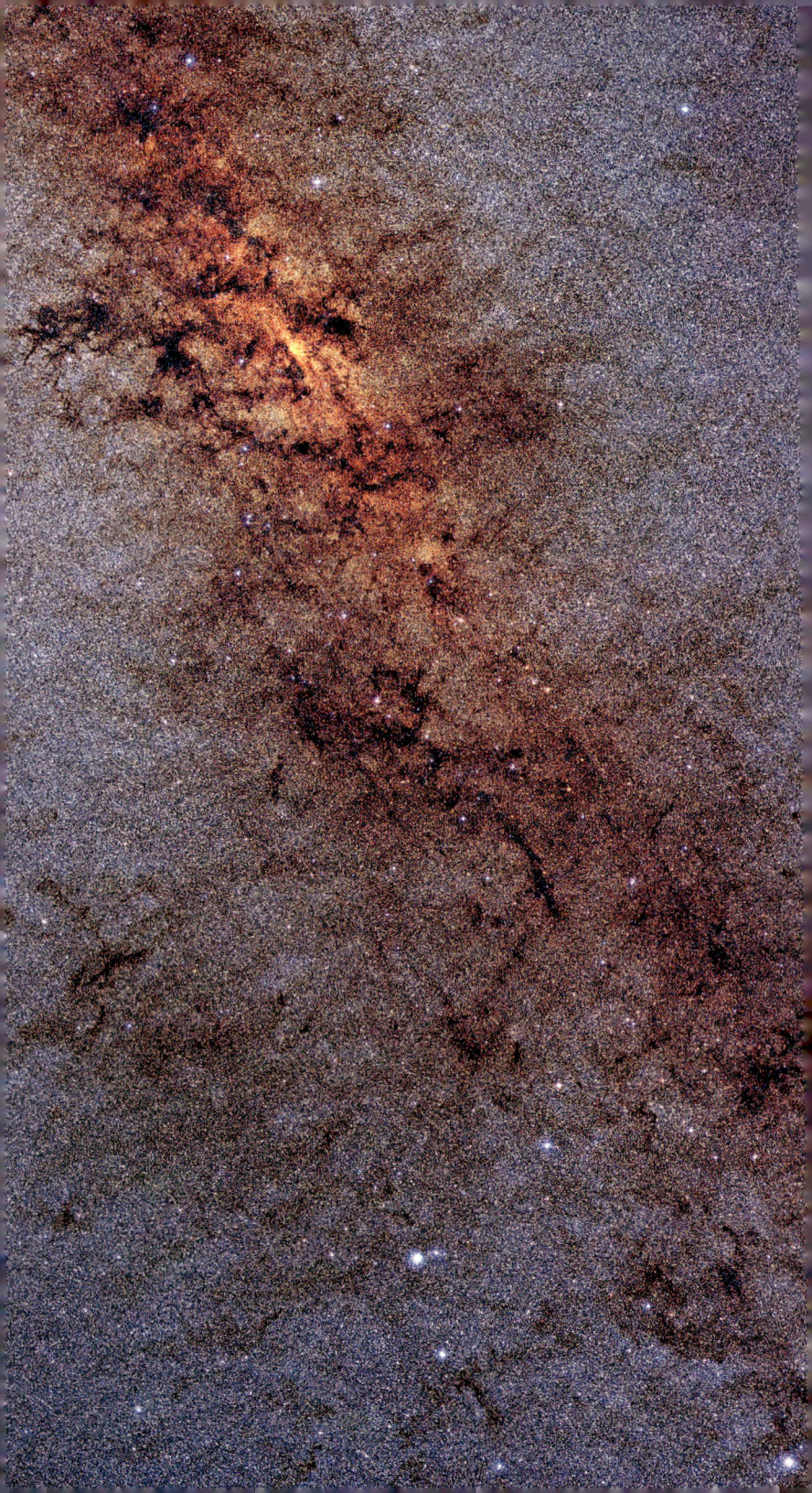

# 夜 空

**恒星、星間ガス**、そして**星間塵**：天の川銀河の中心付近

# 宇宙って何？

宇宙とは、存在するすべて（空間、時間、エネルギー、そして物質）、それも最大の銀河団から最小の素粒子まですべてだ。宇宙はできてからずっと膨張し続けている。そして地球からは全部を見ることはけっしてできない。

## 大きさと構造

宇宙の大きさは不明だ（無限かもしれない）が、私たちが観測できる範囲は有限である（右ページ）。宇宙で目に見える物質は、数億光年規模の銀河団の紐構造として凝集し、それらは「空隙」と呼ばれる空っぽな空間で隔てられている（1 光年は 9 兆 4600 億km）。銀河団はたくさんの独立した銀河からなり、個々の銀河には数十億個もの恒星、惑星や彗星のような低温の天体、大量のガスと塵、そして物質がきわめて濃縮したブラックホールが含まれる。

**超銀河団**
銀河が集まって銀河団となり、銀河団が集まって超銀河団となる。

**オールトの雲**
太陽系の果てを区切る巨大な球で、凍った彗星を 1 兆個以上含む。

**天の川銀河（銀河系）**
太陽は、天の川銀河の 2000 億〜4000 億個の恒星のなかで唯一の存在である。

**太陽系**
私たちの太陽系には、太陽を中心に公転する惑星がいくつもある。

**地球**
地球は、太陽系にある四つの岩石質の惑星のひとつだ。

## 宇宙の規模

宇宙は計り知れないほど大きいが、その規模を知るには、ひとつの惑星から始めて、太陽系、天の川銀河、そしてもっと広い範囲まで、段階的に理解するのもひとつの方法だ。

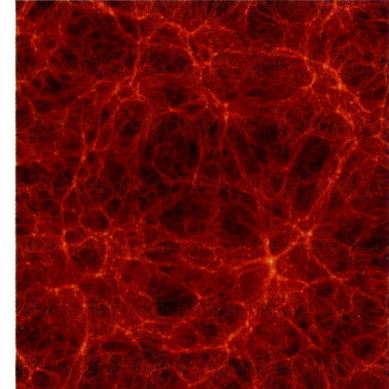

**繊維構造と空隙**
超銀河団は繊維構造と空隙の巨大な網目を形成する。これらの構造は、宇宙が生まれた直後の状態を残していると考えられている。

## 宇宙の起源

遠くの銀河から来る放射により、それらが地球から遠ざかっていることがわかる。1920年代に、遠い銀河ほど速く地球から後退している事実が発見された。これを論理的に説明づけるには、宇宙は膨張し続けていなければならない。

　現在、宇宙は137億年前、きわめて熱い微小な状態（ビッグバンと呼ばれる）で生まれたと信じられている。以来宇宙は全体が膨張し続けており、空間の中で膨張が起きているのではない。宇宙にははっきりした「境界」はないのだ。

## 観測可能な宇宙

宇宙は無限かもしれないが、実際に観測できる範囲と、その中にあるすべては有限であり測定できる。つまりそれは、ビッグバン以来光が地球に到達できた範囲で、これを「観測可能な宇宙」と呼び、地球を中心に半径900億光年を超える巨大な球になる。観測可能な宇宙の際から出発した光は、132億年かかって地球に届く。したがって私たちは、それらの銀河が、数億歳にもならない頃の非常に若い姿を見ることになるのだ。もっと遠くの銀河はけっして観測できそうにないが、それは宇宙が膨張しているためにそれらの銀河が、光よりも速く地球から遠ざかっているからである。

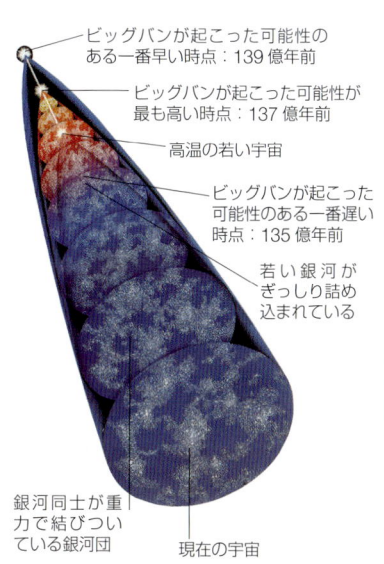

**膨張する宇宙**
ビッグバン以来、宇宙は膨張を続けている。ほぼ同じ時間、最初は非常に高温だった宇宙は冷め続けている。

### 重なり合う観測可能な宇宙

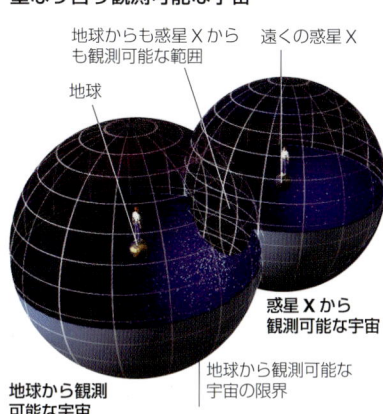

地球から観測できる宇宙は、よその遠い惑星から観測できる宇宙と異なる。この図で二つの「観測可能な宇宙」は重なっているが、まったく重なっていない可能性もある。

## 物質とエネルギー

宇宙は物質とエネルギーからなる。その二つは互いに変換できるため、両方を合わせて物質-エネルギーと総称する。宇宙には通常の物質（原子からなり、惑星、恒星、銀河をつくる）に加えて、ダークマター（「ダーク（dark　暗い）」とつくのは光を出さないため）や、ダークエネルギー（性質不明）が含まれる。

- 原子に基づく目に見える、恒星のようなふつうの物質：0.5%
- ダークマター（検出困難で原子に基づかない）：23.3%
- ダークエネルギー：72.1%
- 他の目に見えないふつうの物質：4.1%
- 光のような放射エネルギー：0.005%

# 空にあるものたち

空に見える天体はさまざまだ。星（恒星）と月と惑星が目立つが、他の種類もある。肉眼でぼやけた光のように見えるものもあるし、双眼鏡や望遠鏡を使わないと見えないものもある。

## 恒星

夜空で断然数が多い恒星は、高温のプラズマ（電離ガス）からなる遠くの球であり、中心で核融合反応によりエネルギーを生成する。恒星はガスと塵の塊が凝縮して生まれるが、複数個がいっしょに形成されることもある。恒星の大きさ、色、明るさは多種多様で、おそらく寿命もそうである（p.124～125）。ハッブル宇宙望遠鏡は、太陽と近傍星以外では、大型の恒星ばかり撮影してきたが、それらの恒星は拡大率を上げても、針で突いたほどの光にしか見えない。

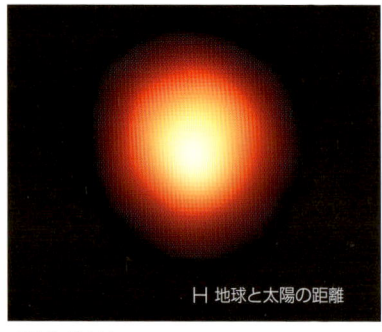

H 地球と太陽の距離

**ベテルギウス**
この赤色超巨星は十分大きくて近いので、ハッブル宇宙望遠鏡で撮影すると円盤状に見える。

**さまざまな恒星**
ハッブル宇宙望遠鏡で見た、いて座の一部。恒星にはいろいろな色があるし、大きさと明るさの幅も広いことがわかる。

## 太陽

昼には星が一つ見える。それこそが私たちの母星、太陽（p.66～71）だ。太陽は46億歳で、中くらいの大きさの黄色い恒星である。太陽系で最大であり、太陽系全質量の99.86%を占める。太陽を観測（安全のため適切な方法で行うこと！）して見えるのは、光を放射する光球と呼ばれる厚さ数十～数百kmの特定の層だ。輝く光球の温度はおよそ5500℃である。その外には、皆既日食の間しか見えない太陽大気の層（コロナ）がある。

**私たちの星**
太陽は他のどの天体より数万倍も明るく輝いている。

# 空にあるものたち 11

## 天の川銀河

夜空で一つ一つの星として観測できるすべての恒星は、私たちの銀河、天の川銀河（p.138～141）の一部である。しかし銀河系中心にある巨大な星の塊は、個々の光の点に見分けるのは難しく、代わりに不定形をした「乳白色の」帯が、澄んだ夜空を横切るように見える。天の川銀河が光の帯のように見えるのは、中心が膨れた円盤形であるせいだ。この円盤を真横から見ると、視線に沿って恒星が密集して見える。円盤面から上下に離れると、星の数が減ってまばらになる。

**地球から見える銀河系**
晴れた夜なら、天の川が空を横切る帯のように見える。この画像は、ドロミーティ山脈（イタリア）にかかる天の川。

## 月

地球の天然の衛星である月（p.72～81）は、見える時期には夜空で一番目立つ天体だ。月は、冷たく乾燥し、大気も生き物もない岩の塊である。月は地球の4分の1の直径をもち、太陽の光を反射して夜空に不気味に輝いている。地球に一番近い天体である月は、最初の宇宙探検に選ばれた。地球以外で唯一人類が歩いた天体でもある。月は地球とがっちり同期していて、1回自転する間に地球のまわりを1周する結果、月の同じ側がいつも地球に向く。月の地球側も向こう側も、45億年間に小惑星や流星体（宇宙の岩）が大量に衝突したおかげで等しくクレーターだらけだ。

**地球から見た月**
晴れた夜の7割で月は数時間見える。晴れていて満月であれば、ほぼ一晩中観測できる。

## 惑星

惑星とは、恒星のまわりを回る天体のことで、自己重力が十分大きく球体になるが、中心部で核融合を起こすほど重くない（恒星との違い）。さらに惑星は、自らの衛星以外の小天体を自己軌道上から一掃していなければならない（準惑星との違い）。

太陽公転軌道を巡り、太陽光を反射して輝く惑星は八つ。その中で水星（p.86～87）、金星（p.88～89）、そして火星（p.90～93）は地球と同じ小型の岩石質惑星で、太陽から比較的近い。木星（p.94～97）、土星（p.98～101）、天王星（p.102～103）、そして海王星（p.104～105）は大型のガス惑星で、太陽から遠い。時期によるが、一晩に惑星がいくつも観測できることもある。海王星を除くすべての惑星は肉眼で見えるが、天王星はやっと見える程度の明るさである。金星は一般的にどんな恒星よりも明るいが、木星と火星は恒星の中で明るい方に見える。

**月と金星**
見える時期には、金星はふつう月を除いて夜空で一番明るい天体である。この写真では、金星と三日月が日没後1時間ほどの西の空に見えている。

**火星表面**
2005年に火星探査機スピリットのローバーが捉えたこの画像には、火星地面に典型的な錆びた色と、散らばった火山岩が見える。

### 惑星の衛星と環

金星と水星以外の惑星は天然の衛星（月）をもつ。四つの大きなガス惑星は衛星を多くもつうえ、環も伴う。環は破片からなり、ひとつの環はまた何本かの帯に分かれている。環の化学組成はさまざまであり、塵でできているものもあれば、岩や氷でできているものもある。アマチュアの機材で観測できる衛星や環もある。たとえば、木星の四大衛星と土星の環は、小型望遠鏡で見えるほど明るい。

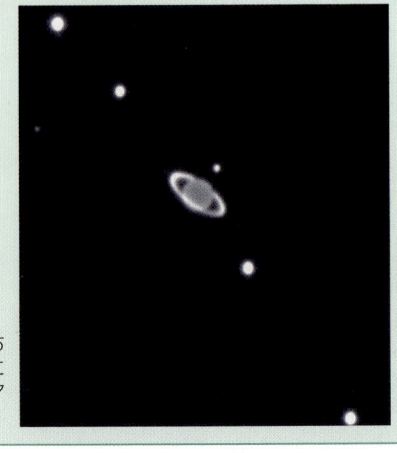

**天王星とその衛星**
この画像には天王星（環も）とその衛星たちのうち大きい五つが見える。左上から斜めにティターニア、ウンブリエル、ミランダ、アリエル、オベロンである。

# 空にあるものたち

## 準惑星と小惑星

球形の小天体のうち小さすぎて、軌道上から他の天体を一掃できないものを準惑星と呼ぶ。今までに準惑星とされた天体は五つ、そのうちケレスは双眼鏡でも見えるが、ほかは望遠鏡を使わないと見えない。準惑星の多くは太陽系外縁のカイパーベルト（p.106〜107）にある。小惑星（p.114〜117）は岩石質の小天体で、不規則形がふつうである。その多くは火星と木星の間に軌道をもち、メインベルト群と呼ばれる。双眼鏡で見える小惑星もある。

**冥王星とその衛星たち**
この画像には準惑星の冥王星（中心）とその最大の衛星カロン（右下）が見える。カロンの右には衛星があと二つ、ニックス（上）とヒドラがある。

**小惑星イダ（243 Ida）**
イダは典型的な不規則形小惑星で、長径58km、短径23kmである。表面がクレーターだらけなので、若くないと考えられる。

## 彗　星

太陽のまわりを公転する氷と岩と塵の塊を彗星（p.108〜111）と呼ぶ。太陽に近づくと、熱で蒸発が始まって、ガスと閉じ込められていた塵が放出され、輝く頭部（コマ）ができる。するとそのガスと塵を、太陽放射や太陽風（太陽から放射された粒子の流れ）が押し流して、長い尾が伸びる。明るい彗星はまれで、100年間に数個しか現れないが、暗い彗星なら毎年たくさん出現する。彗星はぼんやり光るしみのように見える。尾を伴う場合もある。彗星を数晩続けて観測すると、遠い恒星を背景に動いて見える。多くの彗星は、巨大な球形の領域、オールトの雲（p.109）から来たと信じられている。そこには彗星が数兆個も存在すると考えられている。

**マクノート彗星**　2006〜2007年にかけて、素晴しい塵の尾を伴って現れたこの大彗星は、最近40年間に南半球から見えた最も明るい彗星だった。現在は太陽系外縁に向かって抜けていき、二度と戻って来ない。

### 流　星

流れ星としておなじみの流星（p.112〜113）は、光を放つ物質が線を引いて流れる現象で、彗星や小惑星の小さな破片が地球上層大気に衝突して起こる。毎日地球では、100万個ほどの流星が光っている。

流星群は、空の一点から流星が頻繁に出現する現象で、一年の特定の時期に起こる。これは地球軌道が宇宙空間で、彗星軌道に蓄積された塵の流れと交わる結果である。流星群を見るには肉眼で、できるだけ暗い観測地を選び、仰向けに寝転がって見るのが一番良い。

**しし座流星群**
しし群の出現は毎年11月17日頃である。この群流星はしし座から全方向に飛ぶように見える。

## 星団

天の川銀河中の恒星の多くは集まって星団（p.134〜137）を形成する。星団には球状星団と散開星団がある。球状星団は、きわめて古い恒星が1万〜数百万個ぎっしり詰め込まれたボールで、散開星団はそれより小さく、恒星はもっと緩くまとまっている。肉眼で見える散開星団にはプレアデス、ヒアデス、そして「宝石箱」星団が、球状星団にはオメガ・ケンタウリ、きょしちょう座47、M13、そしてM15がある。

**「宝石箱」星団**
南天の星座みなみじゅうじ座にあるこの散開星団は、高温の青い恒星が低温の赤色超巨星ひとつを取り囲む様子が目立つ。

**球状星団 M15**
肉眼で見える限界の明るさにあるM15は、ペガスス座の星団で、天の川銀河では最も密度が高い球状星団だ。

**干潟星雲**
この非常に明るい楕円形の発光星雲は、夜空で最大の星雲のひとつである。

## 星雲

天の川銀河の大半には、きわめて希薄なガスが充ちている。成分はおもに水素とヘリウムで、それに少量の塵が混じる。このガスは恒星と恒星の間に浸透し、星間物質として知られる。宇宙でガスと塵が凝集した塊が星雲である（p.128〜131）。星雲の多くは夜空で白や黒の「しみ」として目に見える。星雲はいくつかの種類に分類される。発光星雲はまばゆい輝きを放つガス雲であり、近くの恒星や星団の放射エネルギーを吸収して、光として再放出する。対照的に、暗黒星雲は遠くの星の光を遮る「しみ」としてしか見えない。ほかにあと2種類、反射星雲と惑星状星雲がある。前者は近くの恒星の光を塵の雲が反射して輝くもので、後者は瀕死の低質量星が脱ぎ捨てた綿帽子が熱せられて光っているものである。

## 超新星

大規模爆発を起こしている恒星は一時的に激しく明るく輝く。これは超新星と呼ばれ、非常にまれな現象である。天の川銀河では1604年以来確実に観測がない。しかし天の川銀河の伴銀河、大マゼラン銀河で1987年に起った。超新星1987Aと呼ばれるこの超新星は、青色超巨星ひとつが爆発したことが原因であるが、2か月間肉眼でも見えた。超新星爆発後に残った雲は超新星残骸と呼ばれる。この超新星残骸は暗い、膨張し続ける天体として数百年間残る可能性がある。

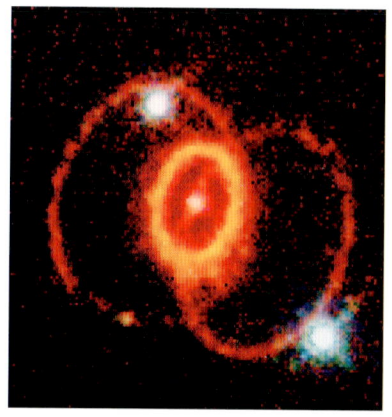

**超新星 1987A**
ハッブル宇宙望遠鏡による超新星1987Aの残骸。大マゼラン銀河で起こった最初の爆発から10年経った時点の姿を捉えている。

## 銀　河

およそ1世紀前まで、天の川銀河が全宇宙と考えられていた。現在では宇宙の観測できる範囲に限っても、1000億個を超える銀河（p.142〜145）が存在することがわかっている。銀河は、直径数百光年、恒星数百万個からなる矮小銀河から、差し渡し数十万光年に及び、数兆個もの恒星を擁する巨大な銀河までさまざまである。銀河のうち十分大きく近いものは、アマチュアの機材でも観測できる。そのひとつアンドロメダ銀河は肉眼でも見える。20〜数千個の銀河が重力で結びついて銀河団を形成する。10個ほどの銀河団が緩い鎖状に連なって、直径2億光年に及ぶ超銀河団を形成する。銀河団と超銀河団は、天文台が所有するような強力な望遠鏡でしか観測できない。

**南天のねずみ花火銀河**
この堂々たる正面向きの渦巻銀河M83は、うみへび座とケンタウルス座の境に位置する。

**銀河団エイベル1689**
この巨大な銀河団は22億光年かなたにあり、数百個の銀河を含む。

# 天球という考え方

天体の位置を記録したり、動きを追いかけるときに、空を地球を取り囲む中空の球だと想像すると便利だ。その球を天球と呼ぶ。すべての天体は天球の表面に貼りついて移動するということにするのだ。

## 天球に引かれた線と点

天球には、地球に対応する線と点がある。まず、天の北極と南極がある。これは地球の北極と南極の真上にある。天球には天の赤道もある。これは地球の赤道をそのまま拡大して天球に貼りつけたものである。恒星や銀河などの非常に遠い天体は、天球上でほとんど動かない。しかし厳密には長い時間が経つと歳差運動（右ページ）の結果、ごくわずかに位置が変わる。太陽や惑星のような太陽系天体は頻繁に位置を変えるが、天球上の黄道と呼ばれる線から大きく離れることはまずない（p.20〜21）。

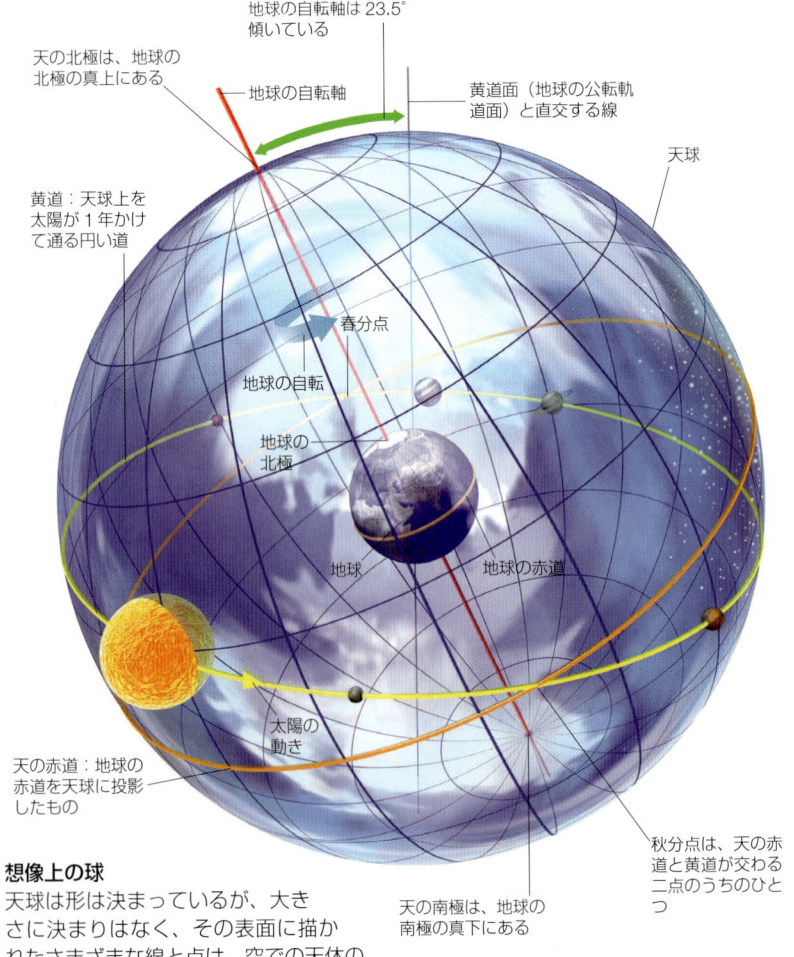

地球の自転軸は23.5°傾いている
地球の自転軸
天の北極は、地球の北極の真上にある
黄道面（地球の公転軌道面）と直交する線
天球
黄道：天球上を太陽が1年かけて通る円い道
春分点
地球の自転
地球の北極
地球
地球の赤道
天の赤道：地球の赤道を天球に投影したもの
太陽の動き
天の南極は、地球の南極の真下にある
秋分点は、天の赤道と黄道が交わる二点のうちのひとつ

## 想像上の球

天球は形は決まっているが、大きさに決まりはなく、その表面に描かれたさまざまな線と点は、空での天体の位置を記述するために使う。

## 天球座標

赤緯(Dec)と赤経(RA)と呼ばれる座標系は天球上の位置を定義する。赤緯は度を単位とし、天の赤道を基準に、北方は＋、南方は－をつけて表す（1°は60分角に等しい）。赤経は時（1時＝15°）か度を単位とし、天の子午線を基準に東向きに測定する。天の子午線とは、天の北極南極と天の春分点秋分点すべてを通る円をいう。

### 恒星の位置を記録する

図中の恒星の位置は赤緯＋45°、赤経15°である。赤緯は地球の緯度に、赤経は地球の経度に相当する。

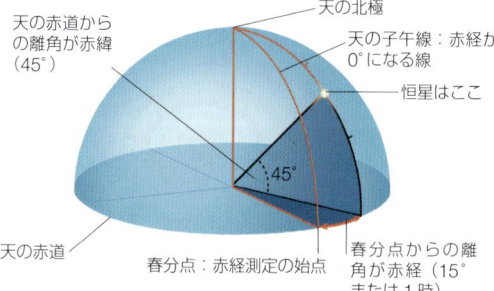

## 観測できる範囲

地球が太陽公転軌道を進むにつれて、太陽は恒星を背景に動いて見える。太陽はまた空の一部を次つぎと強い光で洗い流したように見えなくする。同時に、天球で、地球の夜（太陽と反対）側に向く部分は絶えず移り変わる。夜に見える範囲は、一年を通じて移り変わる（ただし北極と南極の近くで観測する場合を除く）。

### 6月と12月の空

赤道で星を観測する人は、6月に天球の半分を、12月にはあと半分を見る。

## 歳差運動

地球のする遅いふらつき運動を歳差と呼び、このため地球の自転軸は2万5800年周期で向きが変わる。その結果、天の北極と南極、天の赤道、そして春分点は徐々に移り変わる。恒星のように「動かない」天体の座標も、非常に長い時間が経つと変わる。

### 地球のふらつき

歳差運動により、天の北極は2万5800年で1周する円を描く。恒星の並んだ空の背景は右図のようになる。

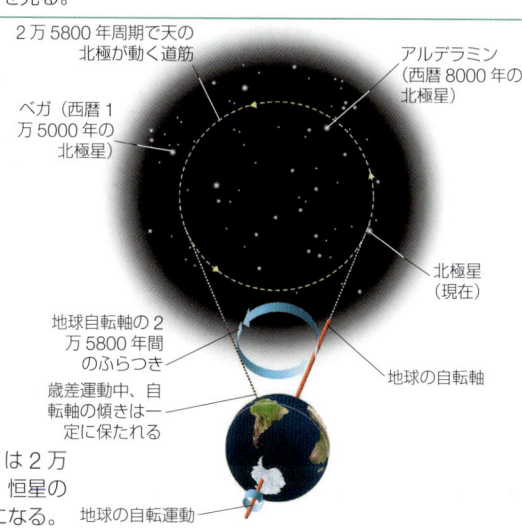

# 星つなぎと星座

古代より人びとは星空から図形を思い浮かべては、星をつないでさまざまな形や星座をつくり、昔の人が似ていると思ったもの（生き物、神話に登場する人や動物、または道具）の名をつけた。

### 星座

数千年間に、星をつないだ形がたくさん星座として提案された。紀元2世紀のプトレマイオス星座に始まり、星座目録の決定版が徐々に確立した。1922年以来、国際天文学連合が天球を88に分割したものが正式な星座とされている（p.229〜327）。そのため、天文学者にとっては星座という言葉は、星をつないだ形ではなく、その形を含む広がりのことになる。

**フラムスティードの星図書**
1729年ロンドンで出版された『フラムスティードの星図書《Atlas Coelestis》』から抜粋した星図には、北半球から見える星座が描かれている。

### おおぐま座

この星図の中央におおぐま座を示した。おおぐま座の範囲には、明るい恒星同士を線でつないだ大熊の形が含まれる。

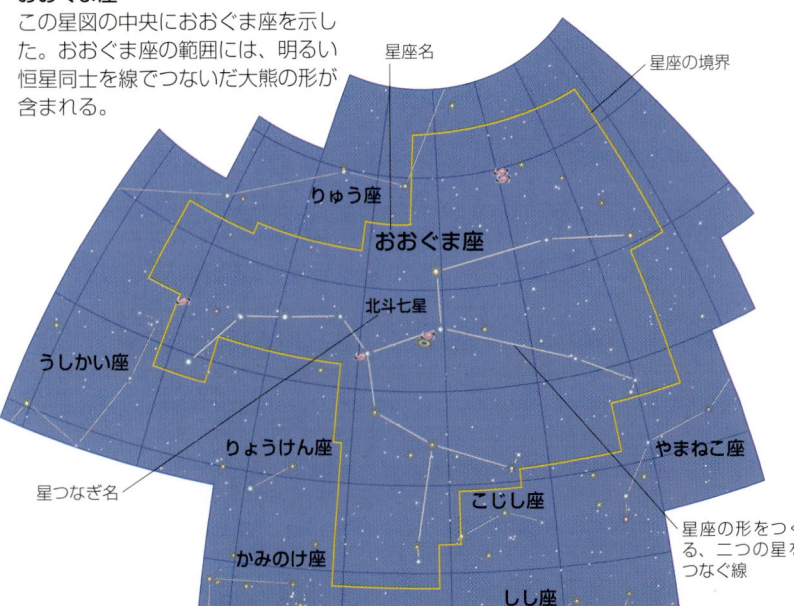

# 星つなぎと星座

## 星つなぎ

星をつないでできる目立つ形で、88星座のリストにないものを「星つなぎ」と呼ぶ。一番有名なのは、おおぐま座の北斗七星（下）だが、ほかに、しし座の「大鎌」、オリオン座の飾り帯「三つ星」などがある。つないで形ができる恒星同士はふつう、三次元では近くにあるわけではなく、地球から近接して見えるだけである。しかし例外もある。北斗七星のうち五つは実際に互いの距離が近く、宇宙空間をほぼ同じ速度で同じ方向に動いている。

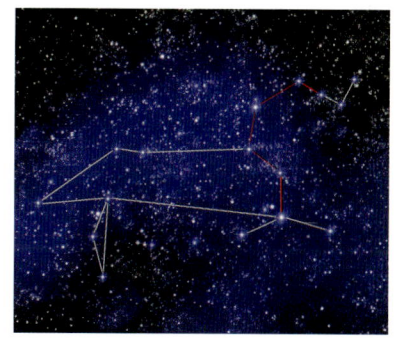

**しし座と「大鎌」**
しし座の六つの星をつなぐ（赤線）と大鎌の形ができる。この形は疑問符（？）を裏返したように見える。

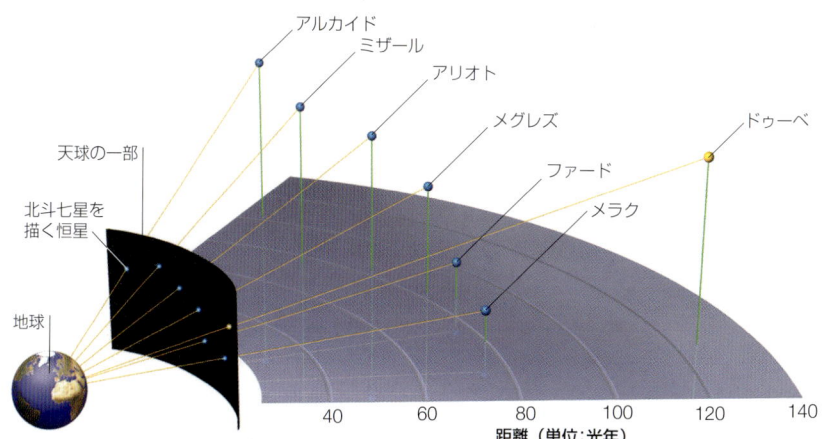

**視　線**
北斗七星のような星つなぎの形は二次元に投影されたもので、実際の星は広い奥行きの中に散らばっているかもしれない。平面上に並んで見える星の、地球からの距離はそれぞれ異なる。

## 形を変える北斗七星

空で隣同士に見える恒星の固有運動（地球に対して特定の方向への長期的な移動）はそれぞれ異なる。その結果、星座や星つなぎは、数千年の時間経過とともに徐々に形を変える。

**2. 西暦2000年の北斗七星**

**1. 紀元前10万年の北斗七星**

**3. 西暦10万年の北斗七星**

# 季節と黄道星座

自転軸が傾いたまま地球が太陽のまわりを公転するために季節が移り変わる。季節が進むにつれ、太陽は天球上の軌道（黄道）を進む。空で太陽が動く範囲は、黄道帯に限定される。

**季節変化**

地球は自転軸を23.5°傾かせたまま公転する。その結果地球の北半球と南半球は、一年で太陽に近づく時期と遠ざかる時期が逆になる。このために季節が生まれる。というのは、北半球（南半球）が太陽の側に突き出されれば、太陽放射を強く受けることになり、温度が上がるのである。

北半球は毎年6月21日頃（北半球の夏至、南半球の冬至）に最も太陽に突き出される。この日の前後数週間、北極は一日中太陽に照らされ、南極は一日中闇に閉ざされる。12月21日頃にはそれが逆になる。夏至と冬至の真ん中は秋分、冬至と夏至の真ん中は春分で、地球の自転軸は太陽に対して横向きになるため、地球全体で昼間と夜とがほぼ同じ時間になる。

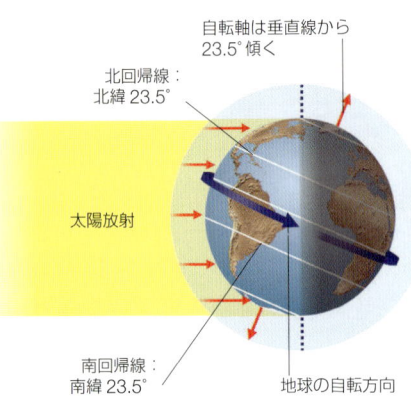

**太陽光の強さ**

回帰線の内では太陽放射が強くなる。回帰線の外、両極に向かうにつれて、太陽光線はいっそう厚い大気の層を通り抜けて、地表のいっそう広い範囲に広がることになり、地球を暖める効果が薄れる。

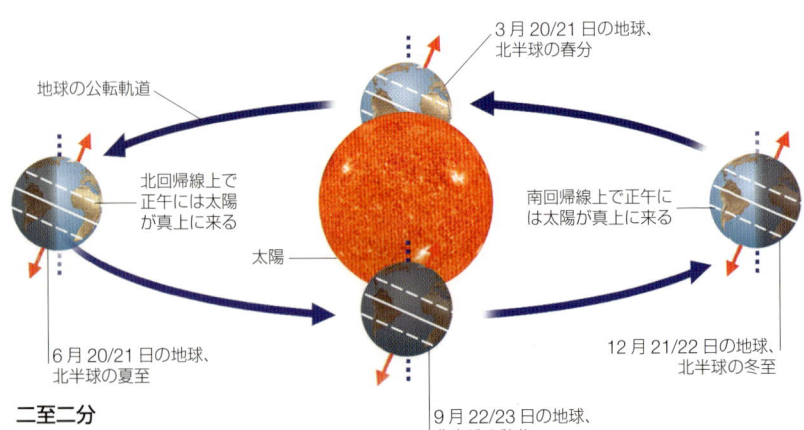

**二至二分**

夏至と冬至（図の左端と右端）には、地球の片半球が最大に太陽に近づく。春分と秋分の頃（図の上と下）には、地球の両半球とも太陽に突き出されない。

# 季節と黄道星座

## 黄道面

地球は、黄道面と呼ばれる仮想平面上を公転していると考えることができる。英語で「ecliptic plane（食の面）」と呼ぶのは、日食が起こるのは月がこの面を通り抜けるときだけという理由である。惑星の太陽公転軌道は皆、黄道面上かその近くにある。黄道面と天球（p.16）が交わる巨大な円が黄道である。黄道は、地球から見た太陽が天球上を進む道でもある。

**黄道面**
太陽のまわりを巡る惑星はすべて同一（黄道）面上、または近くを公転している。というのは、太陽系は初め巨大な回転するガスと塵の円盤から形成されたからである。

## 黄道帯

天球上で、黄道から南北に約8°ずつ広げた範囲を黄道帯と呼ぶ。この黄道帯には星座（p.18～19）24個がかかる。太陽が明るすぎるせいで、黄道や黄道帯の中を太陽が移動する様子は容易に観測できない。しかし仮に観測できたならば、太陽は、黄道帯にある13星座、または占星術でいう「黄道12サイン」を1年かけて通りすぎるはずだ。太陽が黄道13星座のそれぞれに滞在する日数はまちまちである。伝統的な占星術の「星座（生まれ星座）」の区分と、現在太陽が各サインを通過する日付とはかなりずれているが、その原因の一部は歳差現象（p.17）である。太陽だけでなく惑星も、黄道上かその近くを公転する。そのために惑星の位置も動く範囲も、天球の黄道帯の中に限られているのである。

### 黄道帯の星座

黄道帯の中心には、13の星座（占星術では12サイン）が並んでいる。黄道星座にあってサインにないのは、へびつかい座で、その一部がさそり座といて座の間に挟まっている。

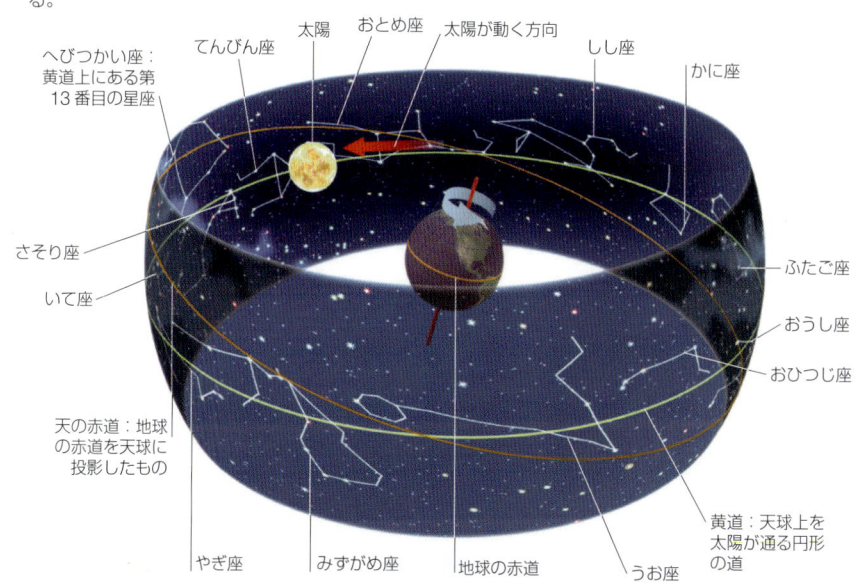

# 天の動き

恒星のような天体は天球上でほとんど位置を変えないが、地球の自転により、毎日動いて見える。太陽系天体も同じ動きをするが、もっと長期的な運動も加わる。

## 地球の自転

地球が自転するために、恒星も月も太陽も惑星も、すべての天体は動き続けている。この動きは天球ごと、東から西へ、昼も夜も一貫して続き（しかし多くの天体では夜しか確認できない）、すべての天体運動の中で最も目立つ。これを日周運動という。この運動の見え方は、観測者が地球のどこにいるかによって大きく異なる（下）。日周運動により天球全体が4分間に1°の割で回転する。空を長時間露出で写真に撮ると、恒星の動きが白い筋となって写る。この線は、天の北極を中心とした円または弧を描く。

### 観測地の緯度

空で天体が絶えず動き続ける日周運動は、地球の自転が原因で生じるが、観測者が北極や南極にいるか、赤道上か、中緯度地域にいるかで見え方が異なる。北極では、天の北半球にあるすべての恒星が見える。そしてそれらの天体は、天球上の一点、頭の真上を中心に回転するように見える。天体は地平線から昇ることも、地平線に沈むこともけっしてない。赤道で見える動きはまったく違う。昇る天体もあれば、沈んで見えなくなってしまう天体もある。中緯度地域では、天体は赤道と両極の中間の動きをする。

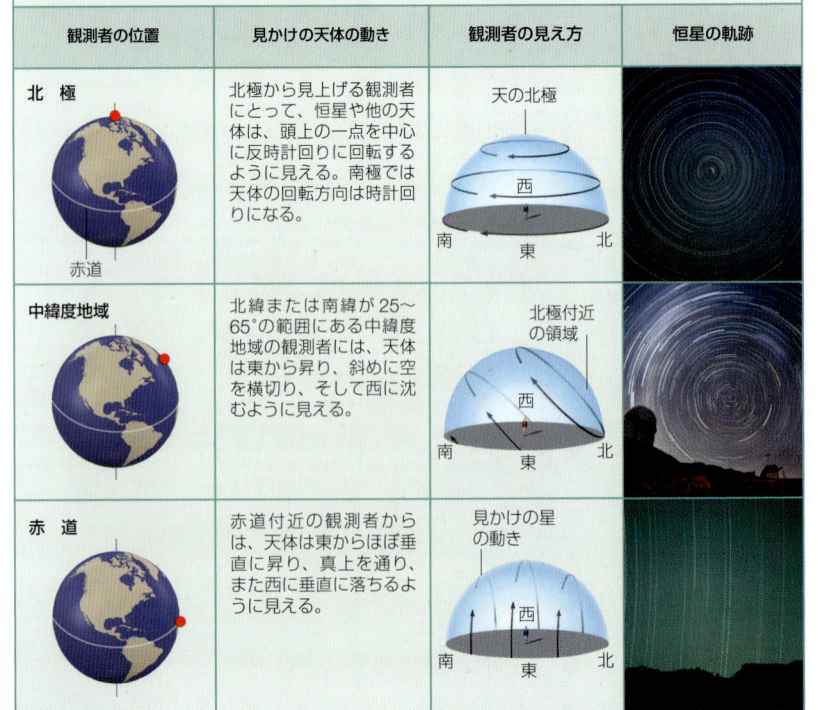

| 観測者の位置 | 見かけの天体の動き | 観測者の見え方 | 恒星の軌跡 |
|---|---|---|---|
| 北極 | 北極から見上げる観測者にとって、恒星や他の天体は、頭上の一点を中心に反時計回りに回転するように見える。南極では天体の回転方向は時計回りになる。 | | |
| 中緯度地域 | 北緯または南緯が25〜65°の範囲にある中緯度地域の観測者には、天体は東から昇り、斜めに空を横切り、そして西に沈むように見える。 | | |
| 赤道 | 赤道付近の観測者からは、天体は東からほぼ垂直に昇り、真上を通り、また西に垂直に落ちるように見える。 | | |

# 天の動き

## 月の動き

地球が自転しているために月は毎日、東から西へと動く（日周運動）。しかし月は地球に非常に近く、地球のまわりを公転してもいるので、別の、天球に対する動きも加わる。最も重要な動きは、毎日約12°西から東へ動き続けるものである（定期的な月相変化を伴う）。ということは、月は毎日、前日から1時間ほど遅れて地平線から昇って沈むことになる。他の、もっと複雑な月の運動周期は、月の軌道面が黄道面（p.21）に対して傾いているという事実と、地球や太陽と相互作用した結果の微妙な摂動による。

### 2週間の月の動き

この画像は、ほぼ2週間かけて月が西から東へ移動し続ける様子を示す。撮影はすべて、日の出ほぼ1時間前に行った。

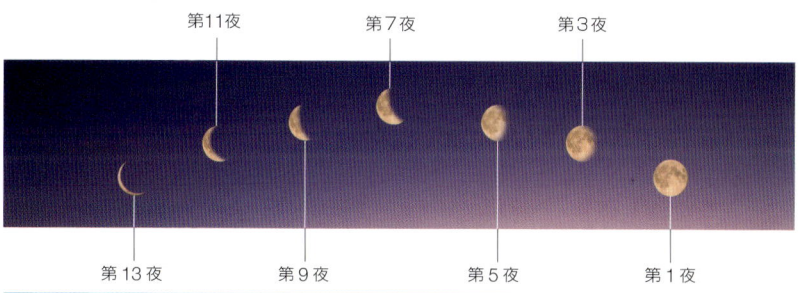

第11夜　第7夜　第3夜
第13夜　第9夜　第5夜　第1夜

## 太陽と惑星の位置のずれ

地球が自転しているために、太陽は毎日東から西へ軌跡を描く。しかしその、決まった観測地から見える太陽の軌道は、地球の自転軸の傾きと、地球が太陽のまわりを公転しているという事実が合成されることにより、一年を通じて変化する（右図）。太陽の動きに影響しているもっと複雑な要因は、太陽公転軌道上の地球速度が、一年のうちに少し変動する事実である。これらの要因が組み合わさって、太陽の位置を

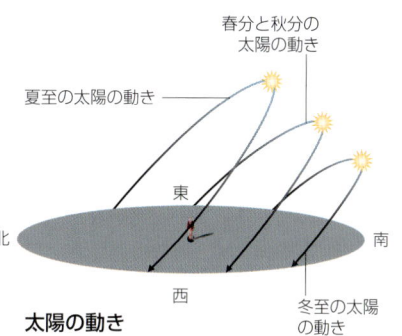

春分と秋分の太陽の動き
夏至の太陽の動き
東
北
南
西
冬至の太陽の動き

### 太陽の動き

北緯45°にいる観測者が見た太陽の1日の動き。夏至、春分秋分、冬至の違い。

### アナレンマ（太陽の8の字ダンス）

太陽（白い点）が並んで数字の8を描く。この画像は、ある一年に38回、空の太陽の位置を同じ時刻に撮影して作成した。

1年間に何十日も、同じ時刻に観測して記録すると、空に数字の8ができる。これをアナレンマと呼ぶ（左図）。地球の同胞である惑星は、地球自身の太陽公転軌道も影響して、天球上で複雑な軌跡を描く。というのは、地球上の観測者の視点も常に変わるからである。通常、近い惑星ほど動きが複雑になる。たとえば、火星は定期的に数か月間ジグザグに進んだり、ぐるりとループしたりする。この動きを逆行と呼ぶ。

# 天体の命名法

古代には、簡単に見つけられて呼び名が必要な天体は数百しかなかった。現在では、10億個を超える天体が同定されている。新たに発見された天体は国際的に承認された命名委員会によって系統的に命名される。

## 恒星の場合

固有名をもつ明るい恒星は約350個で、アラビア語かラテン語が多い。1603年にドイツ人ヨハン・バイヤーが、最初に系統的に恒星を命名しようとした。バイヤーは星座ごとに恒星の明るさの順にギリシア文字をつけた。

1712年にはイギリス人ジョン・フラムスティードが、星座ごとに赤経が小さい順（西から東へ）に数字を振った。いずれの命名法もまだ使われているが、どちらの目録にもないもっと暗い恒星（こっちの方が断然多い）は単に数字で呼ばれる。変光星、二重星、そして多重星の目録作成には、専用の命名規則が考案されている。

**バイヤーとフラムスティードの命名規則**
この図には、北斗七星各星の固有名、バイヤー符号（ギリシア文字）、およびフラムスティード番号を示した。恒星「メラク」は「おおぐま座 β」（バイヤー符号）でもあり「おおぐま座 45番星」（フラムスティード番号）でもある。

## 深宇宙天体の場合

ぼんやりした光のしみに見える天体には、星団、星雲、銀河、超新星残骸などがある。18世紀にシャルル・メシエがこうした天体110個の目録をつくった。各天体には「M」の文字と数字がつく。その後、NGC（ニュージェネラルカタログ）とIC（インデックスカタログ）というもっと大きな目録が二つ編集された。その中の天体は「NGC」か「IC」に続く数字で識別される。星雲状の天体はほとんど目録の番号で表されるが、固有名をもつものもある。固有名にはプレアデス星団のように伝統的なものも、またソンブレロ銀河のように、見かけから最近名づけられた名称もある。

**かに星雲**
この壮麗な星雲状天体（1084年に観測された超新星爆発の残骸）は、形から「かに星雲」と呼ばれ、メシエのカタログに収録された1番であるためM1とも呼ばれる。

## 太陽系天体の場合

月や惑星は古代からの呼び名をもつ。望遠鏡発明以降に発見された小天体の命名には、さまざまな規則が用いられる。彗星は発見者の名前で呼ばれ、彗星の型と発見年月（＋その月の前半か後半か）を示す正式符号も与えられる。小惑星は発見されたおよその順番を示す3〜5桁の数字がつけられ、ふつうは次に名前が続く。初期の小惑星同定では、神話に登場する名前が使われたが、やがて名前が足りなくなって破綻した。現在では小惑星は有名な科学者や、著述家や、音楽家の名前がよく命名される。

### ヘール・ボップ彗星（C/1995 O1）

この彗星は共同発見者の二人のアメリカ人、アラン・ヘールとトム・ボップから命名された。正式符号の C/1995 O1 は1995年8月前半に発見された非周期彗星であることを示す。

### 小惑星マティルド（253 Matilde）

1885年に発見されたこの小惑星名の253は、これが（だいたい）253番目に同定されたことを表す。マティルドは、あるフランス人天文学者の妻に敬意を表した命名である。

# 天体の距離と明るさ

天文学で距離を表すのに三つの単位が用いられる。天文単位（AU）、光年、そしてパーセクである。天体の等級（明るさ）には、実視等級と絶対等級がある。

## 距離をはかる

天文単位（太陽と地球の平均距離）は、太陽系内での距離を表すのに使う。他の場合は、光年やパーセクを使うのが一般的だ。1光年は光が真空中を1年かかって進む距離であり、1パーセクは角視差が1/60°になる（下の説明）恒星までの距離である。もっと遠い天体では問題が複雑になる。宇宙膨張のために、それらは非常な高速で地球から遠ざかっている事実があるからである。そのような距離を表す単位に固有距離がある。これは地球と、現時点におけるI遠い天体との実距離のことである。

### 天体の距離

| 単位 | 距離 |
| --- | --- |
| 天文単位（AU） | 1億5000万 km |
| 光年 | 9兆4600億 km |
| パーセク | 30兆8570億 km<br>3.26光年 |

## 年周視差

恒星Aを、地球の公転軌道の両端から見たときの視差のずれは、もっと遠くにある恒星Bより大きくなる。このずれによって、恒星と二つの観測地点との角視差を求めることができる。恒星までの距離はこの角度から決まる。

## 宇宙のものさし

下の図は対数目盛りを採用している。地球から最初の目盛りまでは1万kmを表し、目盛りが一つ進むごとに、距離は一つ手前の10倍である。

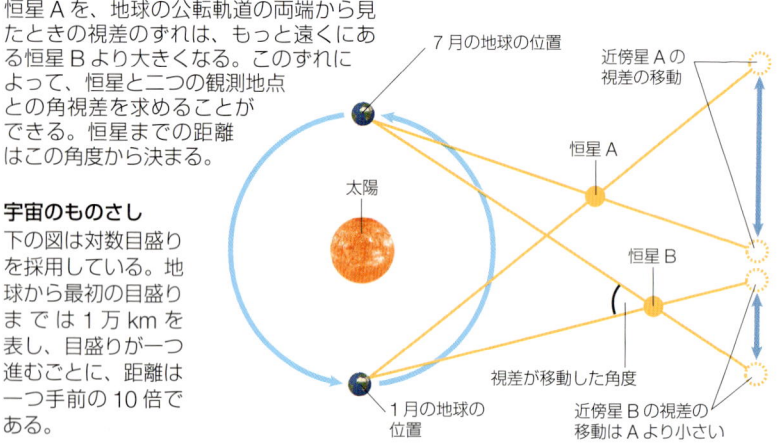

# 天体の明るさ

ある天体の測定された明るさを知っていると、夜空で天体を見つける役に立つ。重要なのは天体の絶対等級（本当の明るさ）と、実視等級（地球から見た見かけの明るさ）を区別することだ。天体は遠いほど暗く見えるようになるため、実視等級と絶対等級は別物だ。実視等級はふつう、星を見る人が使う尺度である。実視等級も絶対等級も、数字が大きくなるほど天体が暗いことを意味する。明るい天体は数字が小さいか、マイナスになる。等級の値が1小さくなると明るさは約2.5倍になる。

### 夏の大三角

この画像のデネブ（左）、ベガ（上）、そしてアルタイルの中では、デネブが明らかに一番暗い（実視等級の値は最大）。しかしデネブまでの距離は、他の2星の50倍以上遠い。だから実際はデネブは数千倍も明るい（絶対等級の値がはるかに小さい）。

光は、半径が2倍の球面に到着すると、広さが4倍の領域に広がる（距離の二乗、または2×2）

恒星からの光は小さい球面のこの領域に到着する

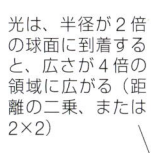

恒星

### 逆二乗の法則

恒星の見かけの明るさは、観測者からの距離の二乗に比例して暗くなる。この法則を逆二乗の法則と呼ぶ。これは、恒星から光が離れるにつれて、光エネルギーが広い領域に散らばることによる。

大きい球は小さい球の2倍の半径をもつ

### 明るさ比べ

| 天体名 | 実視等級（極大等級） |
|---|---|
| 太陽 | −26.7 |
| 月 | −12.7 |
| 金星 | −4.7 |
| シリウス（夜空で一番明るい恒星） | −1.4 |
| 土星 | −0.5 |
| ベガ（恒星） | 0.0 |
| ガニメデ（木星の衛星） | 4.4 |
| ベスタ（最も明るい小惑星） | 5.1 |
| 天王星 | 5.3 |
| 肉眼で見える一番暗い天体 | 約6.0 |
| 冥王星（準惑星） | 13.6 |

**半径1000光年の球：** 肉眼で見える恒星の90%は、地球から半径1000光年の球の中にある

**アンドロメダ銀河：** 250万光年、$2.4 \times 10^{19}$ km

**最も近いクエイサー：** 6億光年、$5.7 \times 10^{21}$ km

**天の川銀河の中心：** 2万6400光年

**おとめ座銀河団：** 5400万光年

**観測可能な宇宙の限界：** 460億光年（固有距離）

$10^{14}$ km　　$10^{16}$ km　　$10^{18}$ km　　$10^{20}$ km　　$10^{22}$ km

# 観測器具と技術

**イランのメシエマラソン**：深宇宙のメシエ天体を探す企画観察会

# 観測の基本

夜空を見上げて星を見るのは身振いするほど楽しい。何が見えているのかわかればなおさらだ。少し準備しておく（見えそうな天体を事前に調べておくなど）だけで、夜の観測を最大限に楽しめるようになる。

## はじめの一歩

大多数の人にとって空は、肉眼で見るにしくはない。というのは、天蓋全体を背景に恒星が見られるからである。双眼鏡や望遠鏡ごしでは味わえない舞台装置がそこにはある。地平線の上全体の夜空に慣れ親しむことは、特定の天体を詳しく見るのと同じくらい重要だ。だから初めは望遠鏡は将来の楽しみとしておこう。絶対に必要なものは、方位磁石、星座早見（下図）、懐中電灯、観察したい天体のリスト、そして観測が長時間に及ぶなら軽食だ。暖かな服もまた必須だ。たとえ夏でも、夜風で身体がすぐに冷え切ってしまうからだ。

## 事前準備

屋外に出る前に、星座早見や、星図や、PCの天文ソフトを使って観測計画を立てよう。観測予定の時間帯や場所で見られる天体をリスト化しよう。最初は、一番明るくて目立つ星座と一等星をひとつかみ見つけるのを目標にしよう。外に出る前に星座の形に親しんでおくと見つけやすくなる。満月の夜は月明かりで見えない天体があることは覚えておいてほしい。行動計画を立てて、天体リストに観測予定順に番号を振ろう。望遠鏡を使うなら、きちんと動くか確認し、夜間の低い外気で冷やし、組み立てるための時間的余裕をもとう。

**星座早見の使い方**
星座早見は、任意の緯度から見える恒星の位置が一年を通じてわかる道具だ。縁の目盛りで日付と時刻を合わせると、そのときに地平線上に出ている星野が中の窓に現れる。

**電子星図**
PCソフトで、観測地と時刻を指定して夜空を再現できるものが容易に入手できる。スマートフォンやタブレット端末（左）用の天文アプリも買える。これらのソフトウェアは、画面に夜空を映したまま持ち上げて空に向け、現に目の前に居並ぶ恒星を確認できる。

## 誰かといっしょに

星をベテランといっしょに観測することで、夜空について多くを学べる。経験豊かな人を個人的に知らなければ、近郊の天文サークルを探そう。会員たちは快く知識を分け与えてくれるだろうし、共有の望遠鏡を使わせてもらえるかもしれない。たいていの天文サークルでは、天文学の夜間講座、観測機器の操作実演に加えて、天体観察会が定期的に開催されている。また、全国くまなく、あるいは国外まで目を向けて、特別に組織化された観測会、たとえば皆既日食を観測する、専門ガイドつきのイベントやツアーなども考慮に値する。

**星空観察会**
世界中で、天文学者たちは、光害（邪魔になる人工光の害）を避けて、空が暗い観測地に集まって、夜空に対する情熱を分ち合う。これは観測技術を学び、他の人の工夫を知る素晴らしい機会だ。

## 天文学者の目の使い方

一旦外に出たら、闇に目を慣らすために時間をかけなければならない。暗い中で過ごす時間が長くなると、いっそう多くの恒星が見えるようになる。30分足らずで、あなたの眼は完全に暗順応して、さまざまな明るさの恒星が見えるようになるだろう。肉眼で、月、星団、惑星、彗星、そして銀河まで見ることが可能だが、暗い天体は真っ向から見ても盲点のために見えない。目的の天体から視線をずらして視野の周辺で見るようにすると見えてくる。双眼鏡や望遠鏡を使えば、見える天体が増えるし、詳しい観測もできる。

### どんな天体が見える？

良好な観測条件で口径 300 mm の反射望遠鏡を使うと以下の天体が見える。

**月** クレーター、海、山脈などの地形がすべて詳しく見える。
**惑星** 火星は 3 m 先の野球のボールほどの大きさに見える。火星地表の様子は、地球に最接近する時期しか見えない。木星は上層大気の雲の帯と、四つのガリレオ衛星が見える。天王星は小さな円盤だ。
**恒星** 肉眼よりずっと明るく見えるが、光の点でしかない。
**深宇宙天体** 銀河や星雲は光の「もや」のように見える。星団は輝く宝石のようだ。

**肉眼で見る空** 惑星と月は、黄道帯（p.21）と呼ばれる環状に並んだ星座の中を動く。月と惑星または惑星が複数並んで見えることも多い。この写真では、明け方の空に月と金星が近接して見える。

# いつどこで観測するか

雲のない夜は観測向きであるが、何が見えるかは観測時刻と場所による。光害や擾乱(じょうらん)のような大気の状態も、視界に影響を与える。

### 移り変わる夜空

地球が自転軸を中心に1周23.9時間かけて自転しているおかげで、空の恒星たちも23.9時間かけて360°回っている。北極と南極から観測する人からは、星は昇りも沈みもせず、天の北極または南極(p.16)を中心に円を描いて見える。この二人が赤道に向かって移動すると、地球の自転による天体の動きは変わり、恒星は地平線から昇って沈むようになる(p.22)。地球はまた太陽のまわりを公転しているため、地球から見える空の領域は一年で変わる。北半球に住む人が南の空を見る(あるいは、南半球の人が北の空を

**3月1日 午後10時** **3月15日 午後10時**

**同じ場所で見ても、空は変わる**
3月に北緯50°から南の空を毎晩同じ時刻に観測する。日付が進むとオリオン座はどんどん低くなり、月末には西の地平線に沈んでほとんど見えなくなる。

見る)と、毎晩同じ時刻に観測しても、星座の見える位置は同じではなく、日ごとに西に移り、沈むようになる。

### 観測地を選ぶ

観測の質を左右する空の状態は観測地によって異なる。空が暗ければ、恒星も惑星も星雲もそして銀河も皆良く見える。大部分の人は夜も照明がこうこうと照らす都市部に住んでいるが、そこには真の闇はけっして訪れない。しかし街中でも、明るい恒星なら見えるし、空に星座を描き出すことも不可能ではない。月のない晴れた夜なら、300個ほどの恒星が見える。もっと暗い郊外の空では1000個ほどが見える。そして最も暗い田舎の空には3000個ほどの恒星が見える。暗い天体は田舎の方が見つけやすいのだが、星がたくさん見えすぎて星座の形をつなぐのはかえって難しくなる。

**人工の光と空の暗さ**
シリウスは夜空で最も明るい恒星で、通常は明るい都市中心部でも見える(上)。しかしやはり郊外で見る方が良い(下)。空が暗ければ周囲の恒星も見える。

## 大気の状態

観測条件を最良にするために、天体が空で一番高く昇るまで待つ甲斐はある。天頂にあると、地平線に近い場合より、光が通る地球大気の層が薄くなるからである。そのため、天体像が大気で歪む度合いが最小になる。歪む原

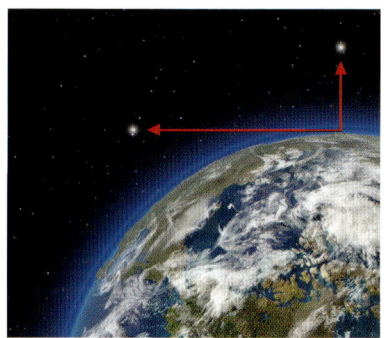

**天頂にある利点**
天体が頭の真上にあるときに観測すると、光が通ってくる大気の層が薄くなるために、像の見え方が良くなる。

因のひとつは、場所による大気の温度差で、そのために望遠鏡ごしの像が波立つ。大気が安定している状態を観測者は「シーイングが良い」といい、1から10までの数値で表す。完璧な状態が10だ。像の歪みには、大気中の水蒸気や塵の量によるものもある。そのどちらもわずかである大気は「透明度が良い」という。これは天体の高度が高いほど良くなる。

**赤色灯の効用**
懐中電灯の先端を赤いセロファンで覆うと、光が柔らかくなる。赤い光を使うと、暗順応を保ったまま手元や足元を照らすことができる。

## 緯度と経度

地球上で数千km移動しても夜空の見え方が変わらない場合もある。二つの地点で緯度が等しければまったく同じ空が見える。もしもニューメキシコ州アルバカーキ（アメリカ）で午後11時（現地時）にオリオン座が見えたら、東京でも日本標準時の午後11時に同じオリオン座が見える。二つの都市は緯度が等しいからだ。移動方向が北か南で緯度が変わると空の見え方はかなり変わる。北極の人が南極へ移動したら、新しい星座が現れ、夜空全体が逆さまになる。

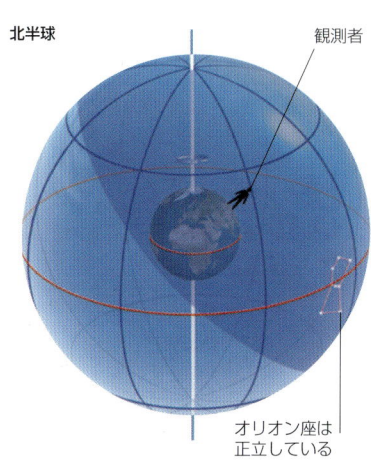

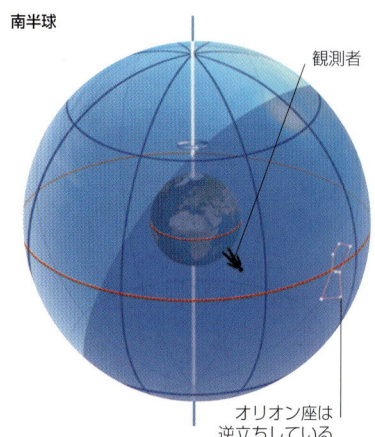

**逆立ちの空**
上の天球は北半球と南半球からオリオン座がどう見えるかを示した。青色が濃い部分は、地平線から上の空を表す。

# 方位と位置測定法

夜空で恒星をたどっていくのは簡単で楽しい。最初に簡単な技を二、三覚えるだけで良い。ちょっと練習するだけで、空で角度や、大きさや、位置を自然に目測できるようになる。

## 天球上の角度

天球上の天体の位置は高度と方位の組合せで表す場合が多い。天体の高度とは、任意の緯度から見上げた天体の、地平線からはかった角度で、たとえば天頂にある天体の高度は90°だ。天体の方位とは、北から東回りにはかった角度だ。北を向いているとき真後ろにある天体の方位は180°だ。高度も方位も自分の腕を使って簡単にはかれるし、じきに見ただけで値を出せるようになる。はじめての場所で観測する場合は方位磁石を使うか、右ページで示した「星渡り」で北を探す。

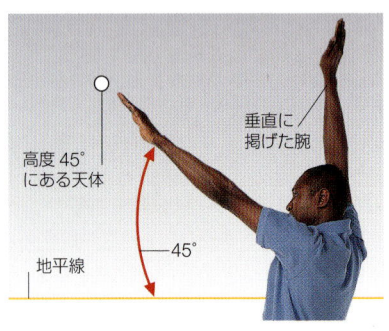

**高度をはかる**
片方の腕を地平線と垂直に、まっすぐ上に伸ばす。もう片方の腕を天体に伸ばし、その腕が地平線となす角度をはかる。

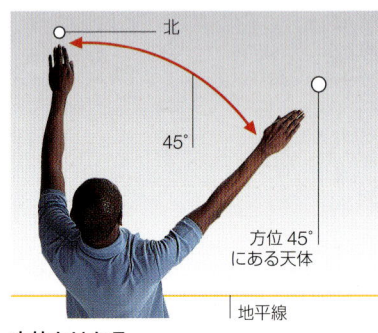

**方位をはかる**
片方の腕を真北にまっすぐ伸ばし、もう片方の腕を開いて天体の方向に伸ばす。東は右回りに90°、北東は45°だ。

## 寸法をはかる

天体の大きさや天体同士の距離は、角度や1°を分割した単位で表す場合が多い。たとえば、しし座の鼻先から尾までの幅は約40°だ。これ以下の大きさは手ではかれる。本物の空で星をつないで星座を描く助けになる手法だ。

**指の幅**
腕を伸ばした先の人差し指の幅はほぼ1°で、短い距離をはかるのに便利だ。満月の見かけの直径は1°の半分。

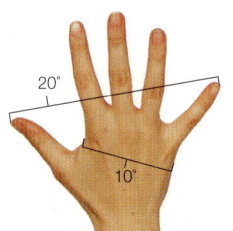

**手の幅**
空に向かって一杯に伸ばした腕の先の手の幅は約20°だ。握りこぶし(人差し指の付け根から小指の付け根まで)は10°ほど。

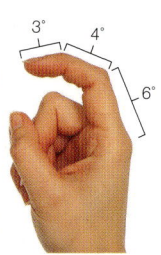

**指の関節**
人差し指の関節で空の短い距離をはかれる。第一関節は約3°、第二関節は大体4°、第三関節は約6°。

# 方位と位置測定法

## 星渡り

星座の目立つ恒星を使って、他の星を見つけたり方角を確かめられる。ここではこうした「星渡り」の道筋を三つ示す。一つ目は北斗七星で、これは北天の星座おおぐま座にある「星つなぎ」（p.19）である。二つ目はオリオン座の三つ星で、この星座は天の赤道にあるので、北半球からも南半球からも全体が見える。三つ目はみなみじゅうじ座とケンタウルス座で、この二つの星座は南半球からでないと見えない。

### 北斗七星

北斗七星と呼ばれるひしゃくの形は、北の空で最も親しまれている星つなぎだ。七つ星の中の二つが、天の北極の印の北極星に導く。

- メラクとドゥーベを結んだ線を5倍すると北極星に届く
- 北斗七星の水を汲む部分の柄に近い2星を伸ばすと、しし座の一等星、レグルスに届く
- オリオンの帯の三つ星を伸ばすと、オリオンの腕を通って、おうし座のアルデバランに届く
- 北斗七星の柄を曲がりなりに伸ばすと、うしかい座のアークトゥルス、おとめ座のスピカを通る
- オリオンの帯の三つ星を伸ばすと、おおいぬ座の一等星シリウスを指す

### オリオン座

オリオンの腰帯の三つ星から左右に線を伸ばすと、おうし座とおおいぬ座がわかる。

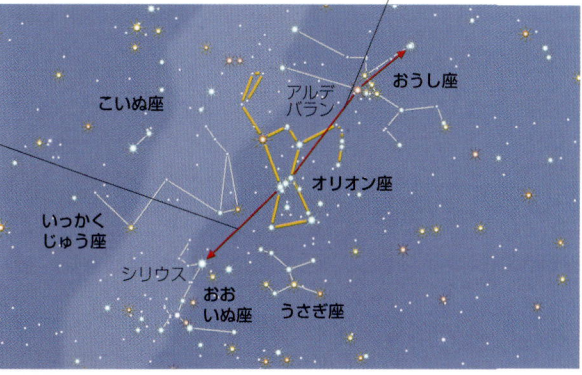

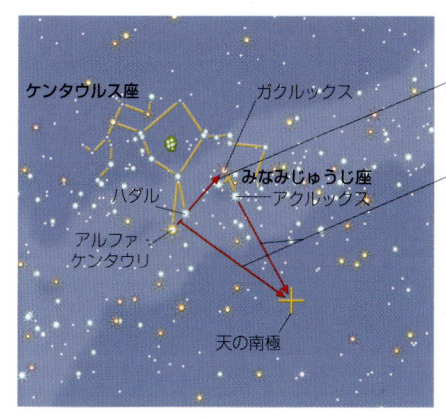

- アルファ・ケンタウリからハダルまでの距離を3倍するとガクルックスに届く
- みなみじゅうじ座の縦の軸の延長と、ハダルとアルファ・ケンタウリの中点から伸ばした線は、天の南極で交わる

### みなみじゅうじ座とケンタウルス座

最小の星座みなみじゅうじ座と、ずっと大きいケンタウルス座は、南天を流れる天の川に埋まっている。この2星座の星は天の南極を見つける目印になる。天の南極を中心として、南天の星々は回転する。

# 双眼鏡の種類

星見初心者にもこの道数十年のベテランにとっても、双眼鏡はすごい観測機器だ。簡単に使えて素晴しい光景が見える。夜空の天体がたくさん、はっきり見えるようになる。

### 双眼鏡を使う理由

双眼鏡は小さくて、値段が手ごろで、持ち運びができ、構造が複雑でない。両眼で観測できるし、望遠鏡なら逆さま裏返しになる天体像は自動的に正立像になる。視野が広いので、夜空を横断して星座巡りをしたり、オリオン大星雲や尾を長く伸ばした彗星のような大型の天体を見るのに向く。倍率が比較的低いので、月の表面を詳しく調べるのにも向く。

**プレアデス星団**
プレアデスのような散開星団を双眼鏡で見ると、立体的に浮き上がって見える。

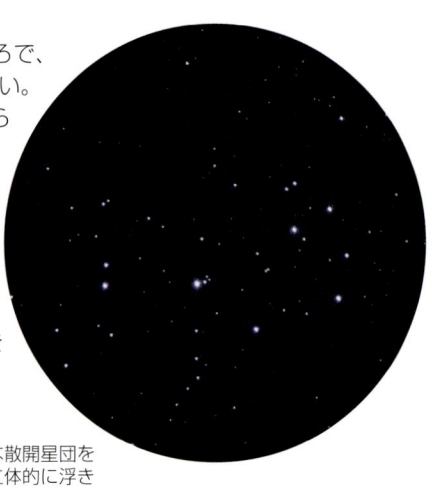

### 拡大率と口径

双眼鏡の大きな利点は、肉眼よりたくさん光を集められることと、像を拡大できる二点である。この二つの能力は数値で表され、双眼鏡の性能を示す。たとえば、8×50であれば、像を肉眼の8倍拡大できる、対物レンズの直径（有効径：口径、p.44）が50 mmの双眼鏡である。この標準的な双眼鏡（右）は、肉眼の200倍多く恒星が見える。望遠鏡を選ぶ際は、口径が倍率の最低5倍ほしい。それより小口径だと像が暗すぎて天体観測には使えなくなってしまうからである。

口　径

**コンパクトな双眼鏡**

**標準型の双眼鏡**

対物レンズ

**対物レンズ**
双眼鏡の口径は集光力を決める。口径が大きいと光を多く集められるし、見える恒星の数も増える。

# 双眼鏡の種類

**アイピース**
**プリズムがくっついて設置されている**
**対物レンズ**
**入ってくる光**

## コンパクト型
プリズムが互いにくっついて設置されているため、光は鏡筒の中をまっすぐ通る。これで双眼鏡を小さくコンパクトにできる。

## 標準型
プリズムが離れて配置されているため、光の通り道が長くなり、高倍率にできる。レンズの直径はふつう50mmで、明るい像を結ぶ。

**アイピース**
**プリズム**
**対物レンズ**
**入ってくる光**

## 双眼鏡のデザイン
双眼鏡は本質的に、まったく同じ2台の低倍率望遠鏡を並べたものである。本体にはガラス製レンズと、生成された像を正しい方向に送るプリズムがセットされている。基本的なデザインは二つある。コンパクト型（またはルートプリズム型）と標準型（またはポロプリズム型）である。後者は古典的な「コ」の字に曲がった形状であり、前者よりかさばる。概して標準型の方が明るくて良い像が得られてお買い得といえる。大型の双眼鏡は標準型を大きくしたものである。

**アイピースの端のラバーは、不要な光を遮る**
**三脚は双眼鏡を安定させる**

## 大型の双眼鏡
口径が大きくなるほど、双眼鏡は大きく、重く、扱いにくくなる。口径が70mm以上の双眼鏡は、揺らさずによく見えるように、三脚に載せて支える必要がある。

## 双眼鏡の性能比較

| 種類 | 長所 | 欠点 |
| --- | --- | --- |
| コンパクト型 | 軽くて小さいので携帯しやすく扱いやすい。昼間に景色を眺めるのに良い。 | レンズ口径が小さいため集光力が弱い。そのため天体観察には最も向かない。 |
| 標準型 | 鮮明で明るい像が得られる。レンズ口径が大きいので、暗い天体の観察に良い。 | 11等級より暗い天体は見えない。倍率が10倍を超えると像がぶれる。 |
| 大型 | レンズ口径が大きいため、多くの天体を解像できる。倍率15倍で月や惑星を詳しく観測できる。 | 大きくて重すぎるため、手持ちで観測できず、まともに観測するには三脚で支える必要がある。 |

# 双眼鏡を使う

双眼鏡を使うとよく見えるようになるのは、肉眼より多く光を集められるからだ。簡単に使えて準備が最小限ですむ双眼鏡を使わない手はない。暗く風を避けられる観測場所を選び、姿勢を楽にして、双眼鏡の焦点を合わせ、おもむろに観測を始めよう。

## 双眼鏡で見る

双眼鏡を最大限に活用するには、時間をかけて眼を暗順応させてから双眼鏡の焦点を合わせる。双眼鏡を支え続ける方法を考えておくこと（右ページ）。観測し始めは軽く感じるかもしれないが、双眼鏡をもっている腕がじきに疲れてしまうだろう。肉眼で見えていてさえ、天体を双眼鏡の視野に入れるのに手間取ることはよくある。地平線に見えるわかりやすい目印から双眼鏡を上に向ける方法がある。また、見つけやすい天体をまず視野に入れて、そこから目的の天体までたどるのも良い。

**快適な姿勢を保つ**
デッキチェアは背と首を支えるので、楽に見上げていられる。双眼鏡をもつときは両肘を胸につけて支えること。

## 双眼鏡の調整

月も惑星も、まして恒星は非常に遠いので、双眼鏡の焦点は最遠で合わせる。視力が右と左で違う可能性があるため、アイピースも左右別々に調整する。最初に鏡筒を折り曲げて眼の幅に合わせる。覗いたときに視野中心がアイピースの光軸にそろうようにする。次は、明るい恒星か月を視野に入れて焦点合せに使う（右の囲み記事）。恒星はアイピースを通すと明るくくっきりした点に見えるはずだ。一旦焦点が合ったら、双眼鏡の視野を夜空で滑らせるように向きを変えると、夜空を詳しく観測できる。さあ、星巡りツアーを始めよう。

**アイピースの焦点合せ**　中央の焦点リングを回して不可調アイピース（左）を合わせる。可調アイピースの焦点リングはアイピース自体についているリングで合わせる（右）。

### 焦点合せの手順

アイピースの視軸合せがすんだら、二つの調整リング（中央軸に一つ、アイピースのいずれかに一つ）を使って、左右両方のアイピースの焦点を合わせる。通常は右のアイピースに独立した調整リングがある。

**1** 左右どちらのアイピースに調整リングがついているか確認する。そちら側の目を閉じてもう片方の目で双眼鏡を覗く。

**2** 双眼鏡の中央軸の調整リングを回して、視野で天体のピントが合うようにする。

**3** 開いていた方の目を閉じて、もう一方の目を開ける。アイピース付きの調整リングを回してピントを合わせる。

**4** これで、両方のアイピースで焦点が合ったはずだ。両目を開けて観測を始める。

## 双眼鏡を支える

双眼鏡を安定させることは、快適に長時間観測できるというだけでなく、像がぶれるのを防ぐために重要だ。倍率10の双眼鏡の典型的な視野は6°ほどだ。手持ちなら、1.4°ほど像が揺れる。デッキチェアか寝椅子に身体を預ける

方向調整ハンドル

**双眼鏡の架台**
双眼鏡用やカメラ用三脚の架台は大型の双眼鏡を支えるのに最適だ。上は深宇宙天体を観るために、25×100の双眼鏡を載せたところ。

か、防水シートの上に寝転んで観測すれば、首に負担をかけずに、空の高い位置を見上げていられる。また、腕を門や柵に載せたり、壁に寄りかかっても良い。紐を使う手もある。一方の端を双眼鏡に結びつけて、もう片方を輪にして足に巻きつける。静かに双眼鏡を引き上げて、ぐらぐらしないように保つ。

**双眼鏡を安定させる**
地面に腰を降ろして両肘を膝の上に載せると、双眼鏡の重さを支えられるし、像がぶれずに観測を続けられる。

## 何を見るか

望遠鏡の視野をはみ出して星が散らばる散開星団を見るには双眼鏡は特に適している。近傍の、たとえばアンドロメダ銀河やさんかく座の銀河は、小さく灰色の、ぼやけたしみのように見える。オリオン大星雲などの星雲の見え方も似ている。しかし空が澄んでいて、光害のない暗い観測地からだと、オリオン大星雲は構造までわかるほど明るく大きく見える。双眼鏡だと月の表面の地形もくっきり見えるので、大山脈が連なる様子や、なめらかな月の「海」や大型クレーターが見える。標準的なサイズの双眼鏡では、木星の四大衛星も見える。

### 双眼鏡向きの天体リスト

| 天体名 | 天体種別 | 属する星座 |
| --- | --- | --- |
| M13 | 球状星団 | ヘルクレス |
| M22 | 球状星団 | いて |
| M31 | 銀河 | アンドロメダ |
| M33 | 銀河 | さんかく |
| M42 | 発光/反射星雲 | オリオン |
| M45 | 散開星団 | おうし |
| NGC 869 | 散開星団 | ペルセウス |
| NGC 884 | 散開星団 | ペルセウス |
| NGC 5139 | 球状星団 | ケンタウルス |

**天の川**
双眼鏡を天の川に向けると、低倍率でもこのぼやけた白い帯が本当はたくさんの星でできていることがわかる。

**オリオン大星雲**
オリオン大星雲は中倍率の双眼鏡で見ると素晴しい。輝くガスもはっきり見える。

# 望遠鏡の種類

望遠鏡こそが天文学者の基本道具である。歴史的に二つの種類（屈折望遠鏡と反射望遠鏡）が発展してきたが、現在はその2種類の融合型もある。すべての望遠鏡は最も高性能な双眼鏡よりはるかに遠くまで見通せる。

## 望遠鏡

望遠鏡はすべて、遠い天体からの光を収束して像を結ぶように設計されている。その像はアイピースで拡大されて、見たり記録したりできる。光を集めるのに屈折式はレンズ、反射式は鏡を使い、反射屈折望遠鏡はレンズと鏡を連携させて使う。望遠鏡はどの種類も三つの部分に分けられる。鏡筒はその中に光学系（レンズ、鏡、あるいはその両方）が収められている。架台は鏡筒を支えて望遠鏡が正確に向くようにするものであり、その架台を載せて安定させるのが、しっかりした基部である。基部には運搬可能な三脚と、据付の支柱がある。

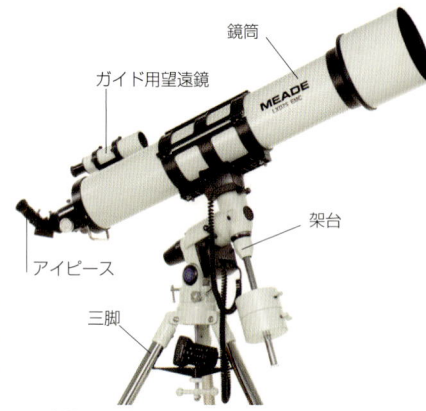

### 望遠鏡の各部分
望遠鏡の鏡筒には光学系が格納されている。このモデルは屈折望遠鏡なので、先端にはレンズが入っている。鏡筒と架台は、三脚に固定されている。

## 屈折望遠鏡の性能

### 強み

　頑丈で、整備がほとんど必要ない。そのため子どもが使うのに向くし、観測地から観測地へと携行できる。
　解像力が高く鮮明な像が得られるため、月や惑星や二重星を見るのに良い。
　鏡筒内には鏡や障害物がないため、コントラストが高く詳しい像が得られる。昼間の使用にも良い。

### 弱み

　レンズの研磨は鏡より高くつくため、同口径の反射望遠鏡より高価である。
　屈折望遠鏡は色収差と呼ばれる欠陥を伴う場合が多い。これは対物レンズが天体の光に含まれるすべての色を同一の焦点に収束し損ねるために起こる。たとえば恒星の場合、ぼんやりした光の輪ができる。
　アイピースが低い位置にあるため、空で高い位置にある天体はダイアゴナル（p.53）を使わないかぎり観測しにくい。

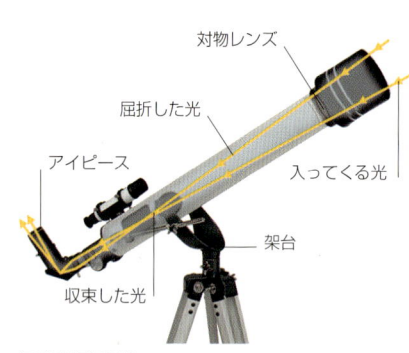

### 屈折望遠鏡
屈折望遠鏡は、1枚または複数のレンズを使って遠い天体からの光を集めて像を結ぶ。ガリレオが製作して使った、長い鏡筒をもつ古典的な天体望遠鏡とその直系の子孫がこの屈折式である。最も単純なものは、筒の上端に大きなレンズ（対物レンズ）が収められている。対物レンズは光を集めて屈折させて筒の下方に送り、そこにある小さいレンズ（アイピース）で拡大した像を見る。

## 望遠鏡の種類

### 反射望遠鏡の性能

#### 強み

鏡はレンズより製作が容易である。このため、反射望遠鏡は、同口径の屈折望遠鏡より廉価である。

アイピースは鏡筒の上端近くに来るので、取り回しが容易で快適に観測できる。

この種の望遠鏡は、暗い星雲や銀河のような深宇宙天体を見るのに良い。反射望遠鏡は色収差には無縁である。

#### 弱み

鏡は定期的に精密な光軸合せが必要である。また、鏡のコーティング剤は劣化するため、数年おきに交換しなければならない。

反射望遠鏡はコマ収差を起こしがちである。コマ収差とは、恒星が視野の端にある場合にくさび形に見える現象である。

副鏡は観測対象から主鏡に向かう光を遮る。このため明るい天体から「スパイク」が出ているように見えることがある。

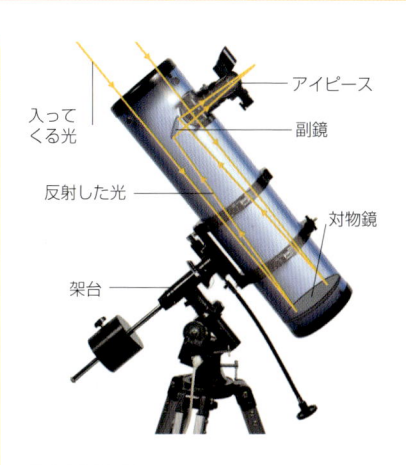

### 反射望遠鏡

反射望遠鏡は、複数の鏡を使って遠い天体からの光を集めて像を結ぶ。光は鏡筒の底に設置された凹面鏡の主鏡（対物鏡）で集められ、副鏡に送られる。副鏡は鏡筒内部の高い位置に吊られており、光はここで反射されて鏡筒の側面に送られ、そこにあるアイピースが像を拡大する。

### 反射屈折望遠鏡

この望遠鏡はレンズも鏡も使用する。鏡筒の上端には、補正板と呼ばれるレンズがあり、光学的な不具合はここで補償される。補正板を通った光は鏡筒底部の主鏡に送られる。ここで光は反射されて、補正板の背面に据えつけられている副鏡に送られる。そこで光は反射されて筒の中に戻り、主鏡中央の穴を通ってアイピースに届く。

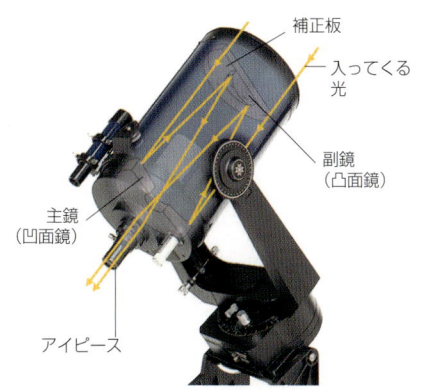

### 反射屈折望遠鏡の性能

#### 強み

コンパクトで比較的軽いため、携帯性に優れる。また、短い鏡筒で長い焦点距離を稼げる（p.44）。

屈折望遠鏡に起こりがちな色収差も、反射望遠鏡で発生しがちなコマ収差も、かなり起こしにくい。

モータードライブをコンピューター制御させて使うと、自動的に望遠鏡が天体に照準を合わせて追尾する。このため写真観測に最適である。

#### 弱み

設計が複雑なため、同口径の屈折式や反射式に比べて高価になる。

光は望遠鏡の鏡筒の中で前後に折り曲げられるため、アイピースに届く前にいくぶん失われる。その結果、同等の屈折式または反射式に比べて像が暗くなる。鏡に特殊なコーティングを施すことで、光の損失はある程度抑えられる。

焦点を合わせて密封する設計であり、分解できない。そのため調整は大掛かりになる。

# 望遠鏡の架台

架台は望遠鏡の構成で一番肝心な部分であり、選ぶときはよく考えよう。架台は上に載せた鏡筒を安定させて、望遠鏡が天体に正確に向くようでなければならない。架台には二つの種類がある。

### 経緯台

二つの種類のうち、構造が単純なのは経緯台であり、もう一方の赤道儀より軽くて小さい。特別な機器設定が不要なのは利点だ。三脚に載せたカメラのように、望遠鏡は高度（上下方向に90°）と方位角（左右に360°）の2軸回転をする。思い立ったらすぐ使える手ごろな架台だが、欠点もある。恒星の動きは縦横方向の組合せではないために、天体を追って手動で動かすのは難しいというのがそれだ。

**経緯台に載せた望遠鏡**
経緯台を使って天体を探すには、天体の、地平線から見上げた角度（高度）と、コンパスが示す方位（方位角）を知っていなければならない。

高度の動き
方位の動き

### さまざまな経緯台

経緯台で最も普及しているのは、ドブソニアン式とフォーク式の2種類である。ドブソニアン式は単純な型で、望遠鏡（ふつうは屈折式）の鏡筒が軸受けを中心に上下に回転し、その軸受けを収めている箱が左右に回転する。フォーク式はもっと開放的な設計で、望遠鏡の鏡筒を1本か2本の支柱で支える。フォーク式は自動制御されたgo-to望遠鏡の標準架台となっている（p.50〜51）。

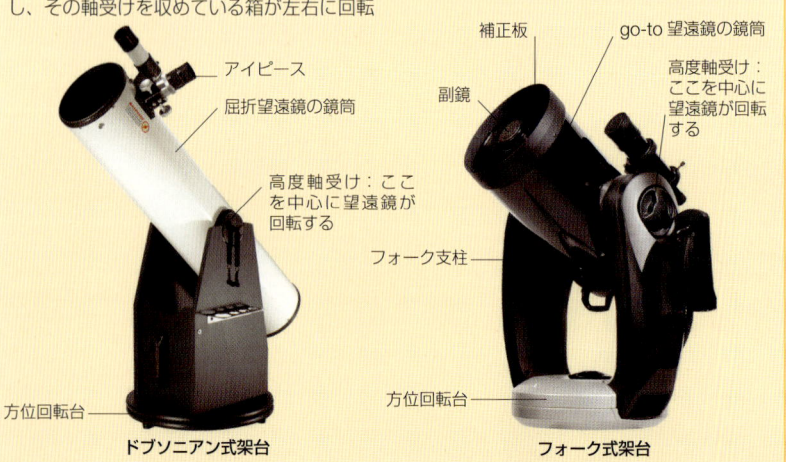

**ドブソニアン式架台**
- アイピース
- 屈折望遠鏡の鏡筒
- 高度軸受け：ここを中心に望遠鏡が回転する
- 方位回転台

**フォーク式架台**
- 補正板
- go-to望遠鏡の鏡筒
- 高度軸受け：ここを中心に望遠鏡が回転する
- 副鏡
- フォーク支柱
- 方位回転台

## 赤道儀

赤道儀も上下左右に動くが、その動きは地表に対してではなく天の赤道に対する動きである。別のいい方では、赤道儀では架台全体が傾いて天の北極に向いて（p.49）おり、赤経（RA）軸と赤緯（Dec）軸を中心に回転する。この2軸は、それぞれが天球の経度と緯度に対応し、その天の座標系（p.17）を使うことで天体を見つけることができる。仮にある天体の座標がわかっていて、赤道儀が正確に調整されていれば、赤経と赤緯の目盛りを合わせるだけで、目的の天体が望遠鏡の視野に入る。

**赤道儀に載せた望遠鏡**
赤道儀に搭載した望遠鏡は、天体の動きに連携させることができる。天体の天球上の緯度は赤緯、経度は赤経である（p.16～17）。

## 天体を追尾する

地球が自転するため、空は天の北極（南極）を中心に回転するように見える。つまり、望遠鏡の視野に入れた天体はじきに抜けてしまう。観測対象を望遠鏡の視野に留めておくには、望遠鏡も空の動きに合わせて、地球の自転と逆方向に動かす必要がある。

経緯台の場合、望遠鏡の高度と方位を手動で、上-横、下-横とぎこちなく動かさなければならない。赤道儀では対照的に、天体をなめらかに追尾できる。というのは、赤道儀は天の北極に向いていて、自由に動くのは赤経回転

**モータードライブ**
赤道儀の赤経軸に装着させた電動式のモータードライブで、夜空の天体の動きを望遠鏡が追尾できる。モーターのコントローラーから天体の位置座標を入力して位置合せができる。

だけであるからだ。天体追尾は手動でもできるし、架台に装着したモータードライブで自動制御もできる。このようになめらかに動くので、赤道儀は天体写真家、特に撮像に数分かかる深宇宙天体を撮る人に人気がある。天体写真では天体とカメラが完璧に同期していなければならないからだ。

### 恒星を追尾する

星は北極星を中心に同心円を描くように見える。経緯台で星を追尾すると階段状の動きになる。赤道儀はなめらかで円弧に近い軌跡を描く。

— 見かけの星の動き
— 経緯台の動き
— 赤道儀の動き

# 望遠鏡の性能

望遠鏡の機能は、遠い天体からの光を集め、像を結び、拡大して観測できるようにすることである。望遠鏡の性能は光学特性に依存する。ゆえに、私たちが最適な望遠鏡を選ぶには、以下の光学特性について理解しておかなければならない。

### 望遠鏡の口径と性能

光を集めるのは望遠鏡の対物レンズまたは対物鏡の仕事である。レンズや鏡が大きいほど、多くの光を集められるし、いっそう細かい部分まで観測できる。直径が2倍になると、光の量は4倍、観測できる距離は2倍になる。光学系の直径は口径と呼ばれ、mmまたはインチを単位として表す。口径60 mmの望遠鏡は、肉眼の70倍多く光を集める。

### 口径の大小

口径は望遠鏡で最も重要な特性である。口径が大きいほど有効倍率も高くなる。口径の限界を超えて倍率を上げると、像がぼやけて不明瞭になる。

口径 120 mm

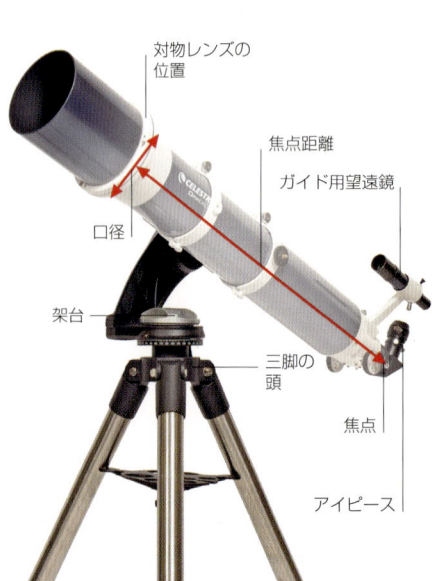

口径 66 mm

### 焦点距離

対物レンズか対物鏡から焦点(光が一点に集まるところ)までの距離を、その望遠鏡の焦点距離と呼ぶ。焦点距離の長い望遠鏡が結ぶ像は大きくて暗い。焦点距離が短ければ、像は小さいが明るい。焦点距離を口径で割った値を口径比またはF値と呼ぶ。F値がf/9より大きい望遠鏡は、月や惑星のような近くの明るい天体を見るのに適している。F値が小さい(f/5ぐらい)望遠鏡は、遠くの暗い天体を見るのに良い。

### 口径比(F値)

この小さな屈折望遠鏡は、口径120 mm、焦点距離は1000 mmである。焦点距離を口径で割ると口径比 f/8.3 が求められる。

## 倍 率

望遠鏡の倍率はアイピースの性能に依存する。アイピースの性能は焦点距離で表され、その値は側面に刻まれている。焦点距離はアイピースの拡大する能力を示すもので、数字が小さいほど拡大率は大きい。25 mmのアイピースは一般的な観測に良く、40 mmは星団や星雲を見るのに良い。広角アイピースは広い視野をもたらし、星団や星雲観測にも用いられる。

**9 mm アイピース使用**

**25 mm アイピース使用**

### 細部まで見るには
アイピースを差し替えると望遠鏡の倍率が変わる。高倍率のアイピース(左)は天体が大きく見えるが、コントラストと明るさは犠牲になる。

### さまざまなアイピース
ここに示したひとそろいで、さまざまな倍率を実現できる。バーローレンズはアイピースの手前に差し込んで使うもので、拡大率を記載された整数倍増やす。

**9 mm** **25 mm** **40 mm** **2倍バーローレンズ** **広 角**

## 望遠鏡の性能

望遠鏡の心臓部は鏡筒とアイピースで構成される。鏡筒の内部は光の反射を抑えるために黒く塗られている。鏡筒に格納されている光学系は焦点で像を結ぶ。アイピースは拡大鏡となってこの像を拡大する。像を拡大する能力は、望遠鏡の焦点距離をアイピースの焦点距離で割って求められる。この計算結果(25×、50×、100×など)は、アイピースを通して見た像が肉眼の何倍になるかを表す。アイピースを付け替えると拡大率も変わるが、望遠鏡は口径によって拡大限界が決まっている。

口径はまた、望遠鏡の分解能も決める。分解能とは望遠鏡がどこまで詳しく表現できるか、たとえばある二重星系を二つの星に見分けられるかどうかをいう。分解能は観測対象を分離できる離角で測定され、秒角(″)の単位で示す。

### 口径と倍率

望遠鏡の最大倍率は口径で決まる。一般法則では、特定の望遠鏡の有効倍率はmmで表した口径のおよそ2倍になる。

| 口 径 (mm) | 有効な 最大倍率 | 観測可能な天体の 下限(等級) | 分解能 (″) |
|---|---|---|---|
| 60 | 120× | 11.6 | 1.9 |
| 80 | 160× | 12.2 | 1.5 |
| 90 | 180× | 12.5 | 1.3 |
| 100 | 200× | 12.7 | 1.2 |
| 120 | 240× | 13.1 | 1.0 |
| 150 | (300×) | 13.6 | 0.8 |
| 200 | (400×) | 14.2 | 0.6 |
| 250 | (500×) | 14.7 | 0.5 |

# 望遠鏡の設定

望遠鏡設定の詳細はモデルごとに異なるが、基本的な流れは同じだ。モータードライブ付き赤道儀に反射望遠鏡を載せる場合を例としてここに示した。観測と観測の間、望遠鏡が手つかずであれば、このうち数項目を何回か繰り返す必要がある。

**1 三脚の天板を水平に保つ**
かたい水平な地面に三脚を立てる。水準器を使って三脚の天板が水平か確認する。

**2 三脚の脚の長さをそろえる**
三脚の脚は一杯に伸ばさない。安定を欠くし、望遠鏡を載せたとき高さ調節ができなくなってしまうから。脚にロックをかけて動かないようにする。

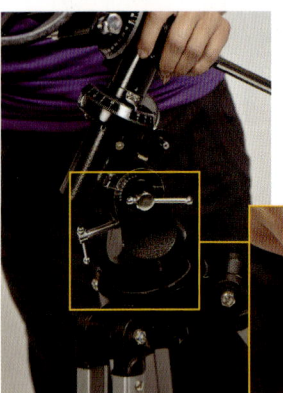

**3 赤道儀を三脚に載せる**
三脚の上に静かに赤道儀を置き（左）、赤道儀の突起を三脚の穴にはめる（下）。

**4 赤道儀を三脚に装着する**
三脚天板の下側で取付けネジをかたく締める。架台が三脚にしっかり固定されていることを確かめる。

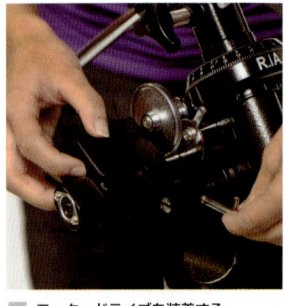

**5 モータードライブを装着する**
モータードライブを架台に装着し、モーターの歯車が赤道儀の歯車と正確にかみ合っていることを確かめる。

**6 極軸を合わせる**
赤道儀を使う場合、赤経（RA）軸（架台中心の「T」字で長い方）が、ほぼ天の北極または南極に向いているようにする（p.49）。

## 望遠鏡の設定 47

**7 ウエイト（釣合い錘）をつける**
ウエイトの穴にウエイト軸を差し込み、正しい位置にナットで固定する。望遠鏡に追加で安全ネジがついている場合はそれも装着する。

**8 望遠鏡を搭載する**
望遠鏡の鏡筒を、赤道儀の取付けバンドの中に置く。ネジを締めて取付けバンドを鏡筒の周囲にきっちり合わせる。

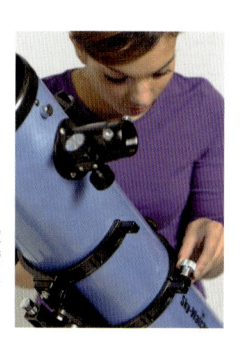

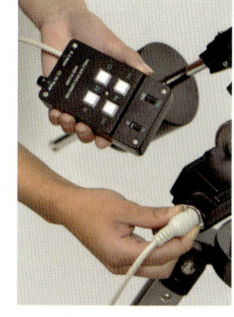

**10 ドライブのコントローラーをつなぐ**
赤道儀のモータードライブに、コントローラーを接続する。まだ電源ケーブルはつながない。

**9 調整ケーブルをつなぐ**
調整ケーブルを赤経軸と赤緯軸それぞれに差し込む。これは観測中に、赤経と赤緯を微調整するためのものだ。

**11 ファインダーとアイピースを合わせる**
望遠鏡に任意のアイピースとガイド用遠鏡（あるいは投影照準器）を取り付ける。ナットでしっかり固定する。ファインダーと望遠鏡の向きを合わせる（p.48）。

**12 ウエイトを移動させて赤経を合わせる**
赤経軸の固定ハンドル（p.49）を緩める。ウエイトを固定しているナットを外してウエイトを滑らせ、望遠鏡と釣り合わせる。その位置でナットを締める。

**13 赤緯を合わせる**
望遠鏡を支えたまま赤緯軸の固定ハンドル（p.49）を緩める。鏡筒取付けバンドを緩めて、鏡筒の釣り合いがとれるまで滑らせる。再び取付けバンドとハンドルを締める。

**14 電源を入れる**
モータードライブに電源ケーブルを接続して、鏡筒の極軸を正確に合わせる(p.49)。これで望遠鏡を使う準備ができた。

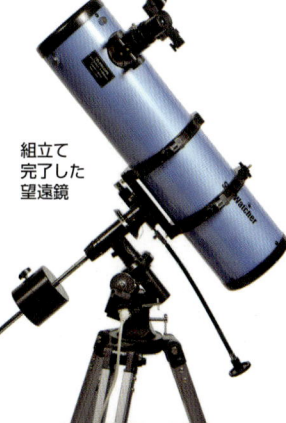

組立て完了した望遠鏡

# 望遠鏡の極軸合せ

望遠鏡の視野に天体を収めるには練習が必要だ。メインの望遠鏡のかたわらにファインダーという強い味方がいる。ファインダーの向きが正しく、架台の極軸が合っていれば準備は万全だ。

## ファインダーで天体を見つける

ファインダーには二つの種類がある。一方のガイド用望遠鏡は、小型の屈折望遠鏡で、視野が広い。そのアイピースの中心に天体が入っていれば、メインの望遠鏡でも天体が見える。もう一方の投影照準器は、透明ガラスまたはプラスチックのスクリーンを通して等倍の空が見える。そのスクリーンに投影される赤い点が望遠鏡の照準点を示す。

**ファインダーの種類**
望遠鏡の狭い視野に暗い恒星を入れるのは難しくて時間がかかる。ファインダーは恒星を周囲の景色とともに見せてくれるので、導入の助けになる。

## ファインダーの視軸合せ

まずファインダーをメインの望遠鏡と同じ向きに合わせなければならない。これは昼間に、地上にある遠くの目印を見て行う。夜まで待って恒星で合わせるのは、夜空が観測者に対して動くために信頼性が低い。ガイド用望遠鏡を合わせる流れを下にざっと述べたが、投影照準器でも同じである。この手順を定期的に行って、ガイド用望遠鏡とメインの望遠鏡の向きをそろえておき、調整ネジをしっかり締めておくのを忘れないこと。

**1 望遠鏡を向ける**
昼間に、街灯のような遠くの目標物を選び、メインの望遠鏡をそっと動かして目標が視野の中心に来るようにする。

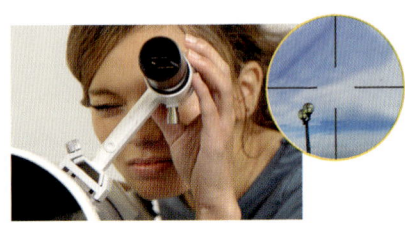

**2 ファインダーを確認する**
ガイド用望遠鏡の筒がメインの望遠鏡の鏡筒とほぼ平行なことを確認する。ガイド用望遠鏡のアイピースを覗く。目標はおそらく中心から外れている。

**3 ファインダーを調整する**
調整ネジまたは調整ダイヤルを使って、ガイド用望遠鏡の筒の向きを微調整する。ガイド用望遠鏡とメインの望遠鏡を交互に覗きながら確認すること。

**4 視軸合せの完了**
目標がガイド用望遠鏡でもメインの望遠鏡でも視野の中心に見えるように合ったら、ファインダーの調整ネジを締める。

# 望遠鏡の極軸合せ

## 極軸合せ

空は地球の自転軸を中心に回転しているので、望遠鏡に恒星を追尾させるためには、架台の回転軸も同じ方向に向けなければならない。北半球でこれを実現するには、(赤道儀に載せた)望遠鏡を傾けて、架台の極軸が北を指すように合わせる。次に、架台底部の目盛りを観測地の緯度に合わせる。これで望遠鏡が北極星にほぼ向いた状態になった。南半球で望遠鏡を合わせるには、望遠鏡を南に向けて緯度を合わせる。すると望遠鏡はだいたい天の南極に向く。

極軸望遠鏡を使ってもっと精密に合わせることができる。これは小型の望遠鏡で、多くの架台で極軸の中に設置されているものである。極軸望遠鏡から見えるものが、アイピースに刻まれた星座と一致すれば、望遠鏡の向きは合っている。

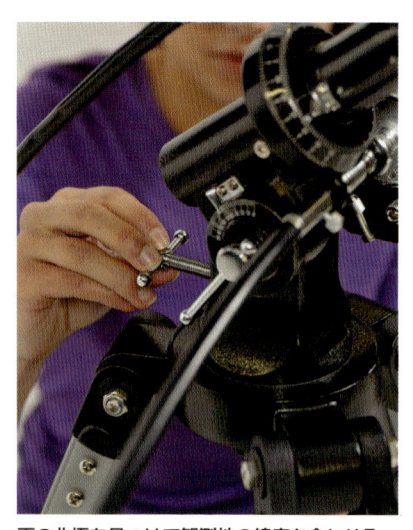

**天の北極を見つけて観測地の緯度を合わせる**
赤道儀の極軸(右上)が一旦正確に北(北半球で観測する場合。南半球で観測する場合は南)に向いたら、観測地の緯度は赤道儀の底部にある目盛り(中央)で設定できる。

## 調整ダイヤルを使う

望遠鏡は設置して軸合せがすんだら使える。すべての設定が正しいか、座標(p.17)がわかっている既知の恒星に向けて二重チェックしよう。アイピースの中心に恒星を入れて、赤経調整ダイヤルをこの星の赤経に合わせよう。望遠鏡が完璧に設定されていれば、赤緯調整ダイヤルはこの星の赤緯を正確に示しているはずだ。別の天体に移る場合は、その天体の座標を調べて設定を合わせる。

**調整環**
- 赤緯調整ダイヤル
- 赤緯軸固定ハンドル
- 赤経軸固定ハンドル
- 赤径調整ダイヤル

- アイピース
- 投影照準器
- 取付けバンド
- ウエイト軸
- ウエイト
- 錘止め
- モータードライブ
- 極軸
- 極軸調整ネジ
- 赤緯・赤経調整ケーブル

## 天体の座標を合わせる

反射望遠鏡と赤道儀は、アマチュアが使う典型的な組合せだ。見たい天体の座標を、赤経ダイヤルと赤緯ダイヤルで合わせる。

# GO-TO 望遠鏡

この種の望遠鏡の魅力は、天体を簡単に見つけられることである。go-to 望遠鏡はコンピューター技術を使って天体の位置を突き止めて追尾する。見たいものを選んで待つだけで、その天体が自動的に望遠鏡の視野に入る。

## 観測が簡単

アマチュア向けの望遠鏡の多くは、コントローラーで自動制御できるモータードライブ付き架台とセットで売られているが、この構成は夜空での天体追尾を可能にする。go-to 望遠鏡は、モーターがついているだけでなく、観測を自動化さえできる。一旦正確に調整してしまえば、内蔵のコンピューターを使って自動的にさまざまな天体の位置を計算しその天体に向く。このようにして、空の座標系についてよく知らない人でも簡単に星空探検ができるようになった。go-to 望遠鏡は従来のものより高価であるのに、ますます人気が高く購入しやすくなっている。

**高度設定ダイヤル**
**ガイド用望遠鏡**
**架台用コントローラー**
**アイピース**
**方位設定ダイヤル**
**フォーク式経緯台**

**惑星を追尾する**
go-to 望遠鏡は木星（上）のような惑星や、恒星や、あるいは深宇宙天体を自動で導入し追尾できる。設定さえ正確なら、目標天体は視野中央に入る。

**go-to 架台に反射屈折望遠鏡を載せたところ**
この口径 200mm の望遠鏡は PC とつながっており、天文ソフトから制御できる。PC からコントローラーのデータベースを更新して新発見された天体にも対応できる。

## コントローラー

go-to 望遠鏡は手持ちのコントローラーで制御する（「ハンドセット」「パドル（水かき）」とも呼ばれる）。コントローラーには天体データベースが入っており、操作はメニューから目的の天体を選ぶだけで良い。するとコントローラーは望遠鏡の架台に信号を送り、その天体の位置を教えて望遠鏡に導入させる。データベースには数千個の天体が格納されていて、その中の一つが選ばれるごとに望遠鏡は正しい位置に向く。go-to 望遠鏡には、天体巡りのプログラムがプリセットされているものもある。GPS（全地球測位システム）機能がついたモデルでは、電源を入れるたびに日付、時刻、そして観測地が自動で設定される。

**座標を入力する**
観測天体をコントローラーのデータベースからも選ぶこともできるし、見たい天体の名称や位置座標を入力しても良い。

## GO-TO望遠鏡

### go-to望遠鏡の設定

go-to望遠鏡を設置する際は、最初に方向合せが必要だ。次に架台とコントローラーの電源を入れて、日付、時刻、そして観測地のデータを入力する。最後に、選んだ恒星を望遠鏡の視野中心に入れる。この最後の工程は、十分離れた恒星を使って数回繰り返す。これで望遠鏡が使えるようになる。

**1 望遠鏡を架台に載せる**
水準器を使って三脚が水平か確かめる。静かに架台を下げて望遠鏡を載せ、正しい位置で安定させる。

**2 ホームポジションを設定する**
望遠鏡を動かしてホームポジションに構える。フォーク式経緯台の場合は三角の印同士を合わせる(左)。赤道儀の場合は極軸合せが必要だ。

**3 望遠鏡の準備**
架台を電源に接続してスイッチを入れる。鏡筒のカバーを外す。

**4 初期値を入力する**
コントローラーの表示に従って日付、時刻、観測地のデータを入力する。観測地をメニューから選ぶgo-to望遠鏡もある。

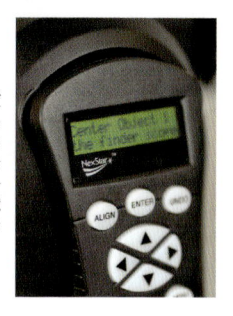

**5 望遠鏡の方向合せ**
やり方はさまざまだが、典型は、比較星としてシリウスのような明るい恒星を選んで望遠鏡を向ける。コントローラーで恒星を選ぶと、望遠鏡が自動的に現在の位置を計算してその星に向く。

コントローラーで「Jupiter」(木星)を選択したところ

**6 望遠鏡の向きを調整する**
アイピースを覗いて選んだ恒星が視野中心に入っているか確かめる。もし中心から外れていたら、ファインダーを見ながらコントローラーの方向ボタンを押して中心に入れる。5と6の工程を別の恒星を使って数回繰り返す。

**7 観測対象を入力する**
これでgo-to望遠鏡が使えるようになった。見たい天体をコントローラーのメニューで選び、「go-to」または「enter」ボタンを押す。すると望遠鏡が自動的に動いて目的の天体が視野中心に入る。

# 望遠鏡観測

夜空を観測する楽しみのひとつは、宇宙を自分自身の目で見て確かめることである。それには良い望遠鏡1台だけで足りるが、しかしさまざまな付属品も購入する価値はある。ずっと快適に、もっと詳しく観測できるようになるからだ。

## 見え方の違い

望遠鏡は肉眼や双眼鏡よりたくさん光を集められるので、天体の見え方も変わる。たとえば、肉眼ではオリオン座は、オリオンの胴体から腕が突き出して見える。一つ一つの恒星がオリオンの肩であったり、頭であったり、腰帯であったりする。オリオンが帯から下げているぼんやりした光のしみは短剣である。これは実際には、ガスと塵でできた巨大な星形成領域であり、オリオン大星雲と呼ばれる。夜空で一番大きくて明るい星形成領域だ。

**3 口径200 mmの中型望遠鏡で見る**
中口径の望遠鏡では、オリオン大星雲の構造が見える。アイピースごしの実視観測では灰色がかった緑に見えるが、長時間露出して写真に撮ると、桃色や青や白といったさまざまな色が写る。

**1 肉眼で見る**
光害の強い空でも、オリオン座の形はわかる。赤い恒星ベテルギウスはこの画像の中央上に見える。その下の三つ並んだ恒星はオリオンの帯で、その下にオリオン大星雲がある。

**4 口径2.2 mの大型望遠鏡で見る**
もっと大口径の望遠鏡で長時間露出したこの画像では、星雲の構造がいっそう良くわかる。星雲中心部でトラペジウム（四角形）を形成する恒星からの放射が、周囲のガスと塵を輝かせて光って見える。

双眼鏡で見ると、この星雲は構造をもち、部分ごとに明るさが異なることがわかる。中口径の200 mm望遠鏡では見え方が変わり詳しい構造が見えてくる。写真に撮ると色もわかるようになる。この色は、星雲に含まれる化学成分（水素、酸素、硫黄など）による。もっと口径が大きく（2.2 m）なると、星雲中心部のトラペジウム星系（生まれたばかりの四つの大質量星）が輝く驚くべき光景が見える。

**2 双眼鏡で見る**
オリオン大星雲は、夜空で一番明るい星形成領域だ。この星雲の形は双眼鏡で見てはじめてわかる。肉眼では見えなかった恒星も見えてくる。

## 望遠鏡の像

望遠鏡の像は上下左右が逆になる。逆立ちして見るようなものだ。逆さまの像を見ていると、方角がわからなくなってしまうことがある（特に星図と照合中に）。ダイアゴナルと呼ばれる小型の付属品をアイピースと望遠鏡の間に装着すると、問題の一部を解消できる。プリズムまたは傾けた鏡で光を90°曲げて、天体像の上下を正しくするが、鏡像はそのままだ。肉眼で見るのと同じ向きで天体を見たいなら、正立ダイアゴナルがひとつの解決法になる。こちらは45°プリズムが光を正しい向きに曲げて像を反転させる。しかし、像の向きを直す代償もある。ダイアゴナルは像を結ぶ光を多少吸収し散乱させる。この理由で多くの天文学者は向きを直すより鮮明な像を選ぶ。

### 逆さまの像
下は肉眼で見たオリオン座の向きである。左は同じ星座を、ダイアゴナルなしの望遠鏡で見たものである。

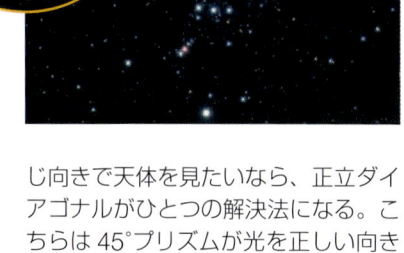

**ダイアゴナルを通して見る**
ダイアゴナルはアイピースと望遠鏡の間にはめ込む。これを使うと望遠鏡を下から覗き込むのでなく、上から覗いて観測できるようになる。

## アイピースフィルター

フィルターとは色つきガラスのはまった円盤で、望遠鏡のアイピースにはめて、光が眼に届く前に特定の波長（色）を遮る。フィルターには、惑星状星雲が詳しく見える、最も単純な色つきフィルターから、惑星から銀河まであらゆる天体を撮影するための特殊フィルターまでさまざまな種類がある。

黄色フィルターで火星の極冠を見ると細部が浮き上がって見える。青色フィルターは木星の縞模様と大赤斑のコントラストを増す。人工灯による光害の橙色を和らげるものもある。高度に特殊化した狭帯域フィルターは、個々の元素が出す光に対応した特定の波長しか通さない。

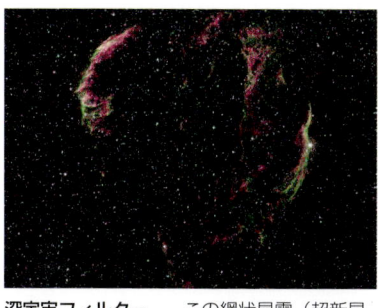

**深宇宙フィルター** この網状星雲（超新星残骸のひとつ）を捉えた画像は、深宇宙観測用の狭帯域フィルターを使って撮影した。このフィルターは背景の黒と被写体である星雲とのコントラストを増幅する。

**フィルターをはめ込む**
通常アイピースの後方にフィルターを回し入れた後、望遠鏡に装着する。フィルターを使うと細部がはっきりするが、眼に届く光の量は少なくなる。

# 写真観測

天体写真観測は大いに価値ある経験になる。使う機材は基本的なオートフォーカス・自動露出のデジタルカメラから、モータードライブ搭載の望遠鏡と天体撮影に特化した PC ソフトをつないだ天体写真撮影システムまで幅がある。

## カメラと三脚

カメラ1台からでも天体写真は撮れる。しかし望遠鏡なしでは、恒星、月、明るい惑星、そしてオーロラの、肉眼視に毛の生えた程度の写真記録に限定される。三脚にカメラを固定できれば、1ショットに数秒の露出をかけられる。同じ構図で露出時間を、たとえば5秒、10秒、20秒、そして40秒のように何回か変えて撮っておくと良い。露出を長くすると恒星が動いて白い線が写る。地球が自転しているために、空に円弧が描かれるのだ。

**カメラを安定して構える** タイマーやケーブルレリーズ（下）を使えば、カメラに触れて揺らしてしまうことなくシャッターが切れる。

**恒星の軌跡** 最も簡単な天体写真のひとつは、恒星が空で動いた跡だ。この写真はカメラを三脚に載せて撮影した。

## 相乗り法

恒星が動く跡を残さず長時間露出で撮影するには、カメラが星を追尾する必要がある。モータードライブのついた赤道儀（p.43）に載せた望遠鏡にカメラを装着すればこれを実現できる。一番簡単な方法は、望遠鏡の鏡筒にカメラを載せることだ。この構成は望遠鏡に入った天体を撮影できるが、写真はカメラが見たとおりになる。相乗り法は空の広い領域や、星雲や銀河のように広がった天体を長時間露出で撮影する場合に有効だ。カメラを望遠鏡に装着できる特殊な器具が購入できる。

**カメラの相乗り** カメラを赤道儀に望遠鏡と相乗りさせると天体追尾できる。望遠写真用レンズを使うと星座を広角で撮影できる。

（図ラベル：相乗りさせた一眼レフ／望遠写真用レンズ／反射屈折望遠鏡／相乗り架台／ケーブルレリーズ／モータードライブ付き赤道儀）

## 主焦点撮影

主焦点法という方法もある。この方法だと望遠鏡が結ぶ像をカメラに記録できる。この場合カメラのレンズを外して、望遠鏡のアイピース装着部にアダプターで装着する。つまり望遠鏡を大きい望遠レンズとして使えるので、狭角高倍率の像が得られる。

主焦点法を使って長時間（数分）露出すると銀河や星雲や星団を撮影できる。主焦点撮影では、観測対象を望遠鏡の視野に留めるため、望遠鏡をモータードライブのついた赤道儀に搭載して、カメラを追尾させる必要がある。

**主焦点法の構成**
カメラを望遠鏡のアイピースの位置に装着する（アイピースは外しても、つけたままでも良い）。

**主焦点法で撮影した亜鈴星雲**
この画像はコンピューターに記録されたデータで、画像を鮮明にし色を増幅するためにPCソフトによる処理を施した（p.57）。

## 無限焦点撮影（デジスコ）

無限焦点撮影またはデジスコと呼ばれる方法もある。オートフォーカス・自動露出のデジタルカメラのレンズを、望遠鏡のアイピースと同じ視軸に合わせて、シャッターを押すだけだ。基本は、カメラを三脚に載せて、望遠鏡のアイピースに向ける。専用アダプターを使って、カメラをアイピースと同じ視軸に固定してしまうやり方もある。この方法でちょっとした月の写真が撮れる。

無限焦点撮影に特化したカメラを買うなら、LCDスクリーンが広く、露出時間を手動で変えられるモデルを探すと良い。カメラのセルフタイマーを使えば、シャッターを押すときに触れてぶれるのを防ぐことができる。

**カメラと望遠鏡を直列につなぐ**
単純なアダプターで、オートフォーカス・自動露出カメラのレンズを望遠鏡のアイピースに正確に合わせて固定できる。カメラのレンズと望遠鏡との距離は何度か試してベストの配置を見つけること。

## 観測器具と技術

### » デジタル一眼レフでの天体写真術

デジタル一眼レフカメラは、天体写真に最も良く使われているカメラだ。オートフォーカス・自動露出のカメラより光の感度が高く、長い間シャッターを開放でき、そしてレンズ交換ができる。デジタル一眼レフで30秒ほど露出すれば、星座と天の川が写る。主焦点法で数分露出すれば銀河や星雲や星団のクローズアップが撮れるが、その場合正確な自動追尾が必須だ。一眼レフカメラの多くには遠隔操作の付属品がある。これを使えば、カメラを揺らさずにシャッターが押せる。

広角レンズ

デジタル一眼レフカメラ

カメラ架台

**デジタル一眼レフカメラを使った撮影**
デジタル一眼レフカメラは、三脚に載せたり（左）、望遠鏡に相乗りまたは主焦点に装着しての撮影が可能だ。

口径175mm 反射屈折望遠鏡

アイピースに装着したCCDカメラ

カメラとPCとを接続するケーブル

モータードライブ付きのフォーク式赤道儀

### CCD撮影

CCD（電荷結合素子）カメラは、オートフォーカス・自動露出のカメラや、デジタル一眼レフカメラと異なり、天体観測に特化したカメラである。CCD技術はデジタルカメラにも使われているが、専用のCCDカメラを使うと最高の画質が得られる。暗い天体でも、分単位でなく秒単位の露出で鮮やかな像が撮れるのだ。典型的なCCDカメラは、望遠鏡のアイピースに装着して、コンピューターにケーブルで接続して使う。天体からの光をデジタル信号に変換して、スクリーンに像として描き出す。CCDカメラは熱により発生する干渉を減らすための冷却装置をもつ。

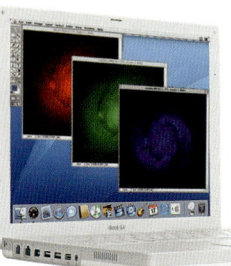

**CCDカメラと望遠鏡** CCDカメラはアイピースに取り付けて、ケーブルでコンピューターに接続する。シリコンチップに落ちた光データが合成されて、画像が作成される。

**画像合成**
専用のソフトウェアを使って、さまざまなフィルターごしに撮影された像を合成して、フルカラーの詳しい画像が得られる。

## ウェブカメラ観測

天体写真家の悩みの種は、地球の大気だ。シーイング（p.33）に影響して像がにじんでしまうのだが、これを避ける画期的な方法がある。ウェブカメラだ。この小さなビデオカメラは、望遠鏡に装着すると像をリアルタイムでコンピューターに送る。ウェブカメラが記録した短い動画はコンピューターのソフトがフレーム単位でバラバラにする。それらのフレームから良いものだけをソフトが選び出して格納し、最終的に1枚の画像に合成するのである。こうしてできた像は非常に鮮明であり、元の動画のどのフレームよりも詳細がわかる。

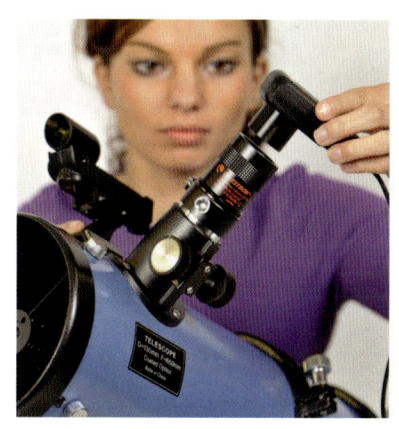

### ウェブカメラを使って月や惑星を撮影する

1. 望遠鏡を設定する。モータードライブを使う場合は、月または惑星を追尾できているか確認する。コンピューターを起動し、ウェブカメラ付属の画像記録ソフトを立ち上げる。

2. アイピースの中心に観測対象を入れた後、アイピースを外してウェブカメラを装着する。ウェブカメラがPCソフトと正常にデータ交換できているか確認する。

3. ソフトウェアの動画取込みを使って、月面や惑星が鮮明に見えるように焦点を合わせる。

4. カメラの露出を設定する。必要に応じて制御用ソフトウェアを使う。記録時間60秒から始めて、様子を見ながら調整する。

5. 惑星を撮影する場合、記録時間を60秒より大幅に長くはしないこと。惑星が自転しているので、像がぶれて細部が見えなくなってしまう。

6. カメラを稼動させる。短い動画がAVIフォーマット（Microsoft）で記録される。

7. 記録が終わったら、スタッキングソフトに動画をロードする。ソフトウェアの指示に従って最終的な画像を合成する。

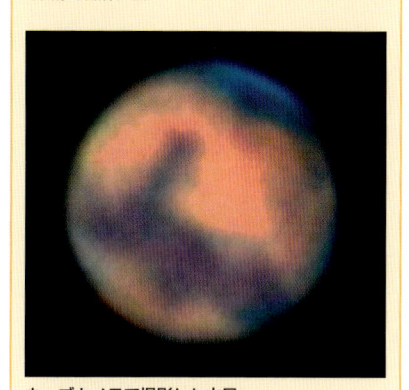

**ウェブカメラを取り付ける**
天体観測に特化したウェブカメラは、望遠鏡のアイピースを装着する場所にはめ込み、ケーブル1本でコンピューターに接続する。望遠鏡が観測対象に向いたら、コンピューターからソフトを通じて操作できる。

**ウェブカメラで撮影した火星**

## 画像処理

コンピューターに直接記録したり、ダウンロードした生の画像データは、Adobe社のPhotoshopのようなソフトウェアを使って画質を向上できる。画像をトリミングしたり、回転させたり、ノイズを消したりできるし、明るさやコントラストを調整して細かい部分まで見えるようにできる。ほかに、カラーバランスの調整もできる。プロの天文学者が細部を目立たせるためによく行っていることだ。画質調整を終えたら保存を忘れないように。

**デジタル画像処理** Photoshopで土星画像を開いたところ。Photoshopは、画像のコントラストや、鮮明度や、色を修正して画質を向上させることができるPCソフトウェアである。

観測器具と技術

# 観測記録をつける

従来天文学者は見たものを文章と絵で記録してきた。デジタル技術が台頭したものの、紙と筆記用具での記録は現在も有効だ。記録をつければ細部まで観察できる目が養われるし、きわめて個人的な観測記録ができる。

## 野帳をつける

見たものを記録する習慣をつけるのは良いことだ。練習帳や大判の日記帳を観測記録用にしたり、特注の観測野帳を買って使おう。市販の野帳はスケッチ用のスペースがあるし、役に立つ情報も載っているため簡単に記録をつけられる。どのようなタイプのものであれ、観測記録をつけるノートは、携帯できて使いやすくなければならない。重要な項目は毎回の観測時または観測を終えてすぐに埋めること。記録をつけ続けることで、天体をいっそう注意深く見るようになるし、考察もできるようになる。あなたの記録は自ら観測した記念であり、将来の参考資料になる。読み通せば、観測者としての自分の成長ぶりがわかるだろう。

### 観測を記録すること

観測野帳には必ず、以下の項目を記録しよう。毎回同じ順番でこれらの項目を書き記そう。こうすることで観測の詳細を記憶しておけるし、記録が使いやすい情報源になる。すべての観測で以下の項目を欠かさず記録すること。

・観測者名と観測地
・観測日時
・天体名（と属する星座名）
・天体の位置座標
・観測条件（シーイング、透明度、雲量、気温）
・観測機材の詳細（使用した望遠鏡、アイピース、フィルターなど）
・観測対象の状態描写
・すべてのスケッチと写真の方位

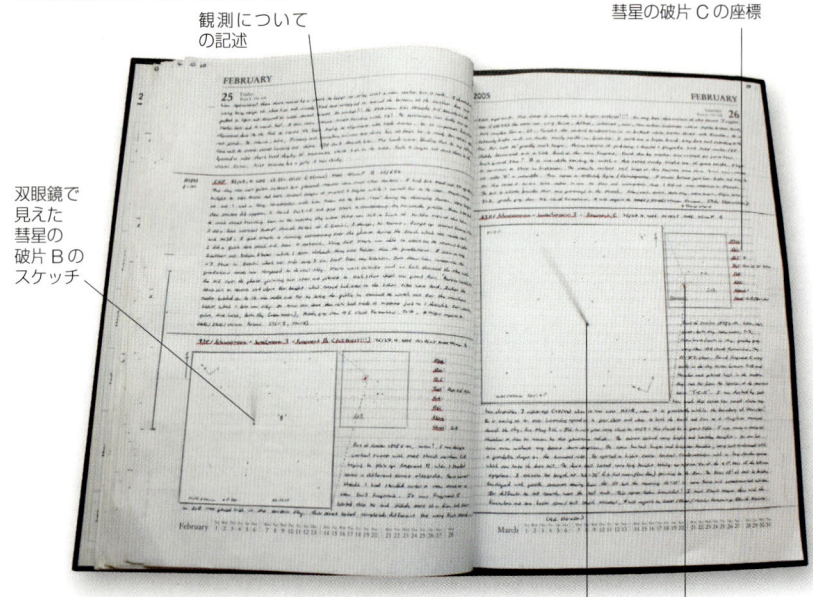

観測についての記述

彗星の破片Cの座標

双眼鏡で見えた彗星の破片Bのスケッチ

### 天文学者のスケッチ付き日誌

この、北アイルランド在住のある天文学者の日誌は、彗星探しの活動記録である。スケッチには、バラバラに壊れたシュバスマン–バハマン第3彗星の分裂破片の様子が捉えられている。

双眼鏡で見えた彗星の破片Cのスケッチ

肉眼で見えた彗星の破片Cのスケッチ

## 天体スケッチ

何を観察するにせよ、スケッチする価値はある。スケッチはあなたの観測を永久に残すだけでなく、眼が細部まで捉えられるよう訓練する優れた手段でもある。たとえば、月面をスケッチすることで、山脈やクレーターを見分けたり、それらが月面に落とす影を詳しく観察できるようになる。明暗境界線（月面の光に照らされた部分と影の部分の境）に沿って目立つ地形を記録してみよう。いくつか目立つ地形をまずスケッチし、細部を埋めて、影をつけて、それから別の地形を描く。星団や、星雲や、銀河などをスケッチするコツは、明るい恒星から始めることである。明るい星ほど大きい点で描く。最も明るい恒星を最初に描いて、大まかな枠組みをつくり、残りを埋めることだ。

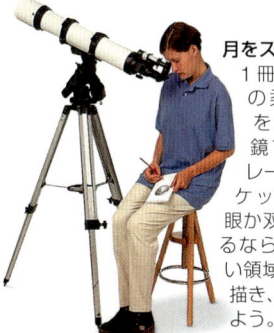

**月をスケッチする**
1冊のノートと芯の柔らかい鉛筆を使って、望遠鏡で見た月のクレーターと海をスケッチしよう。肉眼か双眼鏡で見ているなら、月面の明るい領域と暗い領域を描き、月齢も記録しよう。

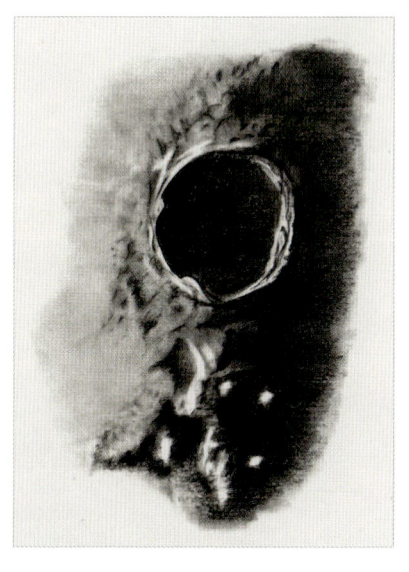

**月のクレーター、コペルニクス**
月面の地形をスケッチするコツは、おもな形を最初に薄く捉えることである。影を描き加えるのに木炭の側面を使うと良い。

## 記録を共有する

他の人の記録を見せてもらうと、何を観測しているかだけでなく、どのように記録しているかがわかる。自分の観測結果をインターネットにアップロードしている人は多い。その観測を世界中で簡単に共有できるのだ。オンラインのこうしたフォーラムは、他の人から学べる公共の広場である。たとえば、鉛筆で影をつける代わりに、ペンで打つ点の密度で影の暗さを表した画像がある。あるいは、ネガ写真のように、白い紙に黒い鉛筆で恒星を描いたスケッチがある。また、コンピューターグラフィックスで、黒い背景に明るい恒星を置いた画像がある。

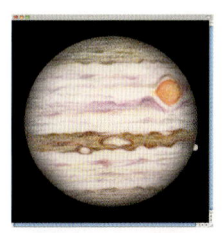

**木 星**
この色鉛筆スケッチは、ボイジャー1号撮影の画像を元に描いたものである。写真模写はスケッチの腕を磨く良い練習になる。

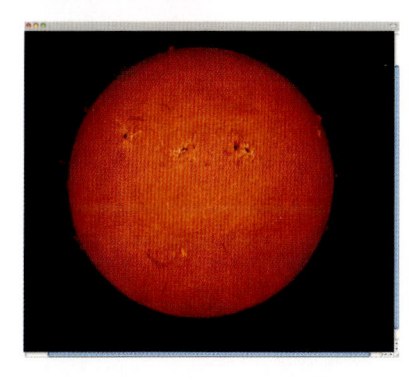

**太 陽** この太陽望遠鏡の画像は、パステルで描いた白黒スケッチを使って作成したものだ。色はあとで Photoshop を使ってつけた。

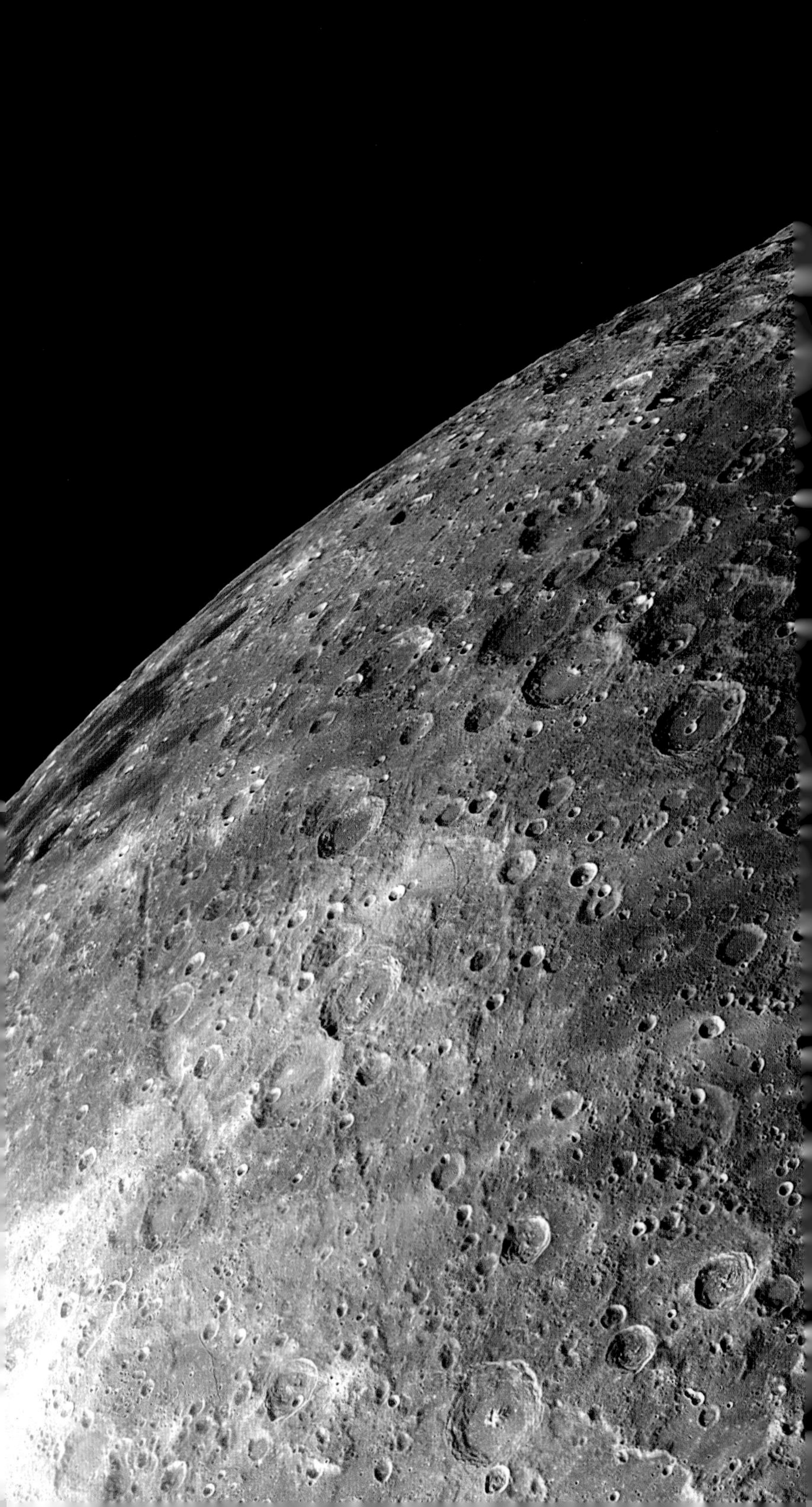

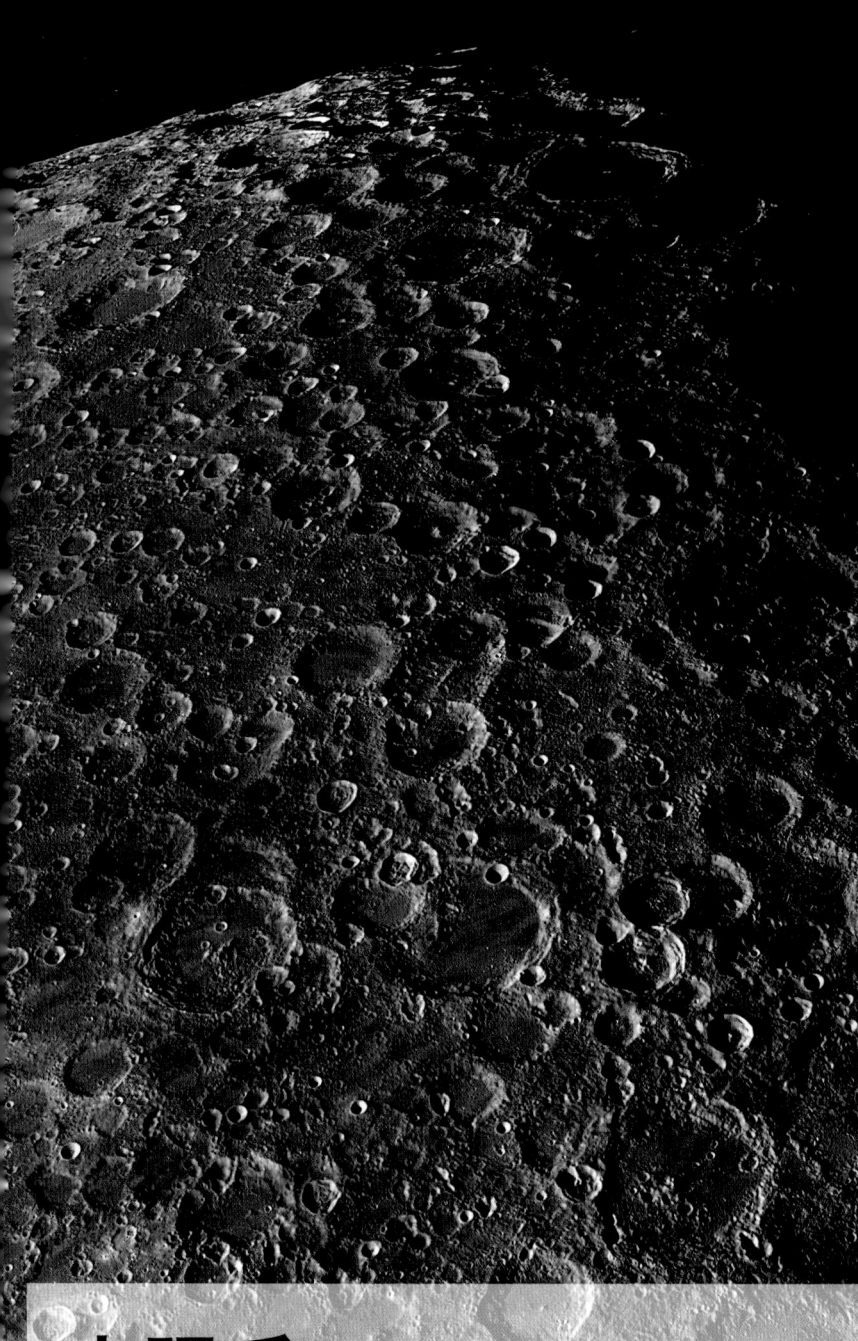

# 太陽系

**月の南極**：355 mm 望遠鏡が捉えた130画像を合成した。

# 太陽と惑星たち

天の川銀河に位置する太陽系は、太陽とその重力の影響を受けている天体からなる。おもなものは八つの惑星であるが、ほかにも衛星や、小惑星や、彗星のような多くの天体が含まれる。

## 太陽系の構造

太陽系の心臓・太陽の重力が惑星を公転軌道につなぎ、太陽が放射する熱と光が地球の生命を支える。惑星は岩石質の惑星とガス惑星に大別される。前者は水星、金星、地球および火星、後者は木星、土星、天王星および海王星である。火星と木星の間にメインベルトがあり、無数の小惑星が公転軌道を描く。準惑星ケレスもそこにある。太陽の影響は海王星の先にも及び、そこに位置するカイパーベルト（p.107）とオールトの雲（p.109）は凍った天体が多数宿る領域で、彗星はここから来る。カイパーベルトには冥王星などの準惑星が含まれる（p.106〜107）。

## 惑星軌道

太陽のまわりを公転する惑星は、ほぼ同一の平面（黄道面）上を同じ方向に動く。この図では、惑星も軌道も現実の縮尺で描いてはいない。

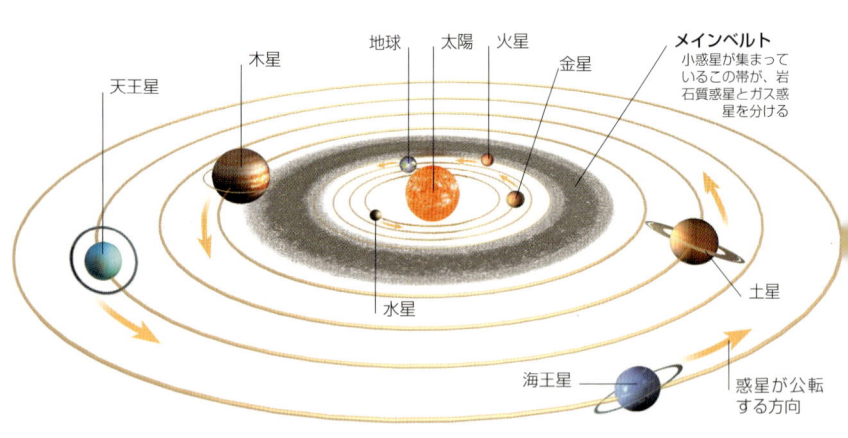

**メインベルト** 小惑星が集まっているこの帯が、岩石質惑星とガス惑星を分ける

惑星が公転する方向

## 太陽系の形成

太陽系はおよそ46億年前に、回転するガスと塵の雲として生まれたと考えられている。このガス雲に重力が作用して収縮し、中心部が高温高密度になって最終的に太陽になった。回転するガスと塵の円盤（原始惑星円盤と呼ばれる）は徐々に合体して微惑星と呼ばれる小天体をいくつも形成した。この微惑星同士が何度も衝突して、私たちが現在見ている惑星ができた。惑星形成に使われずに残った破片は、小惑星や彗星として、太陽系の至るところに見られる。

太陽が核融合によりエネルギーを生成し始める

原始惑星円盤の内側の高温領域で、岩石質の惑星が形成された

形成中のガス惑星

原始惑星円盤の外側の低温領域

**惑星の誕生** 岩石質の惑星は、原始惑星円盤の内側の高温領域で、微惑星同士が合体して形成された。外側の低温領域では、岩石のまわりにガスが付着してガス惑星が形成された。

# 太陽と惑星たち

## 岩石質の惑星

太陽に近い方から四つ、水星、金星、地球、そして火星は、比較的小さな岩石質の惑星であり、金属でできた中心核を、岩石のマントルが包んでいると考えられている。また四つすべてに大気があるが、水星と火星の大気は、地球と金星の大気より希薄である。地球だけが液体の水をもつが、火星にもかつては水が流れて海に注いでいた可能性がある。岩石質の惑星はすべて、地球から肉眼で見える。

## ガスでできた大型惑星

小惑星が群れ集うメインベルトの外には、四つの大型惑星、木星、土星、天王星、そして海王星がある。それぞれ巨大なガスの球（おもに水素とヘリウムからなる）であり、内部には岩石質の中心核があると考えられている。これらの大型惑星は太陽から遠すぎるため非常に低温である。木星と土星は地球から肉眼ではっきり見える。天王星も肉眼で見えるが、非常に暗い。海王星を観測するには双眼鏡か望遠鏡が必要だ。

### 水星
太陽に最も近い惑星で、太陽系で最小。水星はクレーターだらけで、昼夜の温度差が激しい。

### 金星
地球と大きさがほぼ等しく、雲に包まれている。火山活動で形成された地表は、他のどの惑星よりも高温（464℃）だ。

### 木星
太陽系で最大で最も重い惑星。木星には、はっきり帯状に色分けされた大気と、渦を巻く気象系がある。

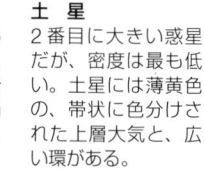

### 土星
2番目に大きい惑星だが、密度は最も低い。土星には薄黄色の、帯状に色分けされた上層大気と、広い環がある。

### 地球
岩石質の惑星で最大。太陽系で唯一、液体の水が豊富で、大気に酸素が多く、知的生命体が存在する天体である。

### 火星
岩石質の惑星で最も外側にある。火星の地表では、地殻活動の痕跡と、岩だらけの平原と、干上がった川が観測される。

### 天王星
薄青色の、大きさが地球の4倍ほどの天王星は、横向きに自転しているため、暗い環と衛星たちは天王星を上下に囲むように公転している。

### 海王星
太陽から最も遠い惑星で、大型惑星の中で最小の海王星では、時速2000 kmを超える激しい嵐が吹いている。

## 小惑星と彗星

八つの惑星とその衛星たちのほかに、太陽系は天体を数千個も含む。そのうち小惑星の大部分は火星と木星の間のメインベルトに集中している。小惑星には他の種類もある。トロヤ群は木星にくっついていっしょに公転している。地球近傍小惑星（NEA）というグループもあり、その軌道が地球に近づくものをいう。太陽系の内側領域に、海王星よりずっと遠くからはるばる彗星（p.108）がやって来ることもある。

### 百武彗星
彗星は氷と塵の塊で、細長い楕円軌道を描いて公転している。1996年にこの彗星は地球に近づき、肉眼でも楽に見えた。

### 小惑星エロス
最大の地球近傍小惑星であり、長径は38 kmほどもある。2001年にNASAの探査機が着陸した。

> **夜空に浮かぶ木星**
> この写真で最も明るい天体は木星であり、その下の橙色の点は、明るい一等星20個のうちのひとつ、アンタレスである。その左に天の川銀河の中央バルジがある。

# 惑星観測

いつどこに惑星が見えるかは、太陽と地球に対する惑星の位置による。惑星は太陽の向こう側にあったり、太陽と地球の間に入っていたりすると、太陽の強い光にかき消されてしまって見えない。

### 肉眼で見る

太陽のまぶしすぎる光に消される時期でなければ、海王星を除くすべての惑星は肉眼で見える。惑星は内惑星と外惑星の二つに分類できる。前者は地球軌道の内側を公転している惑星で、水星と金星である。この2惑星は空で常に太陽の近くにあり、日没以後の西の空か、日の出以前の東の空で見える。金星は夜空で月の次に明るい。水星はまれにしか見えないが、夕暮れか明け方に恒星のように見えるときがある。外惑星とは、地球軌道の外側を公転している惑星であり、火星、木星、土星、天王星、そして海王星を指す。観測できる時期には数時間から一晩中見える。肉眼で見える四つの外惑星のうち、火星は赤味を帯び、明るさが大きく変わる。木星はどの恒星よりも明るい。土星は明るい恒星の中で中位の明るさに見える。天王星は肉眼でやっと見えるほど暗い。

## 双眼鏡と望遠鏡を使って見る

双眼鏡を使っても火星と土星は明るい光の点にしか見えないが、木星は小さな円盤状に見えるし、金星は満ち欠けがわかる。小型望遠鏡を使うと、火星の極冠、木星の四大衛星、土星の環などが見えてくる。大型望遠鏡ではもっと詳細がわかるし、水星、天王星、そして海王星も、光の点でなく円盤に見える。

**双眼鏡で見た月**
双眼鏡では、月面の、大型クレーターや海（溶岩がたまって固まった黒い部分）などの地形が見える。

**小型望遠鏡で見た木星系**
小型望遠鏡では、木星ははっきり円盤型になり、衛星の大きい方から四つのうちいくつかが常に見えるようになる。

**大型望遠鏡で見た土星と環**
アマチュア所有の大型望遠鏡では、土星の素晴らしい環の構造がある程度見えてくる。

## 外惑星の見え方

外惑星は、衝（太陽の反対側で地球に最も近い位置）にあるとき最も明るくなる。外惑星は長期的には通常天球上を西から東へと移動するが、衝に近い時期は、東方への移動が止まり、空で一旦逆方向に戻る（逆行と呼ぶ）。その後、向きが通常の東向きになる。

**逆行** 火星が衝に近い2か月間には、軌道の内側から地球が火星を追い越すので、火星は夜空で逆行するように見える。

## 内惑星の見え方

内惑星が地球から遠い太陽側に来るとき（外合(がいごう)）、惑星は太陽に隠されて見えない。内惑星が太陽と地球の間にあるとき（内合(ないごう)）、惑星は太陽がまぶしくて見えない。結論として、内惑星が一番良く見える時期は、太陽からの離角が最大、つまり軌道上の惑星の位置が、地球から見た太陽から最も遠い二点にあるときである。しかし最大離角にあっても、水星は日暮れか明け方にしか見えない。一方金星は、日没から3時間あるいは日の出前の3時間から見える。内惑星は、月のように満ち欠け（相変化）をする。

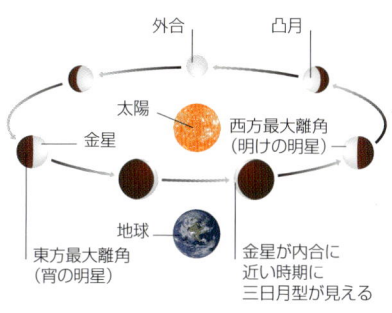

**内惑星の位相**
内惑星（図は金星）は相変化をする。というのは、見えるときは常に、惑星全面が見える位置から遠く離れているからである。

# 太 陽

### 天体データ

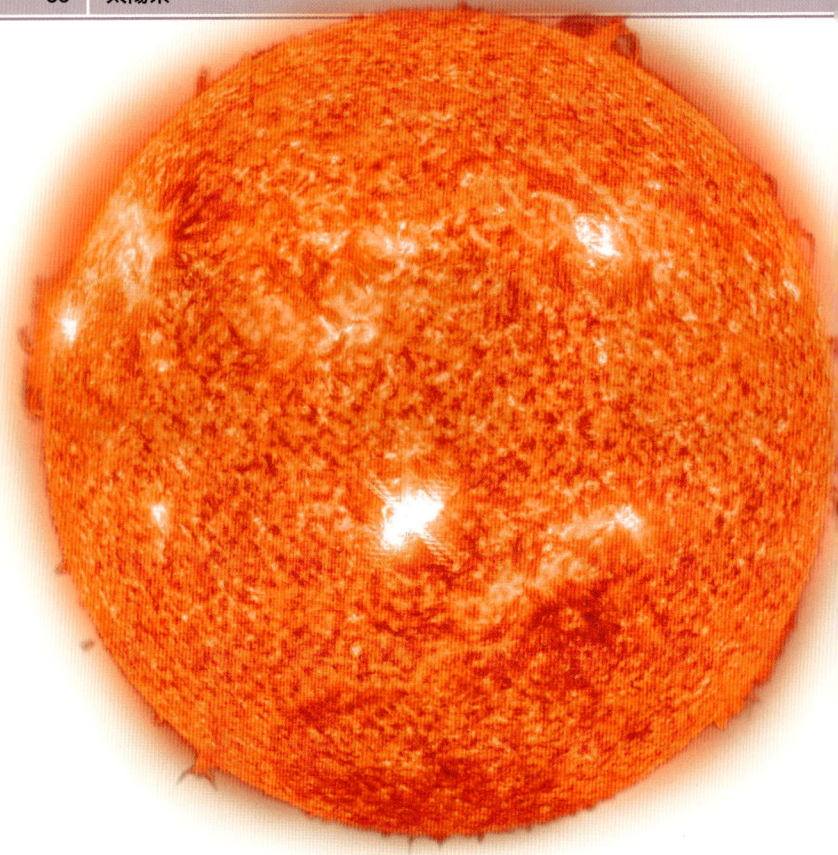

- 34 地球日（極）、25 地球日（赤道）
- 139万2000 km
- −26.74

大きさ比較（太陽／地球）

私たちの母星である**太陽**は、光り輝く高温プラズマ（電離ガス）の球で、太陽系の惑星を全部集めたより750倍重い質量をもつ。太陽の中心部は、1570万℃の高温であるが、水素が核融合反応してヘリウムになることで、莫大なエネルギーを生成している。そのエネルギーは、熱や光や、その他X線、紫外線、電波などの電磁波の形で太陽から放射される。加えて、太陽からは繰り返し電離粒子が吐き出されているが、これを太陽風と呼ぶ。太陽のエネルギー生成率と表面温度は比較的安定していて、46億年前に生まれてからずっと変わっていないし、あと50億年間もこのままだと考えられている。50億年経つと太陽は膨張して赤色巨星になり、惑星たちは破壊されてしまうだろう。

## 表面と内部

太陽の目に見える表層は、温度が5500℃ほどで、光球と呼ばれる。そのすぐ下の対流層は、高温のガスの泡が表面に浮かび上がって冷えて、再び沈むことにより、光球が対流して見える部分である。もう一段下層の放射層は、エネルギーが中心核から対流層に放射される部分である。中心核で生成されるエネルギーは、太陽容量の2%であるが、太陽質量の60%にあたる。

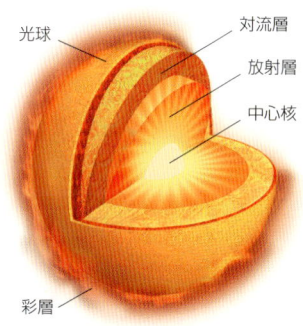

**太陽のたまねぎ構造**
太陽の中身は中心核、放射層、そして対流層である。中心核を出発した光子（エネルギーを閉じ込めた小さな粒子）が光球に達するまで10万年ほどかかる。

### 太陽風

太陽のコロナは非常に高温なため、そこには太陽の重力を振り切って外に飛び出せる高エネルギー粒子がある。この粒子の流れを太陽風と呼び、おもに電子と陽子からなり、時速140万kmを超える高速で噴き出す。太陽風が地球に到達すると、粒子の一部が地球上層大気の原子と衝突してオーロラを発生させる（p.118）。

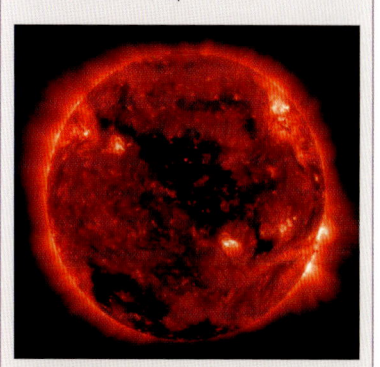

**太陽風の起源**
この紫外線画像で、中心近くの黒い大きな領域は、コロナ（太陽大気で最も外側の層）の穴である。太陽風が実際に噴き出すのはこうしたコロナの穴からである。

## 太陽の大気

太陽の大気は三層に分かれる。輝く光球のすぐ上は厚さ2000kmほどの彩層と呼ばれる層である。彩層の中を上昇するにつれ、温度は高くなるが、密度は500万分の1に下がる。その上は薄い不規則な層で遷移領域と呼ばれ、この中で温度は2万℃から100万℃に上がる。一番外側はコロナで、密度は光球の1000億分の1であり、数百万kmの範囲に広がっている。

**彩層**
太陽の彩層はここに見られるように、輪郭がはっきりしている光球の上の、ぼんやりした赤橙色の領域である。彩層上部の温度は2万℃ほどである。

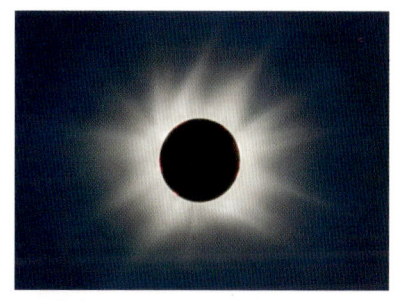

**コロナ**
この画像のような皆既日食時には、コロナは太陽のまわりに円く現れる。コロナの温度は100万～200万℃の高温になるが、磁気作用で熱せられたと考えられている。

# 太陽面現象

太陽の磁場が乱れる（太陽の自転速度が部分によって異なるのが原因）と、表面に黒点やフレアのようなさまざまな現象が現れる。太陽活動は極小から極大まで11年周期で繰り返す。

## 太陽黒点

黒点は太陽表面の黒くて比較的温度が低い領域である。直径がふつう1500〜5万kmで、単独で現れることも複数いっしょに現れることもある。黒点の中で色が濃く低温の中心部分を本影、そのまわりの色が薄く温度が高い部分を半影と呼ぶ。黒点の出現数は11年周期で増えたり減ったりする。太陽活動周期の極小期には黒点は出現せず、極大期には100個ほども現れる。

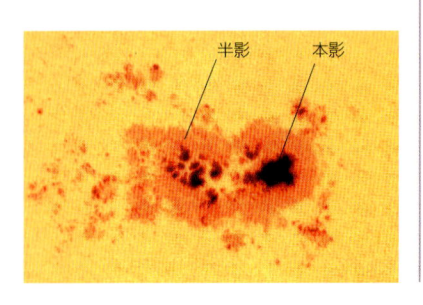

## 太陽フレア

太陽表面で起こる激しい爆発で、まぶしい光などの放射を伴う現象が太陽フレアとして知られる。フレアの爆発に伴って大量の電離粒子と放射が宇宙空間に噴き飛ばされる。これは太陽風（p.67）の擾乱（じょうらん）を発生させる。

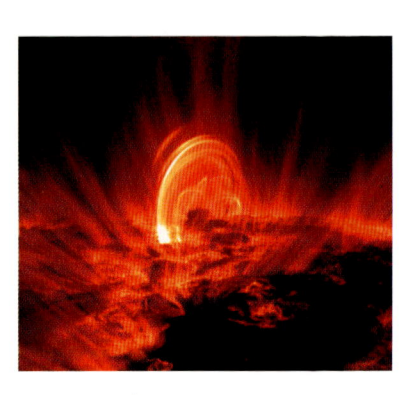

## プロミネンス

プロミネンスとは、長さ数十万kmに及ぶ輝くプラズマの環や雲で、光球からコロナ（太陽大気の上層）まで達する。プロミネンスを起こすものが何かは、完全にはわかっていない。ふつうプロミネンスの寿命は1日程度だが、数週間や数か月続くものもある。分裂したり、コロナ質量放出を起こすものもある。

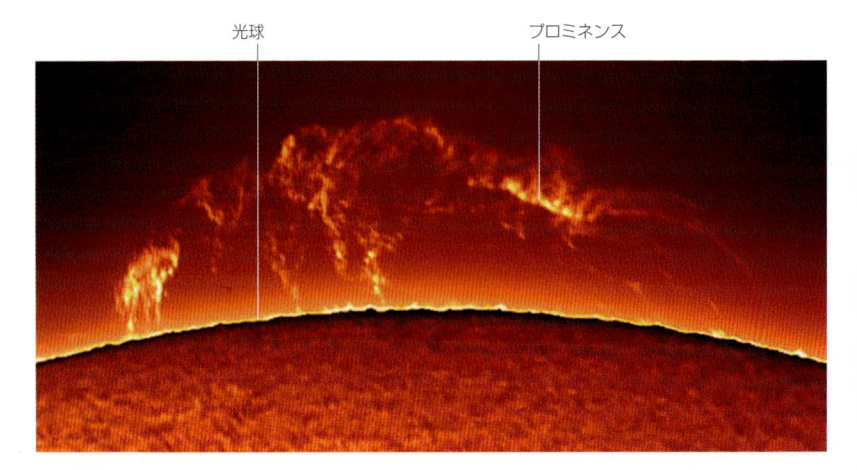

太陽　69

## フィラメント、白斑、スピキュール

プロミネンスは、宇宙ではなく太陽面を背景として観測される場合、光球との対比で黒く見える。これを太陽フィラメントと呼ぶ。ほかに太陽面に観測できる現象として白斑（強く輝く活動領域で、黒点を伴う場合が多い）とスピキュールがある。後者は、光球から噴き上がる一時的なガスのジェット（噴出物）であり、長さは3000〜1万kmほどのものである。粒状斑とは光球表面のまだら模様を指す。

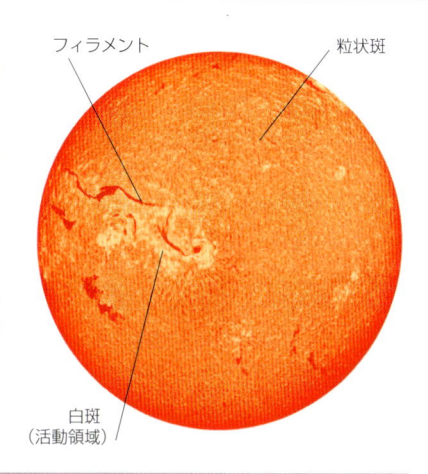

フィラメント　粒状斑
白斑（活動領域）

## 太陽震

太陽フレアの直後に太陽震（太陽の光球を横切る一連の波動）が続くことがある。太陽震の最初の記録は1996年7月で、左方に尾を伴う白い小円として観測されたフレアの直後に起こった。太陽震自体も、下の連続写真の2番目と3番目に見られるような、広がる同心円の波として見えた。この波は池に広がるさざ波に似ているが、高さ3kmの巨大な波で、最大速度は時速40万kmに達した。1時間後、光球面に溶けて消えるまでに、この波はおよそ13万km（地球直径の10倍）移動した。

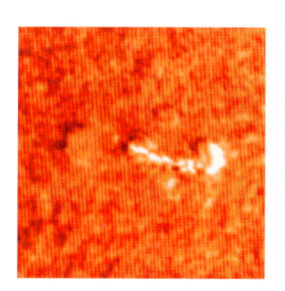

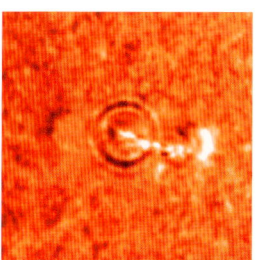

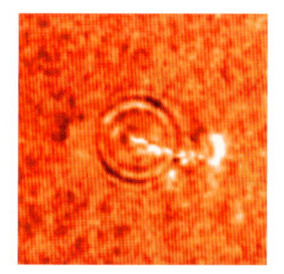

## コロナ質量放出

コロナ質量放出（CME）とは、巨大なプラズマの塊が、太陽からもぎ離されて時速1100万kmの高速で宇宙に飛び出していくものである。太陽活動の極大期には、コロナ質量放出が一日に3回も起こることがある。太陽表面の活動領域（フレアを伴う黒点群のような）でしばしば発生する。コロナ質量放出が地球に到達すると、特に強いオーロラ（p.118）や磁気嵐を起こして無線通信を混乱させたり、送電線に損害を与える場合がある。

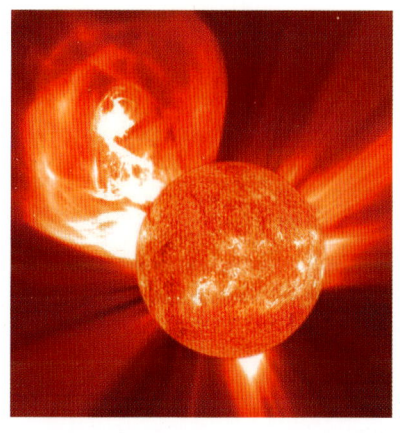

## 太陽を観測する

太陽系の心臓である太陽は魅力的であるが、安全に観測するには厳格な手続きを守らなければならない。太陽はけっして直接見てはならない。肉眼であっても、双眼鏡や望遠鏡を使う場合でもだ。太陽観測用の特殊フィルターなしで見ると、収束した光で失明する危険がある。

### 太陽の観測

太陽を安全に観測するやり方はたくさんある。かつてはプロ専用だった太陽望遠鏡(太陽が直接観測できるフィルターが内蔵された特殊な望遠鏡)が今はアマチュアでも利用できる。こうした観測機器を使えば、太陽表面の黒点やプロミネンスなどの現象が簡単に見られるのだ。太陽面現象は別の方法、つまり、ふつうの望遠鏡や双眼鏡に、太陽フィルターという特殊な付属品をつけての直接観測でも見える。特別な付属品を使わずにふつうの小型望遠鏡で太陽を見る最も安全なやり方は、アイピースを通した光を白い紙に映してその像を見ることである。紙をアイピースから遠ざけるほど像は大きくなるが薄くなる。

太陽フィルターを装着した対物レンズ
太陽フィルターを装着したガイド用望遠鏡

**太陽フィルターを装着した屈折望遠鏡**
汎用の望遠鏡に太陽フィルターを装着する場合、望遠鏡の前面をぴったり覆わなければならない。これは、うっかり太陽光が目に入ってしまうことがないようにするためのものである。

**1 ガイド用望遠鏡のキャップをはめる**
けっして望遠鏡を直接覗いて太陽を探してはならない。安全のために、ガイド用望遠鏡をキャップで覆う。同様に、メインの望遠鏡の鏡筒前面にも、ほとんどの時間はキャップをつけておく。

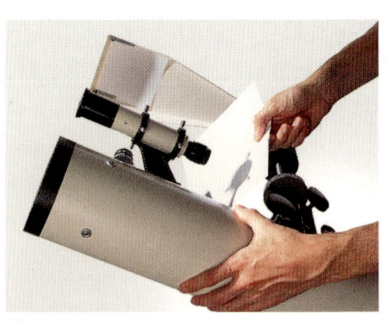

**2 望遠鏡を太陽に向ける**
望遠鏡を太陽に向けるには、紙に落ちた望遠鏡の影が一番短くなるところまで動かす。

**3 焦点を合わせる**
メインの望遠鏡のキャップを外して、アイピースを通って投影板に映る太陽像のピントを合わせる。望遠鏡の向きを調整して焦点を合わせて像が鮮明になるようにする。

# 太陽

## 太陽観測所

望遠鏡を使った太陽観測はおよそ400年間行われてきたが、天候や、X線や紫外線の大半を吸収してしまう地球大気は観測の障害であった。観測精度を上げるために、通常これらの地上の太陽観測所は高地に建設される。そこでは大気の妨害が最小限に抑えられるし、望遠鏡もまたさまざまに特殊な工夫が施されている。望遠鏡は通常白い塔の中に格納されるが、それは、像を劣化しかねない高温の気流を最小にするためである。塔のてっぺんに可動鏡（ヘリオスタット）が使用される場合もある。それは、太陽放射を反射させて望遠鏡の主要部分（地下の冷却室によく設置される）に送り込むためのものである。メインの光学系の設置場所と光の経路はまた、大気の擾乱（じょうらん）の影響を最小にするために真空中にある。

### テイデ山太陽観測所
大西洋、スペイン領カナリア諸島のテネリフェ島にあるこの観測所では、真空塔望遠鏡（一番高い塔）から大気が除去されるため、像の歪みが抑えられる。

## 太陽観測計画

地上観測に伴う問題を避けるため、現在太陽観測の大半は探査衛星により実施されている。たとえば、太陽・太陽圏観測衛星（SOHO）は、太陽の構造と太陽風を調査するために1995年に打ち上げられて太陽周回軌道に投入された。最近では太陽観測衛星ソーラー・ダイナミクス・オブザバトリー（SDO）が地球周回軌道に投入された。この衛星の目的は、太陽コロナ（太陽大気のうち外層）、磁場、太陽震活動、そして極紫外線放射の変動を調査することである。

### SDO
打ち上げは2010年2月、重さは約3000 kg。太陽を観測中のこの衛星はしかし、ミッション全体を通じて地球周回軌道にある。

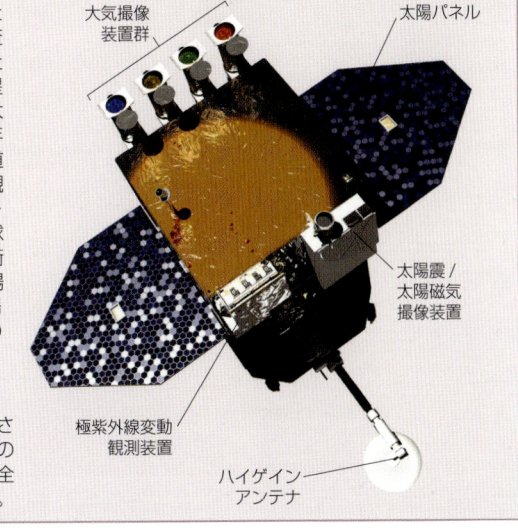

大気撮像装置群
太陽パネル
太陽震／太陽磁気撮像装置
極紫外線変動観測装置
ハイゲインアンテナ

## 天体データ

- 27.32 地球日
- 27.32 地球日
- 3475 km
- −12.7

大きさ比較（地球／月）

# 月

**地球唯一の天然の衛星である月**は、45億年前に、若い地球（今より小さかった）と、火星ほどの大きさの天体が衝突した結果できたと考えられている。この衝突で放り出された大量の岩石片が合体して月が形成されたのだ。月の質量は地球の1.2%にすぎないが、これでも太陽系で5番目に大きい衛星になる。月の重力は地球の海に影響を及ぼす。満月のときは太陽の次に明るい天体になる。しかし月は小さすぎて大気を保持できないし、地質活動も絶えて久しい。今までに人類は12人が月の表面を歩いたことがある。今までに380 kg分の月の岩石が地球に持ち帰られた。

## 軌道

月は楕円軌道を描いて地球のまわりを回るため、月と地球との距離は変化する。地球に最も近づくとき（近地点と呼ぶ）、月は最も遠いとき（遠地点）より10%近い。月は27.32地球日かけて自転するが、これは公転軌道を1周するのと同じ時間である。この現象（公転と自転の同期）のおかげで、月の地球に近い側が常に地球に向くことになる。とはいえ軌道上の月はわずかに振動する（秤動（ひょうどう））ため、月の向こう側も18%ほど地球から見える。

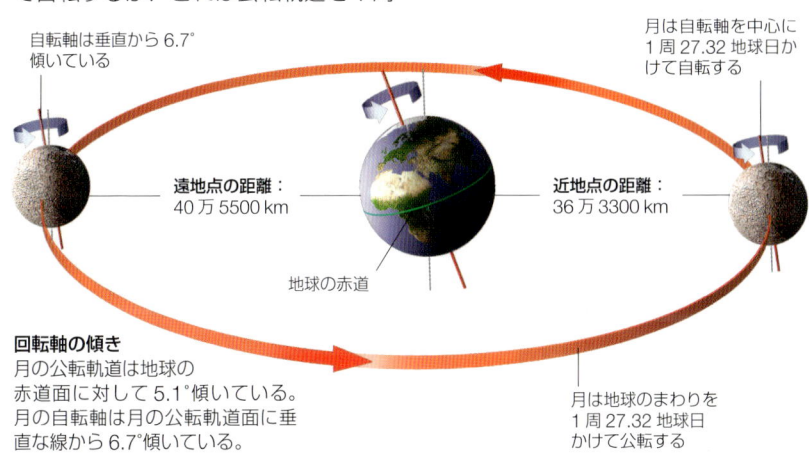

**自転軸は垂直から6.7°傾いている**

**月は自転軸を中心に1周27.32地球日かけて自転する**

遠地点の距離：40万5500 km

近地点の距離：36万3300 km

地球の赤道

**月は地球のまわりを1周27.32地球日かけて公転する**

**回転軸の傾き**
月の公転軌道は地球の赤道面に対して5.1°傾いている。月の自転軸は月の公転軌道面に垂直な線から6.7°傾いている。

## 構造と大気

月の地殻は、地球側で約48 km、地球と反対側で約74 kmの厚さがある。岩石質のマントルの外側は固体であるが、内側は半ば融解している。中心核は、溶けた鉄の層が、最奥の鉄を多く含む固体を覆っている。月の大気は非常に希薄で、全部集めても約2万5000 kgにしかならない。そのせいもあって、月面の温度変化は大きく、夜間は−170℃にまで下がり、昼間は125℃という高温になる。月の重力は地球の6分の1しかないため、大気は常に月から逃げていく。その一方で、太陽風と月の岩石から抜ける気体が、大気の供給源となっている。

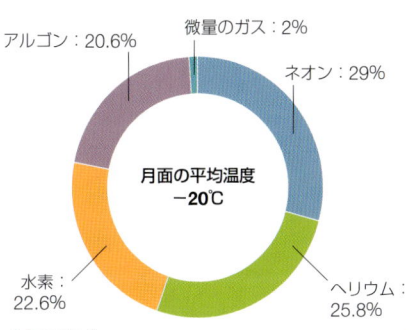

**花崗岩状の岩でできた地殻**

**鉄を多く含む固体の内核とそれを包む溶けた鉄の外核**

**岩石質のマントル**

アルゴン：20.6%
微量のガス：2%
ネオン：29%
月面の平均温度 −20℃
水素 22.6%
ヘリウム：25.8%

**大気の組成**
ネオンと水素はおもに太陽風に由来する。アルゴンとヘリウムはおもに月の岩石が放射性崩壊して生じたものである。

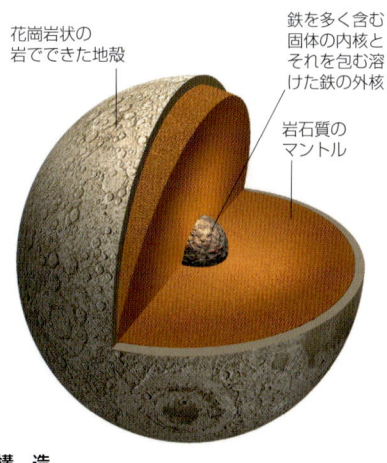

**構造**
地球と同じく、月にも地殻とマントルと中心核があるが、月の中心核は地球に比べて小さい。月の平均密度は地球の60%ほどであり、これは地球のマントルの密度に近い。

## 月の位相

月は自らは発光せず、太陽に照らされて光っている。月が地球のまわりを回る間に、地球に近い側で光っている部分が移動して位相が変わる。新月から次の新月まで29.5日かかる。この周期の前半は光っている部分が次第に大きく（月が満ちる）なって、地球に近い側全体が輝く満月になる。このとき月は地球から見て太陽の反対側にある。周期後半は、太陽に照らされた部分が小さく（月が欠ける）なって、地球側全体が暗くなる新月になる。このとき月は地球と太陽の間にある。

| 上弦の三日月 |  上弦の半月 |  上弦の凸月 |  満月 |

| 下弦の凸月 |  下弦の半月 |  下弦の三日月（27日月） |  新月 |

## 月の観測

月は見て面白い天体だ。双眼鏡を使うだけでも広大な黒い平原や、山脈の連なりや、大きいクレーターがはっきり見える。望遠鏡ならもっと詳しくわかる。しかし満月を双眼鏡や望遠鏡で見たらがっかりするだろう。満月のときは月面が一様に照らされているため、月の地形は比較的見分けにくいのである。観測には新月の前後1週間頃が良く、この頃太陽は月面を斜めから照らすので、長い影ができて景色が浮き上がって見えるからである。おすすめは明暗境界線（月面で太陽光を反射して光っている部分と影の部分との境）である。この境界線に沿って太陽光が鋭角から照らすので、月面の地形が良くわかる。

**肉眼で見る** 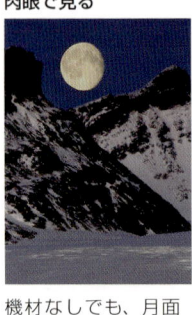
機材なしでも、月面の明るい部分と暗い部分がたやすく見分けられる。目立つクレーターは肉眼でも識別できる。

**双眼鏡で見る** 
月面全体が一望できるが、肉眼より大きく見える。光条を伴うティコのようなクレーター（下）が楽に見える。

**小型望遠鏡で見る** 
見えるのは月面の一部になる。明るい領域（高地）と黒い海（溶岩の満ちた平地）の様子が特に詳しく見える。

**大型望遠鏡で見る** 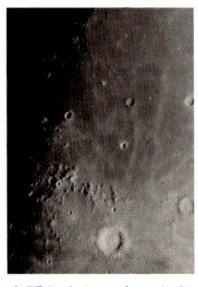
山脈もクレーターもたくさん見える。画像で最大のクレーターはコペルニクス、その上はカルパティア山脈である。

## 月面図作成と月探査

初期の月面図は、月面を白黒に塗り分けた程度のものだった。1600年代以来、望遠鏡のおかげで細部が追加された。しかし月面図作成が大きく前進したのは探査機による。1959年、ソ連の探査機ルナ3号が、月の向こう側の写真を最初に電送した。さらに1966～67年にかけてアメリカ、NASAのルナ・オービター5機が、月面全体の99％まで撮影に成功し、1969～1972年のNASAの有人飛行計画アポロ探査の道を築いた。1990年以来、各国が打ち上げた月探査機が月面探査を続けている。

**月探査機 ルナ9号**
ソ連の探査機ルナ9号は1966年に月面に軟着陸し、はじめて地球以外の天体に軟着陸した宇宙船となった。この探査機は3日間地球に画像を送ってきた。

### ルナー・リコネサンス・オービター

このルナー・リコネサンス・オービター（LRO）はNASAの自動宇宙船で、2009年6月に月周回軌道に投入された。本機の目的は月面の3Dマップの作成であり、また放射線の強度、潜在資源、そして月の北極南極に水の氷が蓄えられているかどうかなどの月環境を調査することである。LRO計画は将来NASAが月に有人着陸を行う可能性を探る予備調査と考えられている。

**月探査機 LRO**
月上空50kmの軌道上を巡るLROは、七つの観測機器を搭載して月面地図を作成し、月環境を調査している。

**最初の有人月探査機の着陸**
1969年7月21日、ニール・アームストロングは人類史上はじめて月面を歩いた。この写真は着陸船イーグル号の前に立つアームストロングが写っている。

## 月面の地形

月の表面には火山活動の痕跡のほか、長い間に受けた小惑星や彗星の集中砲撃が傷を刻んでいる。古代ギリシア人が月面の黒い部分を水と考えていたために、後にそこは海（mare）や大洋（oceanus）と名づけられた。現在そこは黒い溶岩で満たされた盆地であり、月が誕生して間もなく経験した天体衝突でできたという事実が知られている。海と白く見える高地のほか、光条を伴うクレーターも目立つが、これは天体が月面に衝突したときに溶けた岩石がまき散らされてできたものだ。

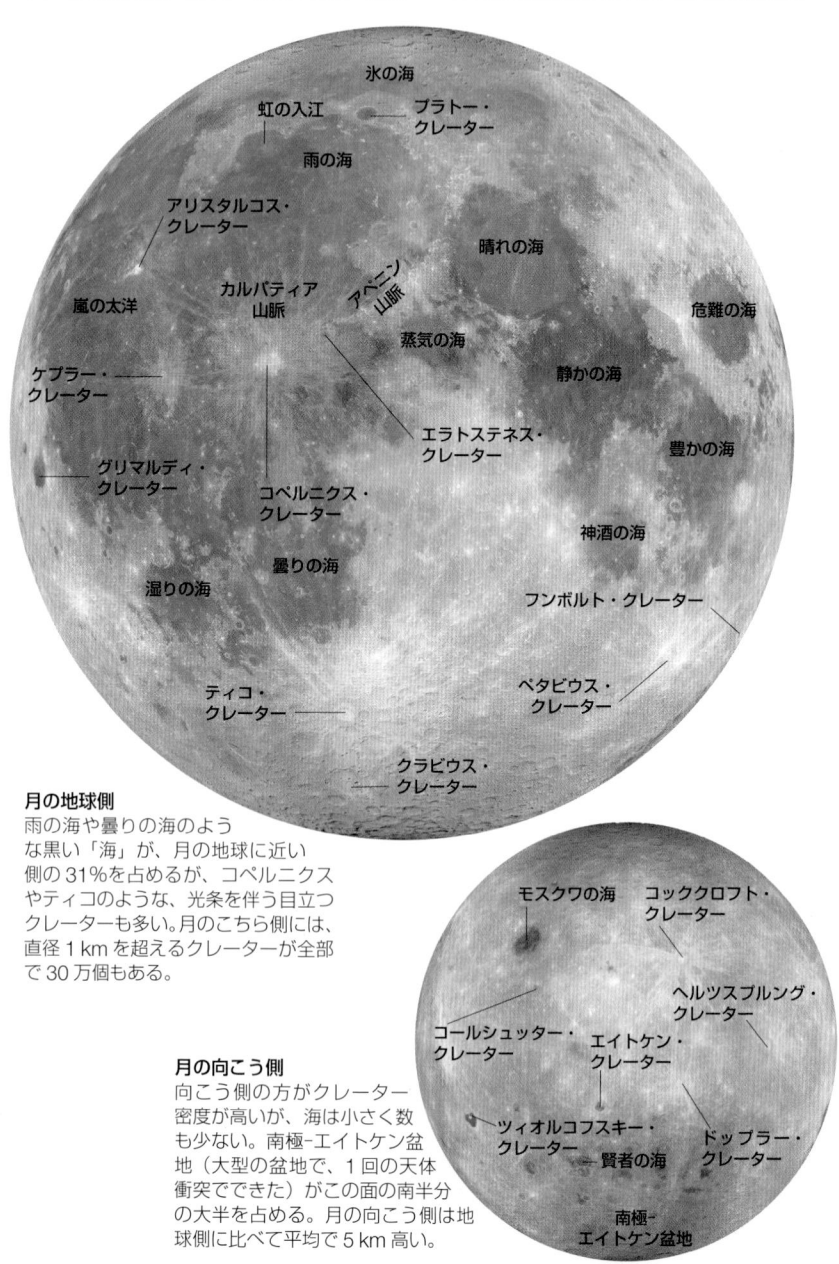

- 氷の海
- 虹の入江
- プラトー・クレーター
- 雨の海
- アリスタルコス・クレーター
- 晴れの海
- 嵐の大洋
- カルパティア山脈
- アペニン山脈
- 危難の海
- 蒸気の海
- ケプラー・クレーター
- 静かの海
- 豊かの海
- エラトステネス・クレーター
- グリマルディ・クレーター
- コペルニクス・クレーター
- 神酒の海
- 曇りの海
- 湿りの海
- フンボルト・クレーター
- ティコ・クレーター
- ペタビウス・クレーター
- クラビウス・クレーター

### 月の地球側
雨の海や曇りの海のような黒い「海」が、月の地球に近い側の31%を占めるが、コペルニクスやティコのような、光条を伴う目立つクレーターも多い。月のこちら側には、直径1kmを超えるクレーターが全部で30万個もある。

- モスクワの海
- コッククロフト・クレーター
- ヘルツスプルング・クレーター
- コールシュッター・クレーター
- エイトケン・クレーター
- ツィオルコフスキー・クレーター
- ドップラー・クレーター
- 賢者の海
- 南極-エイトケン盆地

### 月の向こう側
向こう側の方がクレーター密度が高いが、海は小さく数も少ない。南極-エイトケン盆地（大型の盆地で、1回の天体衝突でできた）がこの面の南半分の大半を占める。月の向こう側は地球側に比べて平均で5km高い。

# 月の「海」

海（マーレイ mare（単），マーリア maria（複））とは、月面に広がる黒い平地のことである。その大半は **35〜30 億年前**に、火山が噴火して流れ出た玄武岩の溶岩が、それ以前の天体衝突でできた浅い盆地に流れ込んでできた。

## 危難の海

直径約 600 km、真円に近い海。39 億年ほど前に起こった 1 回の衝突でできた盆地ひとつが占める。この表面は非常になめらかで、高低差は 90 m 未満である。

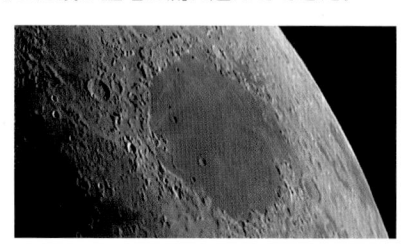

## 雨の海

直径 1123 km と月の海で最大のもののひとつ。雨の海は雨の衝突盆地内に位置し、38 億 5000 万年前に形成された。周囲を山脈が囲んでおり、南と東はカルパティア山脈とアペニン山脈が、北西はジュラ山脈が連なる。これらの山脈はこの盆地を形成した天体衝突が押し上げたものであり、高さ 5.5 km に及ぶ。

## 静かの海

静かの海は平均直径が約 873 km である。この海を含む衝突盆地は 40 億年前に生じたものだが、それを満たす溶岩は 36 億年前のものである。ここは 1969 年、NASA のアポロ 11 号計画で、はじめて人類が月面に着陸した場所である。

## 晴れの海

直径約 700 km、39 億年前に形成された衝突盆地の中にある。1972 年にアポロ 17 号に乗った宇宙飛行士が、晴れの海の南東端のトロス-リトロー谷に着陸し、そこでこの海にある衝突クレーターから吹き飛ばされた岩石を発見した。

# 衝突クレーター

衝突クレーターは、小惑星のような天体が月面に衝突した痕である。天体衝突の後、月の表面の一部と衝突天体の一部または全体が溶けて外側にまき散らされ再び固まる。溶けた物質が逆流して固まった結果、クレーターの中に突出部ができることもある。

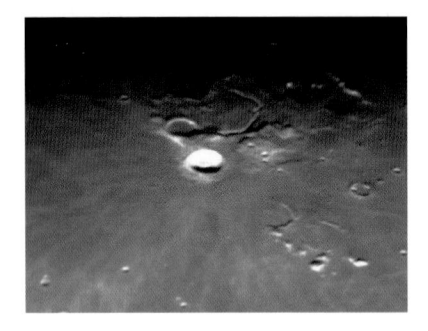

### アリスタルコス・クレーター

アリスタルコス・クレーターは画像中心で白く見える部分であるが、月面で最も明るい地形のひとつである。これは直径約40 kmの比較的新しいクレーターで、できたのは4億5000万年前だ。このクレーターの外壁は入れ子状の階段になっており、壁を形づくる岩石が同心円状に剥落した結果、壁は薄くなりクレーターは拡大した。

### クラビウス・クレーター

クラビウス・クレーターは直径225 km、約40億年前の衝突で形成された古いクレーターで、南方の高地の中にあって月の南極に向かって広がる。外壁は比較的低く、中に小さなクレーターが点在する。そのうちの五つがクラビウスの床面上を曲線を描いて連なる。

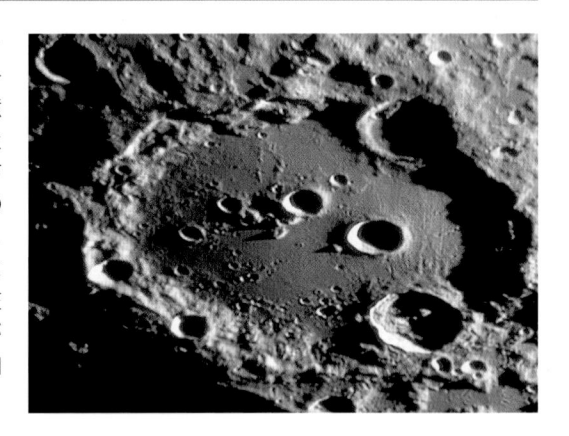

### コペルニクス・クレーター

直径約107 kmのこの目立つ光条をもつクレーターは、8億年ほど前にできた。中心に複数の高い尖峰をもち、外壁は階段状のがっしりしたもので、床は壁の縁から3.7 km下がった所に広がる。コペルニクスの近くにこれを刻んだ衝突による二次クレーターが散らばる。クレーター形成過程でまき散らされた細かい淡灰色の岩石粒が光条を形づくる。

## エラトステネス・クレーター

この比較的深いクレーターは、アペニン山脈の西の果て、雨の海の南端、しかしもっと大きくて目立つコペルニクスよりは手前に位置する。エラトステネスは直径58 km、深さ3.6 kmで、32億年ほど前の衝突でできたと考えられている。円形の外壁が境界を明確に刻み、壁の内側は階段状になっている。床はでこぼこで、中心には尖った峰がある。エラトステネス自身は光条をもたないが、コペルニクスの光条に横断されている。

## フンボルト・クレーター

月の地球側の南東端に近いこの大型の古いクレーターは直径約190 km、38億年前にできた。侵食の進んだ低い縁と、溶岩で満たされた床に連なる尖った山脈がある。クレーター床には、割れ目と水路(かつて溶岩が流れていたように見えるものも)が放射線と同心円を刻み、もっと小さなクレーターも散在する。

## ティコ・クレーター

南の高地にあるこの目立つクレーターは直径102 kmほどで、深さ4.8 km、できて1億年しか経っていない。ティコは月で最も輪郭がはっきりしたクレーターのひとつである。中央には溶岩で満たされたざらざらした床から高さ3 kmにそびえる山が一つある。このクレーターからは、目立つ光条が縁から長さ1500 kmの範囲に伸びる。

# 月面のさまざまな地形

海と衝突クレーター以外に、月面には山（山脈）、リンクルリッジ（曲がりくねった低い山脈）、谷、小川（細い溝）、そして断崖といった地形が見える。

### カルパティア山脈
この山脈は雨の海（画像手前）の南西からコペルニクス（地平線に近い大型クレーター）の北に向かって連なる。長さ290 kmを超えるこの山脈は39億年ほど前に、雨の盆地を形成した天体衝突によってできた。

### アペニン山脈
この山脈は雨の衝突盆地南東の境界を刻む。雨の海への衝突による衝撃波で押し上げられてできたこの山脈は600 kmの長さに連なる。月面で一番高いホイヘンス山（高さ5.5 km）はこの山脈の一部である。

### アリアドネの小川
長さ300 kmを超えるこの溝は、静かの海の西端からほぼ西方に伸びる。これは平行に走る2本の断層間の地殻が沈下してできたと考えられている。比較的新しいこの溝の上を、他のクレーターや隆起が上書きしている。

### ハドリーの小川
アペニン山脈の北端に近いこの曲がりくねった谷は、幅が平均およそ1.5 km、深さ400 mである。アポロ15号がこの近くに着陸したのためによく知られている。画像で、アポロ15号の乗組員とローバーはこの溝の際に写っている。

## シュレーターの谷

蛇行する小川のようなシュレーターの谷は、アリスタルコス高原からアリスタルコス・クレーターまで連なる。月面で最大の曲がり谷であるこの谷は、長さおよそ100 km、深さ1 km、幅は一方の端（10 km）から他方（1 km未満）まで徐々に狭くなる。この谷は、火山口から溶けた溶岩が噴き出して流れた痕と考えられている。

## アルプス谷

紡錘型の谷で、雨の海の北東端、アルプス山脈を横切る。長さ166 km、幅は7～10 kmである。この谷の半ばを流れるのは幅およそ700 m、深さ120 mの溝である。この谷はおそらく、断層間の地殻が沈下してできた。

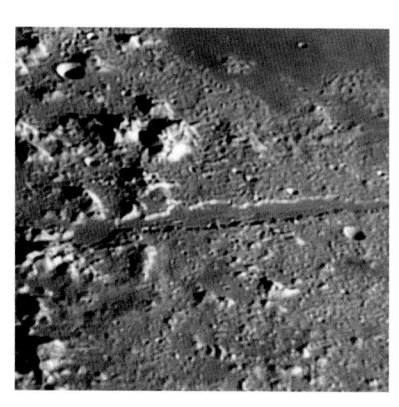

## 虹の入江

雨の海に向かって開いた半円形の地形。溶岩で満たされた平地である虹の入江は、直径約236 km、北東から南西までジュラ山脈が囲む。この画像で、上端はビアンキーニ・クレーター、下部の大型クレーターはヘリコーン・クレーターである。

## 直線壁

ルペス・レクタとも呼ばれるこの直線壁（画像の長い黒線）は、曇りの海を横切る断層崖である。月の地殻が断層に沿って移動してできたこの地形は長さ約125 km、高低差240～300 m、そして幅2～3 kmである。

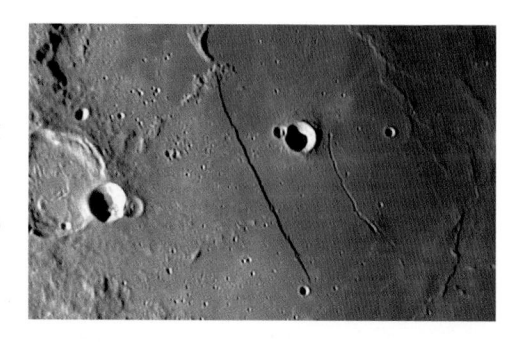

**皆既日食**
この多重露出画像は皆既日食の経過を示す。中心の皆既時には、月は完全に太陽面を覆っている。

# 食

食とは、ある特定の天体から来る光が一時的に暗くなったり遮られる現象で、天体が他の天体の影に入ったり、天体と地球との間を別の天体が横切ったりして起こる。

**食の種類**

食という言葉は月食（月が地球の影に入る）でも日食（太陽の一部または全体が月に隠されて地球から見えなくなる）でも使われる。日食と月食を合わせれば一年で何度も起こる。しかし食という言葉は、地球と月の位置関係で起こるもの以外にも使う。たとえば、惑星の影にその衛星が入る場合や、連星系の片方がもう片方を一時的に隠して明るさが変わる場合（p.127）などだ。食に関連する現象は2種類ある。掩蔽（えんぺい）と（天体面）通過だ。掩蔽とは、見かけ上大きい天体が、もっと遠くの小さく見える天体からの光を完全に遮る（たとえば月が恒星を隠す）現象をいう。通過はその逆で、小さい天体が大きい天体面の手前を通ってその一部を隠す（たとえば、金星または水星が太陽面を通る）現象をいう。

## 食　83

## 月食が起こるわけ

月食は、太陽、地球、月がこの順で一列に並ぶとき、つまり月が地球の影に入るときに起こる。月食には3種類ある。半影食は、月が地球の半影の中を通るときで、月は少し暗くなるだけだ。部分食は、月面の一部が地球の本影にかかるときである。そして皆既食は月全体が地球の本影の中を通るときである。皆既食中にも月が暗赤色に見えることがよくあるが、それは太陽由来の赤い光が、地球大気で屈折して月面に届くからである。

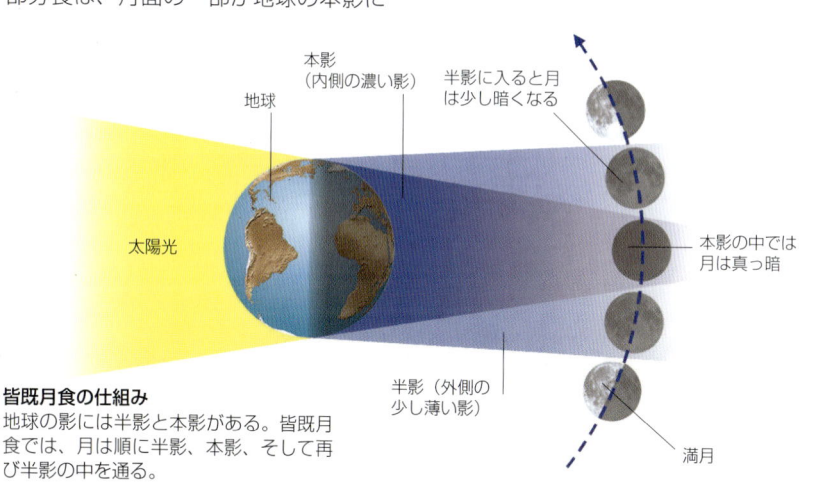

**皆既月食の仕組み**
地球の影には半影と本影がある。皆既月食では、月は順に半影、本影、そして再び半影の中を通る。

図中ラベル: 太陽光／地球／本影（内側の濃い影）／半影（外側の少し薄い影）／半影に入ると月は少し暗くなる／本影の中では月は真っ暗／満月

**1　満月**
月食は満月のときに起こる。最初の徴候として、月が地球の半影に入って少し暗くなる。

**2　本影に入った月**
本影の端を月が横切ると、かなり暗い部分が月面に広がり始める。

**3　皆既食に向かう月**
月面に本影が落とす影が徐々に広がる。この影が月面全体を覆うまで約1時間かかる。

**4　皆既月食**
皆既食中は、月面に直接当たる太陽光はゼロになる。それでも月は赤く見えるが、それは地球大気で太陽光がいくぶん屈折して差し込むからである。

## 太陽系

### » 日食が起こるわけ

日食は、太陽光が月に遮られ地球の一部に届かなくなるときに起こる。太陽の直径は月の400倍大きいが、地球からは月の400倍遠い。このために太陽と月は空でほぼ同じ大きさに見える。日食にはおもな3種類がある。部分食では、地球上で広い帯域（部分食帯）で、一部が欠けた太陽が数時間見える。皆既食は、部分食帯の狭い紐状の地域（皆既帯）でのみ、太陽が短時間完全に隠される（残りの部分食帯では部分食しか見えない）。金環食では、太陽面を細い環だけ残して月が隠す。これが起こるのは、月が平均より遠いために、通常より小さく見える場合である。日食は一年に2～3回起こるが、皆既食は18か月に1回しか起こらない。

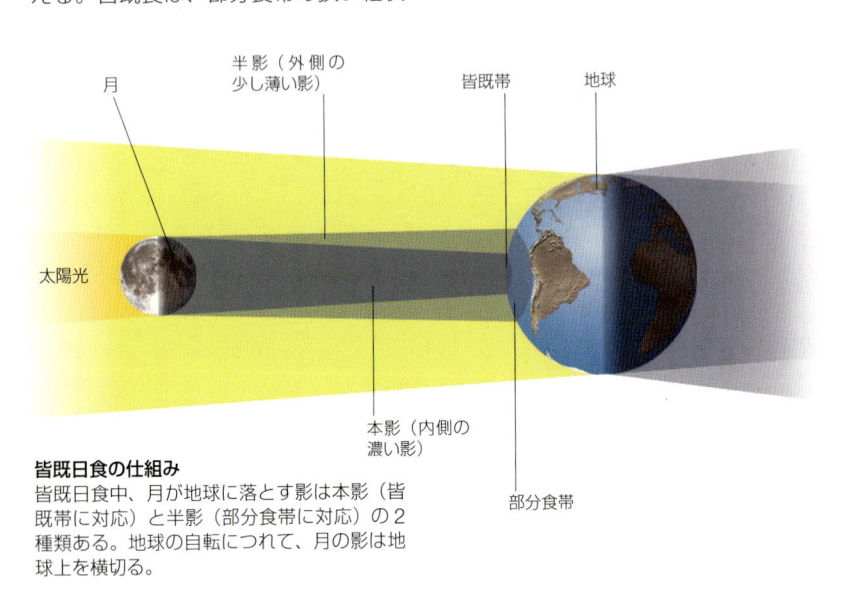

**皆既日食の仕組み**
皆既日食中、月が地球に落とす影は本影（皆既帯に対応）と半影（部分食帯に対応）の2種類ある。地球の自転につれて、月の影は地球上を横切る。

### 日食の観測

太陽はけっして直接見てはならない（肉眼であれ双眼鏡、望遠鏡、あるいはカメラごしであれ）。太陽の強い光は目を傷つけかねないからだ。皆既日食の間に限り、太陽を直接見ても安全だ。だが輝く太陽面が少し（細い三日月型でさえ）でも現れたら、けっして見てはいけない。皆既を含む日食全体を安全に見るには、特殊な日食眼鏡を使うか、厚紙に針で開けた穴に光を通して、白っぽい平面に投影すると良い。ふつうのサングラス（日食観測に特化していない）はけっして使ってはならない。

**日食眼鏡**
特殊な太陽フィルターがついた眼鏡なら日食を見るのに使って良い。ただし使う前に、フィルターに穴が開いてないことを確かめること。

**木の葉をピンホールとして使う**
重なり合う木の葉の隙間はピンホールとして働く。小さな隙間それぞれが太陽の像を地面に投影するので、この写真のように欠けた太陽がたくさん見える。

## 日食時に起こる現象

通常の皆既日食では、月が太陽面を隠しはじめてから完全に覆ってしまうまで1時間半かかる。皆既自体はふつう1〜3分だが、最長で7分30秒続くこともある。皆既中は観測地が暗くなり、月に隠された黒い太陽のまわりに、コロナと呼ばれる微細な光が見える。皆既の直前と直後には、ベイリーの数珠やダイヤモンドリングと呼ばれる現象が見える場合がある。空に金色の環が浮かぶ金環食もまた素晴しい。

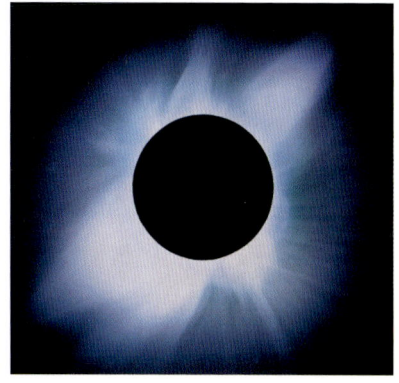

**コロナ**
短い皆既中に、太陽コロナ（非常に高温な太陽大気が不規則な形に広がる）が見える。

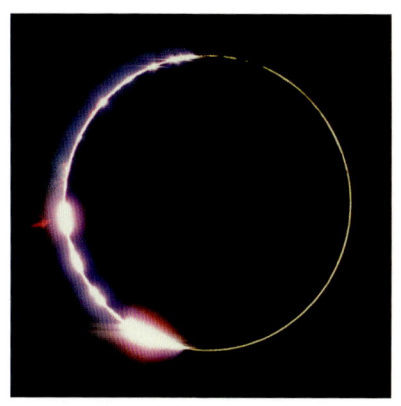

**ベイリーの数珠**
皆既の直前と直後に、月のでこぼこした地形の間から、太陽光が少しだけ現れて「ベイリーの数珠」が見える。

**ダイヤモンドリング**
皆既の前後に、月面の端から一か所だけ太陽光が現れて、その周囲に円形をした銀色の光が見える。

**部分日食**
部分食や、皆既の前後には、月が太陽面を隠す部分は徐々に広がったり縮んだりする。

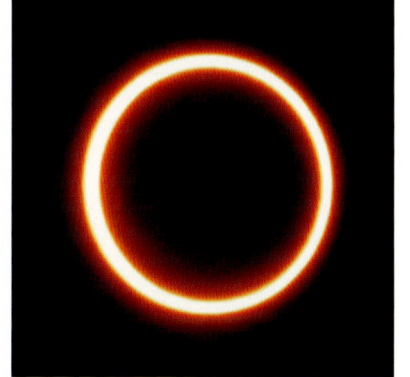

**金環食**
金環食では、月面が小さすぎて太陽面を完全に隠すことができない。月が通常より地球から遠い場合にこれが起こる。

## 太陽系

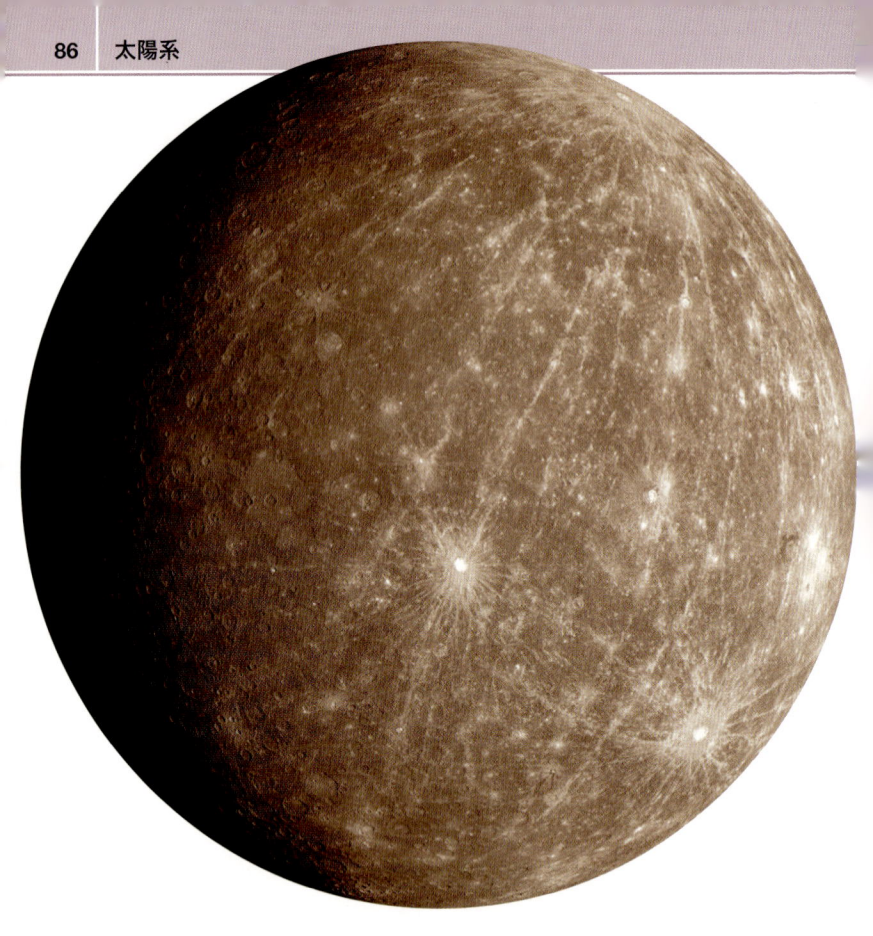

### 天体データ

- 5790万km
- 88 地球日
- 58.7 地球日
- 4879 km
- 0
- −2.4

**大きさ比較**（地球／水星）

# 水 星

太陽に焦がされ、長い間小惑星が衝突して傷ついた水星は、ある意味太陽系で最先端の惑星といえる。直径4879 kmで太陽系の8惑星のうち最小だ。地表温度は昼間は430℃、夜間は−180℃と、他のどの惑星より温度差が激しい。水星の表面はクレーターだらけだ。その最大はカロリス盆地と呼ばれるもので直径約1550 km、大昔に大型の小惑星がぶつかってできた。ほかに注目に値する地形としては、死火山、溶岩が遠い昔に流れて固まった大平原、そして長さ数百kmに及ぶ巨大な断崖がある。

## 軌道、構造、大気

水星は公転周期が 88 地球日と、他のどの惑星より短い。水星の公転軌道は惑星の中で一番細長く、太陽からの距離は近日点の 4600 万 km から遠日点の 6980 万 km まで大きく変わる。内部構造は独特で、水星が著しく高密度なのは、鉄を多く含む大きな（直径約 3600 km）中心核をもつからだと考えられている。大気は非常に薄く、全体で 1000 kg ほどしかない。内訳は酸素（42%）、ナトリウム（29%）、水素（22%）、ヘリウム（6%）、そしてその他の微量元素（1%）である。

ケイ酸塩岩石の地殻
ケイ酸塩岩石のマントル
鉄の中心核

**構　造**
水星の中心核は鉄でできていると考えられる。その核はケイ酸塩岩石のマントルで包まれており、表面のケイ酸塩岩石でできた地殻は、小惑星衝突と昔の火山活動で傷だらけだ。

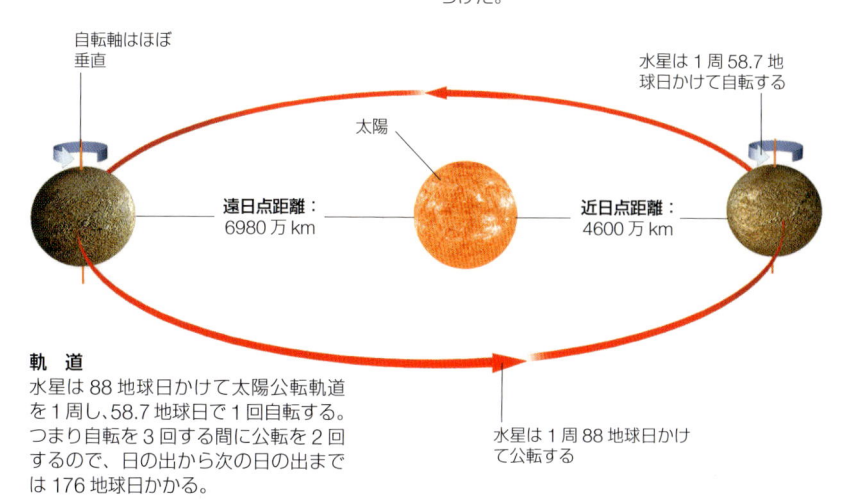

自転軸はほぼ垂直
太陽
遠日点距離：6980 万 km
近日点距離：4600 万 km
水星は 1 周 58.7 地球日かけて自転する
水星は 1 周 88 地球日かけて公転する

**軌　道**
水星は 88 地球日かけて太陽公転軌道を 1 周し、58.7 地球日で 1 回自転する。つまり自転を 3 回する間に公転を 2 回するので、日の出から次の日の出までは 176 地球日かかる。

## 水星の観測

水星は肉眼で見えるし、日没後や日の出前の短時間に低い空に現れるが、軌道上の動きが速いため、観測できる時期は短い。水星を観測する最良の時期は、太陽から最も離れたとき（最大離角）であり、年に 6 回か 7 回起こる。水星は空で太陽から大きく離れることがない（離角が最大でも）ため、うっかり太陽を見てしまわないよう注意が必要である。双眼鏡や望遠鏡を使っているときは特にだ。

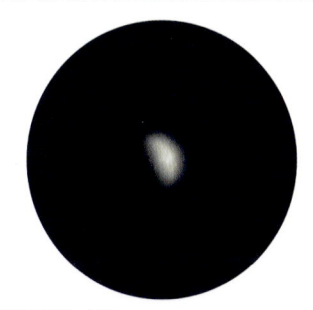

**望遠鏡で見た水星**
太陽にきわめて近いため、水星を観測するにはコツが要る。大型の望遠鏡では水星はぼやけた円盤に見える。内惑星は皆そうだが、水星も満ち欠けする。

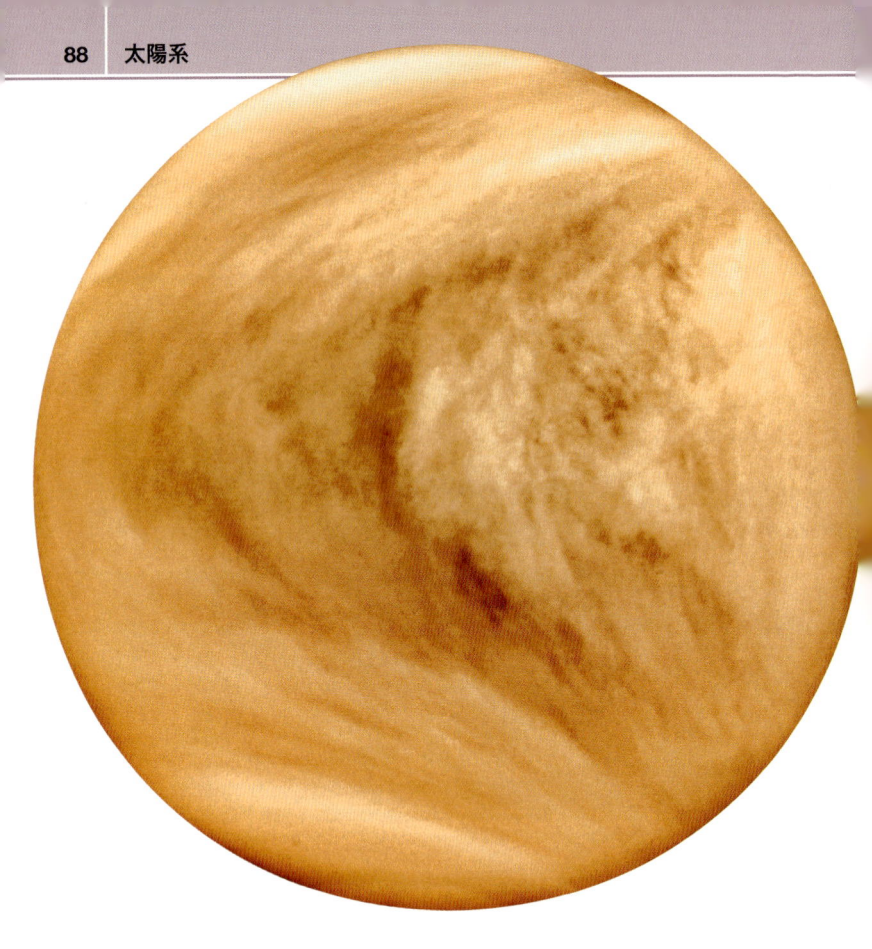

## 天体データ

- 1億820万km
- 224.7 地球日
- 243 地球日
- 1万2104 km
- 0
- −4.7

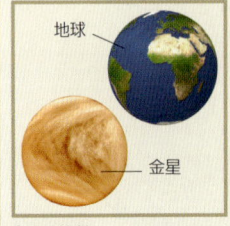

大きさ比較（地球／金星）

# 金 星

**太陽から2番目に近い惑星**であり、大きさも構造も地球と似ているが、金星は厚い雲でびっしり覆われて、その中に高温高圧の過酷な環境を封じている。無人の惑星探査機が数機この惑星に投入されて、金星の地上を捉えた画像を中継してきた。そこは大量の溶岩流と巨大な火山（直径100 kmを超えるものもある）が造成した荒地だった。この荒涼たる地形をつくった火山活動は、約5億年前に、全球で起こった激しいものだと考えられている。しかし現在の火山活動は狭い領域を残すのみだ。かつて金星の厚い雲の下には海が存在していたかもしれない。一方現在の金星には、液体の水はないことが知られている。

# 金星

## 軌道、構造、大気

金星は太陽公転軌道を224.7地球日かけて1周し、243地球日かけて1回自転する。つまり金星の1日は1年より長い。自転軸は177.4°傾いているので、金星の北極は下を向く。自転する方向は他の惑星（ただし、自転軸が水平に近い天王星を除く）と逆である。構造は地球に似ていて、固体の金属でできた内核、溶けた金属の外核、岩石質のマントル、そして固体の地殻である。大気は非常に濃く、金星地表での大気圧は地球の約92倍である。北極と南極の上空では、大気が巨大な渦を巻く。高密度の雲には硫酸が含まれ、強い温室効果のため、地表の平均温度は464℃になる。

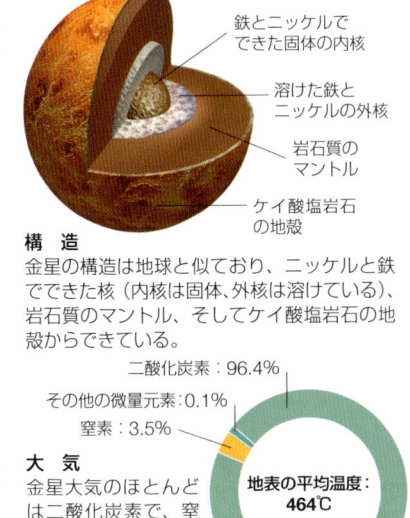

- 鉄とニッケルでできた固体の内核
- 溶けた鉄とニッケルの外核
- 岩石質のマントル
- ケイ酸塩岩石の地殻

### 構造
金星の構造は地球と似ており、ニッケルと鉄でできた核（内核は固体、外核は溶けている）、岩石質のマントル、そしてケイ酸塩岩石の地殻からできている。

- 二酸化炭素：96.4%
- その他の微量元素：0.1%
- 窒素：3.5%

地表の平均温度：464℃

### 大気
金星大気のほとんどは二酸化炭素で、窒素も少し含まれる。金星の雲は硫酸も含む。

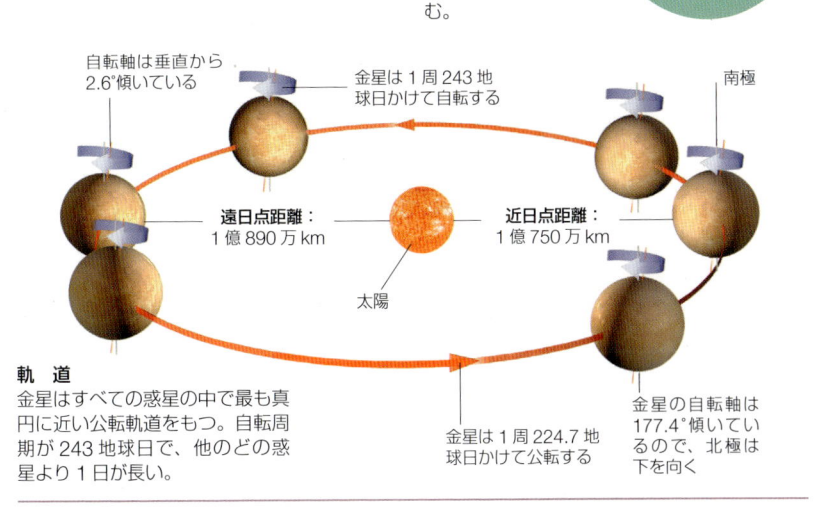

---

- 自転軸は垂直から2.6°傾いている
- 金星は1周243地球日かけて自転する
- 南極
- 遠日点距離：1億890万km
- 近日点距離：1億750万km
- 太陽
- 金星は1周224.7地球日かけて公転する
- 金星の自転軸は177.4°傾いているので、北極は下を向く

### 軌道
金星はすべての惑星の中で最も真円に近い公転軌道をもつ。自転周期が243地球日で、他のどの惑星より1日が長い。

---

## 金星の観測

金星は明るいため最も見やすい惑星である。太陽と月の次に明るく、特定の時期に、日の出前と日没後に見える。常に太陽の近くにあるため、太陽が地平線の下にあるときに探すと良い。最大離角（p.65）の時期が観測しやすい。双眼鏡や望遠鏡を使うと、金星が軌道上を動くにつれて満ち欠けするのがわかる。

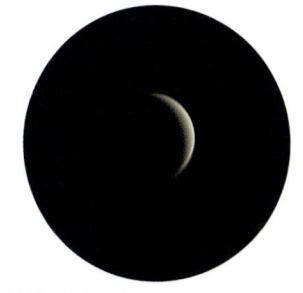

### 望遠鏡で見た金星
金星の満ち欠けは望遠鏡で楽に見える。三日月形の時期には、金星は比較的地球に近く、空で一番大きく見える。

# 火 星

| 天体データ | |
|---|---|
| 距離 | 2億2790万km |
| 公転 | 687地球日 |
| 自転 | 24.6時間 |
| 直径 | 6792km |
| 衛星 | 2 |
| 等級 | −3.0 |

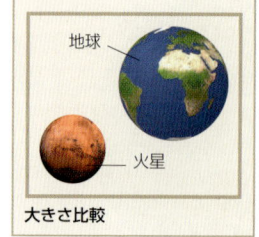

大きさ比較（地球／火星）

赤錆色のため「赤い惑星」とも呼ばれる火星は、太陽から4番目に近い惑星で、岩石質惑星で最も外側にあり、太陽からの平均距離は2億2790万kmである。大きさは地球の半分程度、現在は乾燥した荒れた星で、表面には死火山、大峡谷、岩がごろごろする平地が点在する。火星地表に送られた探査機は火星全体を襲う大規模な塵旋風、雲と降雪を観測している。地球同様火星にも季節変化と両極冠がある。昔の火星は今とかなり違っていたらしい。軌道を周回した探査機と着陸したローバーは、数十億年前の火星には液体の水が流れていたであろう証拠を見つけている。

## 軌道

火星は687地球日かけて太陽のまわりを1周する。つまり火星の1年は、地球の2倍長い。公転軌道上を移動する速度が火星と地球で異なるため、火星は夜空で逆行する。逆行とは、地球から見た火星が、一時的に逆の方向に動くように見える現象である（p.65）。自転軸が傾いているため、公転につれて季節変化が起こる。軌道は長い楕円形をしているので、太陽に近い時期は遠い時期に比べてかなり多い太陽放射を受ける。その結果、表面温度は20〜−125℃と大きく変動する。

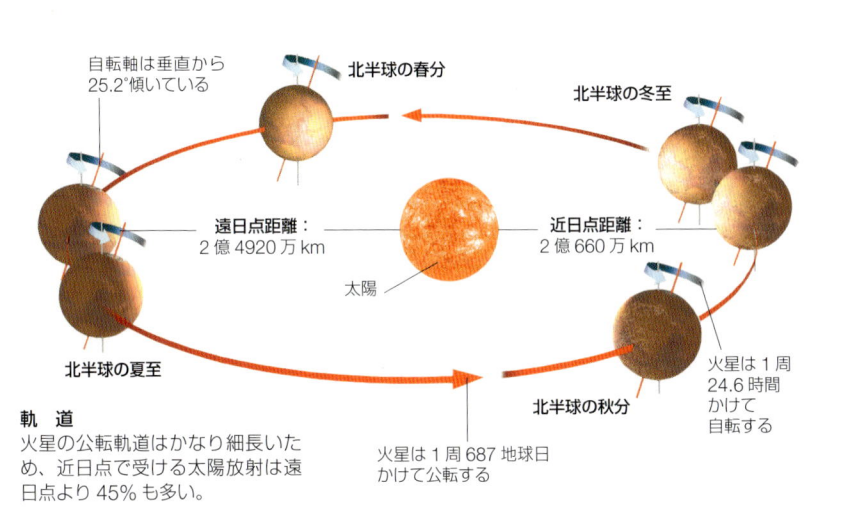

- 自転軸は垂直から25.2°傾いている
- 北半球の春分
- 北半球の冬至
- 遠日点距離：2億4920万km
- 太陽
- 近日点距離：2億660万km
- 北半球の夏至
- 北半球の秋分
- 火星は1周687地球日かけて公転する
- 火星は1周24.6時間かけて自転する

**軌道**
火星の公転軌道はかなり細長いため、近日点で受ける太陽放射は遠日点より45％も多い。

## 構造と大気

火星の構造は地殻、マントル、そして中心核にはっきり分かれていて地球に似ている。以前は固体と思われていた金属質の核は、現在は一部が溶けていると考えられている。火星大気は非常に薄く（地表の大気圧は地球の100分の1）、大部分を二酸化炭素が占める。最近の研究で火星大気中に存在することが判明したメタンなどの微量元素は、地殻活動に由来するか、微生物が生産した可能性もある。火星では、定期的に火星全体を覆う大規模な塵嵐が起こる。

- 微量元素：0.4%
- アルゴン：1.6%
- 窒素：2.7%
- 二酸化炭素：95.3%
- 地表の平均温度：−63℃

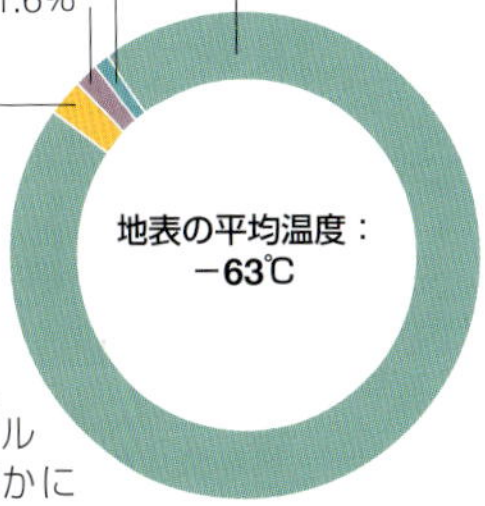

**大気**
火星大気の大半は二酸化炭素で、ほかに窒素とアルゴンが少量、ほかに酸素やメタンのような元素をごくわずか含む。

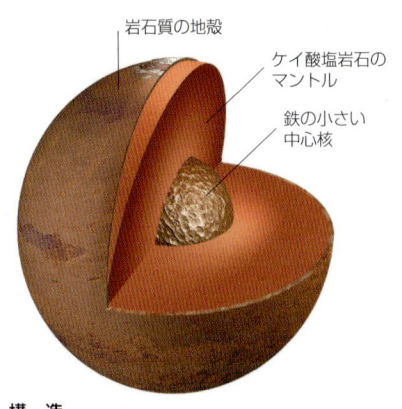

- 岩石質の地殻
- ケイ酸塩岩石のマントル
- 鉄の小さい中心核

**構造**
火星の薄い地殻の下は、ケイ酸塩の岩からなるマントルがある。中心には、鉄でできた小さい核があると思われる。中心核は一部が溶けている可能性がある。

## 地 形

火星表面には火山やクレーターや割れ目がある。北半球の大部分は比較的なめらかな平地であるが、南半球の大部分はクレーターが刻まれた高地である。目立つ地形はほぼ赤道を中心とした帯域に集中している。最も印象的なのはマリネリス峡谷で、長さ4000 kmを超える峡谷系である。最も有名なのはオリュンポス山で、太陽系最大の火山である。地表にはクレーターが点在するが、現在もなお増え続けている。探査機が撮影した画像に、最近十年間にできた小さなクレーターが写っていた。溝と涸れ谷も検出されている。しかしこれらの地形が液体が流れた痕なのか、それとも乾燥地の地すべりでできたのかは判明していない。

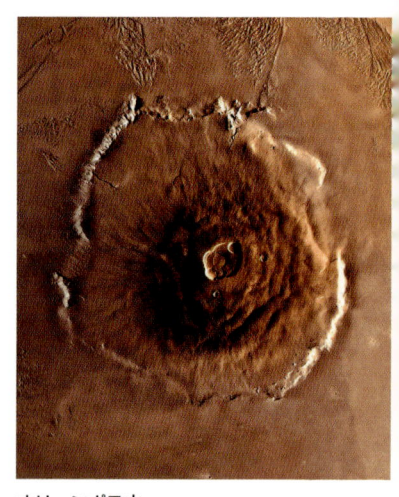

**オリュンポス山**
この死火山は、太陽系で最大(直径624 km)かつ最も高い(高さ25 km)。アマチュアの大型望遠鏡で撮影できるほどである。

**ボネビー・クレーター**
NASAの火星探査機スピリットのローバーによるこの画像には、このクレーターを生成した天体衝突で地表から吹き飛ばされた巨大な岩が写っている。

## 火星の衛星

火星には、クレーターだらけの小さい衛星が二つ(フォボスとデイモス)ある。どちらも不規則形で、見かけは小惑星に似ている。実際、この2天体は元は小惑星で、火星の重力に捕まって衛星になったと考えられている。大きい方のフォボスは長径約27 km、短径22 kmで、火星からの平均距離は9378 kmと近い。フォボスは1周7時間39分かけて火星のまわりを公転している。もう一方のデイモスは長径15 km、短径12 kmで、火星からの平均距離は2万3459 km、公転1周に30時間18分かかる。

フォボス

デイモス

## 火星の観測

火星は一年中まったく見えないということはないが、通常ふつうの恒星のように見える。2年2か月ごとに衝になり地球に近づくため、その時期は最も大きく明るくなる。衝の火星は夜空で最も明るい天体のひとつになり、肉眼でも赤橙色の光の点を背景の恒星と見分けるのはたやすい。15～17年ごとに、火星は長い楕円軌道上で地球に最も近づくため、観測に最適となる。しかし大接近時であっても、火星表面の地形を詳しく観察するには望遠鏡が必要である。望遠鏡が大きいほど、いっそう詳しく見える。

### 双眼鏡で見る
双眼鏡では火星はふつう、輝く赤橙色の点に見える。双眼鏡が高性能で条件が良く、衝であれば、小さな円盤状に見えることもある。

### 小型望遠鏡で見る
観測条件が良ければ大きな地形、たとえば極冠が見える。

### 大型望遠鏡で見る
口径が大きくなると大シルティス平原のような黒い部分がもっと詳しく見える。

### 火星地図
上の地図4枚で、火星表面の全体を示す。地図にはおもな地形を表示した。

## 天体データ

- 7億7860万 km
- 11.86 地球年
- 9.93 時間
- 14万2984 km
- 67
- −2.8

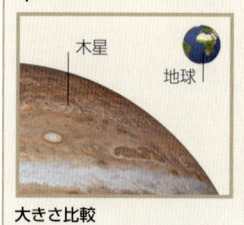

大きさ比較（木星／地球）

# 木 星

**太陽系の中で、木星は太陽の次に大きく重い。** 直径は地球の11倍、質量は他の惑星をすべて合わせた2.5倍に相当する。太陽から5番目に近い惑星である木星は、太陽からの距離が太陽から地球までの約5倍である。巨大な木星は縞模様にくっきり色分けされた大気があり、そこには時速625 kmに及ぶ嵐が吹き荒れている。重力が大きいので、多くの衛星を引きつけて従えている。木星には細い環もある。金属水素の内部を流れる電流から生じる木星の強力な磁場は他のどの惑星よりも強く、周囲の広大な宇宙の泡に影響を与えている。

# 木星

## 軌道

木星は長い楕円形の公転軌道をもち、太陽からの距離は近日点と遠日点で7610万km差がある。公転周期は12年足らず、自転周期は10時間未満ですべての惑星の中で1日が最も短い。高速な自転は木星の赤道領域を押し出すため、両極に比べて6.5%も大きい。自転軸の傾きはわずか3.1°のため、半球のいずれも太陽に突き出されることはなく四季もない。

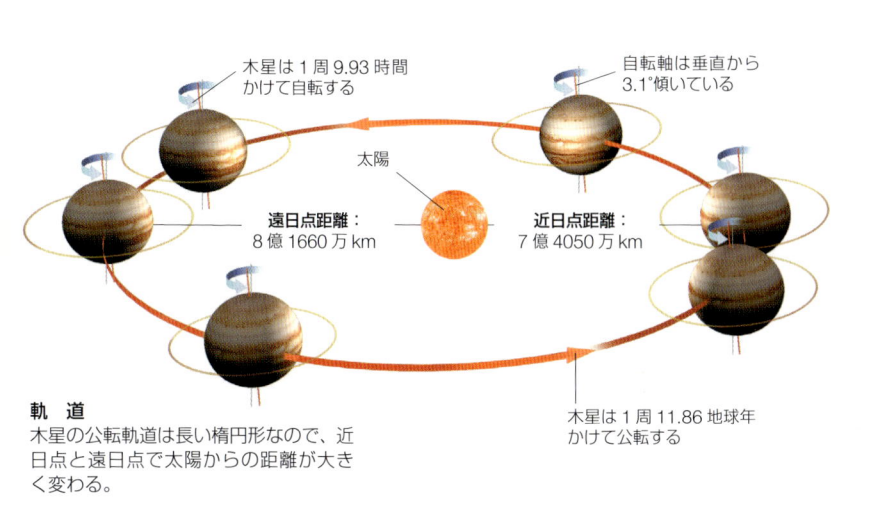

木星は1周9.93時間かけて自転する

自転軸は垂直から3.1°傾いている

太陽

遠日点距離：8億1660万km

近日点距離：7億4050万km

木星は1周11.86地球年かけて公転する

**軌道**
木星の公転軌道は長い楕円形なので、近日点と遠日点で太陽からの距離が大きく変わる。

## 構造と大気

木星の中心には、質量が地球の数倍ある高密度の核があると考えられている。その中心核を液体の金属水素の層が包み、さらにその上を液体の水素とヘリウムの層が覆う。この層は水素とヘリウムの大気に徐々に溶け込んでいると考えられている。木星の上層大気が帯状に分離している原因は複数ある。太陽と木星内部からの熱、木星の自転、それらの結果である大気の大規模移動、そして水素化合物の凝縮が、木星を色とりどりの縞模様に染め分けている。

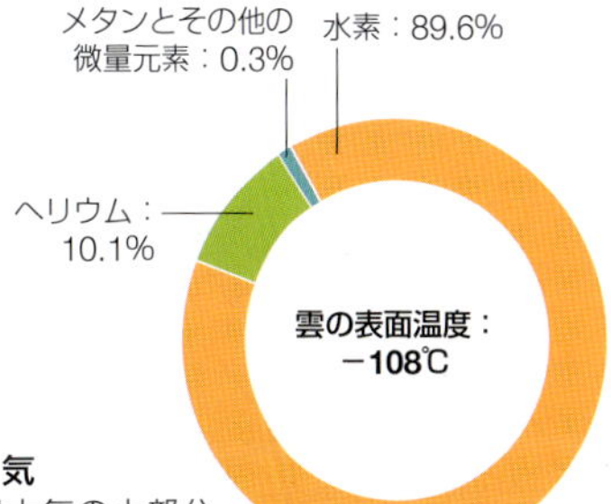

メタンとその他の微量元素：0.3%
水素：89.6%
ヘリウム：10.1%
雲の表面温度：-108℃

液体の水素とヘリウムの層
液体の金属水素の層
岩石と金属と水素化合物の中心核
気体の水素とヘリウムからなる大気

**大気**
木星大気の大部分は水素とヘリウムである。微量のメタンや他の水素化合物が、上層大気に色をつける。

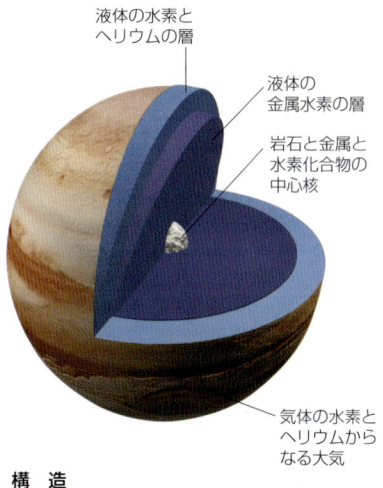

**構造**
木星を表面から掘り進むと、温度と圧力が高くなるために、内部構造は気体から液体へと徐々に変わる。

## 環と衛星

木星を取り巻く細い環は四つの部分に分かれる。最も明るいメインリングは、その内側に希薄なドーナツ型の構造（ハロリング）、外側に広い高密度の二分された構造（ゴサマーリング）を伴う。木星の衛星は太陽系の他のどの惑星より多い67個もある。大きい方から四つ、ガニメデ、カリスト、エウロパ、そしてイオは、イタリアの科学者ガリレオ・ガリレイが1610年に発見したためにガリレオ衛星として知られる。他の衛星で、2000年1月以降に発見されたものが50個近くになる。

### ガニメデ
太陽系で最大の衛星ガニメデは、はっきりした白斑と、黒い古い領域に染め分けられた凍った表面をもつ。北極南極は霜に覆われる（色を強調したこの画像で藤色の部分）。

### カリスト
木星の第2衛星表面には、小惑星衝突でできたクレーターと同心円地形が散らばる。白く見えるのが衝突痕。

### エウロパ
なめらかな地表は光を良く反射するため、太陽系で最も明るい衛星のひとつである。地殻の下には液体の水をたたえた海がある。

### イオ
太陽系で最も火山活動が激しいイオは、噴火口（色を強調したこの画像の黒い点）と溶岩流と高く噴き上がった溶岩プルームの世界である。

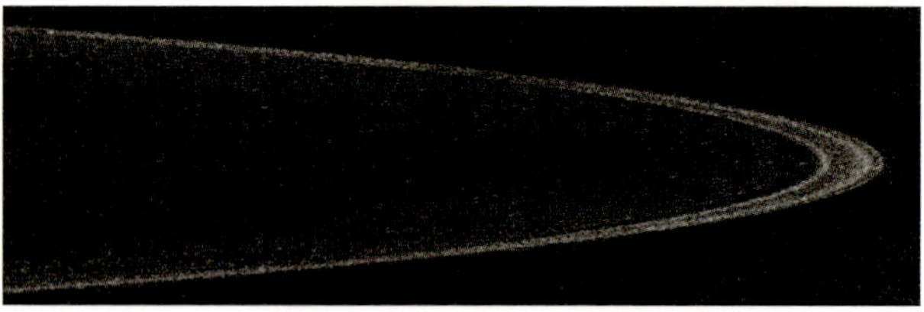

### メインリング
木星で最も明るいメインリングは、幅は約6500kmだが厚さは30kmにすぎない。この環はおそらく、衛星アドラステアとメティスから放出された塵からできた。

## 大赤斑

木星内部の熱と速い自転が、楕円形の巨大な嵐を生じさせ大気に作用する。この種の嵐で最大は大赤斑（反時計回りの巨大な高気圧）で、少なくとも350年間猛威をふるっている。

### 巨大な嵐
これは太陽系で最大の嵐で、大きさは地球の2倍ほどある。

木　星　97

## 木星の観測

木星は最も暗いときでさえ、恒星で一番明るいシリウスより明るいため、肉眼で見つけるのは簡単だ。太陽を公転するのに 12 年かかるため、天球上での動きは遅く、黄道星座を一つ動くのに 1 年かかる。13 か月ごとの衝の（地球に一番近い）ときに一番明るくなる。双眼鏡では円盤状に見えるし、小型望遠鏡では四大衛星もはっきり見える。大型望遠鏡で見ると、木星の縞模様と上下を押しつぶした形（速い自転が原因）がわかる。暖かいガスからなる暗色の帯はベルト（belt：帯）、低温のガスからなる淡色の帯はゾーン（zone：地帯）と呼ばれる。赤道の南北にある北赤道帯と南赤道帯は常に目立つ。

- 北極領域
- 北温帯
- 北熱地帯（上下の色の薄い帯を含む）
- 北赤道帯
- 赤道地帯
- 南赤道帯
- 大赤斑
- 南熱地帯
- 南温帯
- 南極領域

**木星の帯模様と区分**
木星大気の上層は、この図のように染め分けられている。帯の輪郭と大赤斑などの模様は、渦を巻く大気の擾乱（じょうらん）のために変化し続けている。

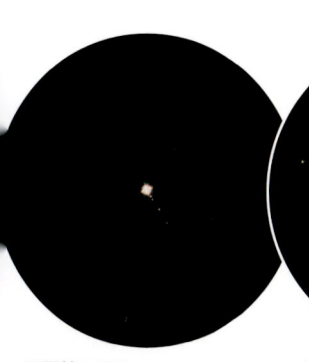

**双眼鏡で見る**
木星は明るい円盤状に見える。四つの大衛星がいくつか（あるいは、位置によりすべて）ぎりぎり見分けられる。

**小型望遠鏡で見る**
木星の衛星で大きいもの（ガリレオ衛星）がはっきり見える。木星面の帯模様も見える可能性がある。

**大型望遠鏡で見る**
帯模様が詳しくわかる。木星は自転が速いため、表面の模様は一晩で木星面を横断して 1 周する。

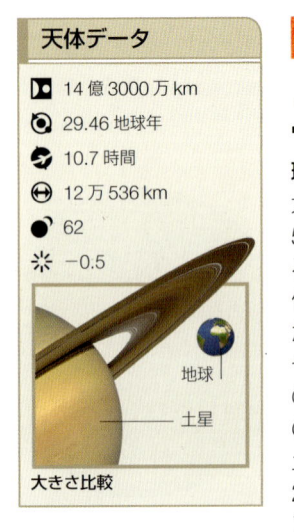

# 土 星

| 天体データ | |
|---|---|
| ☄ | 14億3000万 km |
| ◎ | 29.46 地球年 |
| ⚡ | 10.7 時間 |
| ⊖ | 12万536 km |
| ● | 62 |
| ☀ | −0.5 |

大きさ比較 (地球／土星)

**環が印象的な土星**は、太陽から6番目の惑星で、太陽系で木星の次に大きく、赤道直径は12万536 kmである。ほぼ全体が最も軽い元素である水素とヘリウムなので、太陽系で密度が最も低い。夜空では肉眼でも簡単に見つけられるが、望遠鏡を使うと環と衛星も見える。衛星はそれだけでも特筆すべきもので、たとえば最大のティタンは、厚い大気、液体メタンとエタンの湖、そしておそらく氷成火山をもつ。現在、土星系に関して多くがわかってきたが、それは2004年に土星に到着したカッシーニ-ホイヘンス計画によるものが大きい。

## 軌道

土星は公転軌道1周に29.46地球年、自転1回に10.7時間かかる。土星の1日は地球よりかなり短く、自転が速いために赤道領域が膨らんで、極領域より10%も直径が大きい。土星の自転軸は26.7°傾いているので、公転につれて季節変化が起こる。土星の環の地球からの見え方が変わるのも、この傾きが原因だ（p.101）。

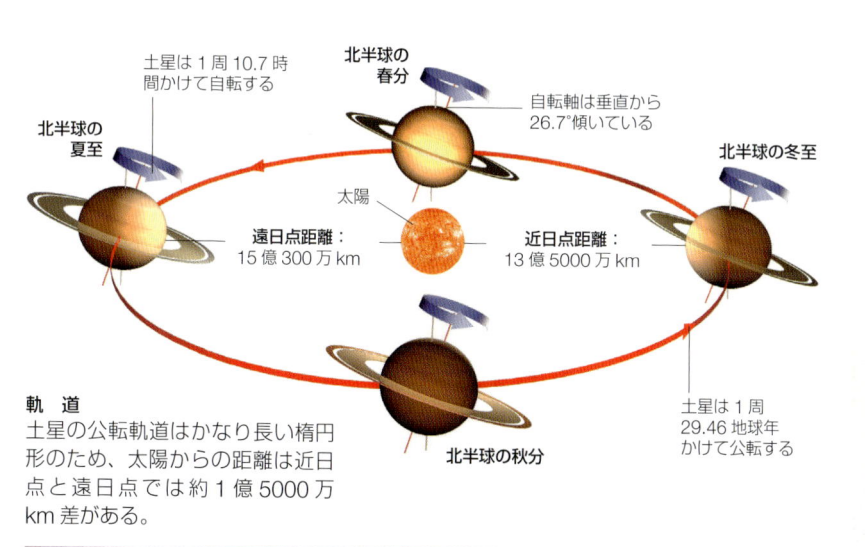

- 土星は1周10.7時間かけて自転する
- 北半球の春分
- 自転軸は垂直から26.7°傾いている
- 北半球の夏至
- 北半球の冬至
- 太陽
- 遠日点距離：15億300万km
- 近日点距離：13億5000万km
- 北半球の秋分
- 土星は1周29.46地球年かけて公転する

**軌道**
土星の公転軌道はかなり長い楕円形のため、太陽からの距離は近日点と遠日点では約1億5000万km差がある。

## 構造と大気

土星の大気は、微妙な縞模様に色分けされている。土星では時速1800kmを超える強風が吹き荒れ、巨大な嵐も発達する。カッシーニ-ホイヘンス計画で撮影された画像が、土星上層大気で起きている稲妻も捉えている。大気と内側の液体水素とヘリウムの層とが徐々に混ざり合っており、さらに奥で水素とヘリウムは金属化している。土星の中心核はおそらく岩石と氷が混じった固体であろう。

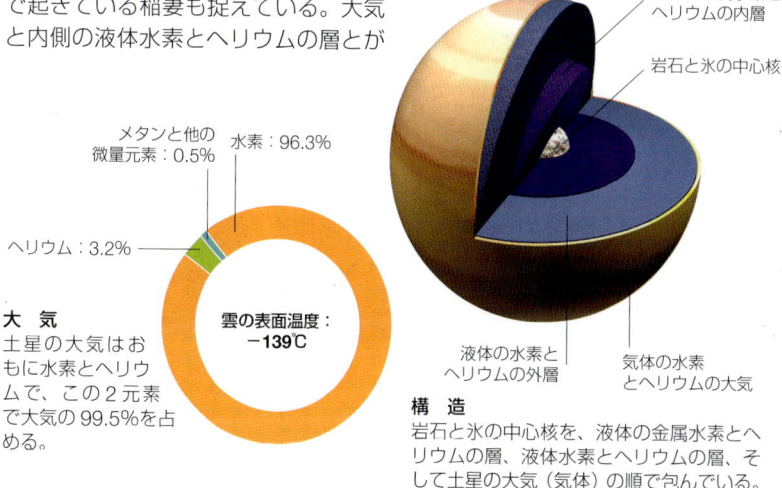

- メタンと他の微量元素：0.5%
- 水素：96.3%
- ヘリウム：3.2%
- 雲の表面温度：−139℃

**大気**
土星の大気はおもに水素とヘリウムで、この2元素で大気の99.5%を占める。

- 液体の金属水素とヘリウムの内層
- 岩石と氷の中心核
- 液体の水素とヘリウムの外層
- 気体の水素とヘリウムの大気

**構造**
岩石と氷の中心核を、液体の金属水素とヘリウムの層、液体水素とヘリウムの層、そして土星の大気（気体）の順で包んでいる。

## 衛星

土星には62個の衛星があるが、大きさも土星からの距離も個々に大きく異なる。直径数km程度の衛星がある一方で、ティタンは直径約5150km、太陽系の衛星で2番目に大きい（最大は木星の衛星ガニメデ）。軌道が環の内側を通るものも、土星から遠く離れているものもある。衛星の大半は小さく凍りついた世界であるが、ダイナミックに活動中のものも少数ある。エンケラドゥスの南半球からは凍った物質が噴水のように噴き上げられている。

**ティタン**
土星で最大の衛星で、土星からの距離122万km。高密度の大気と、液体メタンとエタンの湖と、気象系をもつ。

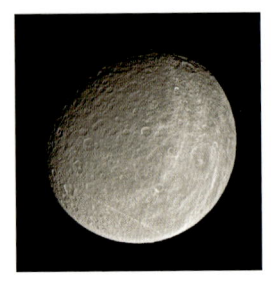

**レア**
2番目に大きく直径1528km、土星からの距離52万7000km。この衛星自体も環をもつと考えられている。

**イアペトゥス**
3番目に大きく直径1471km、土星からの距離356万km。イアペトゥスの側面は黒い物質で覆われている。

**ディオネ**
4番目に大きく直径1123km、土星からの距離37万7000km。凍った地表には長く深い谷が刻まれている。

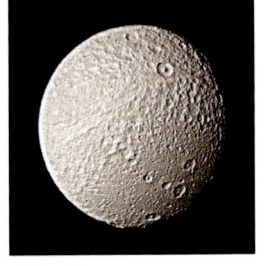

**テティス**
5番目に大きく直径1066km、土星からの距離29万4670km。テティスは土星公転軌道をテレスト、カリプソと共有している。

**エンケラドゥス**
6番目に大きく直径512km、土星からの距離23万8020km。南極近くから氷が宇宙空間に噴出している。

**ミマス**
7番目に大きく直径396km、土星からの距離18万5520km。直径140kmの大型クレーター、ハーシェルをもつ。

**ヒペリオン**
長径約370km、土星からの距離148万km。太陽系で最大の不規則形をした天体である。

**フォエベ**
土星の衛星で外側にあるもののうち最大のフォエベは、直径約230km、土星からの距離約1295万kmである。

## 環

土星の環は、ガスでできた大型惑星すべてで最大のものだ。環を構成するのは氷の塊であり、その大きさは小さい粒子から自家用車ほどの礫大の氷までさまざまである。最も内側はD環で、内側の縁は土星からの距離が6万6900 kmである。一番見やすいメインリングは、C環、B環、そしてA環からなる。その外側は暗いF環、G環、およびE環である。2009年にNASAのスピッツァー宇宙望遠鏡が、土星から600万km離れたところにもうひとつ環を発見した。土星の環は大きく広がっているのに、厚さはところどころで10 mしかない。

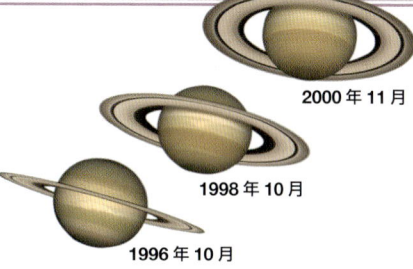

2000年11月
1998年10月
1996年10月

### 環の見え方の変化
自転軸が26.7°傾いているため、土星が公転軌道を移動するにつれて、地球からの見え方が変わる。

### 土星のメインリング
C環、B環、およびA環を合わせてメインリングと呼び、土星から7万4658〜13万6780 kmの範囲に広がっている。

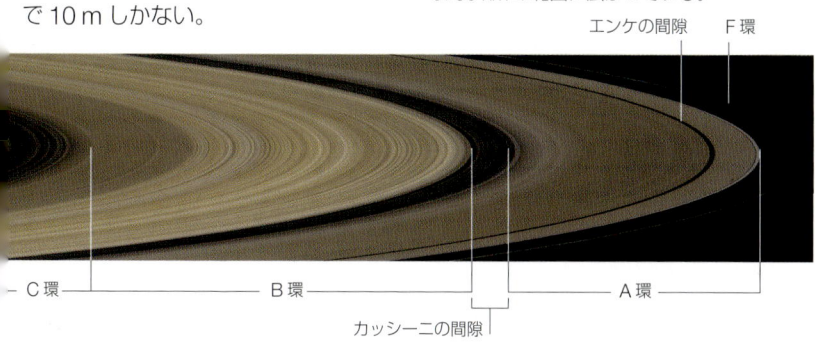

エンケの間隙　F環
C環　B環　A環
カッシーニの間隙

## 土星の観測

土星は一年で10か月ほど見える。肉眼では明るい黄色がかった点像になる。条件の良いときには並の望遠鏡で見てさえ素晴らしい眺めになる。小口径では土星は円盤に、環も最大の衛星ティタンも見える。もっと口径が大きければ、土星面の微妙な縞模様と、環の構造も見えてくる。土星観測に最適な衝は、毎年2週間ずつ遅れて巡ってくる。

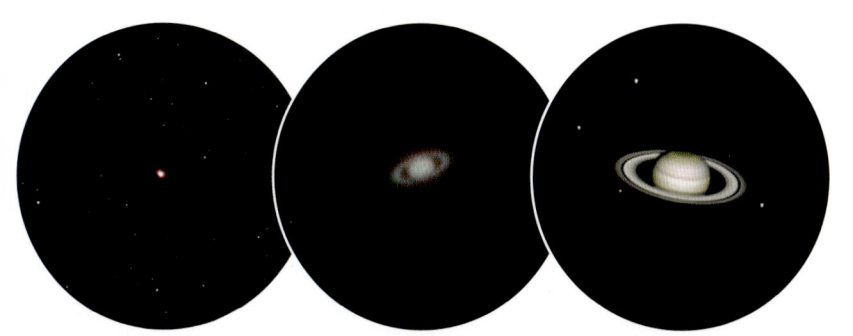

**双眼鏡で見る**
土星は明るい黄色がかった光の点に見えるが、環も衛星も見えない。

**小型望遠鏡で見る**
小口径でも環が見える。最大の衛星ティタンも見えるかもしれない。

**大型望遠鏡で見る**
土星大気の模様と環の構造が見える。衛星もいくつかはっきり見える。

## 天王星

**惑星で3番目に大きく、**太陽からの距離は隣の土星の2倍、模様のない水色（大気中のメタンによる）の球で、薄い環と多くの衛星を伴う。おそらくできて間もない頃に惑星大の天体が衝突したために、自転軸が98°も傾いている。その結果天王星は横倒しで太陽のまわりを公転し、自転は逆向き（他のほとんどの惑星と逆回転）、地球からは天王星の環と衛星は上下に回るように見える。望遠鏡を使って最初に発見された（1789年、イギリスの天文学者ウィリアム・ハーシェルにより）惑星である天王星に関しては、1986年に惑星探査機ボイジャー2号が接近するまでほとんどわからなかった。

### 天体データ

- 28億7500万 km
- 84 地球年
- 17.2 時間
- 5万1118 km
- 27
- 5.3

大きさ比較：地球／天王星

# 天王星

## 軌道、構造、大気

天王星は公転1回に84地球年かかる。公転周期が長く、自転軸の傾きが大きいために、北極と南極では昼または夜が21年間続く。天王星は大部分が液体の層（水、アンモニア、そしてメタンからなる）で、それが岩石の中心核を包んでいる。液体の層を厚い大気の層が覆っている。

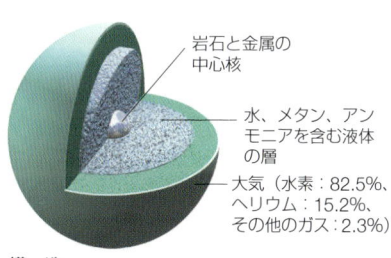

### 環と衛星

天王星には環が13本あるが、その多くはきわめて細く、天王星から3万8000〜9万8000 kmの範囲に広がっている。環は直径数cmから数mまでの大きさの黒い粒子と塵からなる。天王星には衛星が27個あり、うち5個（ティテーニア、オベロン、ウンブリエル、アリエルおよびミランダ）は1787〜1948年の間に発見された。残りは1980年代半ば以降に発見されたものである。

**ティテーニア**
この画像はボイジャー2号による。天王星の最大のこの衛星は直径1578 km。

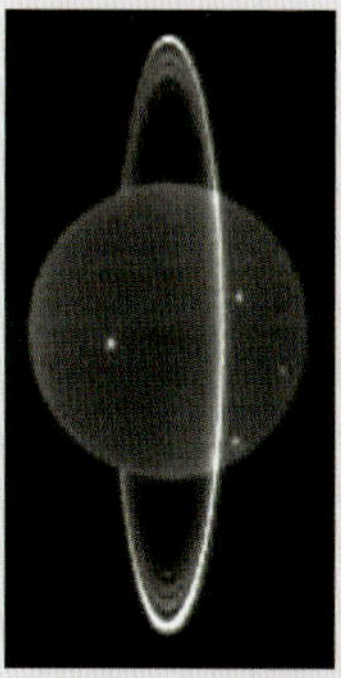

**天王星の環**
2004年にハワイ、ケック望遠鏡が撮影したこの赤外線画像には、天王星の13本の環のうち内側の11本と、おもな衛星四つが写っている。

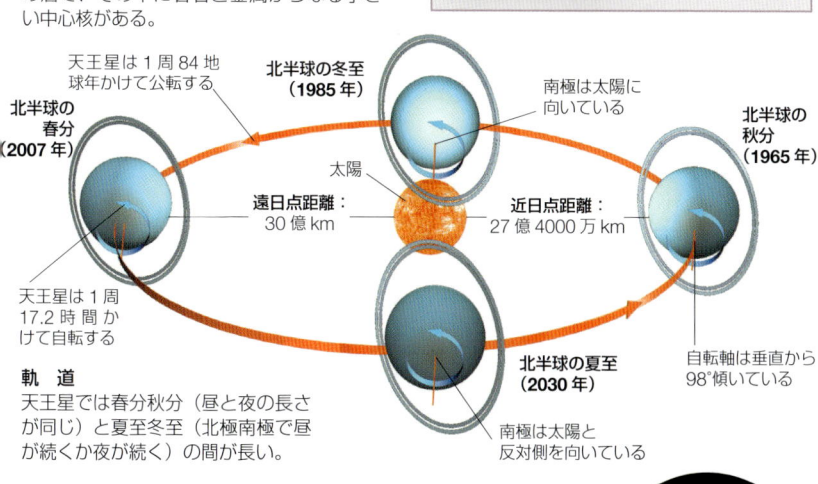

### 構造

天王星で目に見える表面は大気の外縁であり、おもに水素からなる。大気の下は液体の層で、その中に岩石と金属からなる小さい中心核がある。

- 岩石と金属の中心核
- 水、メタン、アンモニアを含む液体の層
- 大気（水素：82.5%、ヘリウム：15.2%、その他のガス：2.3%）

### 軌道

天王星では春分秋分（昼と夜の長さが同じ）と夏至冬至（北極南極で昼が続くか夜が続く）の間が長い。

- 天王星は1周84地球年かけて公転する
- 天王星は1周17.2時間かけて自転する
- **北半球の春分（2007年）**
- **北半球の冬至（1985年）** — 南極は太陽に向いている
- **北半球の秋分（1965年）**
- **北半球の夏至（2030年）** — 南極は太陽と反対側を向いている
- 太陽
- 遠日点距離：30億 km
- 近日点距離：27億4000万 km
- 自転軸は垂直から98°傾いている

## 天王星の観測

天王星は肉眼でようやく見える明るさなので、光の点以上のものを見るなら望遠鏡が必要だ。天球上の動きは遅く、黄道星座ひとつの移動に5〜10年かかる。2010年以来天王星はうお座にあり、2019年までうお座に留まった後、おひつじ座に抜ける。

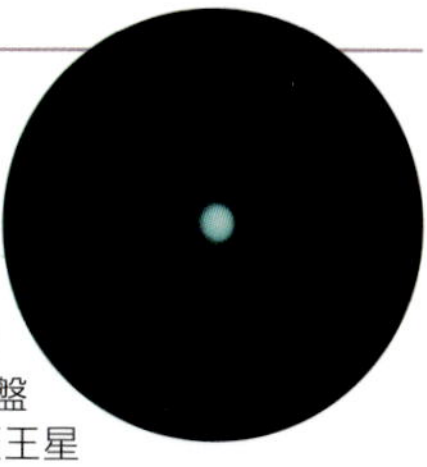

**望遠鏡で見る**
アマチュアの中口径の望遠鏡で見ても、小さい水色の円盤が見えるだけだ。天王星は太陽から遠いので、地球が太陽から受ける光の0.25%しか受けない。

# 海王星

**海王星は太陽から最も遠い惑星で、四つのガス惑星で最小であり、そこまで飛んで調査したのはボイジャー2号探査機だけだ。** ボイジャー2号が海王星に接近飛行した1989年に撮影したクローズアップ写真には、澄んだ空色の半透明の球と、大気中の白い雲（固体メタンからなる）と環が写っていた。海王星の衛星は14個で、最大のトリトンは1846年に、2番目に大きいネレイドは1949年に発見されたが、ボイジャー2号がさらに6個、残りの6個は2000年以後に見つかっている。衛星のうち球形になるほど大きいのはトリトンだけ（直径2700km）で、あとはもっと小さく不規則形をしている。海王星の環の隙間を公転する衛星もある。

## 天体データ

- 45億km
- 165.2 地球年
- 16.1 時間
- 4万9528km
- 14
- 7.8

大きさ比較（地球／海王星）

## 軌道、構造、大気

海王星は太陽公転軌道1周に165.2地球年かかる。つまり1846年に発見されて以来最近やっと1周したところだ。構造は天王星に近く、岩石と金属の中心核を、水とアンモニアとメタンが混ざった液体の層が包む。さらにその上は水素が主体の大気で、そこには他のどの惑星よりも激しい時速2000kmに及ぶすさまじい風が吹く。層の境ははっきりしない。

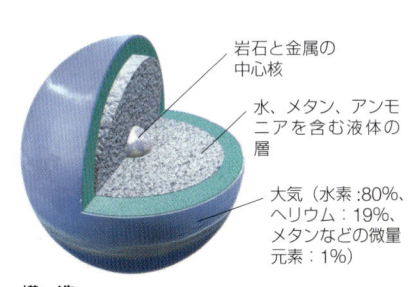

### 海王星の環

海王星の環は、海王星から4万1000～6万4000kmの範囲に広がる。おもな環は5本で、外側からアダムズ、アラゴ、ラッセル、ルベリエ、そしてガレである。もう1本、アダムズ環の内側に非常に暗い名なしの環が存在する。環は黒い小さな粒子からなるが、その化学組成は知られていない。海王星の環は非常に暗く、1989年まで存在を確認できなかった。

**ボイジャー2号から見た環**
2本の明るい環は外側からアダムズ環、ルベリエ環である。その内側の薄い環はガレ環。

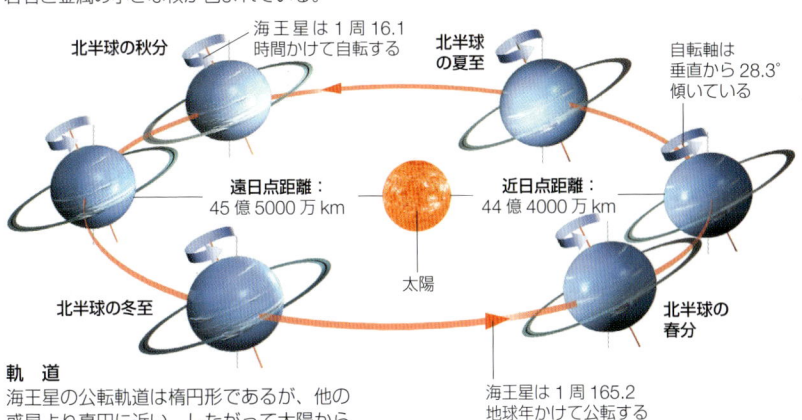

**構造**
海王星の目に見える表面は、大気の外縁である。その下は液体の層で、その中に岩石と金属の小さな核が包まれている。

- 岩石と金属の中心核
- 水、メタン、アンモニアを含む液体の層
- 大気（水素：80％、ヘリウム：19％、メタンなどの微量元素：1％）

**軌道**
海王星の公転軌道は楕円形であるが、他の惑星より真円に近い。したがって太陽からの距離は遠日点と近日点で差が小さい。

- 北半球の秋分
- 北半球の夏至
- 北半球の冬至
- 北半球の春分
- 海王星は1周16.1時間かけて自転する
- 自転軸は垂直から28.3°傾いている
- 遠日点距離：45億5000万km
- 近日点距離：44億4000万km
- 海王星は1周165.2地球年かけて公転する
- 太陽

## 海王星の観測

実視等級7.8の海王星は、双眼鏡か望遠鏡でないと見えない。小型望遠鏡では海王星は水色の小円盤に見える。公転軌道が長いため、黄道星座を移動するのに長時間かかる。海王星は2011年初めからみずがめ座にあり、2023年まで滞在する。

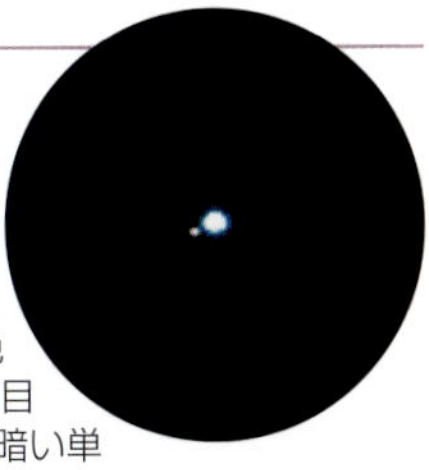

**望遠鏡で見る**
望遠鏡だと、海王星大気の鮮やかな青色は、黒い空を背景に目立つ。双眼鏡では、暗い単独星のように見える。

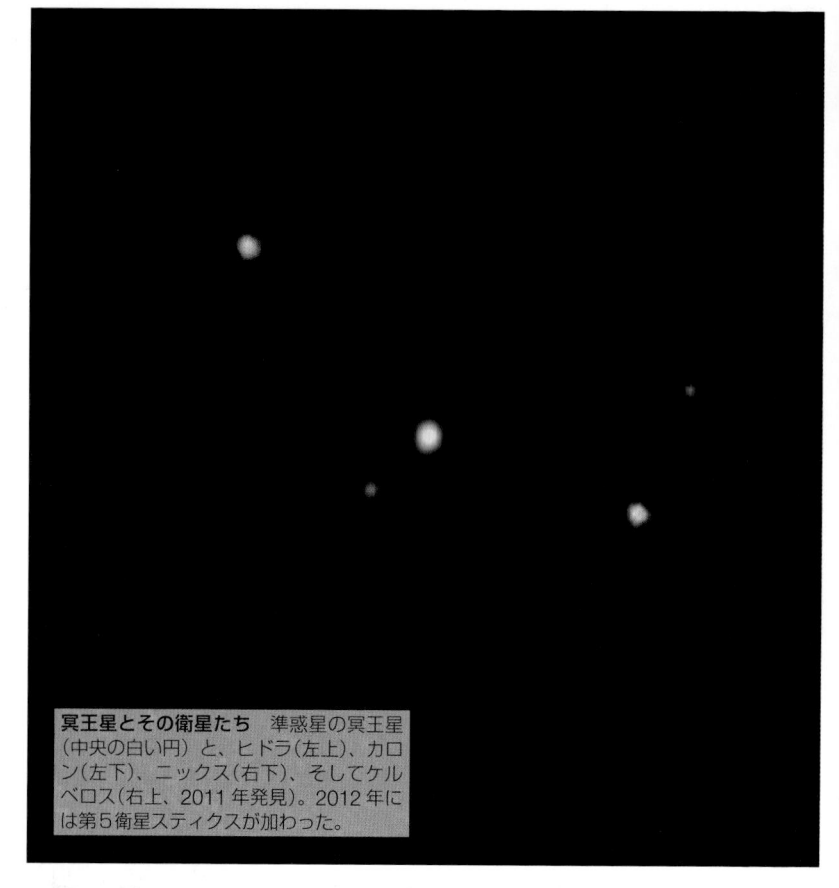

**冥王星とその衛星たち** 準惑星の冥王星（中央の白い円）と、ヒドラ（左上）、カロン（左下）、ニックス（右下）、そしてケルベロス（右上、2011年発見）。2012年には第5衛星スティクスが加わった。

# 準惑星と カイパーベルト天体

**一番遠い惑星、海王星の先には、冷たく暗い領域があり、多くの冷たい小天体が潜む。そこには冥王星のような準惑星と呼ばれる少し大きい天体もある。**

### 海王星の先は…

海王星軌道の外側は、太陽系でもまだよくわかっていない未知の領域であるが、そこにカイパーベルトと呼ばれる巨大な円盤があることは知られている。カイパーベルトはほとんど小天体が占めるが、冥王星、ハウメア（136108 Haumea）、マケマケ（136472 Makemake）のような準惑星も少し含む。ここから彗星が太陽系の内側にやって来るのかもしれない。しかし彗星の大半は、カイパーベルトより外側の球形をした領域オールトの雲（p.109）から来る。2006年、NASAは海王星より遠い領域、特にカイパーベルト中の冥王星を調査するためにニュー・ホライズンズ探査機を発射した。この探査機は2007年に木星を通過し、2015年に冥王星に最接近することになる。

## 準惑星

八つの惑星のほかに、太陽系には準惑星に分類される天体が五つ（2013年2月現在）ある。そのひとつ、以前は惑星だった冥王星が2006年に分類し直された理由は、冥王星ほどの大きさの天体がほかにも海王星より遠くに発見されたことにもよる。準惑星の最大は冥王星とエリス（136199 Eris）で、いずれも直径は約2300 kmであり、2004年発見のハウメアと2005年発見のマケマケも含めて、海王星より遠くを公転している。もうひとつの準惑星ケレス（1 Ceres）は太陽にずっと近く、メインベルトの中にある。

**ケレス**
他の準惑星と異なり、ケレスは小惑星でもあり、火星と木星の間のメインベルトに公転軌道をもつ。直径約952 kmのケレスは、この領域で最大の天体である。

**冥王星の表面**
この斑模様の冥王星は、ハッブル宇宙望遠鏡による。黒い部分はメタンが分解してできた、炭素を多く含む沈殿物かもしれない。

## カイパーベルト

冷たい天体（KBO：カイパーベルト天体と呼ばれる）が集まった巨大な円盤で、海王星軌道より外の領域。冥王星やハウメアやマケマケを含めてKBOは今までに約1100個見つかっており、総数は数十万個と考えられている。カイパーベルトはまた、ときどき太陽系内側領域に現れる彗星の起源でもあると考えられている。

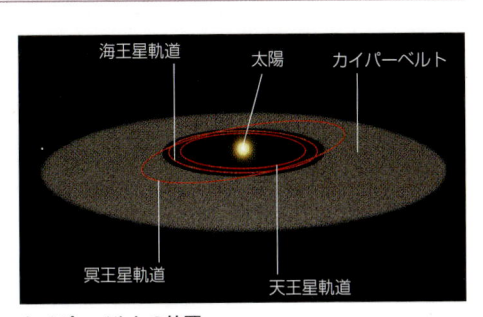

**カイパーベルトの位置**
海王星軌道の外側、太陽から60億〜120億 kmの範囲にカイパーベルトは広がる。

### 冥王星の発見

冥王星は1930年、アメリカの天文学者クライド・トンボー（1906〜97）が、アリゾナ州ローウェル天文台で観測中に発見した。彼は空を小さい区画に分けて撮影し、背景の恒星に対して動くものがないか調べていた。見比べた写真の中で位置を変えた光の点がついに見つかった。それが冥王星であった。

**位置を変える「星」**
この2画像は1930年にトンボーが撮影したものだ。2枚を比べると、星が一つ（赤い矢印）位置を変えている。これが冥王星だ。

**ヘール・ボップ彗星**
この大彗星は1997年4月に最も明るくなり、18か月間肉眼でも見えた。この画像には華麗にたなびく塵の尾（白）とガスの尾（青）が見える。

# 彗　星

彗星とはそもそも太陽のまわりを回る岩石と氷と塵でできた塊である。太陽に近づくと、周囲に白く光る雲をまとうようになり、さらに輝く長い尾を出すようになるものもある。

## 彗星とは何か

彗星の中心核は直径数百m〜数十kmの不規則形の汚れた氷玉が回転しているもので、「汚れ」とは、塵と岩石の粒が混ざったものである。氷の大部分は水であるが、二酸化炭素など別の成分も含む。木星軌道より遠くにあるときは、彗星は冷たい休眠状態にある。太陽系の内側領域に向かって移動すると、太陽からの熱で表面近くの氷が昇華（固体から直接気体に変化）し、塵と氷の粒とガスが拡散して、彗星核を包むぼんやり光る雲ができる。これをコマと呼ぶ。コマは近日点で最大になる。太陽風と太陽放射がコマからガスと塵粒子を押し流すので、尾が2本できる。彗星が通った跡に残された塵粒子に、太陽公転軌道を進む地球が遭遇すると、塵が地球大気に突入して群流星が現れる（p.112〜113）。

## 彗星の源

彗星は太陽系ができたときに惑星になれなかった破片である。太陽系で惑星が形成された後に凝集せずに残った大量の岩石片は、大型のガス惑星より外に弾き飛ばされて、彗星などの凍った天体になった。大部分の彗星は、カイパーベルト（p.107）またはオールトの雲から来ると考えられる。カイパーベルトから来る彗星は、大型惑星の重力で、太陽に近づく軌道まで定期的に引き寄せられている。一方オールトの雲から来る彗星は、通りすがりの恒星の重力で押されて太陽公転軌道をやって来るのだと理論づけられている。

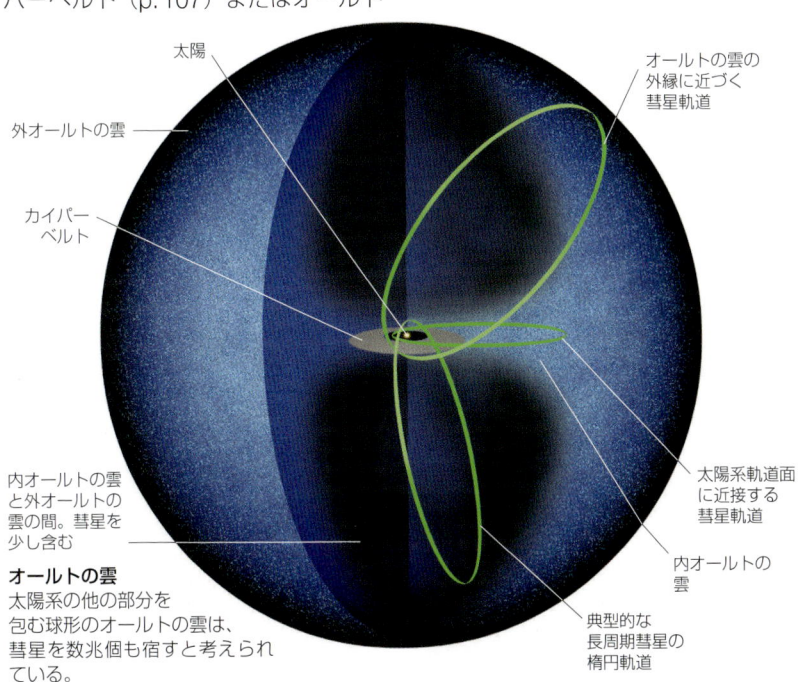

- 太陽
- 外オールトの雲
- カイパーベルト
- 内オールトの雲と外オールトの雲の間。彗星を少し含む
- オールトの雲の外縁に近づく彗星軌道
- 太陽系軌道面に近接する彗星軌道
- 内オールトの雲
- 典型的な長周期彗星の楕円軌道

**オールトの雲**
太陽系の他の部分を包む球形のオールトの雲は、彗星を数兆個も宿すと考えられている。

## 彗星の軌道と尾

太陽系の内側領域を通る彗星は、楕円形の太陽公転軌道をもつ。太陽に近づくと彗星は2本の尾を発達させる。尾は太陽に近づくにつれて長く伸び、遠ざかると縮む。定期的に出現する彗星もあり、200年に1回以上やって来るものを短周期彗星、出現間隔がもっと長いものを長周期彗星と呼ぶ。たった一度だけ太陽に近づいて二度と戻ってこない彗星もある。カイパーベルトは一部の短周期彗星の源、オールトの雲はそれ以外のすべての彗星の故郷と考えられている。

- 近日点
- 尾は太陽に近いとき最も長くなる
- 塵の尾は曲がっているガスの尾はまっすぐで細い
- 太陽
- 太陽に近づくにつれて尾が長く伸びる
- 彗星の尾は常に太陽と反対側を向く
- 尾は太陽から遠ざかるにつれて縮む
- 彗星のむき出しの核
- 遠日点

**彗星の尾**
塵の尾は彗星のコマから太陽放射で吹き飛ばされた塵から形成され、ガスの尾は太陽風がコマ中のガスと相互作用したものである。

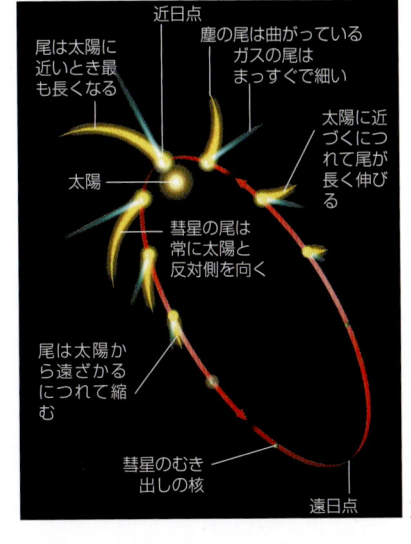

## おもな彗星

太陽系には数兆個もの彗星があると考えられているが、そのほとんどは太陽の近くまでやって来ることはない。天文学者は短周期彗星を約 480 個、彗星全体で 4000 個以上目録化したが、ほかに彗星探査機が訪れた彗星や、地球から素晴しい光景を見せてくれた彗星もある。

### 百武彗星

1996 年 3 月、長周期彗星・百武彗星（C/1996 B2）は地球からわずか 1500 万 km の距離まで近づいた。1996 年 5 月、ユリシーズ探査機は百武彗星の核から 5 億 7000 万 km の領域でガスの尾を検出した。これは史上最長の尾である。また、X 線放射が観測された最初の彗星でもある。

### ハリー彗星

1696 年、イギリスの天文学者エドモンド・ハリーが、1531 年、1607 年、そして 1682 年に出現記録のある彗星は実際は同一で、75〜76 年おきに回帰しているのだと主張した。予言通り 1758 年に戻ってきたこの彗星は「ハリーの彗星」と呼ばれるようになった。1986 年の回帰時にジョット探査機が彗星核をはじめて撮影し、核直径は 11 km とつきとめた。

### シューメーカー−レビー第 9 彗星

1993 年の発見時この彗星はめずらしく太陽でなく木星のまわりを公転していた。おそらく 20〜30 年前に木星の重力につかまったのだろう。もっと驚いたことに 1992 年 7 月木星に近づきすぎた結果、この彗星の核はバラバラになって 1 個が直径 2 km 程度の 21 個に分裂した（下の画像）。分裂核は 1994 年 7 月に次つぎ木星に衝突した。

## ビルト第 2 彗星

短周期彗星で、木星近くを通りすぎた後、1974 年 9 月に最初に太陽系内部領域に現れた。この彗星の核は長径わずか 5.5 km で、1994 年 1 月に NASA のスターダスト探査機が近接飛行したときに、核から噴き出した塵を捉えた。

## ホームズ彗星

2007 年 10 月、この短周期彗星は一時的に 50 万倍に増光し肉眼で見えた。これは史上最大の爆発的な増光であり、きわめて短期間だがコマは太陽より大きくなった。

## マクノート彗星

出現が一度きりで、太陽の近くに二度と帰ってこない彗星の一例である。2007 年初頭に、1965 年以来最も明るくなった彗星で、肉眼で楽に見えた。数日間は昼間でも見えた。2007 年 1 月半ばまでに長い塵の尾も発達し、華麗なカーブを夜空に描いた。

## ハートリー第 2 彗星

この短周期彗星は彗星探査機ディープ・インパクトが 2010 年 11 月に接近飛行して調査した。ディープ・インパクトはこの彗星の核を撮影し、それがピーナツ形で長径約 2 km であることがわかった。核からは氷と塵と岩石のジェットが噴き出していた。

## スイフト-タットル彗星

この短周期彗星の軌道は地球の公転軌道と交差する。この彗星が軌道に残した塵が、毎年 8 月 12 日頃見られるペルセウス座流星群の原因となる。彗星核は大きく、直径約 27 km。

> **しし座流星群**
> 毎年11月にしし座から放射状に飛ぶように見える。

# 流　星

一般に流れ星として知られる流星は、夜空で一番美しく興奮させられる現象である。一瞬だけ流れて消える光の筋は、宇宙から小さな粒子が地球大気に突入した印である。

### 流星体、流星、隕石

太陽系の至るところに彗星や小惑星の破片が散らばる。これらの小さい粒子は流星体として知られる。流星体は太陽公転軌道を移動する地球とぶつかって、地球大気に突入して熱せられ、空を横切る光の筋を描く。これが流星である。流星体の大半は砂粒ほどの大きさしかないが、地球大気に入るときは驚くべき高速（時速約7万2000km）だ。このため流星体の前方で大気が圧縮されて熱くなる。すると流星体は昇華しはじめ、この時点で空を横切る流星の閃光が見える。流星体が大きいほど流星も明るくなる。流星で非常に明るいものは火球と呼ばれる。大型の流星体で地球の大気中で燃えつきずに地上に達するものもある。これを隕石という。

## 流星群

空にいつでもどこにでも出現する単独の流星を散在流星と呼ぶ。一方、流星群は一年の特定の時期に起こるが、それは公転軌道を進む地球が、彗星または小惑星が軌道に残した塵に突入するのが原因である。たとえば8月に極大日があるペルセウス群は、スイフト-タットル彗星起源の塵による。流星群に属する群流星は空の一点（輻射点）から全方向に飛ぶように見える。流星群は輻射点のある星座名で呼ばれる。たとえば10月のオリオン群は、輻射点がオリオン座にある。

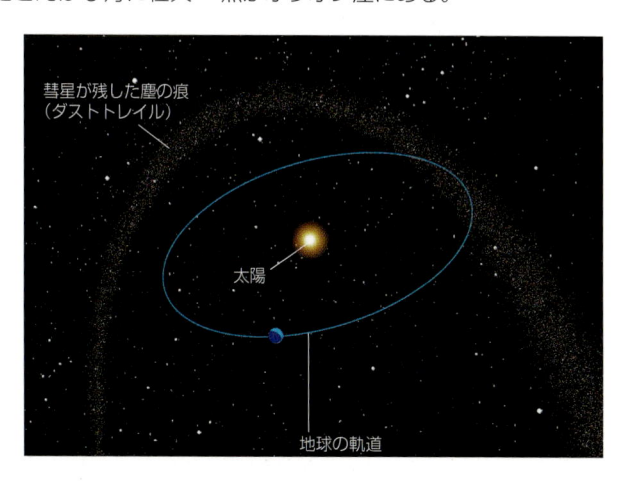

**彗星がまき散らした宇宙塵**
彗星軌道に沿って塵がたまった筋ができる。この筋（ダストトレイル）に地球が遭遇すると、塵粒子が地球大気に飛び込んで熱くなり、群流星が出現する。

### 隕石

重さが30 kgを超える流星体や小惑星は、大気中で完全に蒸発せずに地表に衝突する。これが隕石だ。隕石は化学組成により分類される。石質隕石は岩石からなる。鉄隕石はおもに鉄とニッケルの合金である。石鉄隕石は岩石と鉄とニッケルの合金の混合物である。

## 流星群の観測

群流星は肉眼で簡単に見えるし、出現日は予測できる（p.330の表）。できるだけ暗い観測地を選び、視界を遮るものがなく空が広く見渡せるところで見るのが良い。月明かりと光害は見える流星の数を減らす。輻射点のある星座に顔を向け、輻射点を直視せずに、視野の端から端までできるだけ広く視線を走らせること。流れ星がそこまで長く伸びるかもしれない。

### 火球

非常に明るい流星を火球と呼ぶ。2009年にカリフォルニア州（アメリカ）で撮影されたこの火球は、流星痕と呼ばれる輝く線が空に短時間残った。

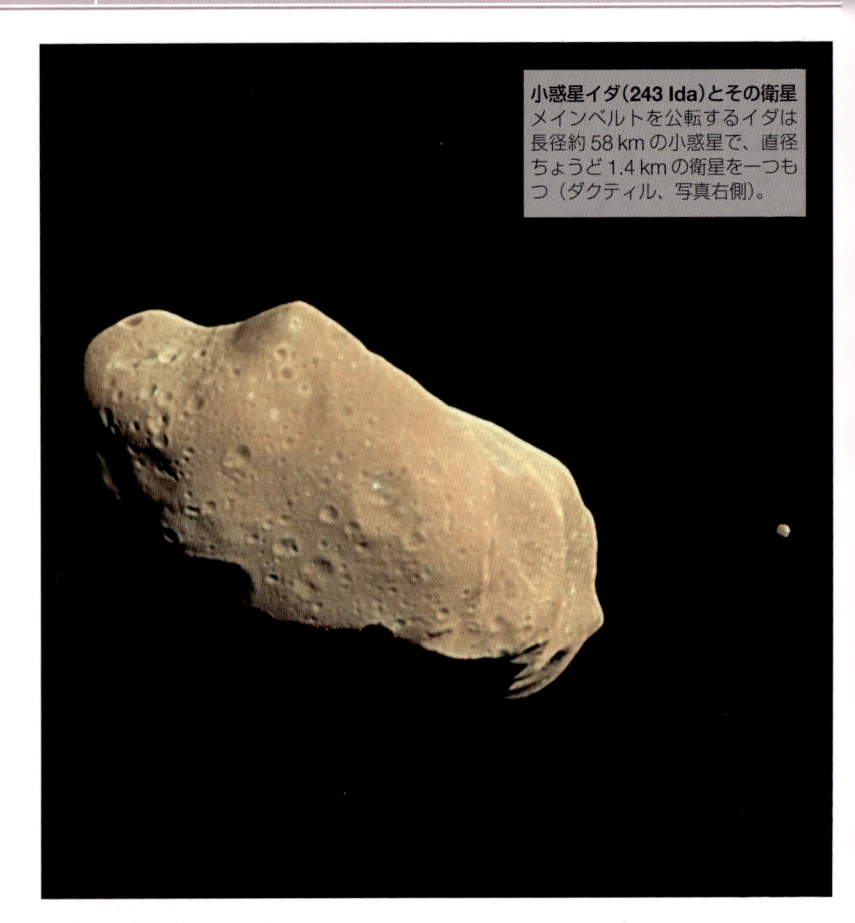

**小惑星イダ（243 Ida）とその衛星**
メインベルトを公転するイダは長径約58 kmの小惑星で、直径ちょうど1.4 kmの衛星を一つもつ（ダクティル、写真右側）。

# 小惑星

おもに岩石と金属からなる小惑星は、ほぼすべてが太陽のまわりを公転する小天体であるが、公転軌道の全体または一部が木星軌道の中を通るものもある。大多数は火星と木星の間のメインベルトを公転する。

## 小惑星とは何か

小惑星は、凝集して地球の4倍ほどの岩石質の惑星になり損ねた残骸である。塵を多く含む乾いた物質で、小さすぎて大気をもたない。少数の大きい例外（ほぼ球形）を除き、不規則形である。大きさはさまざまで、小型のものの方が数が多い。メインベルトには、平均直径が200 kmを超えるものが数十個、直径20 kmを超えるものが数万個、2 kmを超えるものが数百万個ある。小惑星はときどき衝突して割れるために、数は増えるが平均サイズは小さくなる。2006年に、メインベルトで最大の小惑星ケレスは準惑星にも分類された（p.106〜107）。したがって現在ケレスは、小惑星でもあり準惑星でもある唯一の天体である。

# 小惑星

## 軌道

すべての小惑星で公転軌道の方向は等しい（惑星と同じ）。メインベルト小惑星の軌道は通常真円に近く、公転周期は4〜5年である。メインベルト群以外にもさまざまな小惑星がある。トロヤ群は木星と軌道を共有し、その前後を60°離れて公転する。ほかにアモール群、アポロ群、そしてアテン群の長く伸びた楕円軌道は地球軌道と交差するため、これらの小惑星は地球近傍小惑星（NEA）に分類される。NEAの中には将来地球に衝突する可能性のあるものもある。

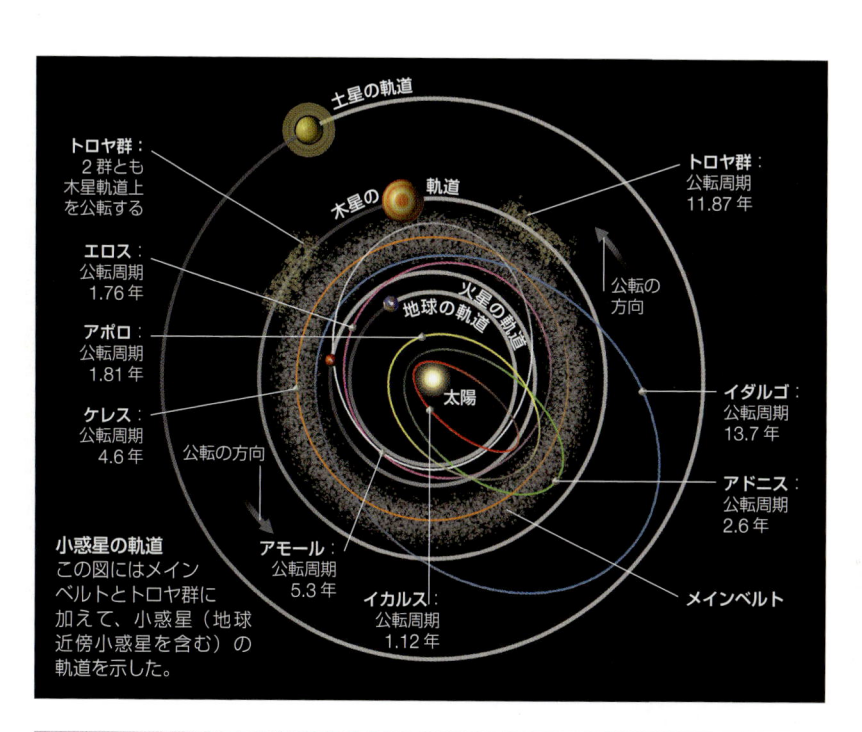

**土の軌道**

**トロヤ群：** 2群とも木星軌道上を公転する

**エロス：** 公転周期 1.76年

**アポロ：** 公転周期 1.81年

**ケレス：** 公転周期 4.6年

**木星の軌道**

**火星の軌道**
**地球の軌道**

**公転の方向**

**トロヤ群：** 公転周期 11.87年

**イダルゴ：** 公転周期 13.7年

**アドニス：** 公転周期 2.6年

**メインベルト**

**アモール：** 公転周期 5.3年

**イカルス：** 公転周期 1.12年

**小惑星の軌道**
この図にはメインベルトとトロヤ群に加えて、小惑星（地球近傍小惑星を含む）の軌道を示した。

## 小惑星の観測

ベスタ（p.116）は唯一肉眼で見える。ケレス、パラス、ジュノー、エロス、そしてトゥータティスのように、最大光度で双眼鏡や小型望遠鏡で見えるものもある。明るい小惑星の軌道は天文雑誌やインターネットや天文ソフトウェアで確認できる。小惑星は点像に見えるため一見恒星と見分けがつかない。特定するには数夜続けて写真撮影したりスケッチする必要がある。小惑星なら背景の恒星に対して位置を変える。

**小惑星の移動経路**
背景の恒星を動かないようにして小惑星を撮影すると、星野に対する小惑星の動きが筋（青い曲線）になって写る。

# おもな小惑星

## ベスタ（4 Vesta）
メインベルトに位置する小惑星で最も明るい。質量がケレスに次いで大きく、長径約 570 km と小惑星で 2 番目に大きい。内部が地殻、マントル、金属の中心核の層構造になっていると考えられている非常にまれな小惑星。南極（画像下方）の大半を、昔の衝突でできた巨大な窪地（直径約 460 km）が占める。その衝突でベスタから剥がれた破片が地球に到着している。

## マティルド（253 Mathilde）
メインベルトにある大型の小惑星で、平均直径約 66 km。表面は他の多くの小惑星より黒く、平均密度は非常に低い。このことはマティルドが、岩石破片が緩く凝集してできた可能性を示唆する。

## ガスプラ（951 Gaspra）
長径約 18 km でメインベルトの内側の縁近くを公転する。ガスプラの表面は灰色で、最近露出したクレーターの縁は青みがかり、古い低地は赤色を帯びる。

## エロス（433 Eros）

長径約38 km、ピーナツ形の地球近傍小惑星で、不安定な軌道は火星軌道と交差し、地球軌道にも近づく。2000年にはじめてNEARシューメーカー探査機が周回軌道に突入し、翌年エロスに着陸して、はじめての小惑星着陸をなしとげた。

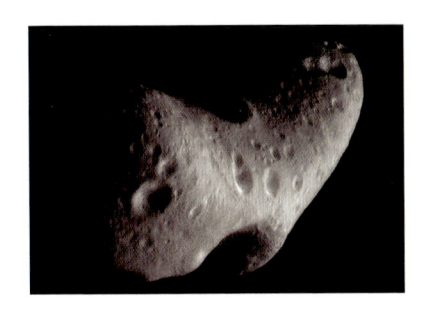

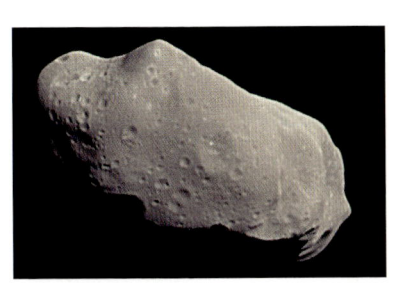

## 糸川（25143 Itokawa）

長径630 m、短径250 mのこの地球近傍小惑星から、はじめて岩石が標本として地球に持ち帰られた。2005年、小惑星探査機「はやぶさ」が糸川に着陸して地質標本を採取した。この標本はカプセルに収められて2010年に地球に到着した。糸川表面は礫だらけでゴツゴツしている。この小惑星は岩石破片が緩く接着してできたと考えられている。

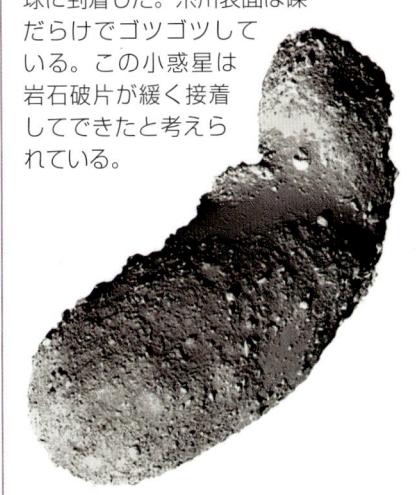

## イ ダ（243 Ida）

長径約60 km、メインベルトにある大型の小惑星。1993年、ガリレオ探査機の接近飛行で写真撮影された。その写真でイダの表面がクレーターだらけであること、衛星を一つ（ダクティル）もつことがわかった。これは小惑星の衛星としてはじめて確認されたものである。

## ルテティア（21 Lutetia）

メインベルトにある大型の小惑星で、平均直径約100 km。2010年にロゼッタ探査機がこの小惑星に3162 kmまで近づき、非常に厚い（厚さ600 m）表土（ふかふかした塵と岩石破片）の層で覆われていることを発見した。

## トゥータティス（4179 Toutatis）

小型の地球近傍小惑星で、長径約4.5 km、4年おきに地球をかすめて通りすぎる。この小惑星は、2004年9月に156万km（地球-月間の4倍）まで近づいた。2012年12月12日には693万km（同17.7倍）まで接近した。

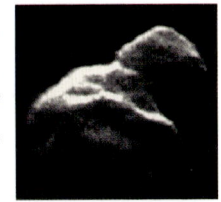

**北極光**
空のさまざまな高さに、緑や赤や青のリボンのような光の帯が見える。この色はガスに含まれる元素に由来する。

# オーロラ

オーロラは空に色鮮やかな光が踊る現象であり、太陽由来の高エネルギー粒子（太陽風）が地球大気の気体粒子と衝突して起こる。オーロラはおもに北極圏と南極圏で冬に見られる。

## 北極光と南極光

北半球のオーロラを北極光、南半球のそれを南極光と呼ぶ。オーロラは太陽から来る電離ガスが地球の磁極に沿って流れ込むことで起こる（右ページ）ために、北極南極から10〜20°の高緯度地帯でよく見られる。磁極は時間とともに少しずつ移動するが、現在はグリーンランドの北西部と南極大陸東部にある。ときどき、質量放出（p.69）の後などで太陽風が乱れてもっと赤道に近い地域でオーロラが見えることがある。オーロラが起こるとき、高度300 km以上で大気が輝き、数時間続く。最初は低い空で淡い緑色の弧が光って始まり、増光して拡大し、赤、緑、青、そして紫色の光が現れ、リボンのように波打って空一杯に広がる。

## オーロラのできるわけ

オーロラは、太陽からの高エネルギー粒子（太陽風：p.67）が地球の磁場に捉えられたときに現れる。この粒子は地球の磁極上空で加速して、大気中の気体粒子と衝突する。その結果気体粒子が励起されエネルギーレベルが高くなる。この粒子が通常状態に戻る際に、エネルギーが光として放出されるのである。光の色は、励起した粒子の種類、関係するエネルギーの量、そして励起した粒子の高度による。高度が約200 km以下では、励起した酸素原子はおもに緑色の光を放ち、もっと高いと赤い光を放つ。

### 太陽風と地球磁気圏
毛布のように地球を包む磁場の層を磁気圏と呼ぶ。太陽風の大半は磁気圏の外に受け流されるが、いくぶんかは磁極に沿って中に入り、大気中の気体と相互作用してオーロラが出現する。

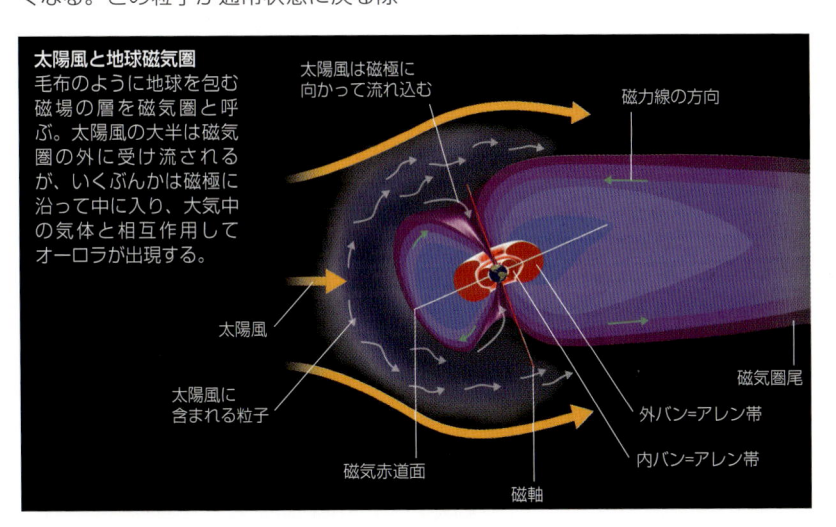

太陽風は磁極に向かって流れ込む
磁力線の方向
太陽風
太陽風に含まれる粒子
磁気赤道面
磁軸
外バン＝アレン帯
内バン＝アレン帯
磁気圏尾

## オーロラの観測

北極光は北緯60°以北で、9月～4月の間のみよく見られる（5月～8月は白夜）が、北緯35°の南方でもまれに観測される。南極光を見るのに最適なのは3月～10月の南緯60°以南である。しかしたとえば、ニュージーランドの南島でもときどき見ることができる。

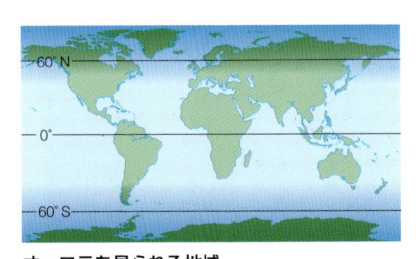

### 地球以外のオーロラ

地球以外の多くの惑星（火星、木星、土星、天王星、および海王星）でオーロラが観測されている。オーロラに似た現象である夜光も金星で観測されている。しかし金星には磁場が検出されていないため、夜光が起きる仕組みはわかっていない。

**木星オーロラ**
木星のオーロラ（北極南極の紫色）。太陽由来ではなく衛星イオからの粒子が原因である。画像はX線と可視光の合成。

**オーロラを見られる地域**
北緯60°以北または南緯60°以南（図で濃色の地域）が最も見やすいが、そこ以外でも見える場合がある。

**幻　日**(げんじつ)（サンドッグ）
太陽の両側に現れる輝く塊を幻日と呼ぶ。これは光が大気中の氷の粒で屈折されて起こる。

# 気象現象

天体やオーロラ以外にも空に光るものが現れる。その多くは間接的に地球に届く太陽光であるが、人工物か気象現象により生ずるものもある。

## 空で光るもの

天体と見間違えないよう、空で光るものが必ずしも天体でないことは知っておくと良い。昼間や夜間に見える静止した光る塊や対称形は、暈(かさ)かそれに類する現象で、大気中の氷の結晶が光を屈折して起こる。日没後の空で銀色に光る縄状のものは夜光雲である。地平線近くで輝く三角形の光は黄道光と呼ばれ、これは大気中で起きている現象ではない。動く光や空を横切る閃光は流星（p.112）、航空機、人工衛星、軌道衛星、または国際宇宙ステーションかもしれない。長く伸びる閃光はふつう雷雨による放電である。

## 暈（かさ）

暈は大気の高いところで氷の結晶が光を屈折してできる。太陽光でできる日暈（にちうん）も月が反射した太陽の光でできる月暈（げつうん）もある。ふつう太陽や月のまわりに半径22°以内でできる。幻日（サンドッグ）、幻月（ムーンドッグ）、日周弧、夜周弧、光の円と呼ばれる現象もある。これらは、氷の結晶を通して太陽または月を見るために起こる。

**月暈と幻日**
北極カナダで撮影されたこの写真には、光の屈折現象が複数写っている。月のまわりに月暈、左右の光る塊は幻月。

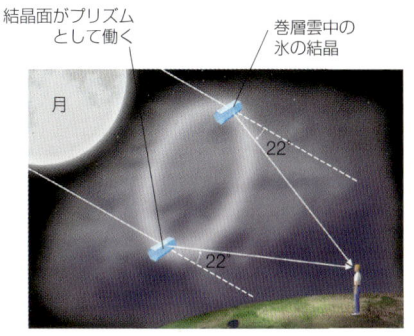

**暈の形成**
暈は大気中の氷の結晶が月や太陽から来る光を屈折して、観測者を中心に半径22°の環を描くものだ。光線が氷の結晶面を2面通過する場合にこれが起こる。

## 夜光雲

きわめて高い（高度約80km）雲が、日没後や日の出前に太陽光を反射して光る現象。これは夜光雲と呼ばれ、北緯または南緯50〜65°の地域で、北半球では5月〜8月、南半球では11月〜2月によく見られる。

**夜光雲**
夜光雲は銀青色で、絡み合った筋状に見える。薄暮や薄明が残る空を背景に地平線近くにのみ現れる。

## 黄道光

ぼんやりした光で、夜明け前の東の空か、日没後の西の空に見える。関連した現象に対日照（たいにちしょう）があり、暗い夜に太陽と反対側に円形のぼんやりした光が見える。いずれも惑星間塵に太陽光が反射して起こる。

**黄道光**
都会から遠く離れた秋の夜明け空で最もはっきり見える。東の地平線上にほぼ三角形に広がる。

**対日照**
直径10°の円いぼんやりした光が、真夜中、南の地平線上（北半球で見る場合）によく見つかる。

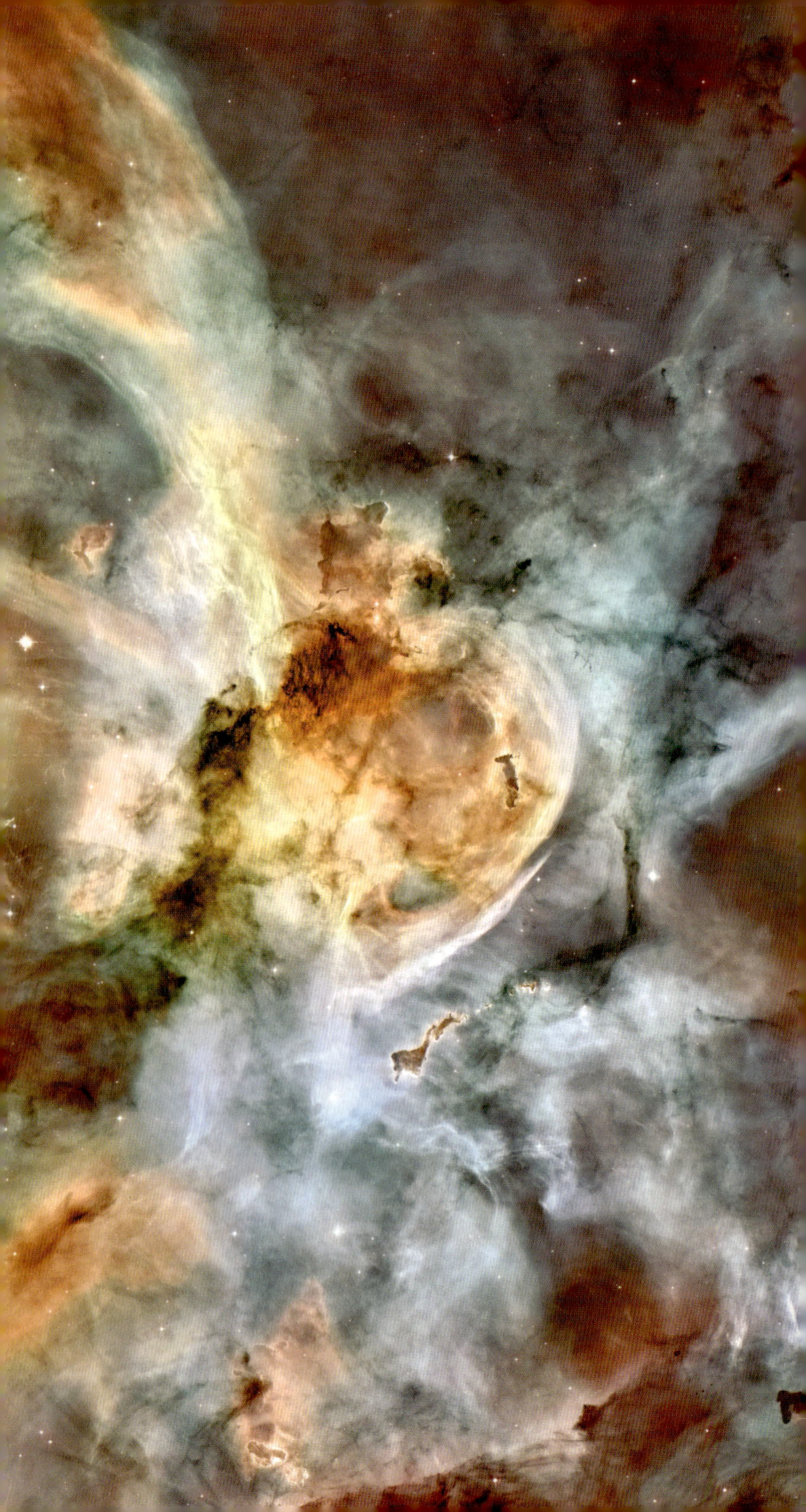

# 恒星とその向こう

**りゅうこつ座の星雲**：新たに恒星が誕生し、老いた大質量星が消えようとしている。

# 恒星って何？

晴れた暗い夜に空を見上げて最初に目に飛び込んでくるのは、キラキラした恒星で一杯の空だ。その一つ一つが巨大なガスの球であり、その中心で起こる核反応で開放される大量のエネルギーがまぶしい光となって輝くのである。

## 恒星の形成

星は、宇宙全体に散らばる巨大なガスと塵の雲の中で生まれる。こうした雲は近くの恒星の重力や、恒星爆発の衝撃波が原因で壊れて星形成が始まる。ガス雲の一部が崩壊し凝集してできた塊に徐々に物質が降り積もって十分大きくなると、中心温度が高くなって水素の原子核が融合し始める。恒星を輝かせる核反応がこうして始まる。

### わし星雲

この美しい領域は星の産屋である。わし星雲中心部にある高温の若い星が周囲のガスを輝かせる。

## 恒星の大きさ

夜空を見上げると星は針で突いたほど小さな光の点に見える。実際の大きさは星によりかなり違うのだが、遠すぎてすべて同じ大きさに見えるのである。私たちの太陽は直径約140万kmであるが、それでも恒星の世界では小さい。たとえば肉眼で簡単に見つけられるオリオン座の一等星ベテルギウスは、太陽の800倍も大きい。

**赤色矮星**：太陽質量の0.08〜0.4倍

**太陽**：1太陽質量

**白色矮星**：太陽質量の1.4倍以下

**青色巨星**：太陽質量の20倍

**赤色巨星**：太陽質量の8倍以下

## 恒星の重さ

恒星で最も軽いものは太陽質量の100分の1しかない。逆に最も重いものは太陽の100倍以上重い。

## 恒星の生涯

ガスと塵の雲の中で形成された恒星は、生涯の大部分を水素をヘリウムに変換する核融合過程に費やす。この比較的安定した時期にある星は主系列星と呼ばれる。私たちの太陽は現在主系列星のひとつである。赤色矮星のような低質量星は、燃料である水素をゆっくり消費するため寿命がきわめて長い。超巨星のような大質量星はエネルギーを高速で使い果すために寿命がかなり短い。恒星はもてる水素をすべてヘリウムに変えてしまうと次の最終段階に入る。

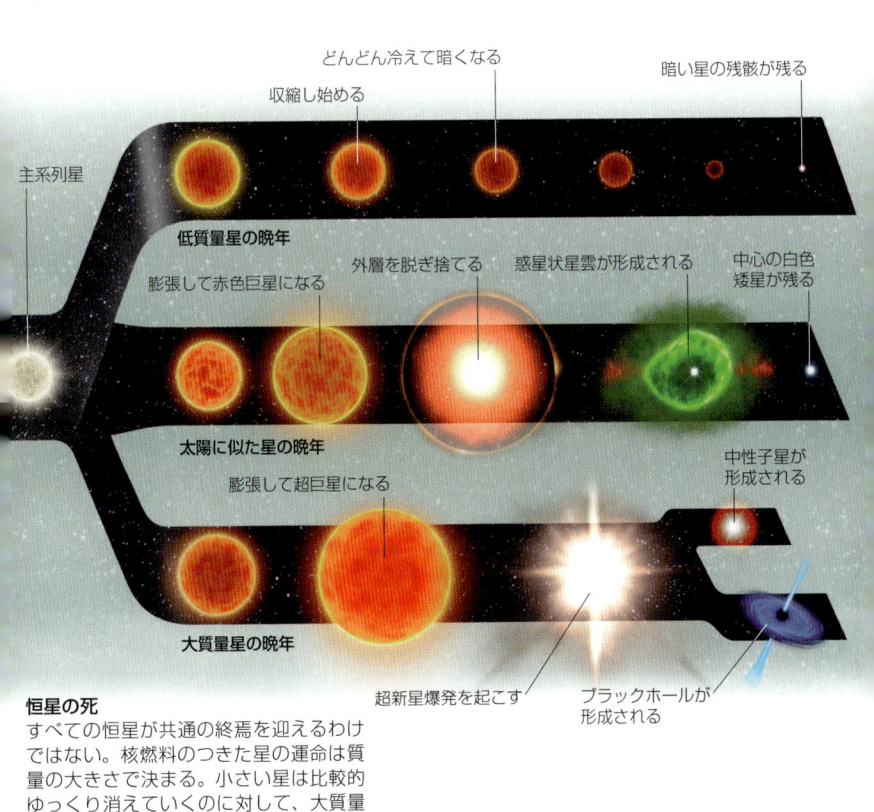

主系列星

**低質量星の晩年**
収縮し始める / どんどん冷えて暗くなる / 暗い星の残骸が残る

**太陽に似た星の晩年**
膨張して赤色巨星になる / 外層を脱ぎ捨てる / 惑星状星雲が形成される / 中心の白色矮星が残る

**大質量星の晩年**
膨張して超巨星になる / 超新星爆発を起こす / 中性子星が形成される / ブラックホールが形成される

## 恒星の死

すべての恒星が共通の終焉を迎えるわけではない。核燃料のつきた星の運命は質量の大きさで決まる。小さい星は比較的ゆっくり消えていくのに対して、大質量星は超新星爆発を起こして華々しく散る。

## スペクトル型

恒星の光にはその星を構成する化学元素の情報がある。星の光に含まれる色のスペクトルを調べて、元素固有の「指紋」を取り出すことでそれがわかるのだ。天文学者は星を光の「指紋」、つまりスペクトル型で分類した。右の表がその種類である。

### 恒星のスペクトル型の種類

| 型 | 色 | 平均温度（℃） |
|---|---|---|
| O | 青 | 4万5000 |
| B | 青白 | 3万 |
| A | 白 | 1万2000 |
| F | 黄白 | 8000 |
| G | 黄 | 6500 |
| K | 橙 | 5000 |
| M | 赤 | 3500 |

# 重星、変光星、近傍星

夜空に肉眼で見える恒星はすべて天の川銀河の一部であり、太陽のように単独の星も、二つ以上連れ立っている星もある。時間とともに明るさが変動する恒星もあり、変光星と呼ばれる。

## 重星

私たちの銀河系中の恒星にはたいてい一つ以上のお伴がある。これらの多重星には、対になる二つの恒星（連星）か、三つ以上の恒星が共通の重心を公転する。ほかに、地球から同一視線上にある複数の星が、互いに近接して見える場合もある。これは見かけの重星として知られる。

**こと座 ε**
小型望遠鏡で見るのにおすすめの複連星系である。二つの星がお互い回り合う連星系が二組ある。

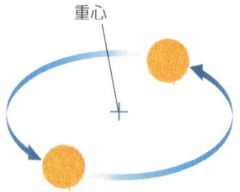

**質量が等しい連星系**
連星で二つの星の質量が等しい場合、共通の重心は2星のちょうど中間にある。

**質量に差がある連星系**
連星の片方が重い場合、重心は質量が大きい星に近づく。

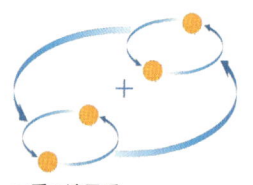

**二重の連星系**
連星系が二重になった場合、個々の恒星はそれぞれの対のまわりを回り、二対の連星は共通の重心をもつ。

## 変光星

明るさが変動する恒星（変光星）は多い。ときどき急に減光するものもあれば、ゆっくり脈動するものもある。ペルセウス座のアルゴルのように、お伴の星が視線の手前に来たり背後に回ることによって明るさが変わる食変光星（右ページ）もある。ケフェウス型変光星（ケフェイド）のように、膨張と収縮を繰り返して明るさが変わる脈動変光星もある。

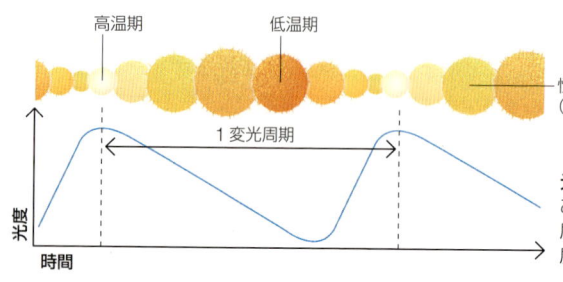

高温期　低温期

1 変光周期

恒星が膨張したり収縮したりする（図の大きさは誇張している）

光度／時間

**光度曲線**
あるケフェウス型変光星の光度曲線で、変光周期1回の光度変化を示す。

# 重星、変光星、近傍星

## 食変光星（食連星）

連星系で、合成等級がときどき一時的に下がるものは食変光星として知られる。食変光星の変光は片方の星がもう片方の手前に回って食になるために起こる。暗い方の星が食になると減光は小さく、明るい方が食になると減光は大きくなる。

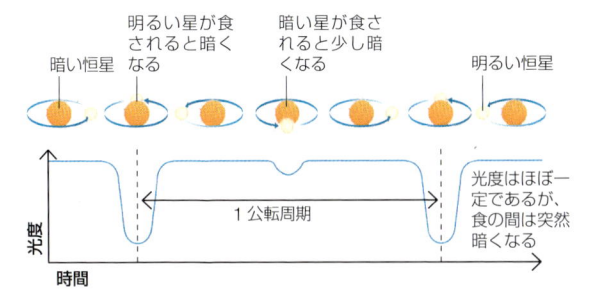

**食変光星**
食変光星は連星でもあり変光星でもある。二つ以上の星が系をつくっており、全体の明るさが変わる。

図中ラベル：
- 暗い恒星
- 明るい星が食されると暗くなる
- 暗い星が食されると少し暗くなる
- 明るい恒星
- 1公転周期
- 光度はほぼ一定であるが、食の間は突然暗くなる
- 光度
- 時間

## 近傍星

晴れた暗い夜にはきらめく恒星が数百も見える。それは天の川銀河にある星々である。明るくて近くに見えるのに実際は遠い恒星もある。たとえばオリオン座のリゲルは、肉眼で楽に見えるが770光年以上離れている。明るい恒星でプロキオン（11.4光年）のように比較的近いものもある。

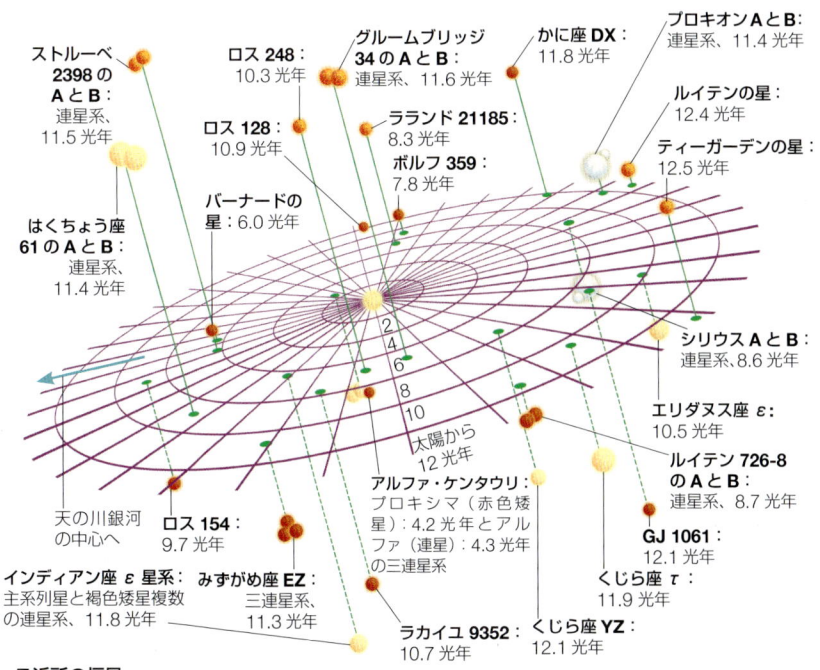

図中ラベル：
- ストルーベ2398のAとB：連星系、11.5光年
- ロス248：10.3光年
- グルームブリッジ34のAとB：連星系、11.6光年
- かに座DX：11.8光年
- プロキオンAとB：連星系、11.4光年
- ロス128：10.9光年
- ラランド21185：8.3光年
- ルイテンの星：12.4光年
- ウォルフ359：7.8光年
- ティーガーデンの星：12.5光年
- はくちょう座61のAとB：連星系、11.4光年
- バーナードの星：6.0光年
- 太陽から12光年
- シリウスAとB：連星系、8.6光年
- エリダヌス座ε：10.5光年
- 天の川銀河の中心へ
- ロス154：9.7光年
- アルファ・ケンタウリ：プロキシマ（赤色矮星）：4.2光年とアルファ（連星）：4.3光年の三連星系
- ルイテン726-8のAとB：連星系、8.7光年
- GJ 1061：12.1光年
- インディアン座ε星系：主系列星と褐色矮星複数の連星系、11.8光年
- みずがめ座EZ：三連星系、11.3光年
- ラカイユ9352：10.7光年
- くじら座YZ：12.1光年
- くじら座τ：11.9光年

**ご近所の恒星**
太陽に近い恒星の位置と種類を示した。たとえば一番明るい恒星のシリウスは8.6光年の距離にある。一方太陽に最も近い恒星プロキシマ・ケンタウリはちょうど4.2光年の距離にある。

**凡例**
- 赤色矮星
- 白色の主系列星
- 黄色の主系列星
- 白色矮星

# 星雲

多くの銀河で、恒星と恒星の間にはガスと塵が充ちている。このガスと塵が他の領域より密度が高くなると、巨大なガスと塵の雲（星雲）が形成される。星雲にはさまざまな種類がある。

### 発光星雲

恒星は塵とガスでできた巨大な雲の中で生まれる。形成された若い恒星は強い恒星風を放射して、星雲に空洞ができる。同時に、恒星の放射が周囲の星間ガスを励起して光るようになる。これを発光星雲と呼ぶ。干潟星雲やオリオン大星雲のような発光星雲は双眼鏡でも見える。小型望遠鏡を使えば、渦を巻く形や星雲を輝かせている生まれたての星団も見える。

**オリオン大星雲**
オリオン大星雲として親しまれているM42は、最も壮観な発光星雲なのは間違いない。

### 反射星雲

すべての星雲がその中の恒星の光で輝いているわけではない。近くの恒星の光が散乱し反射して地球に届くものもある。こうした羽衣のような星雲を反射星雲と呼ぶ。反射星雲中に分布する塵は恒星の青色光をよく散乱するため、長時間露出した写真にはふつう青く写る。

**プレアデス**
この散開星団は肉眼で見える。しかし星団を包む反射星雲を見るには少々手間どる。

---

### 望遠鏡を使った星雲観測

明るい星雲で肉眼でもぼんやり白く光って見えるものもあるが、多くの星雲は暗い夜に望遠鏡を使って注意深く観測しないと見えない。しかし天体はたいてい、望遠鏡で見たときと本ページのような写真とは大違いになる。私たちの眼はさほど感度が良くないために、カメラで長時間光を蓄積して得られた写真ほどには、色も細部も捉えていないのだ。

**星雲のスケッチ**
この素晴しいスケッチには、アマチュアの大型望遠鏡で見えたオリオン大星雲の輝く様子が捉えられている。

## 暗黒星雲

ガスと塵が高密度で凝集した渦巻く雲の多くは光を通さない暗黒星雲である。このような星雲は、明るい星野（石炭袋星雲の場合）や発光星雲（馬頭星雲の場合）を背景に、シルエットとして見える。

**馬頭星雲**
この画像中の馬頭星雲は、オリオン座の輝く星雲体を背景に、見間違えようがない。

## 惑星状星雲

太陽ほどの大きさの恒星が晩年に近づくと、外側のガス殻を脱ぎ捨てて、輝く惑星状星雲ができる。この星雲の中心には、高温高エネルギーの恒星核が残っていて周囲の物質を輝かせる。「惑星状」星雲という名称は誤解の元であるが、昔この種の星雲が、初期の望遠鏡では惑星に似た円盤状に見えた名残である。

**螺旋星雲**
みずがめ座の螺旋星雲。瀕死の星が吹き飛ばした直径約 2.5 光年の輝く物質の殻がはっきり見える。

## 超新星残骸

超新星残骸は大質量星が死に瀕して激しい超新星爆発（p.132）を起こしてできる。この爆発が引き裂いた星の残骸が、周囲のガスに高速でたたきつけられて、輝く繊維状の物質が形成される。時間経過とともに超新星残骸は広がり、巻きひげのようなガスが宇宙空間に伸びていく。

**網状星雲**
暗い空を高性能の望遠鏡で見ると、網状星雲と呼ばれる超新星残骸の中に、光る塊をいくつか見つけることができる。

# おすすめの星雲

### オリオン大星雲
空の狩人オリオン座にあるオリオン大星雲（M42）は、見つけやすく興味深い星雲である。1300光年かなたの星形成領域であるこの星雲は、中心にトラペジウムと呼ばれる若い星団があり、星雲を輝かせている。双眼鏡でも見えるが、暗い夜に望遠鏡を使って見る方が良い。

**渦を巻いて流れるガス**
オリオン大星雲の明るい中心部と、周囲に広がるガスの流れは、小型望遠鏡でよく見える。

### りゅうこつ座の星雲
りゅうこつ座方向3600光年かなたに位置するこの星雲は、華麗な星形成領域である。この巨大なガスと塵がうねる星雲の至るところで星が形成される一方で、若い星は星雲を輝かせている。直径約100光年の範囲に広がるこの星雲は天の川でも特に天体が集まった領域にある。

**星雲を区切る塵の筋**
この長時間露出画像では、りゅうこつ座の星雲で輝く領域をガスと塵の黒い筋が横切る。

### かに星雲
かに星雲（M1）はおうし座の超新星残骸で、1054年に起きた超新星爆発で形成された。そのときの爆発は世界中で見えたと考えられている。この星雲を見つけるには、まずおうし座の頭部のヒアデス星団を見つけよう。次におうしの角をたどってアルデバランからおうし座ζに線を延ばす。かに星雲はζからさらに1°先にある。

**お祭り蟹**
かに星雲は大型望遠鏡で見ると楕円形の光のもやに見える。

## 星雲

### 干潟星雲

干潟星雲（M8）は、いて座方向約2500光年かなたに位置する星形成領域である。この星雲の中に散開星団NGC 6530がある。近くの明るい星の放射がこの星雲を輝かせている。望遠鏡か良質の双眼鏡で観測できる。小型望遠鏡では天の川に埋もれた霧のようなぼやけた光が見える。

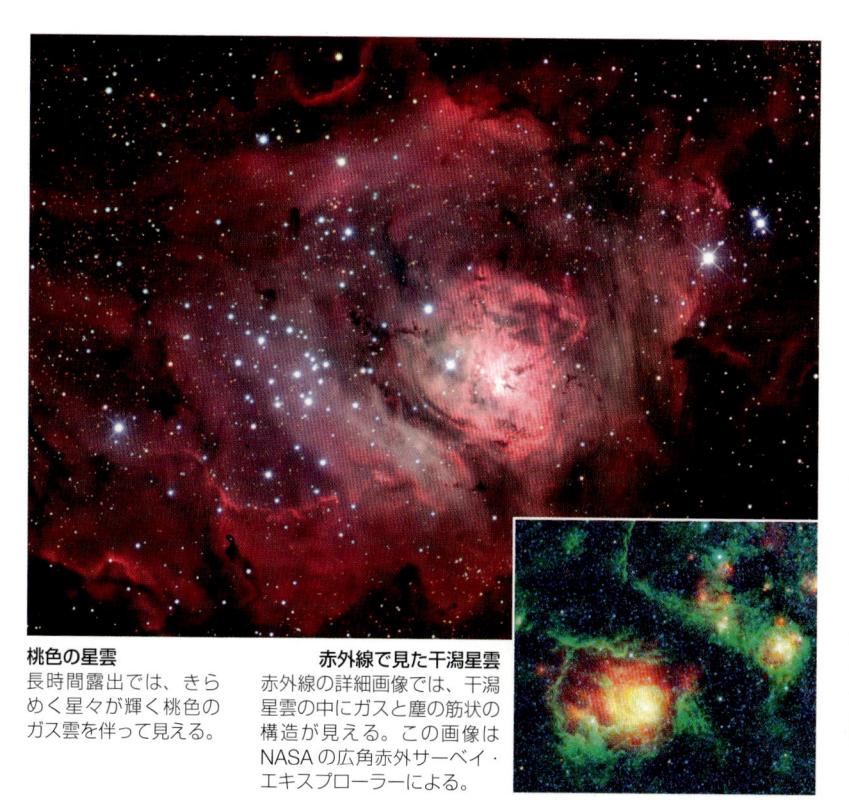

**桃色の星雲**
長時間露出では、きらめく星々が輝く桃色のガス雲を伴って見える。

**赤外線で見た干潟星雲**
赤外線の詳細画像では、干潟星雲の中にガスと塵の筋状の構造が見える。この画像はNASAの広角赤外サーベイ・エキスプローラーによる。

### 環状星雲

こぎつね座の亜鈴星雲（M27）と並んで、こと座の環状星雲（M57）は北半球で間違いなく最良の惑星状星雲である。約2150光年かなたのこの光の環は、私たちの太陽に似た星の残骸である。この星雲はこと座のγとβの間に位置する。小型望遠鏡で見ると素晴らしい。星雲を形成するガスは直径1光年ほどの範囲に広がっている。

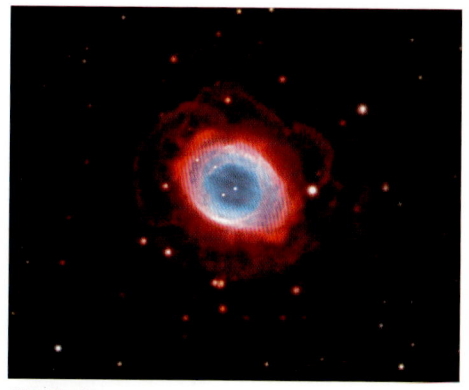

**光るガス殻**
環状星雲を包むガス殻の複雑な構造が見える。望遠鏡ではこの星雲は暗い灰色の環に見える。

# 天体の変わり種

宇宙は信じがたいほど暴力的で極端な場所である。一過性の恒星爆発からすべてを飲み込むブラックホールまで、宇宙全域に散らばる変わり種ほどそのことをはっきり見せてくれるものはない。

## 超新星

大質量星の終焉はII型超新星と呼ばれる激しい爆発でわかる。超巨星の燃料である水素がつきると、中心核ではもっと重い元素が合成され始める。ますます質量が大きくなる中心核を、初めは内向きの圧力が支えているが、やがて鉄が形成されるようになると支えきれなくなって崩壊する。核の周囲の物質が壊れて落ち込み、崩壊した核に跳ね返されて、大規模な衝撃波が星を貫いて吹き飛ばす。その結果の爆発はきわめて激しく、光などのエネルギーを大量に放出する。

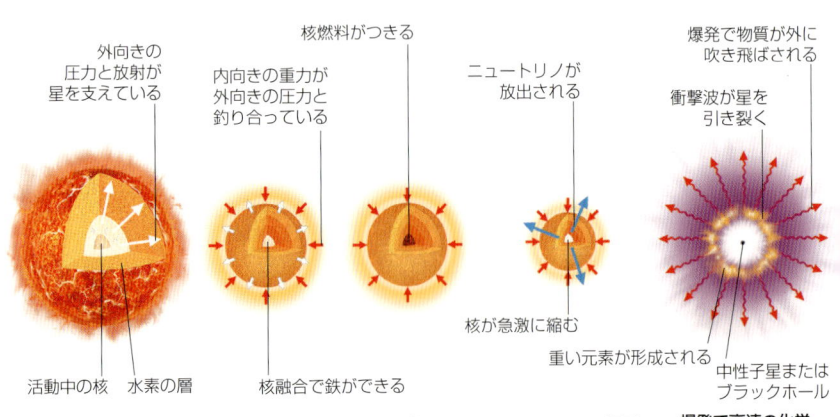

| | | | | |
|---|---|---|---|---|
| 外向きの圧力と放射が星を支えている | 核燃料がつきる／内向きの重力が外向きの圧力と釣り合っている | | ニュートリノが放出される／核が急激に縮む／重い元素が形成される | 爆発で物質が外に吹き飛ばされる／衝撃波が星を引き裂く／中性子星またはブラックホール |
| 活動中の核　水素の層 | 核を何重にも包む層 | 核融合で鉄ができる | | |
| 瀕死の超巨星 | 核を何重にも包む層 | 核が崩壊する | ニュートリノの爆風 | 爆発で高速の化学反応が起こる（デトネーション） |

**超新星が起こる過程**
終焉を迎えた大質量星である超新星には、いくつも段階がある。この大規模爆発により、私たちが日常目にしている世界の大部分を形づくる重い元素が宇宙にまき散らされる。

---

### 超新星を見つける

天文学者は遠い銀河を常に監視して、突然現れる明るい光の点を探している。超新星探査を日課にしているアマチュアが発見した超新星は多い。右は最近増光した超新星 SN 2011dh で、渦巻銀河 M51 に見つかった。

爆発前の SN 2011dh 　　　SN 2011dh（増光中）

# 天体の変わり種

## ガンマ線バースト

非常に遠い天体が、きわめて高エネルギーな現象、ガンマ線バーストが検出されて見つかることがある。バーストには長く続くものと一瞬で消えるものの2種類がある。短期ガンマ線バーストは、二つの中性子星か中性子星とブラックホールが衝突して起こると考えられている。長期ガンマ線バーストは、真に巨大な星が激しく爆発した結果らしい。

**輝く一撃**
ガンマ線バーストによる強い放射光（イメージ画）は、非常に遠くからでも見える。NASAのスウィフト衛星のような宇宙望遠鏡がこの種の現象の徴候を見つけるために、宇宙を常に監視している。

## パルサーと中性子星

超新星爆発において大質量星の中心核が崩壊すると、陽子と電子が強く押しつぶされて中性子ができる。続く大混乱の中で、中性子の球（中性子星）が生まれる。この変わった天体は直径が数十kmしかなく、きわめて強い磁場をもち、さらに脈動する場合もある（下）。

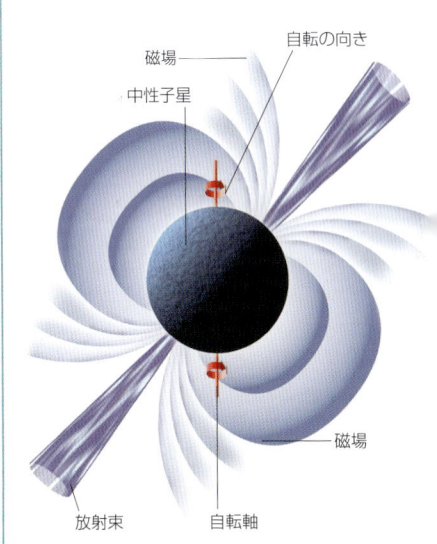

**脈動する天体、パルサー**
パルサーの中心は高速回転する中性子星で、強い磁場を伴う。細い放射束が中性子星の両磁極から放射される。この放射束が一定間隔で地球を直撃するので、放射の強度が脈動して観測される。

## 活動銀河

多くの銀河中心にはきわめて大質量のブラックホールがある。活動銀河の中でブラックホールは周囲の物質を吸いつくし、巨大なガスと塵の円盤をまとうようになる。この円盤は非常に高温になる。さらにブラックホールからは高エネルギージェットが噴き出すため、活動銀河からは大量の放射が起こる。

### 活動銀河核

活動銀河の一部は、私たちが輝く高エネルギー領域として観測できるような、ブラックホールを取り巻く領域、活動銀河核と位置づけられる。この種の活動銀河核をクエイサーと呼ぶ。クエイサーは非常に遠い天体で、おそらく古い活動銀河の中心である。

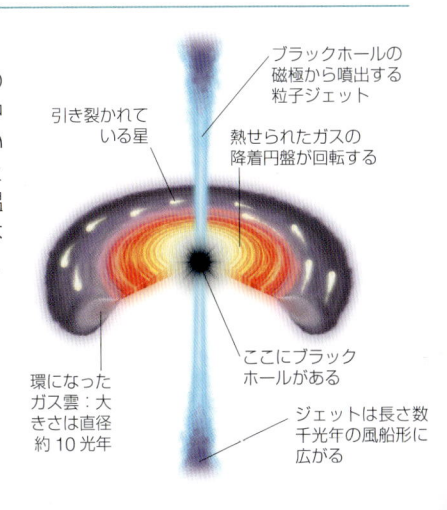

# 星　団

天の川銀河の至るところに、形も大きさもさまざまな星団が見つかる。球状星団は恒星1万〜数百万個がぎっしり詰まった球である。散開星団は恒星が緩く寄り集まったものである。

## 球状星団

恒星が1万〜数百万個集まった巨大な球で、私たちの銀河系で最も古い天体。中には120億歳の恒星の集団もある。天の川銀河の円盤周辺には球状星団がおよそ150個あると考えられている。仮に、球状星団の中から夜空を見たら、明るい恒星数千個でびっしり埋まって見えるだろう。

**オメガ・ケンタウリ**
1000万個の星を宿すこの星団は、素晴らしい球状星団のひとつである。大きく明るいため肉眼でも見えるが、望遠鏡だともっとはっきりする。このオメガ・ケンタウリを、ある矮小銀河の忘れ形見と考える天文学者もいる。

## 散開星団

塵とガスでできた巨大な星雲状天体の中に、緩く恒星が結びついたものである。星雲中にまとまって形成された恒星が周囲のガスと塵を吹き飛ばして散開星団ができる。散開星団は、銀河系の円盤と渦巻腕に通常見つかる。そのため天の川の星の多い領域と張り合うように見えることが多い。

**蝶星団**
この美しい散開星団M6は、さそり座に位置する。約80個の星からなり、双眼鏡や小型望遠鏡で見ると素晴らしい。

## 星団の観測

深宇宙天体では星団は間違いなく観測におすすめである。明るいものなら肉眼でも見える。良質の双眼鏡か小型望遠鏡があると星団を見つけやすくなる。小型望遠鏡のアイピースを通すと、プレセペ（M44）やプレアデス（M45）のような散開星団は、ビロードの上に散らばるダイヤモンド粒のように見える。球状星団は星が集まった綿玉のように見える。

**双眼鏡で見ると**
明るい多くの球状星団は光る円いしみに見える。

**小型望遠鏡で見ると**
光害のない暗い晴れた空では、小型望遠鏡でも、明るい球状星団がぼんやり光る球に見える。

**肉眼で見た星団**
少数の大きく明るい星団（画像のM44など）は肉眼でそれとわかる。

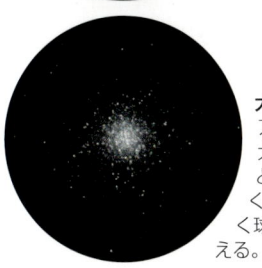

**大型望遠鏡で見ると**
アマチュア所有の大型望遠鏡で見ると、球状星団はたくさんの星がきらめく球として立体的に見える。

---

### 天の川銀河における星団分布

散開星団は通常、天の川銀河の円盤や渦巻腕の中に見つかる。そこは星形成に必要な塵とガスが豊富な領域だ。一方、球状星団は銀河円盤の周辺、銀河ハローと呼ばれる領域を占める。

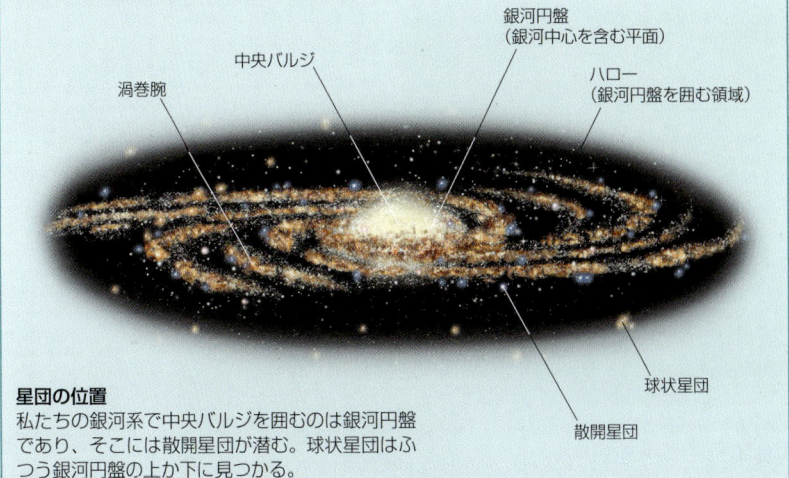

- 渦巻腕
- 中央バルジ
- 銀河円盤（銀河中心を含む平面）
- ハロー（銀河円盤を囲む領域）
- 球状星団
- 散開星団

**星団の位置**
私たちの銀河系で中央バルジを囲むのは銀河円盤であり、そこには散開星団が潜む。球状星団はふつう銀河円盤の上か下に見つかる。

# おすすめの星団

## M22

これが最も美しい球状星団のひとつといえるのはその場所のおかげもある。天の川の星が多い領域、いて座にあるのだ。M22を見つけるのは難しくない。いて座 $\sigma$ と $\mu$ を結んだ線の真ん中あたりにある。

**恒星のビーズ細工**
M22は約5等の明るさで、肉眼でも見える。しかし望遠鏡で観測する方がずっと良い。

## プレセペ

別名M44、または蜂の巣星団。かに座にある散開星団で、明るさは3.7等であり、暗い夜は肉眼で簡単に見つけられる。肉眼では暗い小さな白いしみに見える。双眼鏡か望遠鏡では、きらめくたくさんの星が緩くまとまっている様子が見える。

**みつばち星の群れ**
「蜂の巣星団」は暗い空で肉眼でも見つけられるが、双眼鏡で見ると特に美しい。

## きょしちょう座47

南天の宝石のひとつ。明るさは4.0等で直径約147光年。この星団は小マゼラン銀河に近く見つけやすい。きょしちょう座47を見つけるには、きょしちょう座 $\zeta$ からみずへび座 $\beta$ に線を延ばし、真ん中より少し行きすぎたあたりを探す。

**輝く球**
この素晴しい長露出画像は、きょしちょう座47の威容をあますところなく捉えている。

**部分拡大**
きょしちょう座47の中心部には星がぎっしり詰まっている。

# 星　団

## プレアデス

M45とも呼ばれる有名な散開星団。和名は「すばる」。おうし座方向410光年かなたに位置する。この星団中最も明るい恒星は肉眼でも楽に見える。星団そのものも直径1°を超える。長時間露出では、この星団の周囲の筋状の星雲が写る。これは反射星雲で周囲の星とは無関係である。

**七人どころか…**
プレアデスは七姉妹といわれるが、長時間露出だとこの星団には七つよりかなり多くの恒星が写る。

**塵を多く含む星雲**
NASAのスピッツァー宇宙望遠鏡によるプレアデスの赤外画像では、星団中の星々を包む塵の巨大な筋が見える。

## オメガ・ケンタウリ

球状星団の筆頭格。明るさは3.7等で、肉眼で楽に見える。ケンタウルス座に位置し、恒星約1000万個からなる。この星団は私たちの太陽系から約1万7000光年離れており、何と直径150光年もの大きさだと考えられている。

## 二重星団

二つの散開星団NGC 869とNGC 884を合わせて二重星団と呼ぶ。ペルセウス座にあり、空のこの領域は天の川が明るい帯の切れ端として通る。肉眼で探すなら、ペルセウス座のミルファク（α Per）とカシオペア座のルクバー（δ Cas）の中間を探すと良い。

**キラキラした球**
大型望遠鏡で見ると、たくさんの恒星が集まった信じがたい光景が見える。

**きらめく双子星団**
小型望遠鏡向きの深宇宙天体。二つの星団が並んで見える。

# 天の川銀河

晴れた夜に街の灯を離れて暗い空を見上げると、ぼんやり光る白い帯が空にかかる。これが天の川だ。宇宙にあまたある銀河の中で私たちの故郷、それが天の川銀河である。天の川銀河は太陽のほか数千億個の恒星が集まってできている。その太陽のまわりを地球や他の惑星たちが公転している。

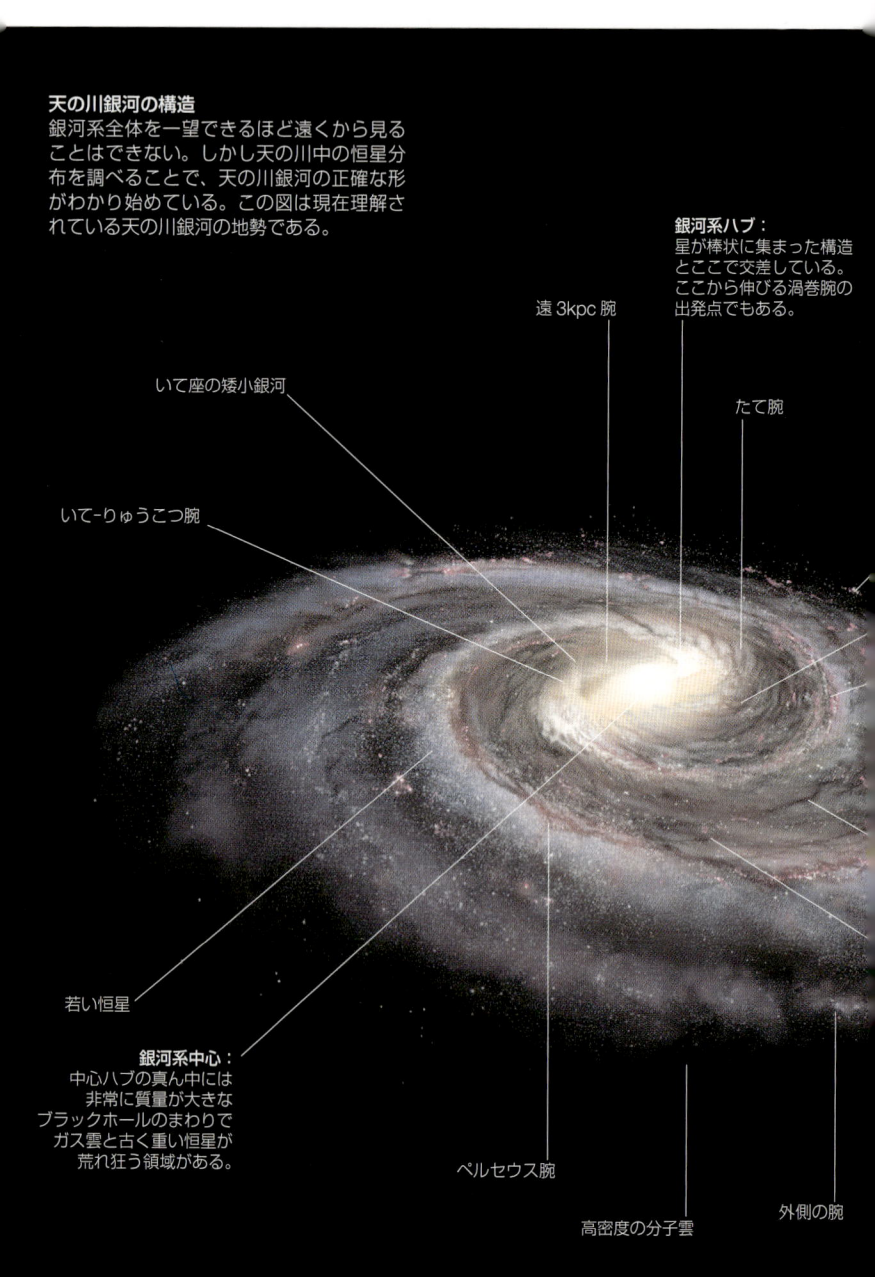

**天の川銀河の構造**
銀河系全体を一望できるほど遠くから見ることはできない。しかし天の川中の恒星分布を調べることで、天の川銀河の正確な形がわかり始めている。この図は現在理解されている天の川銀河の地勢である。

**銀河系ハブ：**
星が棒状に集まった構造とここで交差している。ここから伸びる渦巻腕の出発点でもある。

- 遠 3kpc 腕
- いて座の矮小銀河
- たて腕
- いて-りゅうこつ腕
- 若い恒星

**銀河系中心：**
中心ハブの真ん中には非常に質量が大きなブラックホールのまわりでガス雲と古く重い恒星が荒れ狂う領域がある。

- ペルセウス腕
- 高密度の分子雲
- 外側の腕

# 天の川銀河

## 私たちの故郷銀河

天の川銀河は私たちが存在する銀河の名称である(銀河系とも呼ぶ)。天の川には2000億〜4000億個の恒星があるが、その内のひとつが私たちの太陽である。天の川銀河は渦巻銀河で、古い恒星が集まった棒状の中央バルジから双方向に延びる渦巻腕を一対もつ。天の川銀河は差し渡し10万光年ほどの大きさで、銀河円盤(渦巻腕を含む)は約1000光年の厚みがある。渦巻腕にも多数の輝くガス雲があり、そこで恒星が形成されている。銀河系周辺には、年とった星が集まった球である球状星団の一群が散らばる。

ペルセウス腕

遠3kpc腕

天の川銀河の中心ハブ

**恒星が動く方向:**
天の川銀河は一枚板のようには回転せず、銀河中心のまわりを恒星それぞれが軌道を描いて回る。銀河中心から遠いほど公転1回に時間がかかる。

球状星団

近3kpc腕

たて-
みなみじゅうじ-
ケンタウルス腕

発光星雲
(電離ガス)

たて-
みなみじゅうじ-
ケンタウルス腕

**太陽系:**
太陽系は銀河面から約65°ずれている。

近3kpc腕

星間ガスと塵が
充ちた領域

オリオンの突起

**棒渦巻銀河**
初め天文学者は天の川銀河の中心ハブは円形だと考えていた。しかし最近の観測結果によれば、天の川銀河は棒渦巻銀河、つまり長さ2万7000光年ほどの棒構造から渦巻腕が出ていることがわかった。この棒構造はたまたま先端が太陽系に向いているため、地球からは棒状に見えない。

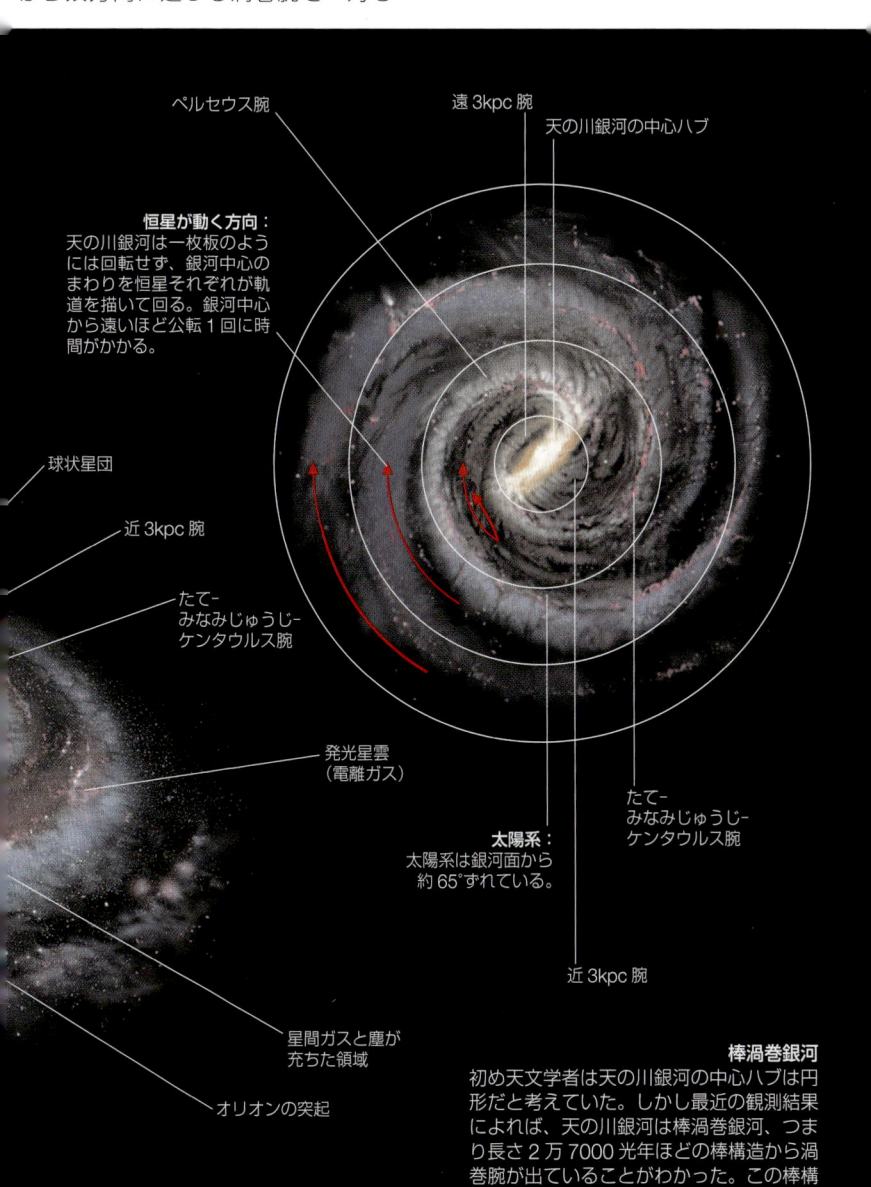

## 天の川の観測

夜空にかかる天の川は素晴しい。晴れた夜に街を離れて観測すると、肉眼でも、ぼんやりした光の群れが長く伸びて、その中に黒い塊が点在するのが見える。この黒い部分はガスと塵でできた巨大な雲で、天の川の星の光でシルエットになっているのである。天の川で星の多い領域は、双眼鏡か望遠鏡を使って見ると、興味深い深宇宙天体がたくさんあるのがわかる。

**地球から見た天の川**
私たちは天の川銀河を、その内側、渦巻腕の中の特等席から見ている。私たちの見ている天の川は、実際は銀河円盤と渦巻腕と中央バルジである。

**はくちょう座の裂け目**
天の川銀河の中のガスと塵でできた雲。光害のない暗い空で、はくちょう座の星野を背景にシルエットとして見える。

# 局所泡

太陽系は、局所泡と呼ばれる高温のガスの中にある。局所泡は冷たい高密度のガスで固められている。この局所泡中にはほかにも多くの恒星が見つかっているが、差し渡し約300光年のこの領域は比較的空っぽといえる。局所泡は数百万年前に超新星が爆発してできたらしい（p.132）。

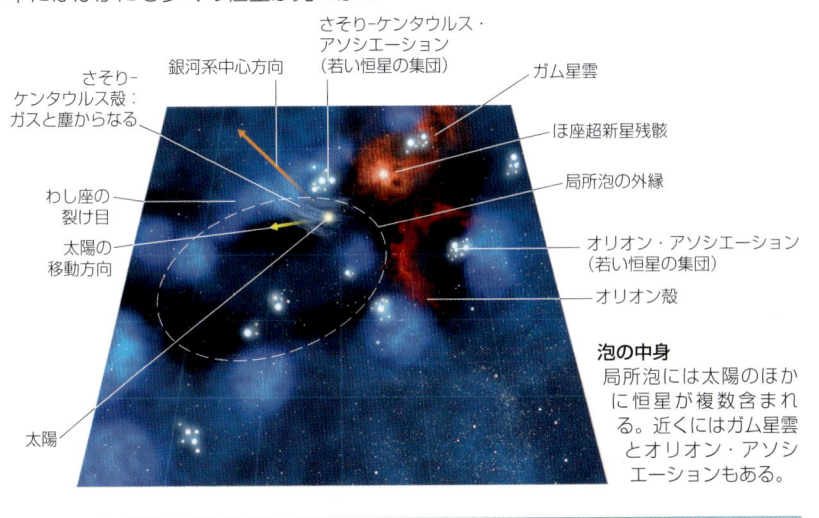

**泡の中身**
局所泡には太陽のほかに恒星が複数含まれる。近くにはガム星雲とオリオン・アソシエーションもある。

画像内ラベル:
- さそり-ケンタウルス殻：ガスと塵からなる
- 銀河系中心方向
- さそり-ケンタウルス・アソシエーション（若い恒星の集団）
- ガム星雲
- ほ座超新星残骸
- 局所泡の外縁
- わし座の裂け目
- 太陽の移動方向
- オリオン・アソシエーション（若い恒星の集団）
- オリオン殻
- 太陽

# 太陽系外惑星

太陽のまわりを回る惑星一族は、天の川銀河で唯一の存在ではない。1990年代初めより、銀河系にあるよその恒星にいわゆる太陽系外惑星がたくさん発見された。これらの惑星の多くは巨大なガス惑星であるが、岩石質の惑星も少数ある。発見された太陽系外惑星は今まで600個を超えるが、ケプラー宇宙望遠鏡を使った観測計画などのおかげで、その数は急速に増加中である。

**ケプラー計画**
ケプラー宇宙望遠鏡は銀河系の特定の帯域を調査し、惑星に食されて減光を示す恒星を探している。

画像内ラベル:
- 日よけが望ましくない太陽光を遮る
- 放熱器が機材を低温に保つ
- 太陽パネルが動力を供給する

**惑星フォーマルハウトb**
マスクで恒星（フォーマルハウト）からの光を隠すことで、ハッブル宇宙望遠鏡は恒星のまわりを公転するひとつの惑星の位置変化（2004〜2006年）を画像に捉えた。

画像内ラベル:
- 恒星はここ
- 2006
- 2004

# 銀　河

私たちが夜空を見上げるときは、天の川銀河の中から宇宙を見ている。天の川銀河は数千億個もの星のすみかである。ほかにもさまざまな大きさや形の銀河が数え切れないほど宇宙全体に散らばっている。天の川銀河に似ている銀河も、想像を絶する変わった銀河もある。

## 銀河の形成

最近の宇宙理論では、最初に形成された銀河は不規則形で、比較的少数の星が群れたものであった。時間が経つにつれて、小さい銀河が合体して銀河系のように大きい銀河ができた。合体してできた銀河がさらに衝突合体して、現在宇宙中に散らばる巨大な楕円銀河になると考えられている。

### 初期の銀河たち

ハッブル宇宙望遠鏡撮影のこの拡大画像中に小さい光のしみがいくつも見える。これらは現在わかっている最初の銀河の一部である。

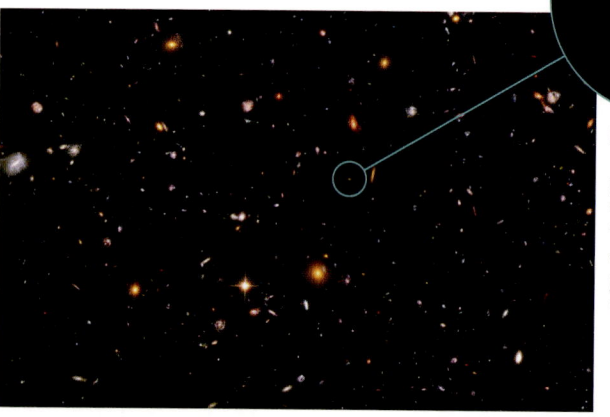

### 銀河の材料

この一例のような初期の銀河が合体してもっと大きい銀河ができた可能性がある。中には大きさが天の川銀河の1000分の1の銀河もある。

## 楕円銀河

渦巻腕がなく、たいていは他の種類の銀河に見られるガスと塵もない。楕円銀河は通常古い恒星の故郷で、その名のとおり楕円形である。

### ESO 325-G004

この巨大な楕円銀河はぼやけた球のように見える。これは4億6000万光年かなたにある、数百万個分の恒星が合体したものである。

## レンズ状銀河

全体がほぼ球形で、古い星でできた中心核と、そのまわりにガスと恒星からなる円盤をもつ。円盤は渦巻銀河と共通であるが、渦巻銀河と異なり、渦巻腕も星形成領域もない。

### NGC 5866

真横から見るレンズ状銀河の典型的な形を示す。NGC 5866は、くっきりした恒星円盤と、ねじれた塵の筋を示す。

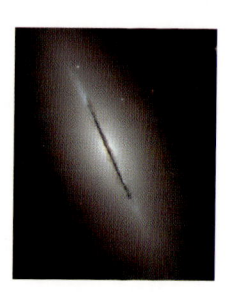

銀河　143

## 衝突中の銀河

銀河は別の銀河と混ざったり合体したりする。相互作用する衝突中の銀河は重力でねじれたり変形して変わった形になる。この画像では衝突によって星の詰まった長い尾が引き出されている。

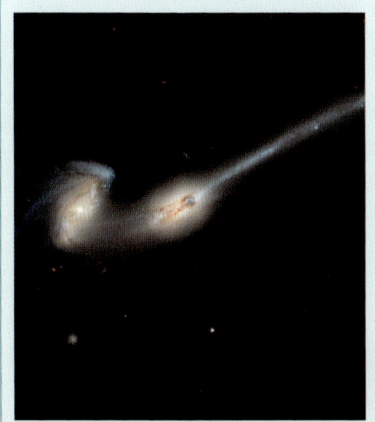

**夫婦ねずみ銀河**
一瞬で凍って時が止まったような合体中の二つの銀河。このハッブル宇宙望遠鏡による詳細画像で、恒星が集まってできた巨大な尾が、銀河の相互作用で引き出された様子がわかる。

## 不規則銀河

はっきりした形（渦巻型、楕円、またはレンズ状）をもたない銀河を不規則銀河と呼び、星団や星形成領域を多く含む場合が多い。その定義上、大きさも形もさまざまである。変わった形や構造は他の銀河との相互作用による場合が多い。

**NGC 1427A**
この不規則銀河中には星形成領域（赤い部分）が散らばる。新しい恒星の誕生はおそらくNGC 1427Aが近くのガスや他の銀河と相互作用した結果生まれたらしい。

## 渦巻銀河

銀河の形で一番わかりやすい。この素晴しい天の渦巻は、ふつう古い恒星の中央バルジ（中心核）とそれを取り巻くガス、塵、そして星の平たい円盤からなる。あたりを払う渦巻腕が数本、渦巻銀河の円盤中に含まれる。渦巻腕の中には明るい若い恒星と星形成星雲がある。この渦巻形は塵とガスの円盤の中をゆっくり移動する高密度の波が原因であり、星形成の引き金と考えられている。

巨大な塵の筋が渦巻腕の中をぬって伸びる

渦巻腕の中には若い恒星と明るい星団がある

銀河核／中央バルジ

**ねずみ花火銀河**
2500万光年かなたに位置する華麗な渦巻銀河。私たちの天の川銀河よりずっと大きい。

# おすすめの銀河

### アンドロメダ銀河

夜空で最も見つけやすく印象的な銀河。この渦巻銀河は天の川銀河より少し大きく250万光年かなたにあると考えられている。つまり肉眼で見える最も遠い天体ということになる。空が暗ければアンドロメダ銀河（M31）は双眼鏡や望遠鏡なしで簡単に見える。望遠鏡では光る楕円形が、もっと小さな光のしみ二つ（M110とM32。いずれも銀河）を伴って見える。

**M31と伴銀河たち**
アンドロメダ銀河と二つの小さな伴銀河（M110とM32）が見える。

**塵の多重環**
アンドロメダ銀河に含まれる幾重にも絡んだ塵の環（桃色）。この合成画像は赤外線観測による。

### 子もち銀河（M51）

りょうけん座方向2300万光年かなたの渦巻銀河。明るさは8.4等で、小型望遠鏡の絶好の観測対象である。おおぐま座の明るい恒星アルカイドから3.5°ほど離れて位置する。M51は伴銀河NGC 5195（画像の左側）をもつ。

**天の渦**
この銀河は正面向きのため、中央バルジと渦巻腕を上方から眺められる。

## 葉巻銀河

別名葉巻銀河とも呼ばれる M82 は、おおぐま座方向 1200 万光年かなたの渦巻銀河である。小型望遠鏡では M82 とその伴銀河 M81 が同じ視野に見える。この銀河を見つけるには、北斗七星を見つけて、おおぐま座 φ（φ UMa）から υ（υ UMa）まで線を引き、さらに 10.5°半延長するとこの 2 銀河にあたる。

**巨大な巻きひげ**
M82 の特徴的な形が見える。この銀河から伸びるガスと塵の巻きひげのような形（桃色）も見える。

## 大マゼラン銀河

銀河系に近い二つの不規則銀河のうち大きい方。そのお伴が小マゼラン銀河。二つのマゼラン銀河は肉眼で容易に見つかるほど明るい。大マゼラン銀河は、かじき座とテーブルさん座の境界近くに、小マゼラン銀河はきょしちょう座にある。

**星でできた綿菓子**
大型望遠鏡で、毒蜘蛛星雲（中央下）が大マゼラン銀河の中に見える。

## さんかく座の銀河

アンドロメダ銀河の近くに、さんかく座の銀河（M33）がある。アンドロメダ銀河同様、光害のない観測地からは肉眼でも見える。260 万光年かなたに位置する渦巻銀河で、小型望遠鏡では円いしみに見える。この銀河はおひつじ座のハマルからアンドロメダ座のミラクに延ばした線を 3 分の 2 いったところに見える。

**たなびく銀河腕と星の保育園**
長時間露出で撮影したこの画像には、M33 の渦巻腕と、その中の星形成領域（赤く輝いている部分）が見える。

# 銀河団

銀河が群れ集まって銀河団と呼ばれる巨大なまとまりになる。私たちの天の川銀河は銀河が少数集まった局部銀河群の一員である。銀河団もまた集まって超銀河団と呼ばれるまとまりをつくる。

## 局部銀河群

局部銀河群は50個ほどの銀河が集まった小さな銀河団であり、私たちの天の川銀河も含まれる。局部銀河群の銀河にはアマチュアの望遠鏡で見えるものもある。アンドロメダ銀河は北半球から見える最も有名な局部銀河である。南半球からは局部銀河群の一員として大マゼラン銀河と小マゼラン銀河という二つの不規則銀河が肉眼でも見える。

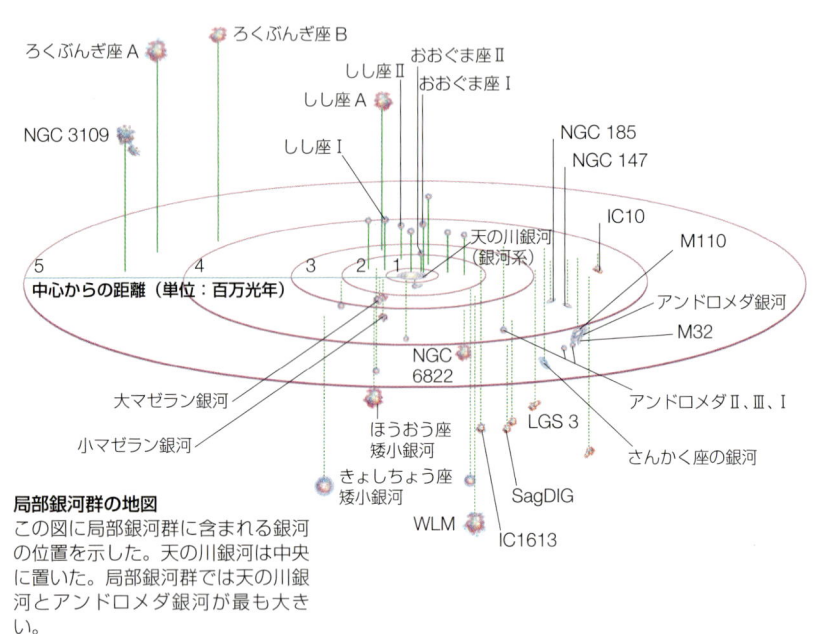

### 局部銀河群の地図
この図に局部銀河群に含まれる銀河の位置を示した。天の川銀河は中央に置いた。局部銀河群では天の川銀河とアンドロメダ銀河が最も大きい。

## 他の銀河団

宇宙には、銀河数個からなる銀河群から数千個集まった巨大銀河団までさまざまな銀河団がある。銀河団は偏在しており、まばらに分布している領域も、ぎっしり詰まった領域もある。最も近い巨大な銀河団にはおとめ座銀河団（右）がある。

### おとめ座銀河団
この銀河団中にはM84、M86、M87のように小型望遠鏡で見つけられる銀河がある。

銀河団　147

## ダークマター

現代の天体物理学で最大の謎がこのダークマターである。何であるかは判明していないが、その存在は宇宙の至るところで検出されている。ダークマターの質量が銀河の自転に影響し、ダークマターの重力が銀河を結びつけて巨大な銀河団にまとめている事実が知られている。しかしダークマターはふつうの物質と異なり電磁波を放射しないため目に見えない。ダークマターの所在をつきとめるひとつの手段は、宇宙空間を通ってやってくる光を曲げる重力を調べることである。

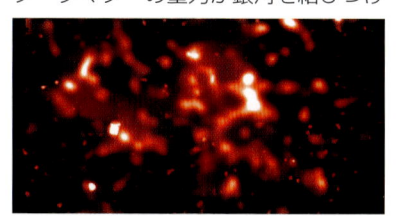

**目に見える物質**
恒星や銀河やガスの放射を観測すれば、目に見えるふつうの物質（図中の赤い部分）の位置を地図に表すことができる。

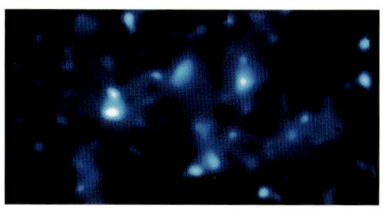

**ダークマター**
天文学者は非常に遠い距離を光がどのようにやってきたか調べて、目に見えないダークマター（上図で青い部分。左図と同じ領域を示した）の分布を地図に配置した。

## 大規模構造

天文学者は遠くの銀河や銀河団までの距離を丁寧に測定して、パズルを組み上げるように私たちに近い宇宙の地図をつくり上げた。これほど大規模な宇宙構造を突き止めるには、高性能の望遠鏡を何台も使って広い帯域を調査しなければならなかった。その結果、銀河や銀河団が網のように集まって空隙を閉じ込めている巨大な銀河網が現れた。

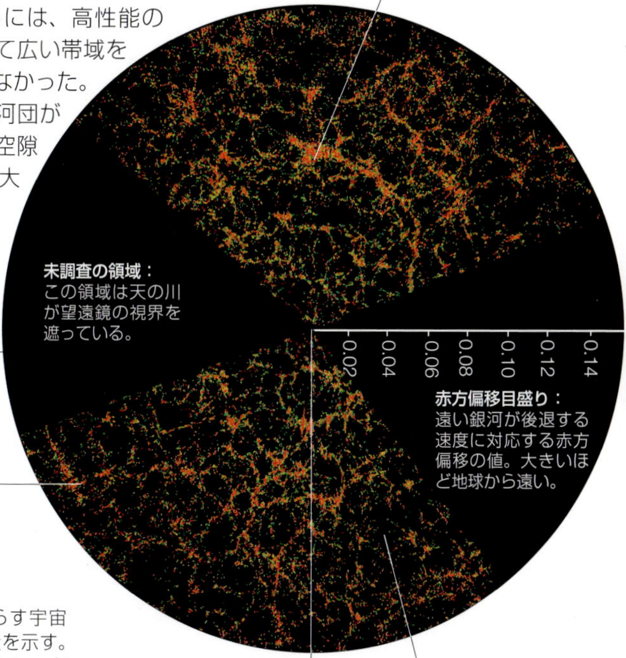

**スローン・グレートウォール：**
巨大な超銀河団であり、宇宙で最も大きい構造（直径10億光年）

**未調査の領域：**
この領域は天の川が望遠鏡の視界を遮っている。

**サーベイ地図の限界：**
天の川銀河から20億光年ほど

**赤方偏移目盛り：**
遠い銀河が後退する速度に対応する赤方偏移の値。大きいほど地球から遠い。

0.02　0.04　0.06　0.08　0.10　0.12　0.14

**繊維構造：**
銀河団の繊維構造は一部しかマッピングされていない。

**銀河網**
この地図は私たちが暮らす宇宙の複雑に入り組んだ構造を示す。個々の点が銀河ひとつを示し、点の色はその銀河に含まれる恒星の平均年齢に対応する。赤は年老いた星、青と緑は若い星を表す。

**中心：**
地図の中心は太陽系と銀河系

**宇宙の空隙：**
地図で黒い部分は宇宙で空っぽな領域を示す。

# 宇宙をつかむ

最初に夜空を見上げて以来、私たち人類は自分たちが暮らす巨大な宇宙を理解しようとしてきた。現在、最新の望遠鏡と探査機が宇宙の営みをさまざまなやり方で調査し説明づけようとしている。

## ビッグバン以来の宇宙放射

私たちが現在見ている宇宙は137億年前にビッグバンと呼ばれる大渦巻で始まった。それ以前がどうだったかはわからない（それ以前というものが存在していたかどうかも）し、何がビッグバンの引き金だったかもわからない。あるのは宇宙がビックバンとして確かに始まった証拠だけだ。ビッグバンの決定的な証拠とは、宇宙マイクロ波背景放射（CMB）と呼ばれる、宇宙の歴史のごく初めから続く放射で、宇宙全体で観測できる。

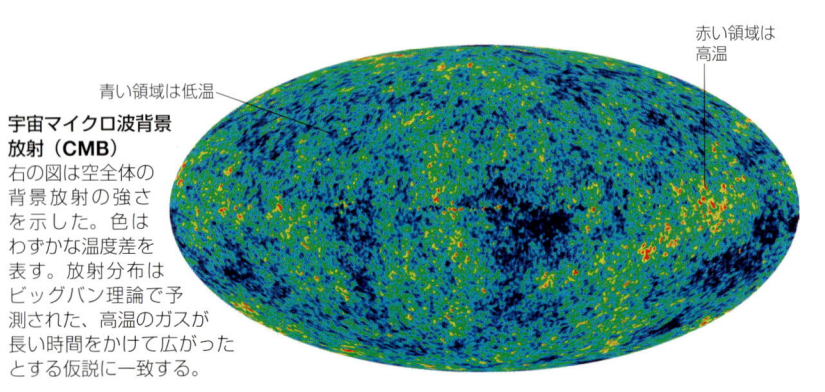

赤い領域は高温

青い領域は低温

**宇宙マイクロ波背景放射（CMB）**
右の図は空全体の背景放射の強さを示した。色はわずかな温度差を表す。放射分布はビッグバン理論で予測された、高温のガスが長い時間をかけて広がったとする仮説に一致する。

## 居ながらにして光源を探る

天体が放射する電磁波を分光して現れる特徴を調べると、放射源の天体がわかる。たとえば恒星の光にはたくさんの波長が含まれるが、恒星のまとっている大気を通ると大気中の元素に特定の波長が吸収されて欠け、スペクトルには吸収線と呼ばれる黒い線が現れる。逆に化学元素が特定の波長を放射している場合、スペクトル中に輝線が現れる。

輝く恒星
星雲による吸収
電磁放射のうち吸収されなかった部分
電磁放射
宇宙空間
恒星から直接届く電磁波
プリズム
熱せられたガスからの電磁放射

連続スペクトル

放射線のあるスペクトル

吸収線のあるスペクトル

### 光の指紋

光は遠い宇宙空間を移動しても特徴を保っている。天体からの光をプリズムで分光したスペクトルに現れる線を解析すると、天体の化学組成がわかる。こうした研究分野を分光学という。

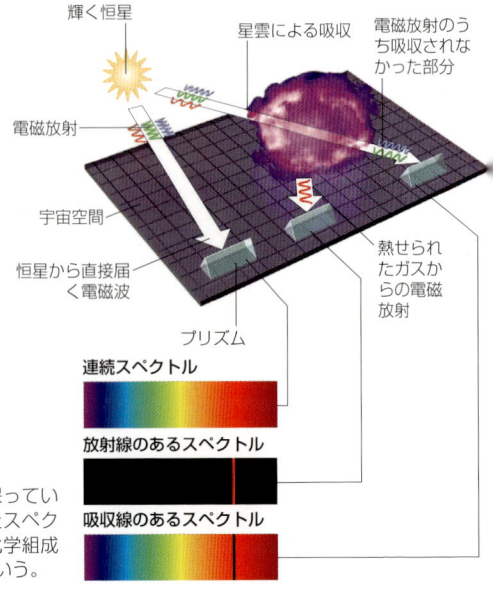

## 放射線の種類

私たちの眼は電磁スペクトルのほんの一部（可視光）しか見ることができない。さまざまな波長を使うと宇宙で起こっている現象の進行過程を描き出せたり、直接観測ができない現象が別の波長であぶり出せたりする。

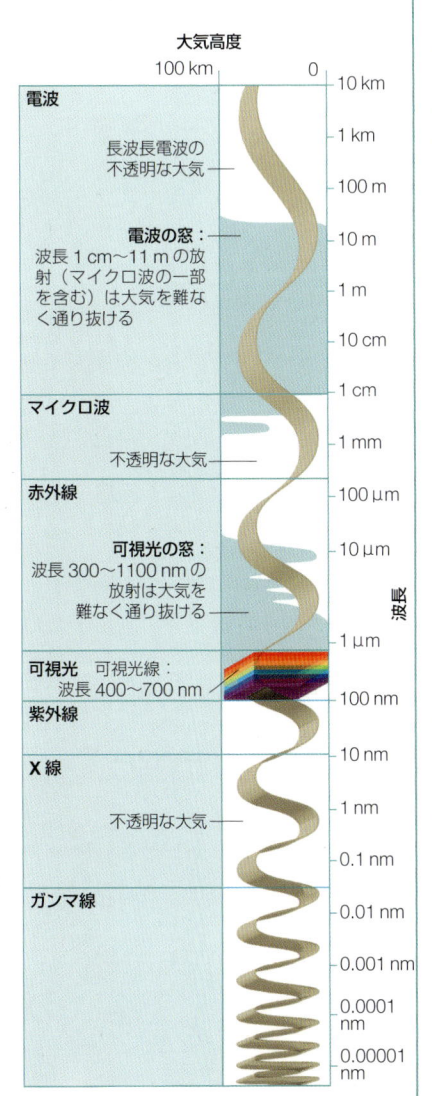

**大気高度**
100 km — 0

電波
- 長波長電波の不透明な大気
- 電波の窓：波長1 cm〜11 mの放射（マイクロ波の一部を含む）は大気を難なく通り抜ける

マイクロ波
- 不透明な大気

赤外線
- 可視光の窓：波長300〜1100 nmの放射は大気を難なく通り抜ける

可視光　可視光線：波長400〜700 nm

紫外線

X線
- 不透明な大気

ガンマ線

**波長**
- 10 km
- 1 km
- 100 m
- 10 m
- 1 m
- 10 cm
- 1 cm
- 1 mm
- 100 μm
- 10 μm
- 1 μm
- 100 nm
- 10 nm
- 1 nm
- 0.1 nm
- 0.01 nm
- 0.001 nm
- 0.0001 nm
- 0.00001 nm

**電磁スペクトル**
この図は電磁波の種類を波長の長い順に並べたものである。地上では観測できない波長を捉えるには特別な観測衛星や宇宙望遠鏡を用いる。

## 大規模構造の形成過程

左ページの宇宙マイクロ波背景放射の全天分布を詳しく見ると、けっして一様でなく細かいムラが認められる。CMBが出現した頃にも物質分布は少し不規則な状態であった。この不規則分布が長い間に拡大されて、私たちが現在観測できる巨大な銀河構造が形成されたと考えられている。最近の技術進歩のおかげで、超銀河団の網構造が初期宇宙の「揺らぎ」からどのように形成されたか、コンピューターシミュレーションを使って調査できる。

### 大規模構造の出現
これはコンピューターシミュレーションが示す大規模構造の形成過程である。

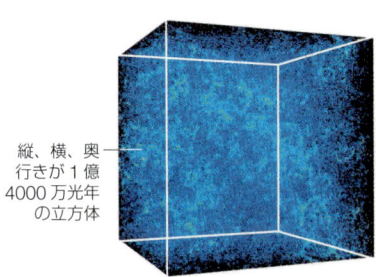

縦、横、奥行きが1億4000万光年の立方体

**50万歳の宇宙**

初期宇宙に存在した小さなこぶが、重力の作用でいっそうはっきりした

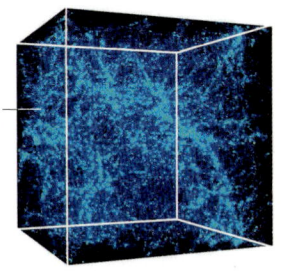

**23億歳の宇宙**

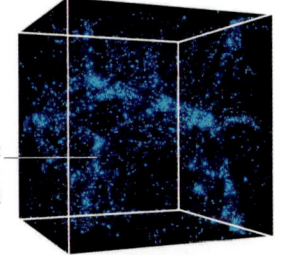

物質のこぶが成長して塊になった（超銀河団）

**137億歳の宇宙（現在）**

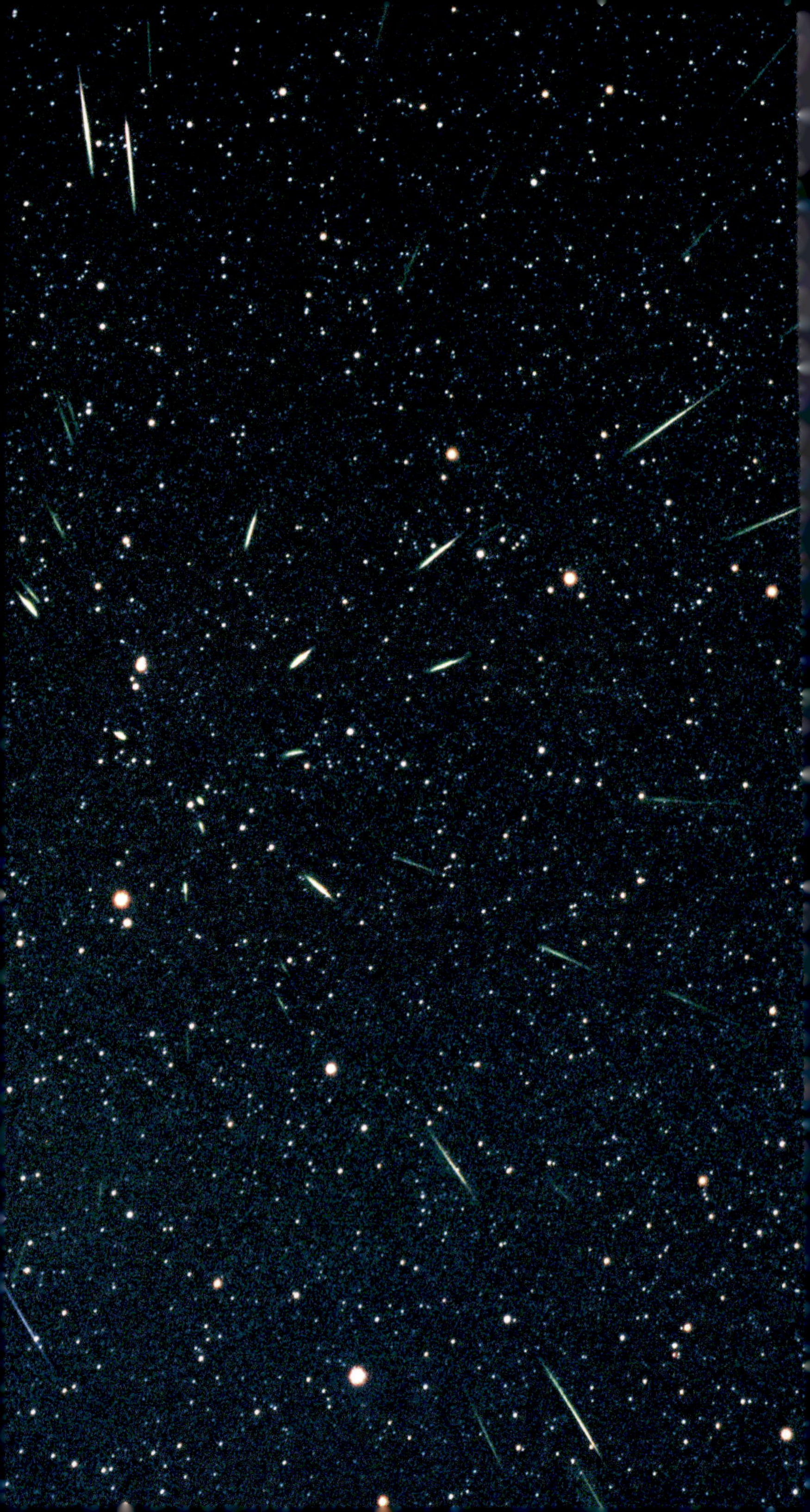

# 毎月の観測ガイド

**しし座流星群**：毎年11月半ばにしし座の輻射点から出現する群流星

# この章の使い方

この月次案内では地球の大部分から年間を通じて見える全天星図を示す。月ごとに概観を見開きで、続いて観測用全天星図を北半球用と南半球用それぞれに用意した。本章の全天星図は次章の星座ごとの詳細星図により補完される。

## 今月の見所と惑星の位置

月ごとの冒頭で見開きに載せた文章と図は、その月注目に値する恒星、深宇宙天体、そして流星群を取り上げている。説明は続く全天星図を併用する前提で書かれている。見開きには惑星の位置を示す黄道星図も載せた。

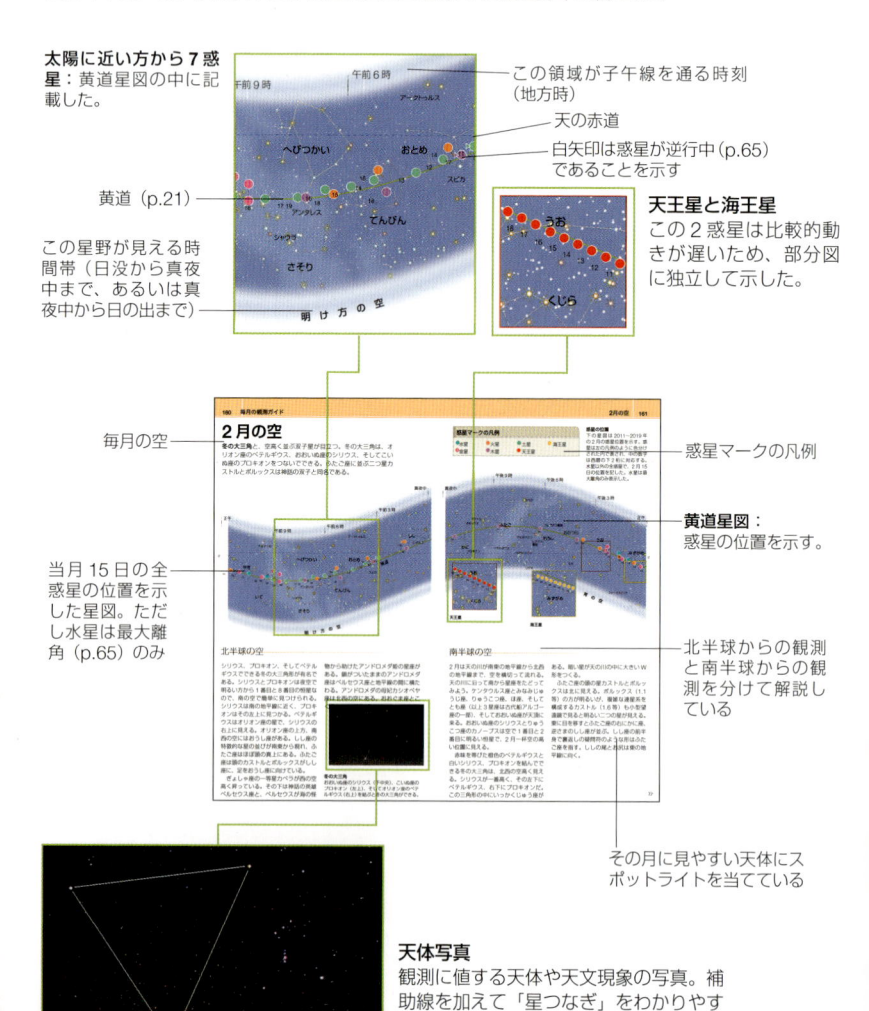

**太陽に近い方から7惑星**：黄道星図の中に記載した。

この領域が子午線を通る時刻（地方時）

天の赤道

白矢印は惑星が逆行中(p.65)であることを示す

黄道 (p.21)

**天王星と海王星**
この2惑星は比較的動きが遅いため、部分図に独立して示した。

この星野が見える時間帯（日没から真夜中まで、あるいは真夜中から日の出まで）

毎月の空

惑星マークの凡例

**黄道星図**：
惑星の位置を示す。

当月15日の全惑星の位置を示した星図。ただし水星は最大離角 (p.65) のみ

北半球からの観測と南半球からの観測を分けて解説している

その月に見やすい天体にスポットライトを当てている

**天体写真**
観測に値する天体や天文現象の写真。補助線を加えて「星つなぎ」をわかりやすくしている。

# この章の使い方

## 全天星図

見開きページの簡単な観察ガイドに続けて、全天星図2枚を載せた。星図を使う際には、色分けした地平線と天頂マークから観測地の緯度に合うものを選び、適切な星図を開いて、正しい方角を向き、星図の向きを合わせる。

北緯60°
北緯40°
北緯20
0°（赤道）
南緯20°
南緯40°

### 観測地の緯度
星図はさまざまな緯度に対応できるよう、色分けされた線が引かれている。上の地図で自分がいる場所を探して、一番近い緯度の色を覚えておく。

### 方位
北の空を見る場合は、北を向いて星図を掲げ、地平線の方位表示の「北」が下に来るようにする。星図の縁に近い色線の1本が、目の前の地平線に対応する。南の空を見る場合は、回れ右して地図の向きも逆さまにする。

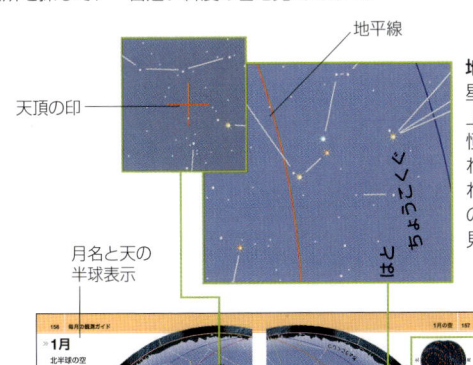

天頂の印
地平線

### 地平線と天頂
星図で中心近くの恒星は天頂（頭の真上）近くに見える。星図の外縁近くの恒星は地平線近くに見える。色分けされた線は地平線に、十字形は天頂にそれぞれ対応する。しかし観測地の緯度の違いが10°未満であれば、恒星の見え方はさほど変わらない。

月名と天の半球表示

### 星の動き
恒星が時間が経つにつれて動いて見える方向を示した。周極星はけっして沈まず、天の北極南極を中心に円を描いて回る。

北半球の空　　南半球の空

座標目盛りの凡例　　深宇宙天体の凡例　　恒星の明るさの凡例

### 観測日時

| 日付 | 地方標準時 |
|---|---|
| 12/15 | 真夜中 |
| 1/1 | 午後11時 |
| 1/15 | 午後10時 |
| 2/1 | 午後9時 |
| 2/15 | 午後8時 |

星図はすべて、その月の15日の午後10時（地方標準時）に見える空を表す。違う時間に観測する場合は別の星図を使う必要があるかもしれない。各星図の隣の表が、星図を参照できる日時を示す。

# 1月の空

**狩人の星座オリオン座**が北半球でも南半球でも目立つ。片手で棍棒を振り上げ、もう片手にはライオンの毛皮を掲げるオリオンの姿は見つけやすい。腰に下げた短剣を勲章のように飾るのはオリオン大星雲だ。オリオンが従える2匹の猟犬はおおいぬ座とこいぬ座で、どちらも明るい一等星が目印である。

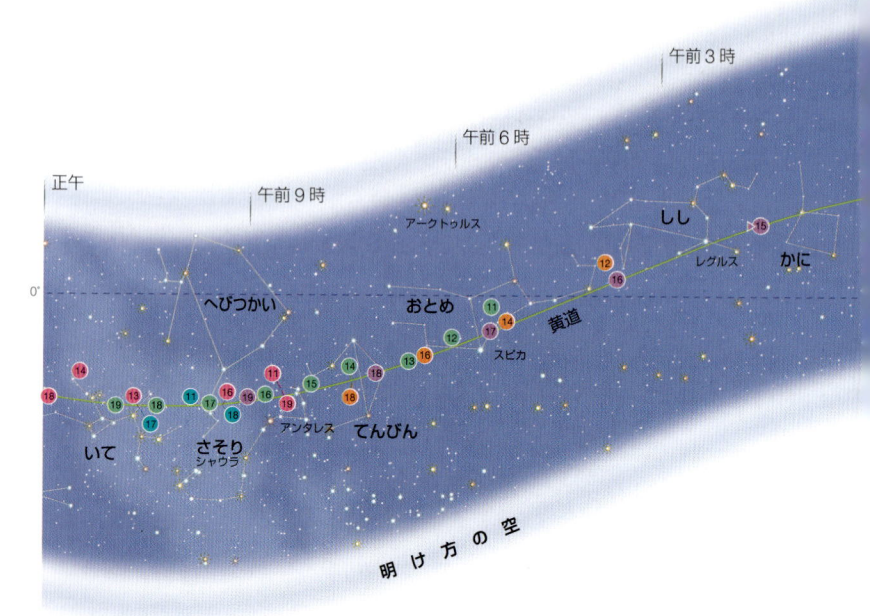

## 北半球の空

オリオン座が2匹の猟犬を従えて南の地平線の上に立つ。犬の居場所は一等星が教える。シリウスはおおいぬ座の、プロキオンはこいぬ座の目印だ。オリオン座のはっきりしない頭側にはふたご座とおうし座がある。

ふたご座の目印は並んだ明るい2星カストルとポルックスであり、おうし座の頭はオリオンが捧げ持つライオンの毛皮に向いている。肉眼でも簡単に見つかるヒアデス星団が牡牛の顔であり、肉眼でも赤くみえる巨星アルデバランが血走った牡牛の眼にあたる。

頭の真上に目を移すと、天の川の中に一等星カペラが目立つぎょしゃ座がある。ここから天の川はWまたはM字形に星が並ぶカシオペヤ座に注ぐ。カシオペヤのW上に必ず天の北極がある。カシオペヤ座などの周極星座は北半球では地平線に沈むことはない。カシオペヤ座は北極星の左にあり、北極星の右には2匹の熊の星座、こぐま座とおおぐま座がある。

### 1月の流星群

第1週にしぶんぎ座(りゅう座ι)流星群が出現する。この群は暗い三等星りゅう座ιのあたり、りゅう座のはずれでうしかい座との境界近くに輻射点がある。3～4日頃の極大日には1時間あたり100個ほど出現する。

# 1月の空

155

## 惑星マークの凡例

- 水星
- 火星
- 土星
- 海王星
- 金星
- 木星
- 天王星

**惑星の位置**
下の星図は2011～2019年の1月の惑星位置を示す。惑星は左の凡例のように色分けされた円で表され、中の数字は西暦の下2桁に対応する。水星以外の全惑星で、1月15日の位置を記した。水星は最大離角のみ表示した。

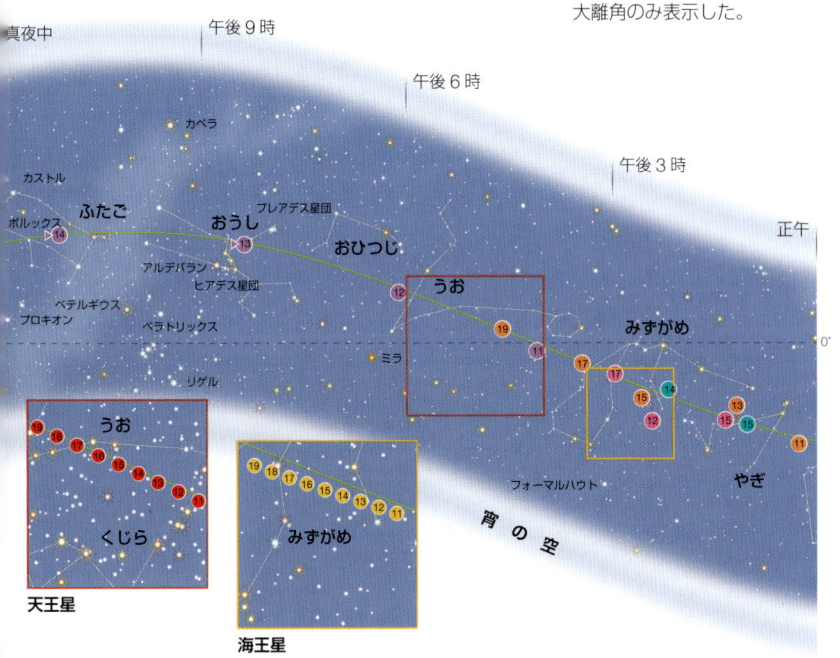

## 南半球の空

オリオン座は頭を北に向けて空高く昇る。オリオン座の三つ星ベルトは、星の鎖で下げた剣（オリオン大星雲）を伴って天頂にある。

　一等星カペラとぎょしゃ座はオリオン座と北の地平線の間にある。こいぬ座の一等星プロキオンは、オリオンの肩を飾る橙色のベテルギウスの東にある。オリオンの足の東にある一等星はシリウスで、おおいぬ座の頭の印である。シリウスの真南に肉眼で見える散開星団M41がある。オリオン座の北西（真下）にはおうし座、オリオンが振り上げた棍棒の右下はふたご座で、並んだ二つ星カストルとポルックスは地平線に近づく。

　南を向くと、空は左右で対照的だ。左は天の川が、南東の地平線からシリウスまで空を昇る間に、ケンタウルス座、みなみじゅうじ座、そしてりゅうこつ座のある星の多い領域を横切る。南西は明るい一つ星、エリダヌス座の南端アケルナルが目立つ。

**M41**
おおいぬ座の散開星団。1億9000万～2億4000万歳と推定される恒星約100個を宿す。

## 1月
### 北半球の空

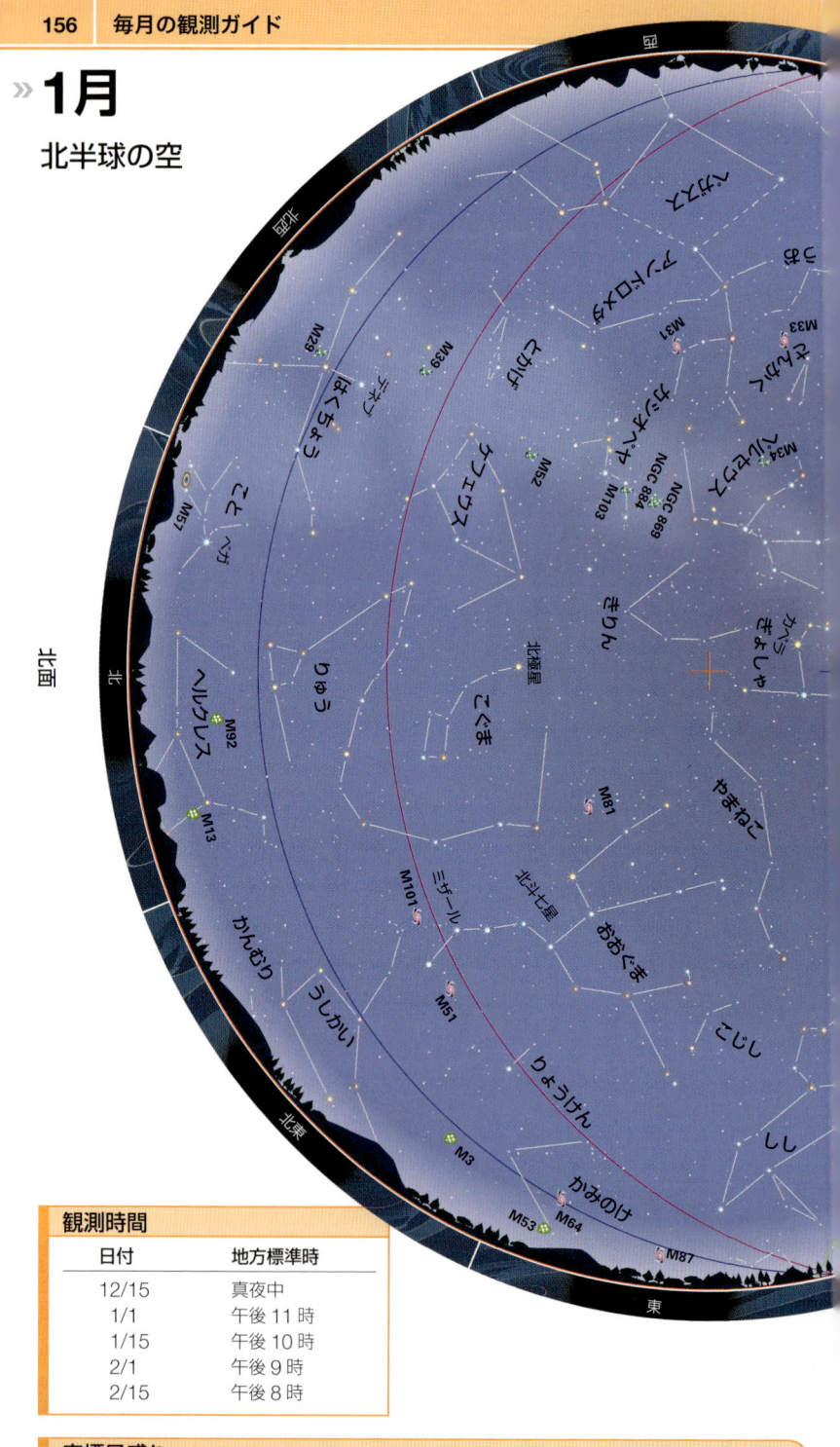

| 観測時間 | |
|---|---|
| 日付 | 地方標準時 |
| 12/15 | 真夜中 |
| 1/1 | 午後 11 時 |
| 1/15 | 午後 10 時 |
| 2/1 | 午後 9 時 |
| 2/15 | 午後 8 時 |

**座標目盛り**

地平線： 北緯60°　北緯40°　北緯20°　　天頂　北緯60°　北緯40°　北緯20°　　黄道

# 1月の空

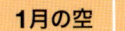

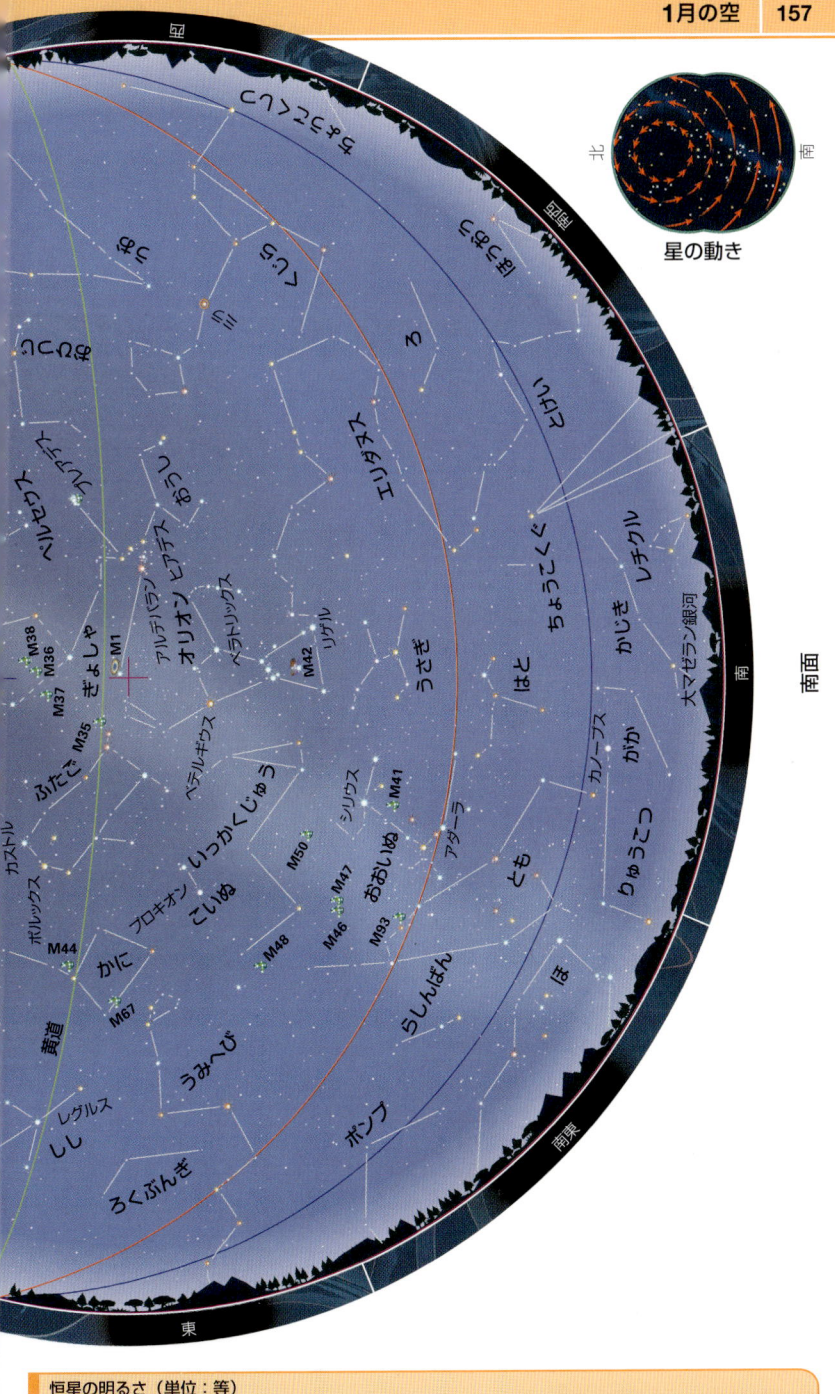

## 1月
### 南半球の空

| 観測時間 | |
|---|---|
| 日付 | 地方標準時 |
| 12/15 | 真夜中 |
| 1/1 | 午後11時 |
| 1/15 | 午後10時 |
| 2/1 | 午後9時 |
| 2/15 | 午後8時 |

**座標目盛り**
地平線： 0°(赤道) │ 南緯20° │ 南緯40° 　天頂 0°(赤道) ─ 南緯20° ─ 南緯40° 　黄道

# 1月の空

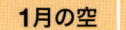

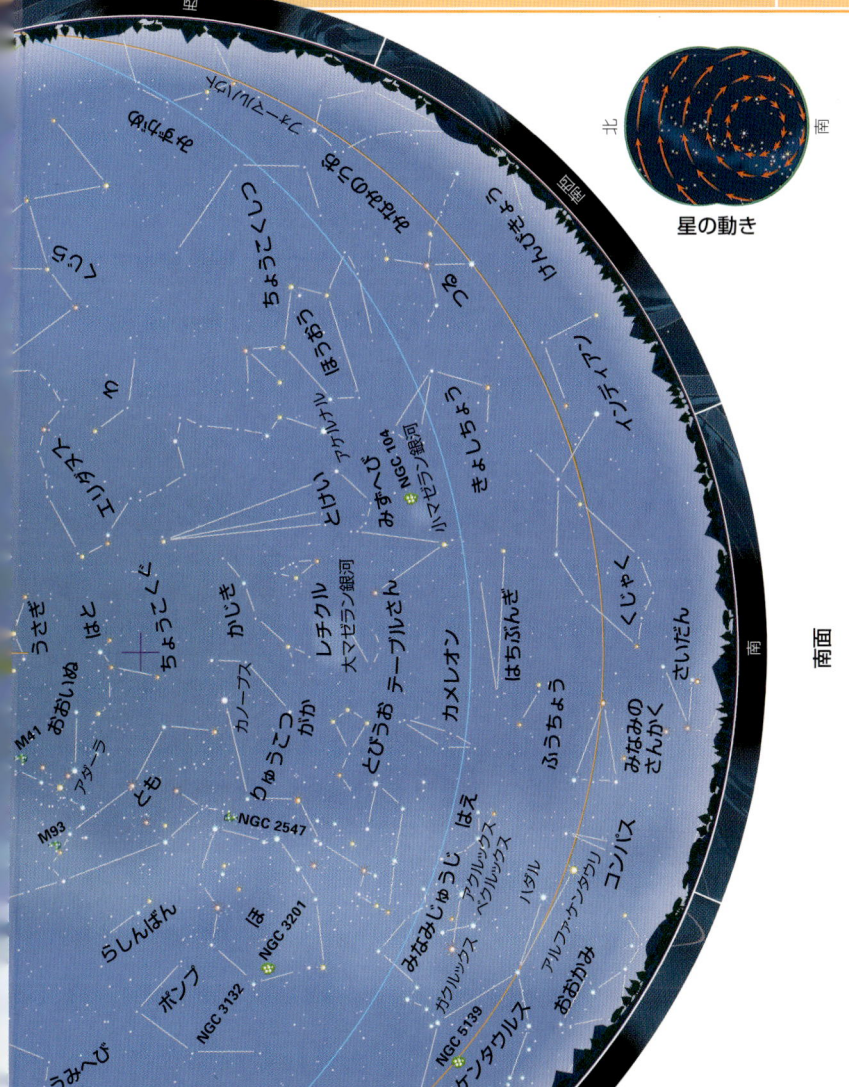

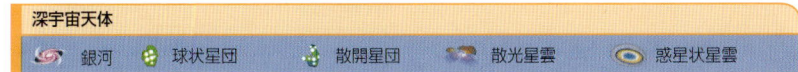

159

南面

星の動き

# 2月の空

**冬の大三角**と、空高く並ぶ双子星が目立つ。冬の大三角は、オリオン座のベテルギウス、おおいぬ座のシリウス、そしてこいぬ座のプロキオンをつないでできる。ふたご座に並ぶ二つ星カストルとポルックスは神話の双子と同名である。

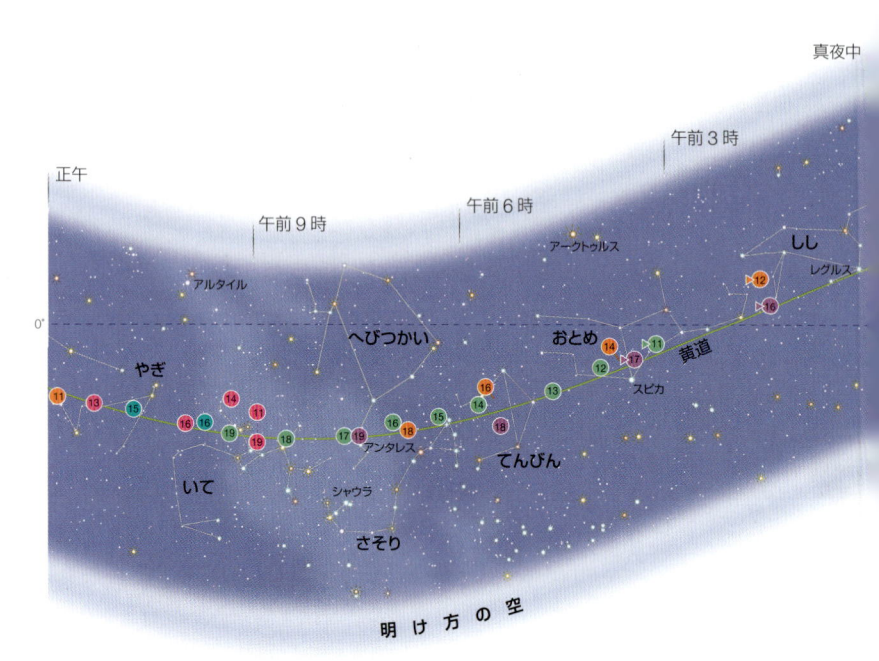

## 北半球の空

シリウス、プロキオン、そしてベテルギウスでできる冬の大三角形が有名である。シリウスとプロキオンは夜空で明るい方から1番目と8番目の恒星なので、南の空で簡単に見つけられる。シリウスは南の地平線に近く、プロキオンはその左上に見つかる。ベテルギウスはオリオン座の星で、シリウスの右上に見える。オリオン座の上方、南西の空にはおうし座がある。しし座の特徴的な星の並びが南東から現れ、ふたご座はほぼ頭の真上にある。ふたご座は頭のカストルとポルックスがしし座に、足をおうし座に向けている。

ぎょしゃ座の一等星カペラが西の空高く昇っている。その下は神話の英雄ペルセウス座と、ペルセウスが海の怪物から助けたアンドロメダ姫の星座がある。鎖がついたままのアンドロメダ座はペルセウス座と地平線の間に横たわる。アンドロメダの母妃カシオペヤ座は北西の空にある。おおぐま座とこぐま座は北東の空にある。

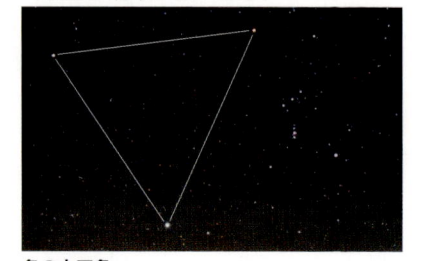

**冬の大三角**
おおいぬ座のシリウス（下中央）、こいぬ座のプロキオン（左上）、そしてオリオン座のベテルギウス（右上）を結ぶと冬の大三角ができる。

# 2月の空

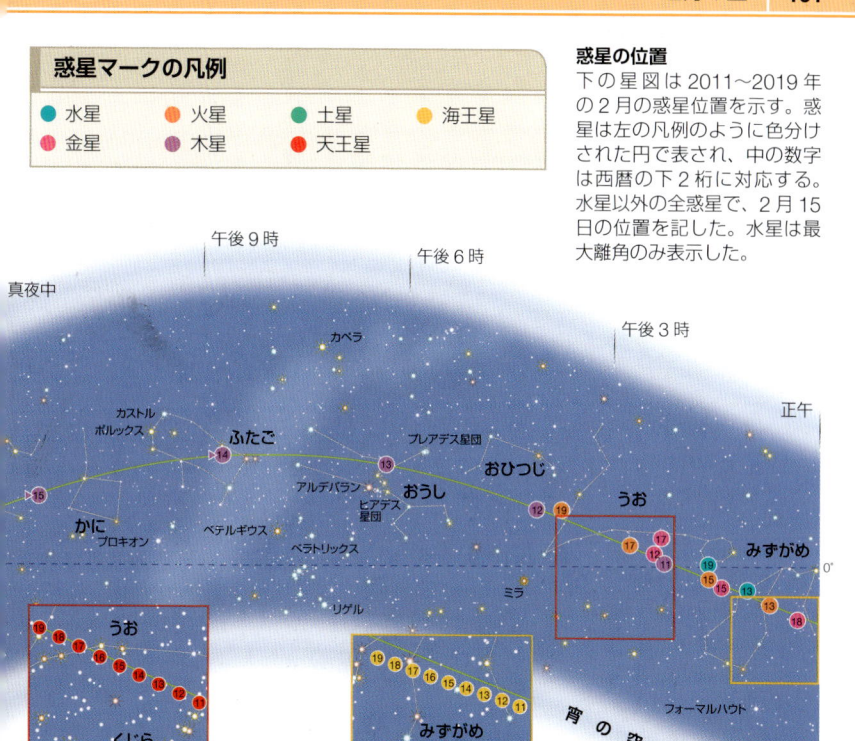

## 惑星マークの凡例
- 水星
- 火星
- 土星
- 海王星
- 金星
- 木星
- 天王星

**惑星の位置**
下の星図は 2011〜2019 年の 2 月の惑星位置を示す。惑星は左の凡例のように色分けされた円で表され、中の数字は西暦の下 2 桁に対応する。水星以外の全惑星で、2 月 15 日の位置を記した。水星は最大離角のみ表示した。

# 南半球の空

2月は天の川が南東の地平線から北西の地平線まで、空を横切って流れる。天の川に沿って南から星座をたどってみよう。ケンタウルス座とみなみじゅうじ座、りゅうこつ座、ほ座、そしてとも座（以上 3 星座は古代船アルゴー座の一部）、そしておおいぬ座が天頂に来る。おおいぬ座のシリウスとりゅうこつ座のカノープスは空で 1 番目と 2 番目に明るい恒星で、2 月一杯空の高い位置に見える。

赤味を帯びた橙色のベテルギウスと白いシリウス、プロキオンを結んでできる冬の大三角は、北西の空高く見える。シリウスが一番高く、その左下にベテルギウス、右下にプロキオンだ。この三角形の中にいっかくじゅう座がある。暗い星が天の川の中に大きい W 形をつくる。

ふたご座の頭の星カストルとポルックスは北に見える。ポルックス（1.1 等）の方が明るいが、複雑な連星系を構成するカストル（1.6 等）も小型望遠鏡で見ると明るい二つの星が見える。東に目を移すとふたご座の右にかに座、逆さまのしし座が並ぶ。しし座の前半身で裏返しの疑問符のような形はふたご座を指す。ししの尾とお尻は東の地平線に向く。

## 2月
### 北半球の空

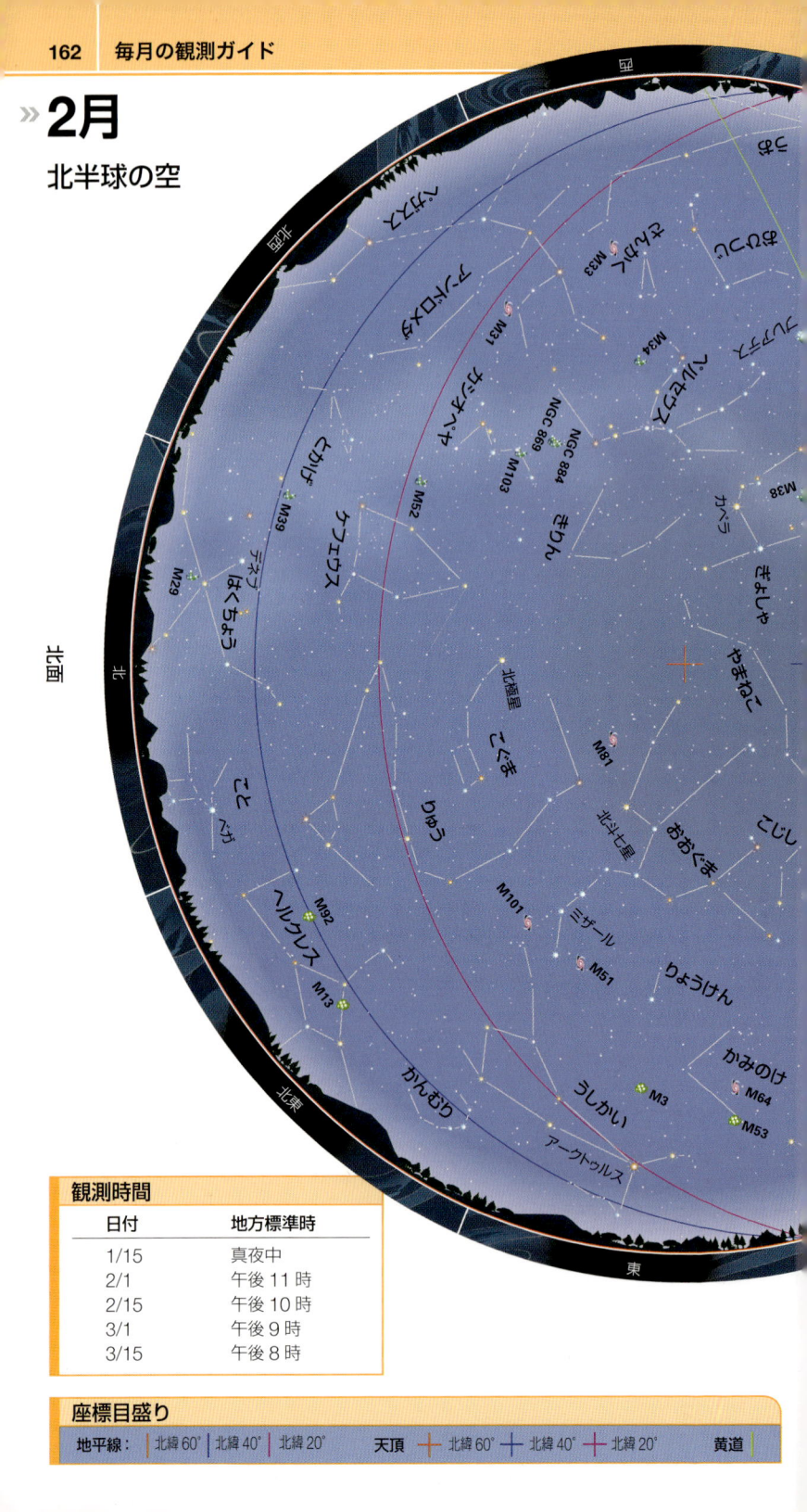

| 観測時間 | |
|---|---|
| 日付 | 地方標準時 |
| 1/15 | 真夜中 |
| 2/1 | 午後 11 時 |
| 2/15 | 午後 10 時 |
| 3/1 | 午後 9 時 |
| 3/15 | 午後 8 時 |

座標目盛り

地平線：北緯 60°／北緯 40°／北緯 20°　　天頂：北緯 60°／北緯 40°／北緯 20°　　黄道

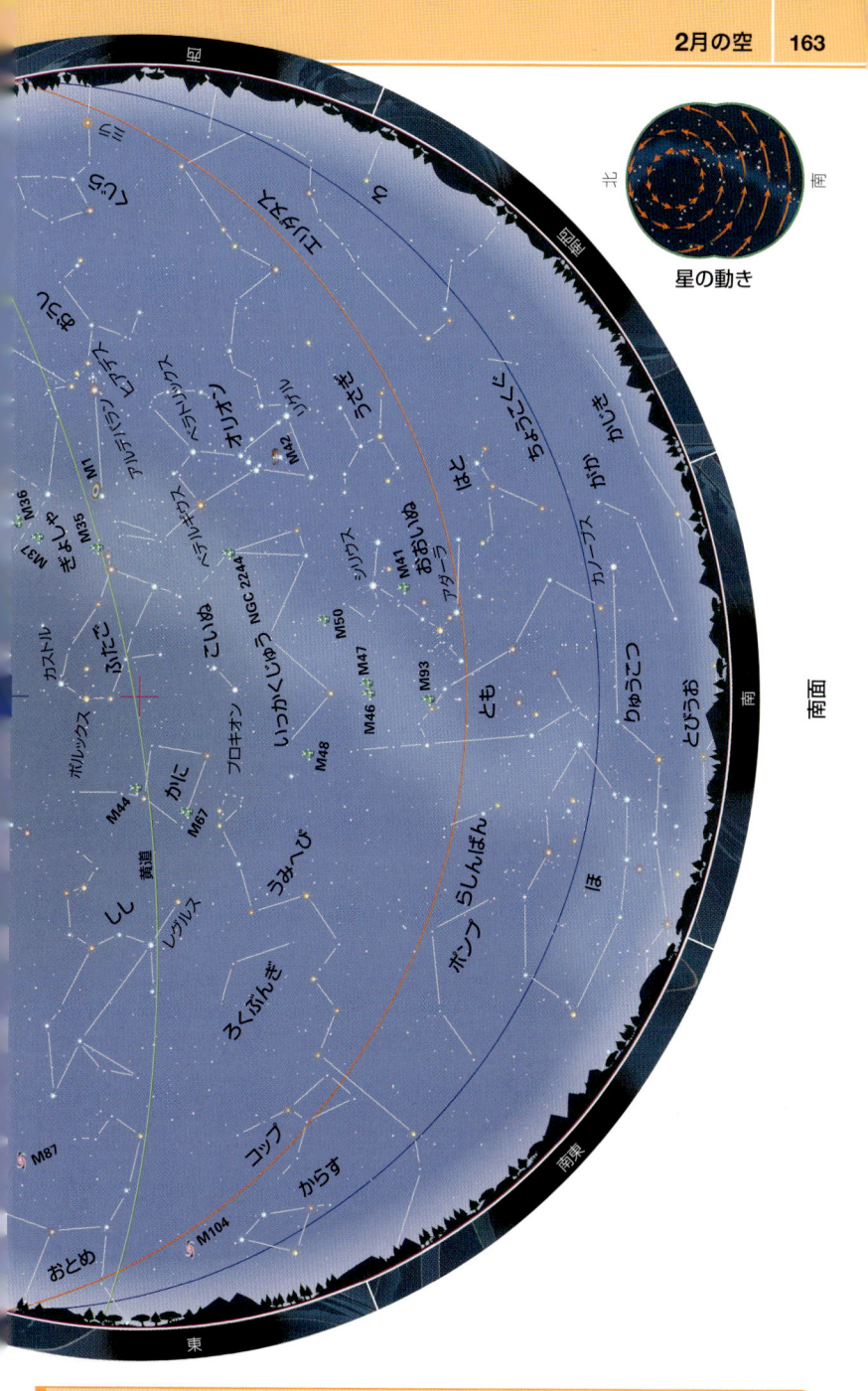

## 2月の空 163

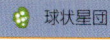

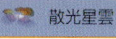

星の動き

| 恒星の明るさ（単位：等） | | | | | | | |
|---|---|---|---|---|---|---|---|
| −1 | 0 | 1 | 2 | 3 | 4 | 5 | 変光星 |

**深宇宙天体**
銀河　球状星団　散開星団　散光星雲　惑星状星雲

## 2月
### 南半球の空

| 観測時間 | |
|---|---|
| 日付 | 地方標準時 |
| 1/15 | 真夜中 |
| 2/1 | 午後11時 |
| 2/15 | 午後10時 |
| 3/1 | 午後9時 |
| 3/15 | 午後8時 |

**座標目盛り**
地平線: 0°(赤道) | 南緯20° | 南緯40°　　天頂 ― 0°(赤道) ― 南緯20° ― 南緯40°　　黄道

# 2月の空

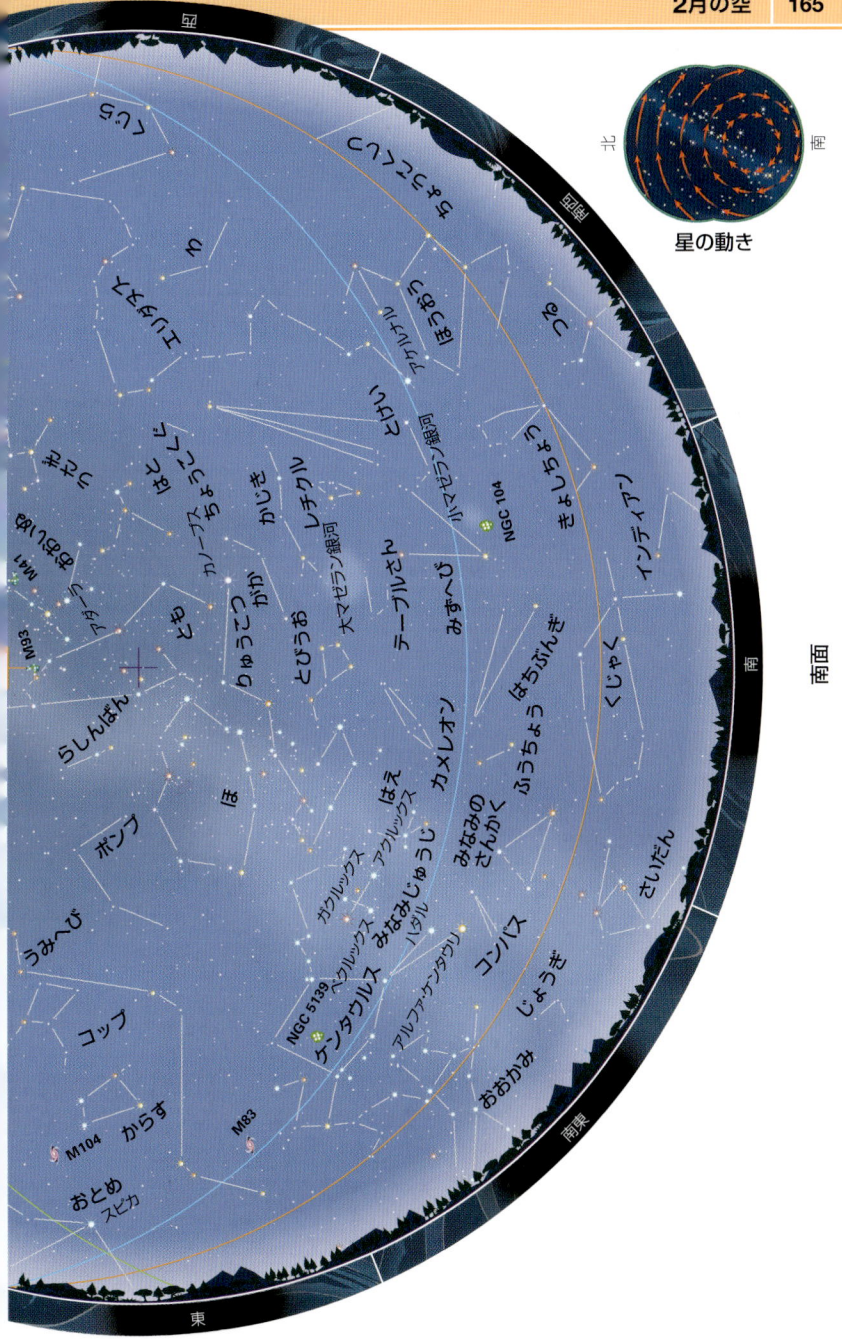

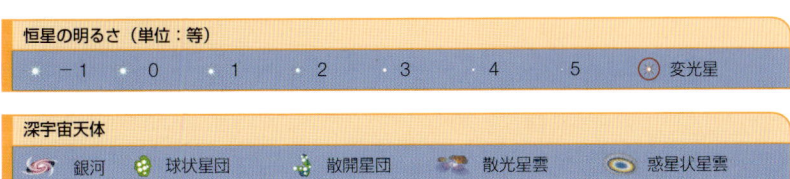

# 3月の空

**しし座とおとめ座**が、北半球の春（南半球の秋）の到来とともに、オリオン座とふたご座がいた場所にとって代わる。この月の20日か21日に太陽は天の赤道を越えて天の南半球から北半球へ移る。ほんの数日昼夜が等しくなった後、北半球では昼が、南半球では夜が長くなっていく。

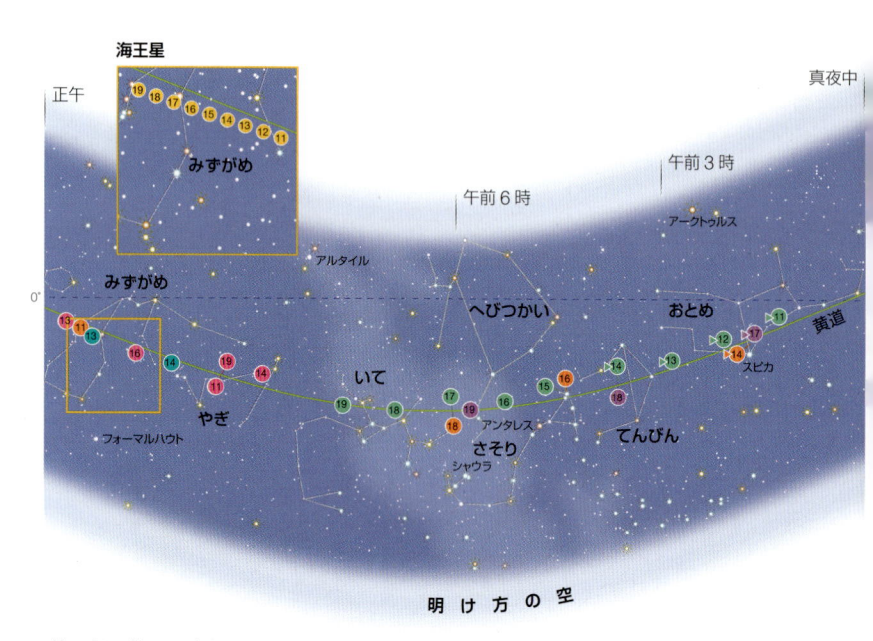

## 北半球の空

真南の空高くしし座が目立つ。つないだ星の形はうずくまるライオンそのものであり、頭の曲線とそれに続く胴体は空ですぐ見つかる。しし座で最も明るいレグルスは1.4等の青白い星で前脚の付け根を飾るが、双眼鏡を使うと白い伴星も見える。ライオンの胴体の下には銀河が五つあり、好条件ではすべて双眼鏡で見える。

しし座が向いている西方には、暗いかに座や冬の星座オリオン座、狩のお伴のおおいぬ座こいぬ座があり、それらは日没後の短い間見えているがじきに沈んでしまう。しし座の左（東）にはおとめ座が地平線から昇ってきたところである。おとめ座は白い恒星スピカのおかげで見つけやすい。この星は伝統的に乙女が手にもっている麦の穂といわれている。

北の地平線から高くおおぐま座が留まる。北斗七星と呼ばれるひしゃくは下向きに開いて北極星に水をかける。おおぐまの頭近くに双眼鏡でも見える銀河M81（ボーデの銀河とも呼ばれる）がある。さらに満月一つ分先にもっと小さく暗い銀河M82がある。こちらは小型望遠鏡で楽に見つけられる。北斗七星から北極星を挟んで反対側にカシオペヤ座があり、北極星と北の地平線の間に特徴的なW形を刻む。

## 惑星の位置

下の星図は2011～2019年の3月の惑星位置を示す。惑星は右の凡例のように色分けされた円で表され、中の数字は西暦の下2桁に対応する。水星以外の全惑星で、3月15日の位置を記した。水星は最大離角のみ表示した。

### 惑星マークの凡例

- 水星
- 火星
- 土星
- 海王星
- 金星
- 木星
- 天王星

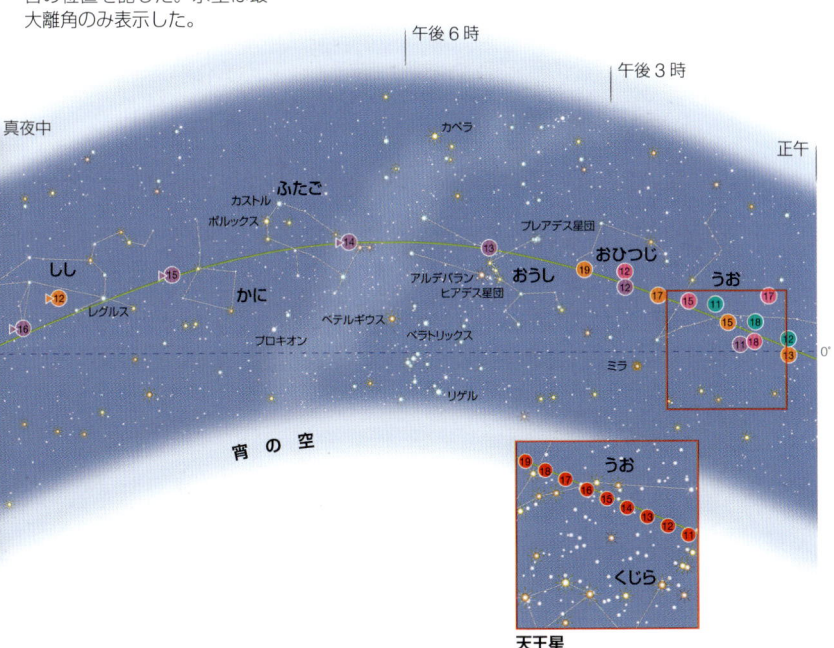

天王星

# 南半球の空

今月南天は明るい星がぎっしり詰まっている。真南はりゅうこつ座とほ座がある。白い超巨星カノープスがりゅうこつ座の西端を飾り、−0.72等のこの星はシリウスについで全天で2番目に明るい。シリウスもまたカノープスの上、西空に輝いている。

南東の空でケンタウルス座のαとβが圧倒的に目立ち、小さい星座みなみじゅうじ座のありかを知らせる。もっと東に目を移すと、第一に南半球の冬の星座が地平線から昇るのが見える。まずおとめ座、次にさそり座が続く。

真北はしし座だ。うずくまるライオンの姿を描くしし座の星は、南半球からは逆さまになる。ライオンは背中を下にひっくり返り、頭を西に向ける。

しし座の一等星レグルスから、東と西にほぼ等距離に明るい恒星がある。西はこいぬ座のプロキオン、東はおとめ座のスピカである。東の地平線に近くうしかい座の赤色巨星アークトゥルスが輝く。その反対側、西の地平線にはオリオン座がまさに沈みかけている。

### ししの大鎌(おおがま)

しし座の頭と胸を描き出すこの星つなぎを「ししの大鎌」と呼ぶ。南半球ではしし座は仰向けであり、鎌の柄が上を向いている。

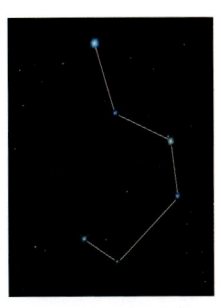

# 3月
## 北半球の空

| 観測時間 | |
|---|---|
| 日付 | 地方標準時 |
| 2/15 | 真夜中 |
| 3/1 | 午後11時 |
| 3/15 | 午後10時 |
| 4/1 | 午後9時 |
| 4/15 | 午後8時 |

| 座標目盛り | | | | | | | |
|---|---|---|---|---|---|---|---|
| 地平線 | 北緯60° | 北緯40° | 北緯20° | 天頂 | 北緯60° | 北緯40° | 北緯20° | 黄道 |

# 3月の空

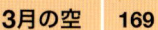

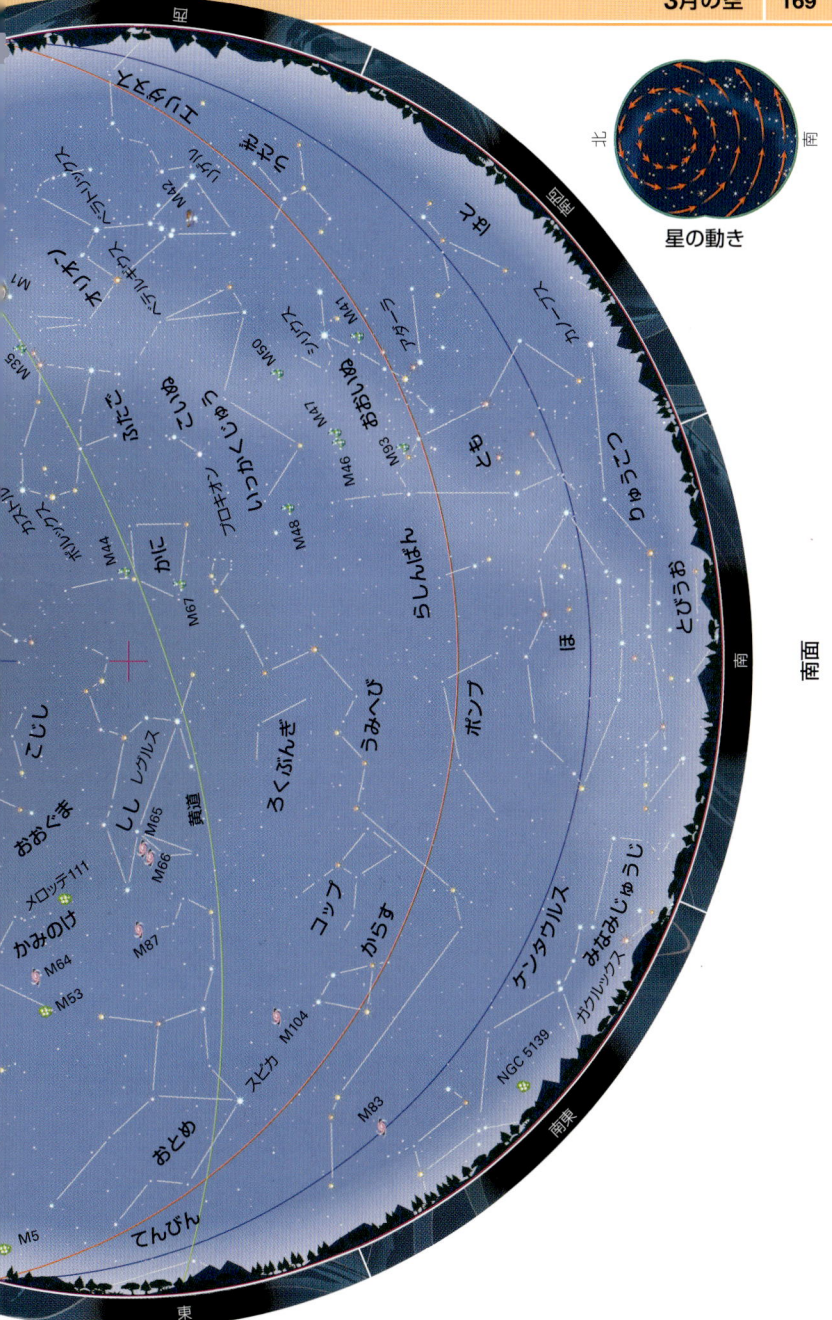

## 星の動き

## 恒星の明るさ（単位：等）
-1 　0 　1 　2 　3 　4 　5 　　変光星

## 深宇宙天体
銀河　　球状星団　　散開星団　　散光星雲　　惑星状星雲

## 3月
### 南半球の空

#### 観測時間

| 日付 | 地方標準時 |
| --- | --- |
| 2/15 | 真夜中 |
| 3/1 | 午後11時 |
| 3/15 | 午後10時 |
| 4/1 | 午後9時 |
| 4/15 | 午後8時 |

#### 座標目盛り

地平線： 0°(赤道) 南緯20° 南緯40°　　天頂 0°(赤道) 南緯20° 南緯40°　　黄道

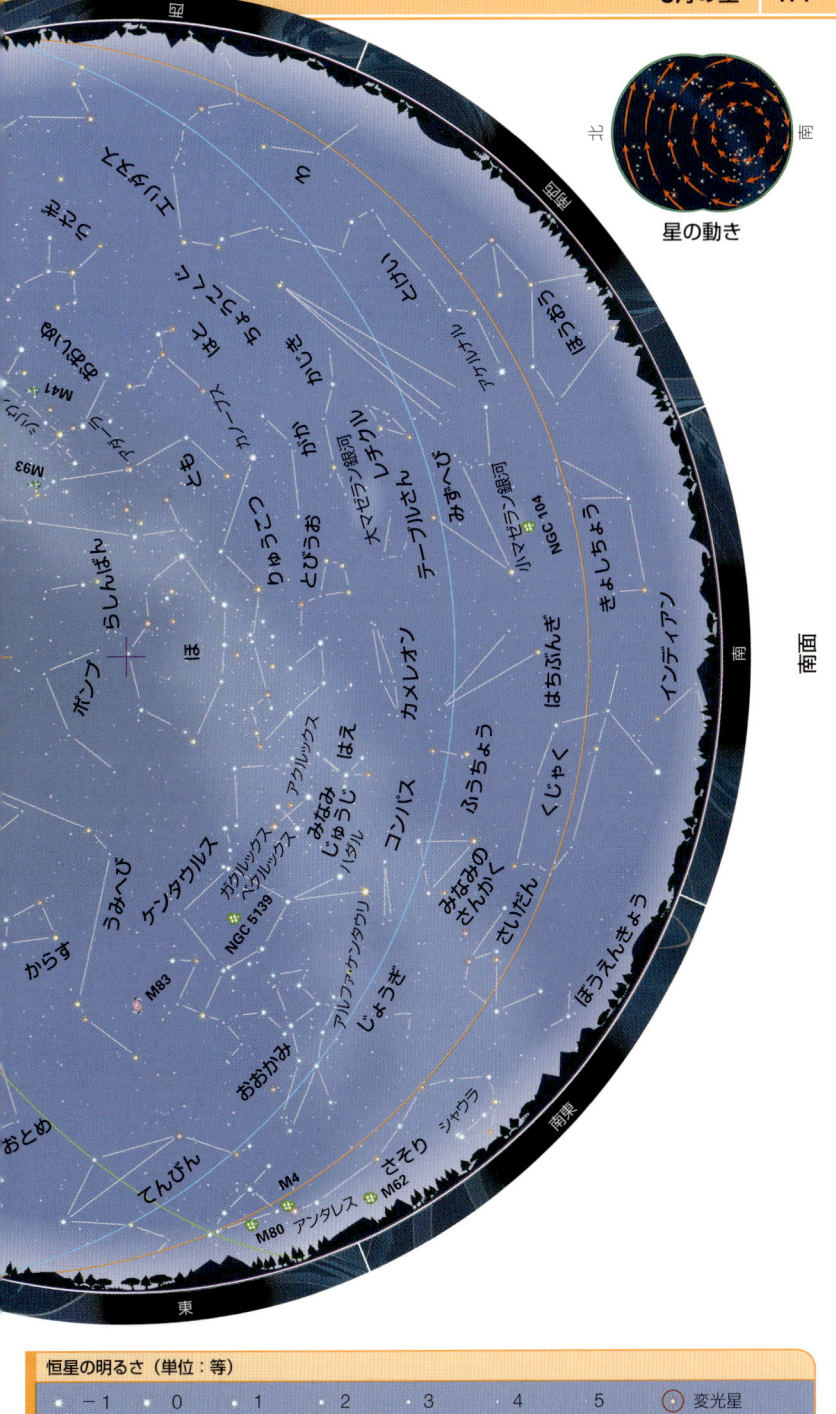

## 3月の空

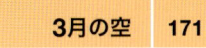

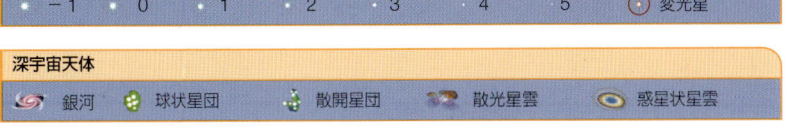

星の動き

### 恒星の明るさ（単位：等）
-1　0　1　2　3　4　5　　変光星

### 深宇宙天体
銀河　　球状星団　　散開星団　　散光星雲　　惑星状星雲

# 4月の空

**しし座は空高く留まる**ものの、今月は次の黄道星座おとめ座に場所を譲り始める。また神話上の人物うしかい座もその存在を感じられるようになる。全天で3番目に大きい星座おおぐま座も北半球からほぼ天頂に見える。南半球からはみなみじゅうじ座が目立つ。

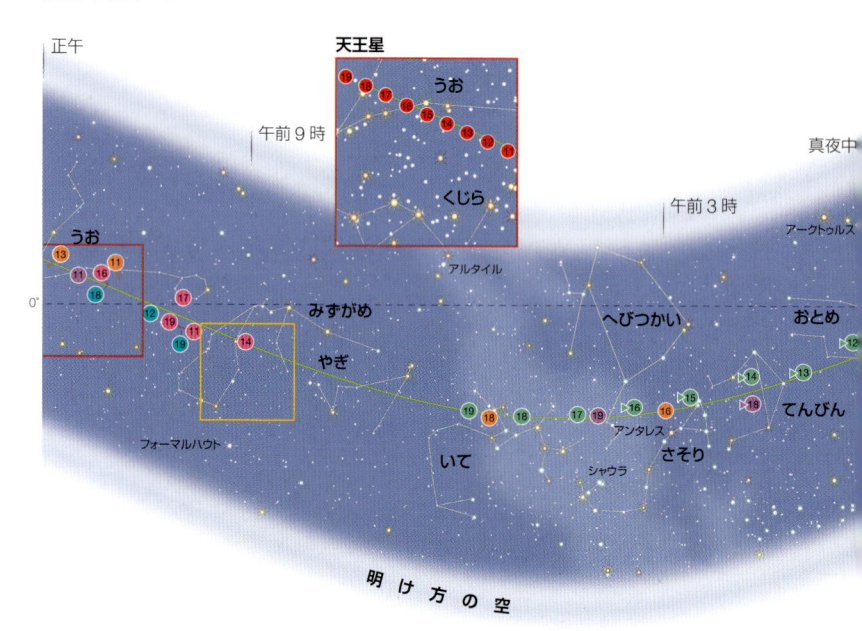

## 北半球の空

しし座は南西の空高く昇る。この星座の特徴的な形は簡単に見つかる。ししの頭が向いているふたご座は、二つ並んだ明るい星カストルとポルックスが目印である。しかし、しし座とふたご座の上下は比較的空っぽに見える。しし座と南の地平線の間に最大の星座うみへび座の星が散在するが、お世辞にも目立つ星座とはいえない。しし座の左におとめ座が続いて夜空を進む。おとめ座の一等星スピカが南東に輝く。スピカの上、東には−0.04等の恒星アークトゥルス。この星は全天で4番目に明るい恒星である。

北に目を移すと、おおぐま座が北極星の真上、ほぼ天頂にある。北天で最も有名な北斗七星は横向き熊の尾とお尻を描く。

カシオペヤ座は北極星の下、地平線に近い。北西の空に黄白色の恒星カペラ（0.1等）。カペラはぎょしゃ座で一番目立つ恒星で、全天で6番目に明るい。東にはこと座のベガが夏の先触れを告げている。

### 4月の流星群

こと座に輻射点がある流星群は4月21〜22日頃に出現のピークを迎える。このときベガに近い一点から毎時十数個の流星が流れる。

# 4月の空

## 惑星の位置

下の星図は2011〜2019年の4月の惑星位置を示す。惑星は右の凡例のように色分けされた円で表され、中の数字は西暦の下2桁に対応する。水星以外の全惑星で、4月15日の位置を記した。水星は最大離角のみ表示した。

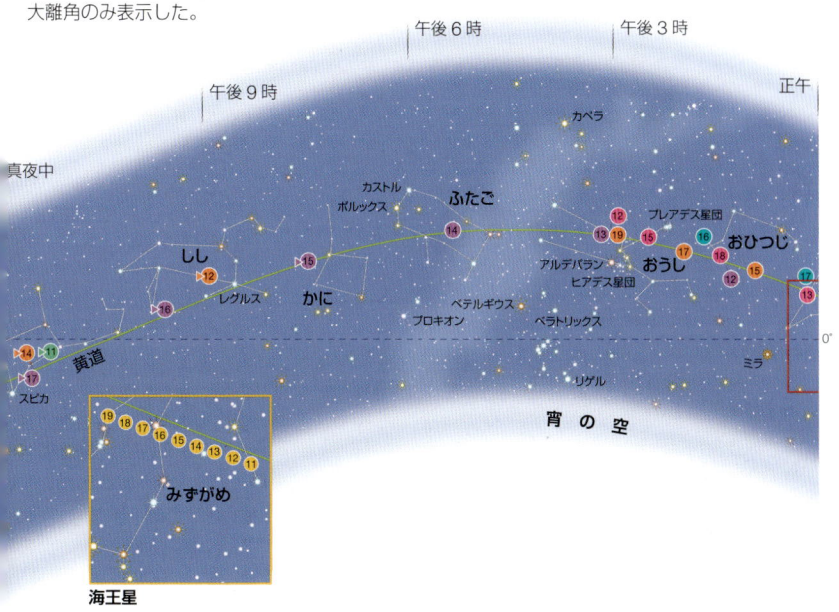

**惑星マークの凡例**
- 水星
- 火星
- 土星
- 海王星
- 金星
- 木星
- 天王星

# 南半球の空

南天には天の川が見事な橋をかける。西の地平線から南の空高く昇り東の地平線に下る。天の川はシリウスを通ってりゅうこつ座、みなみじゅうじ座、ケンタウルス座を飲み込み、さそり座の尾に注ぐ。みなみじゅうじ座は真南、その上にうみへび座が蛇行する。

みなみじゅうじ座で一番明るいアクルックスは南十字の台座を飾る。ベクルックスは十字の横棒の左端、きらめく宝石箱星団はこの星と「石炭袋」と呼ばれる暗黒星雲の間に位置する。

北の空では、しし座がまだ見えるが西の地平線に向かおうとしている。しし座の一等星レグルスの右に銀河が五つあり、暗い空なら双眼鏡で見える。おとめ座の一等星スピカとうしかい座の一等星アークトゥルスは北東の空で目立つ。こいぬ座のプロキオンは北西の空にまだあるが、ふたご座は西の空に沈みかけている。

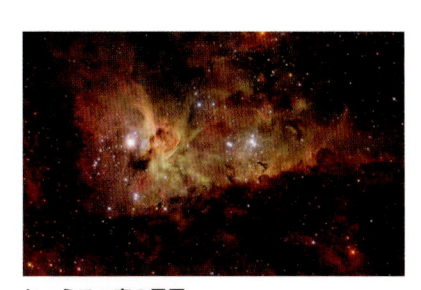

**りゅうこつ座の星雲**
南天の天の川の中にあるこの星雲は肉眼でも見える。中には生まれたての星雲と変光星エータ・カリーナがある。

## 4月
### 北半球の空

| 観測時間 | |
|---|---|
| 日付 | 地方標準時 |
| 3/15 | 真夜中 |
| 4/1 | 午後11時 |
| 4/15 | 午後10時 |
| 5/1 | 午後9時 |
| 5/15 | 午後8時 |

座標目盛り
地平線： 北緯60° | 北緯40° | 北緯20°　　天頂 ＋ 北緯60° ＋ 北緯40° ＋ 北緯20°　　黄道

# 4月の空

## 4月
### 南半球の空

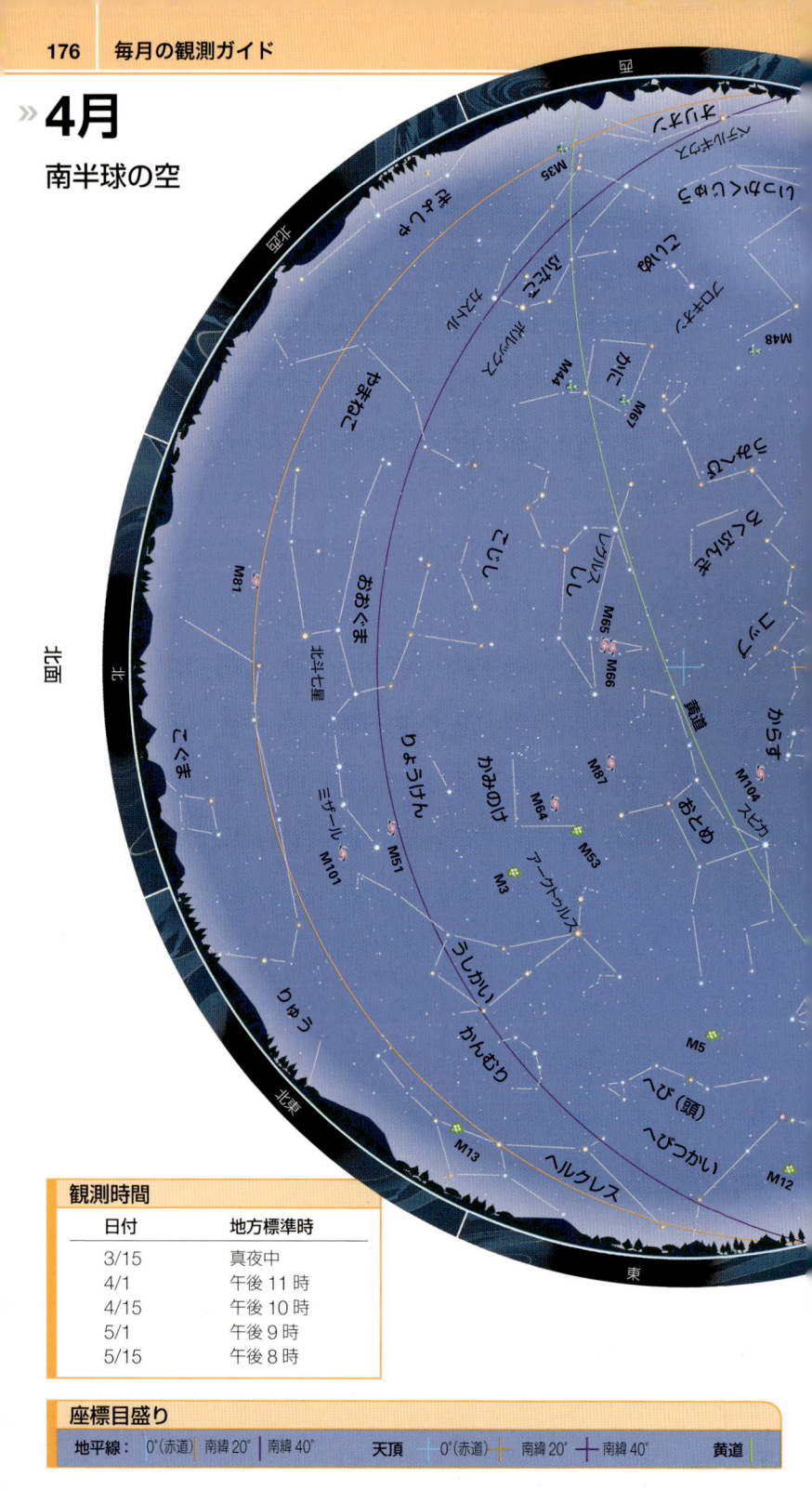

| 観測時間 | |
|---|---|
| 日付 | 地方標準時 |
| 3/15 | 真夜中 |
| 4/1 | 午後11時 |
| 4/15 | 午後10時 |
| 5/1 | 午後9時 |
| 5/15 | 午後8時 |

**座標目盛り**
地平線： 0°(赤道) | 南緯20° | 南緯40°　　天頂　 0°(赤道)　 南緯20°　 南緯40°　　黄道

# 4月の空 177

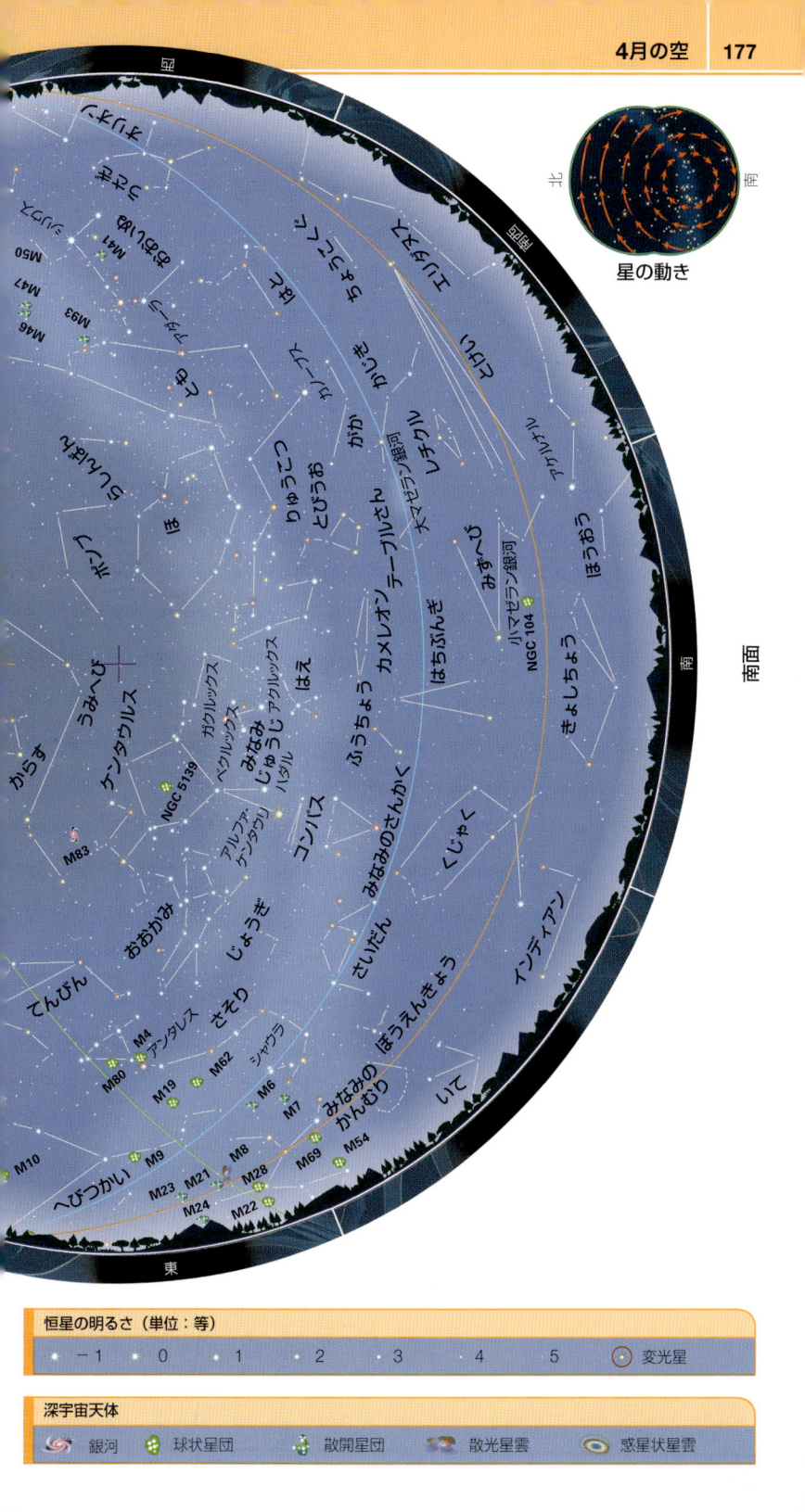

# 5月の空

**うしかい座とおとめ座**が北半球でも南半球でも目立つ。赤道以南からは天高く登りつめたみなみじゅうじ座とケンタウルス座も息をのむほど美しい。北半球では昼が長くなる時期だが、日が落ちるとおおぐま座が北天高く輝く。

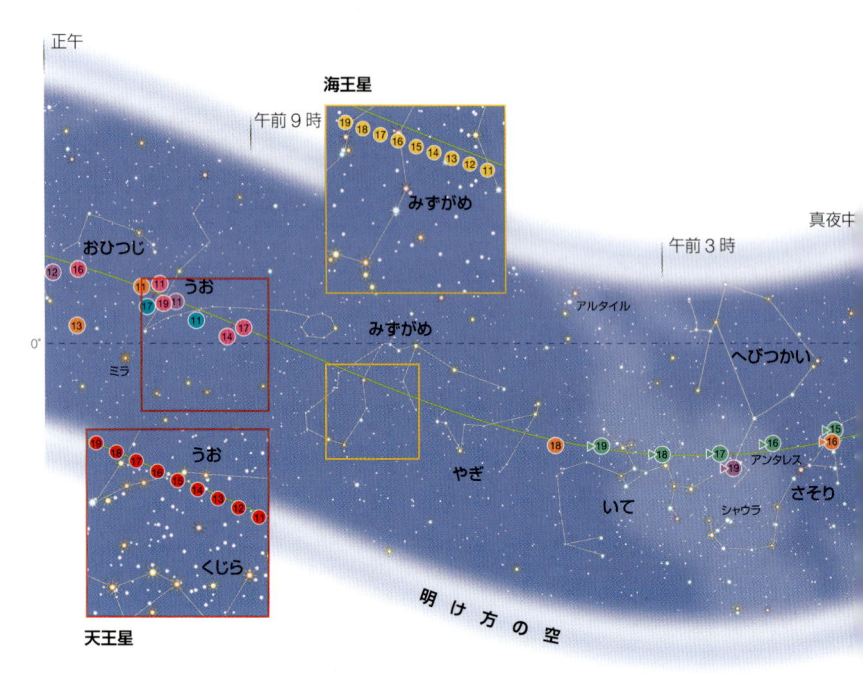

## 北半球の空

一等星スピカとおとめ座が宵空の真南に来る。その上方にうしかい座の赤色巨星アークトゥルス。南東にはへびつかい座、南西にはしし座の頭と胴体が残っているが、夜が深まるにつれ地平線に沈む。

赤い星アンタレスがさそり座の心臓の印であるが、北緯50°より北で観測できることはまれである。さそり座は夏の間南の地平線近くをはう。

おおぐま座は北の空で高い。北斗七星のひしゃくの形は容易に見つかり、柄の先端は南に、水を汲む部分の底は西に向いている。北斗七星で二つの明るい星ドゥーベとメラクは、柄と反対側の水を汲む部分の側面を形づくるが、北極星を見つける目印星として知られる。

夏の星ベガ（こと座）とデネブ（はくちょう座）は北東の空高く昇り、冬の名残のカストルとポルックス（ふたご座）は北西に沈む。こと座は小さな星座だが、一等星ベガがあるために目立つ。こと座には環状星雲（M57）もある。これは惑星状星雲で、小型望遠鏡でぼんやりした円盤状に見える。

### 5月の流星群

月初めに低緯度地域からみずがめ座 η 群が観測できるかもしれない。

# 5月の空

## 惑星の位置

下の星図は2011〜2019年の5月の惑星位置を示す。惑星は右の凡例のように色分けされた円で表され、中の数字は西暦の下2桁に対応する。水星以外の全惑星で、5月15日の位置を記した。水星は最大離角のみ表示した。

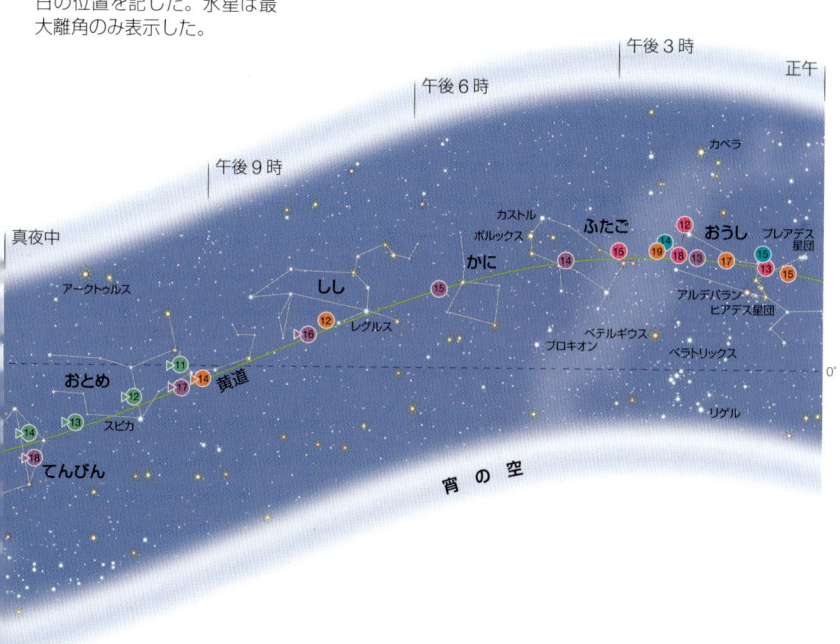

### 惑星マークの凡例

- 🔵 水星
- 🟠 火星
- 🟢 土星
- 🟡 海王星
- 🩷 金星
- 🟤 木星
- 🔴 天王星

# 南半球の空

南天中央に明るい二つの星スピカ（おとめ座）とアークトゥルス（うしかい座）が輝く。アークトゥルスの方が低くて明るい。スピカはほぼ天頂に来る。北西にしし座があるが、すぐに冬の星座に場所を明け渡す。へび座を巻きつかせたへびつかい座が東の空を昇ってくる。へび座の頭はへびつかい座とうしかい座の間、へび座の尾は東の地平線に近い。

　南の空高くケンタウルス座とみなみじゅうじ座が昇る。ケンタウルス座の二つの明るい星αとβは天の川の中でもひときわ明るく、みなみじゅうじ座の頂点を示す。南東の空から今年はじめてさそり座が昇るのが見えるかもしれない。

### 南天の目印星

ケンタウルス座のαからβ（左下の白と青色の星）に延ばした線を延長すると、みなみじゅうじ座に達する。

### 5月の流星群

第1週にみずがめ座η群が極大を迎える。このときみずがめ座の輻射点から1時間あたり35個ほどの流星が観測できるかもしれない。

# 5月
## 北半球の空

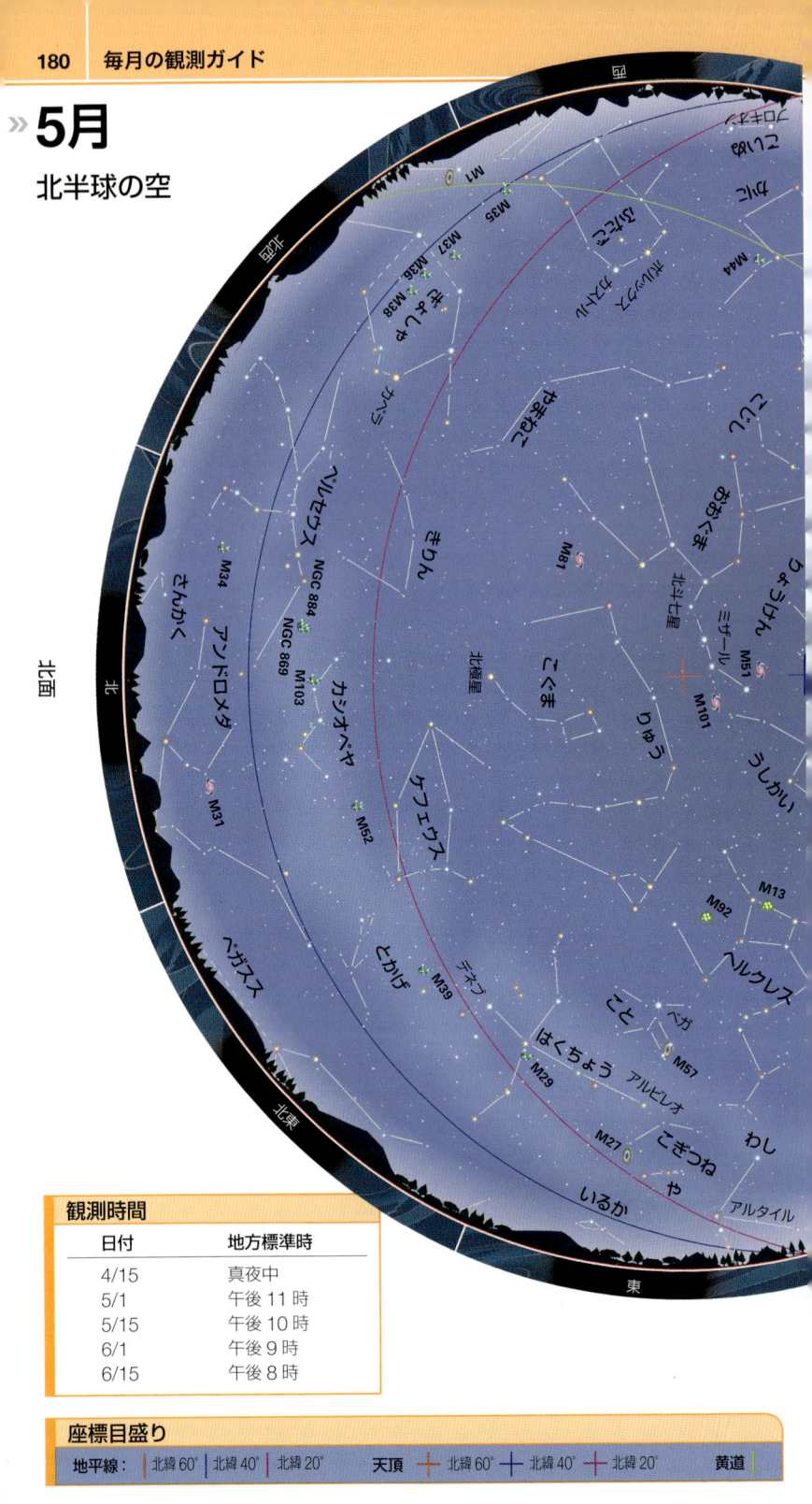

| 観測時間 | |
|---|---|
| 日付 | 地方標準時 |
| 4/15 | 真夜中 |
| 5/1 | 午後11時 |
| 5/15 | 午後10時 |
| 6/1 | 午後9時 |
| 6/15 | 午後8時 |

**座標目盛り**
地平線： 北緯60° 北緯40° 北緯20°　天頂 北緯60° 北緯40° 北緯20°　黄道

# 5月の空 181

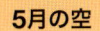

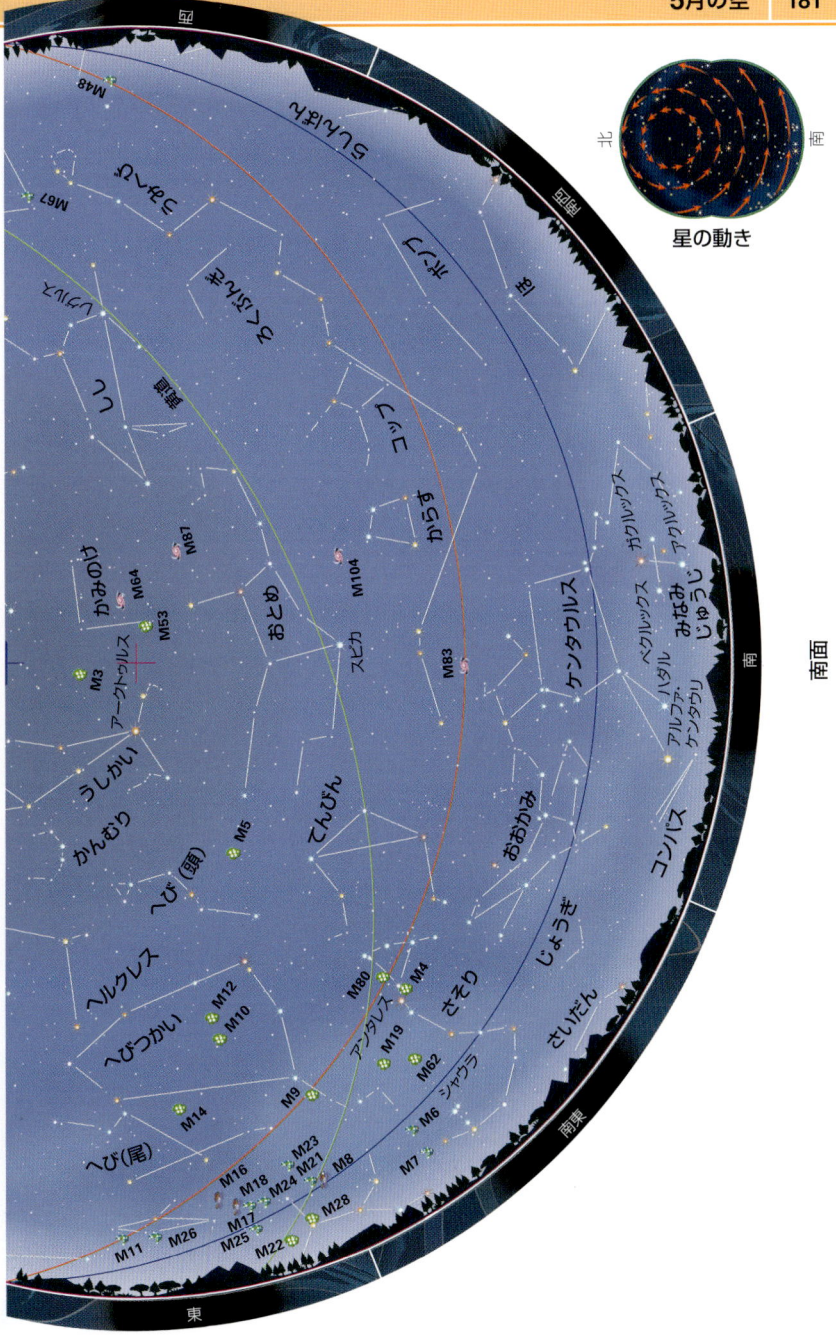

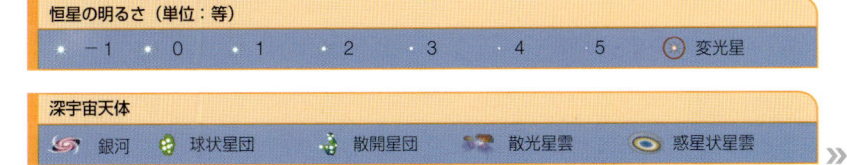

# 5月
## 南半球の空

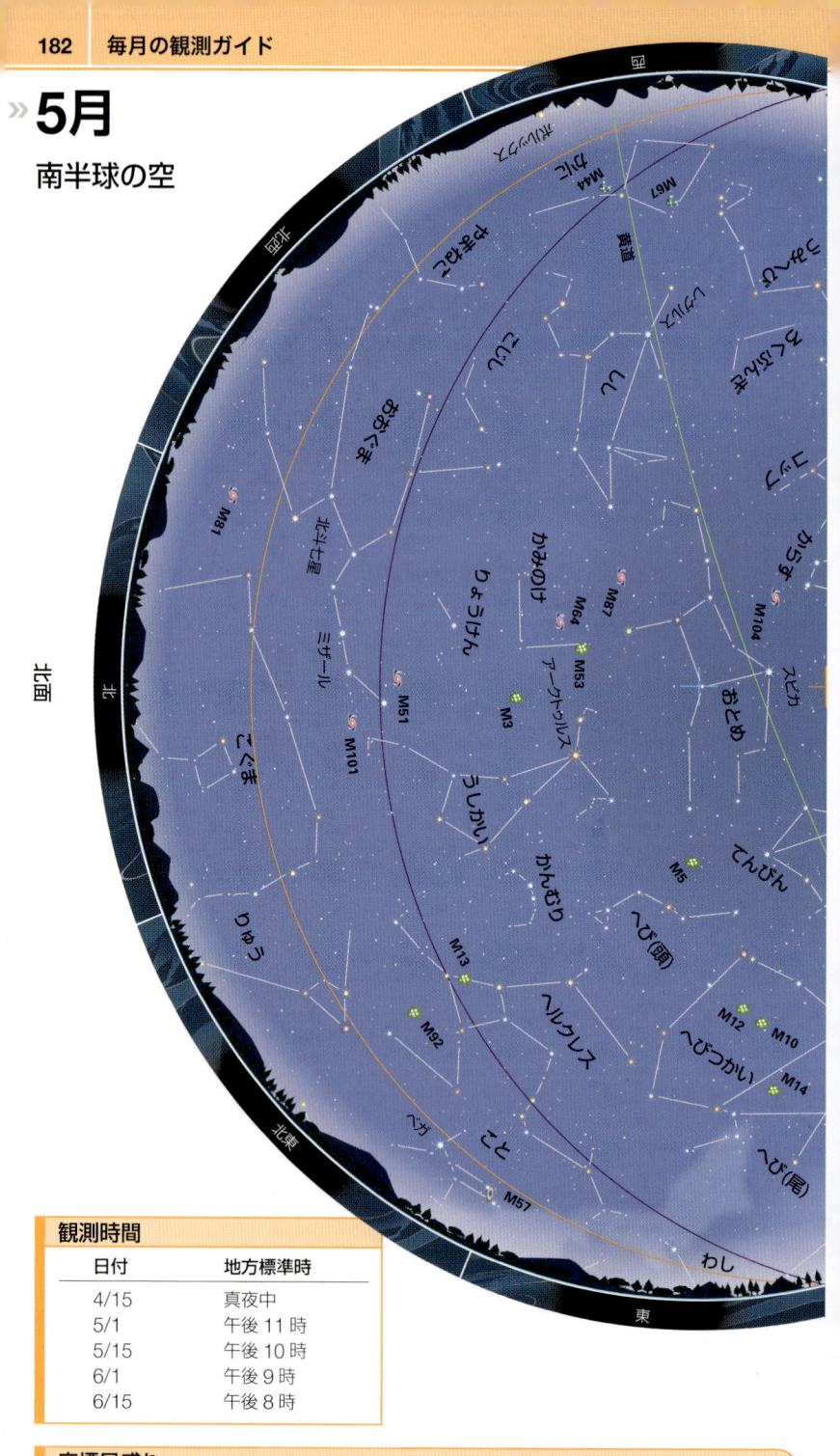

| 観測時間 | |
|---|---|
| 日付 | 地方標準時 |
| 4/15 | 真夜中 |
| 5/1 | 午後11時 |
| 5/15 | 午後10時 |
| 6/1 | 午後9時 |
| 6/15 | 午後8時 |

**座標目盛り**

地平線： 0°(赤道) | 南緯20° | 南緯40°　　天頂　0°(赤道) | 南緯20° | 南緯40°　　黄道

# 5月の空

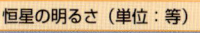

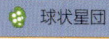

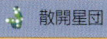

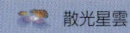

# 6月の空

**神話の英雄ヘルクレス座**が、うしかい座とへびつかい座のいる6月の空に加わる。今月の終わりにかけて北半球では夜が最も短く南半球では最も長い。というのは21日か22日に太陽は天の赤道から北方に最も遠くなる（夏至）からである。

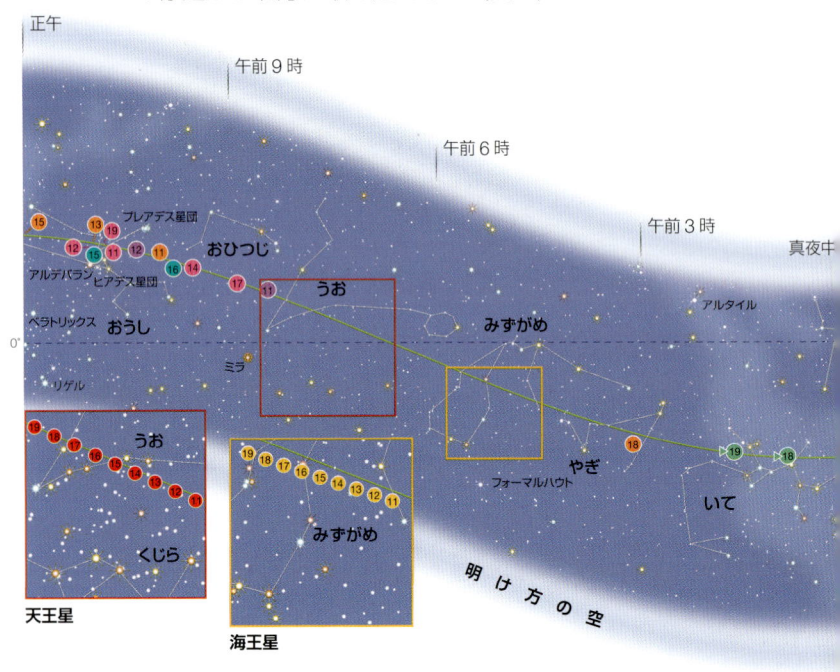

## 北半球の空

南の高い空にヘルクレス座とうしかい座。明るい赤い星アークトゥルスのおかげで、うしかい座の凧のような形は見つけやすい。一方ヘルクレス座は大きな星座なのにあまり目立たない。見つけるにはこと座のベガから少し西を探すと良い。ベガは全天で5番目に明るい恒星で、6月の空ではアークトゥルスの次に明るい。ベガの右にヘルクレス座の胴体がある。四つの星をつないでできる歪んだ四角形がヘルクレス座の腰で要石（keystone）と呼ばれる。脚は上方に伸びているが、頭は地平線に向いている。球状星団M13は要石の二つの星をつないだ線上に肉眼で見つけられる。

夜が更けるにつれて、赤色巨星アンタレスを飾るさそり座の前半身が南東から昇る。東には夏の大三角と呼ばれる三つの一等星が見える。三つの中で一番明るく高いのはベガで、あとの二つはデネブ（はくちょう座）とアルタイル（わし座）であり、地平線近くにある。北の空を見ればこぐま座の尾の先端に北極星が輝く。

こぐま座の星をつないでも熊には全然似ていない。どちらかというと北斗七星の小型版である。というわけでこぐま座は小びしゃくとも呼ばれる。ひしゃくの柄が熊の尾、水を汲む部分が熊の胴体にあたる。このこぐま座は周囲をりゅう座の蛇行した胴体にほぼ完全に取り巻かれている。

# 6月の空

## 惑星の位置

下の星図は2011〜2019年の6月の惑星位置を示す。惑星は右の凡例のように色分けされた円で表され、中の数字は西暦の下2桁に対応する。水星以外の全惑星で、6月15日の位置を記した。水星は最大離角のみ表示した。

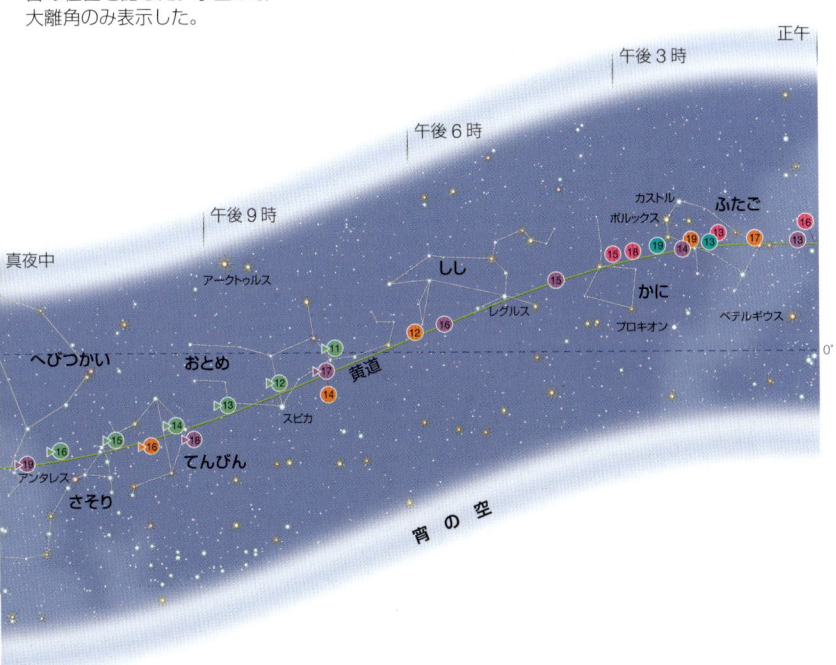

**惑星マークの凡例**
- 水星
- 火星
- 土星
- 海王星
- 金星
- 木星
- 天王星

# 南半球の空

南半球で真北を向くと左右にアークトゥルス（うしかい座）とベガ（こと座）が見える。ベガの方は北東の地平線からちょうど顔を出したところだ。左手にはうしかい座が逆さまに空にかかり、右手にはヘルクレス座が頭を上に、腕をベガに延ばしている。ヘルクレス座の胴体下半分は要石と呼ばれる四つの星が描く四角形で表される。球状星団M13は要石の二つの星を結んだ線上にある。

わし座と一等星アルタイルは北東に、頭の上にはさそり座の曲がった尾と赤色超巨星アンタレスの心臓がはっきり見える。

さそり座と隣のいて座があるあたりから天の川が南西に流れる。球状星団オメガ・ケンタウリ（NGC 5139）が見やすい位置に来ている。石炭袋星雲と散開星団宝石箱（NGC 4755）はいずれもみなみじゅうじ座にある。

**さそり座**
赤い星アンタレスはさそり座の心臓を表す。さそりの曲がった尾は天の川の中を通って明るい星団M6とM7を指す。

## 6月
### 北半球の空

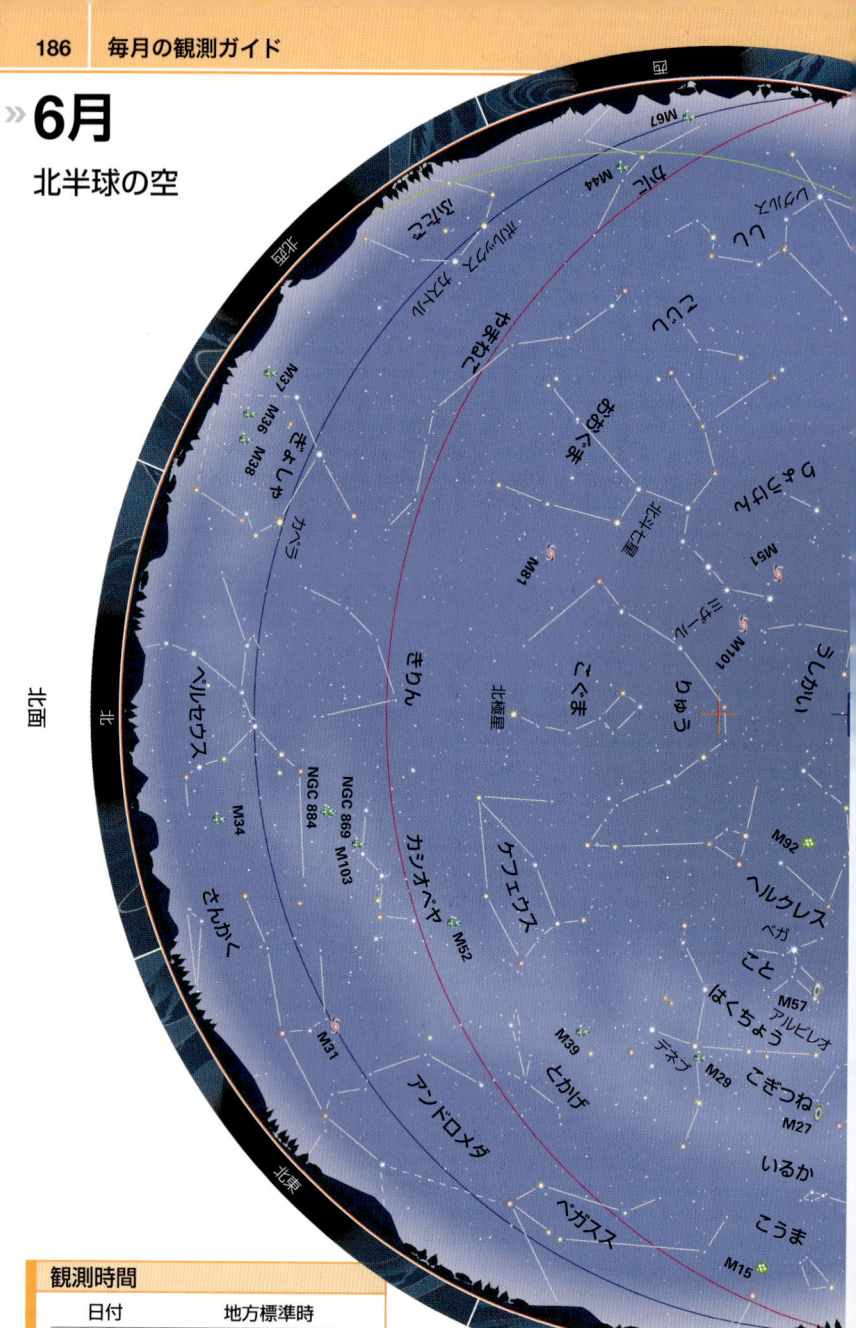

| 観測時間 | |
|---|---|
| 日付 | 地方標準時 |
| 5/15 | 真夜中 |
| 6/1 | 午後11時 |
| 6/15 | 午後10時 |
| 7/1 | 午後9時 |
| 7/15 | 午後8時 |

| 座標目盛り | | | | | | | | |
|---|---|---|---|---|---|---|---|---|
| 地平線： | 北緯60° | 北緯40° | 北緯20° | 天頂 | 北緯60° | 北緯40° | 北緯20° | 黄道 |

6月の空 187

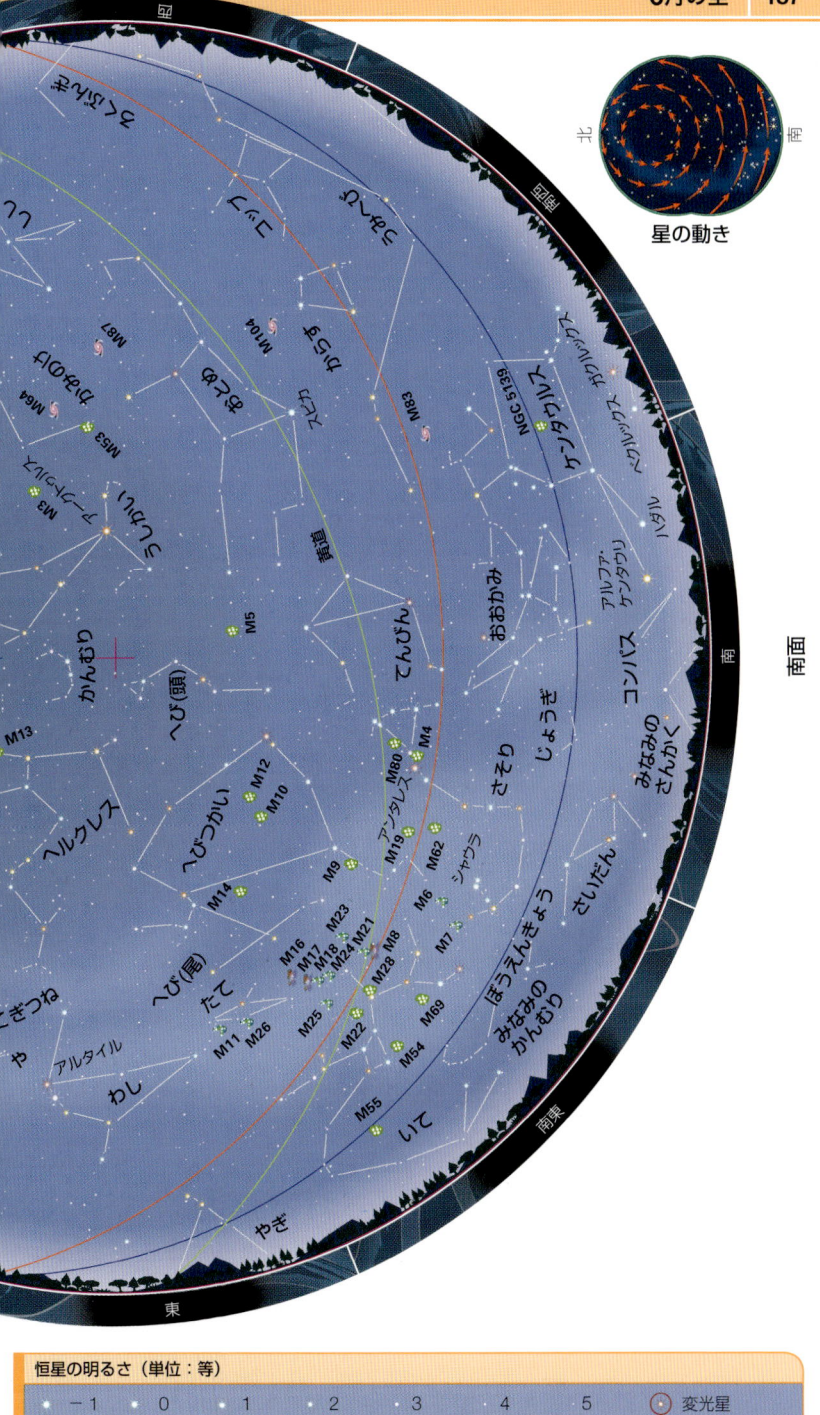

## 6月
### 南半球の空

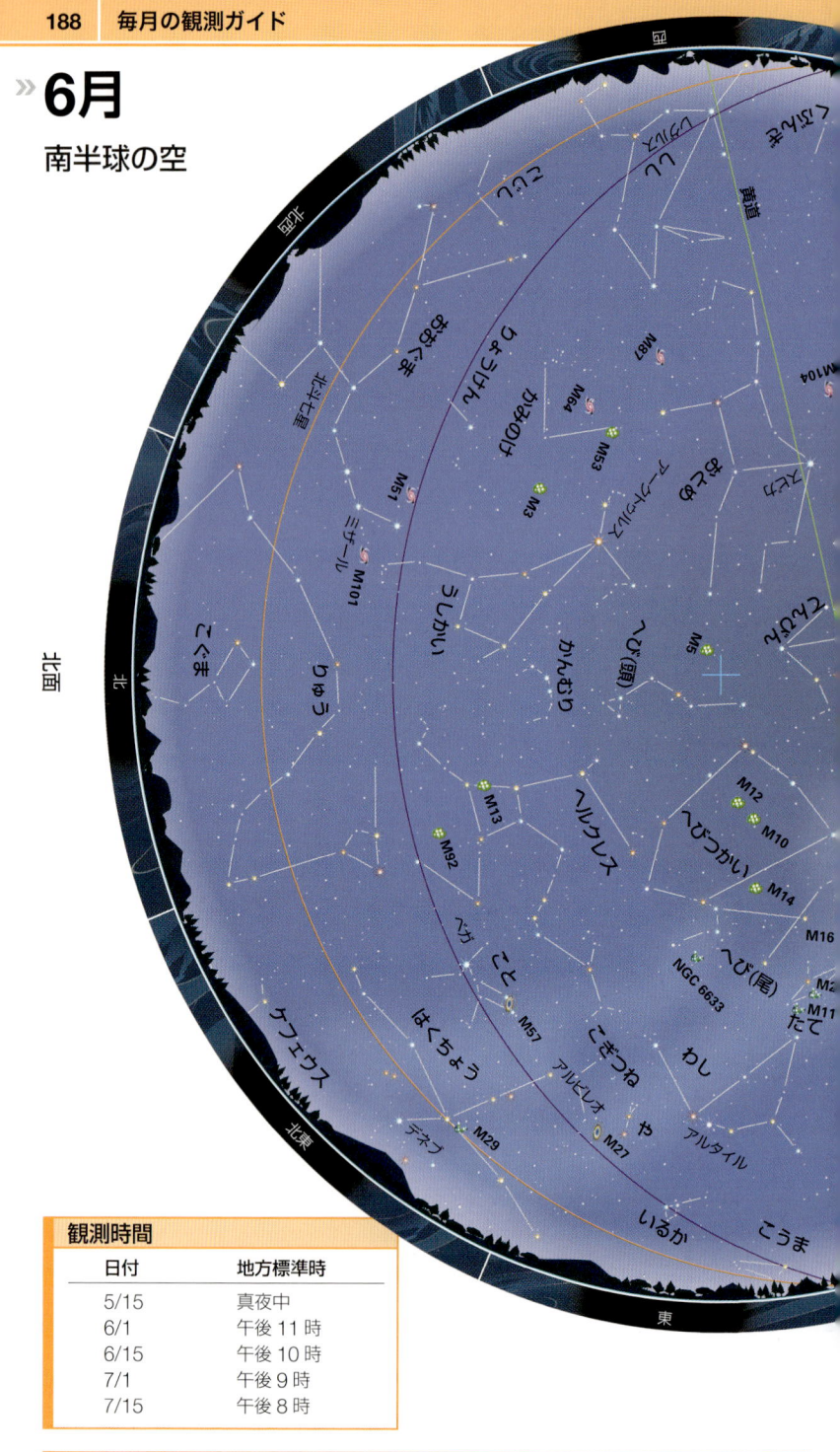

| 観測時間 | |
|---|---|
| 日付 | 地方標準時 |
| 5/15 | 真夜中 |
| 6/1 | 午後 11 時 |
| 6/15 | 午後 10 時 |
| 7/1 | 午後 9 時 |
| 7/15 | 午後 8 時 |

**座標目盛り**

地平線： 0°(赤道) | 南緯 20° | 南緯 40°　　天頂 — 0°(赤道) — 南緯 20° — 南緯 40°　　黄道

# 6月の空

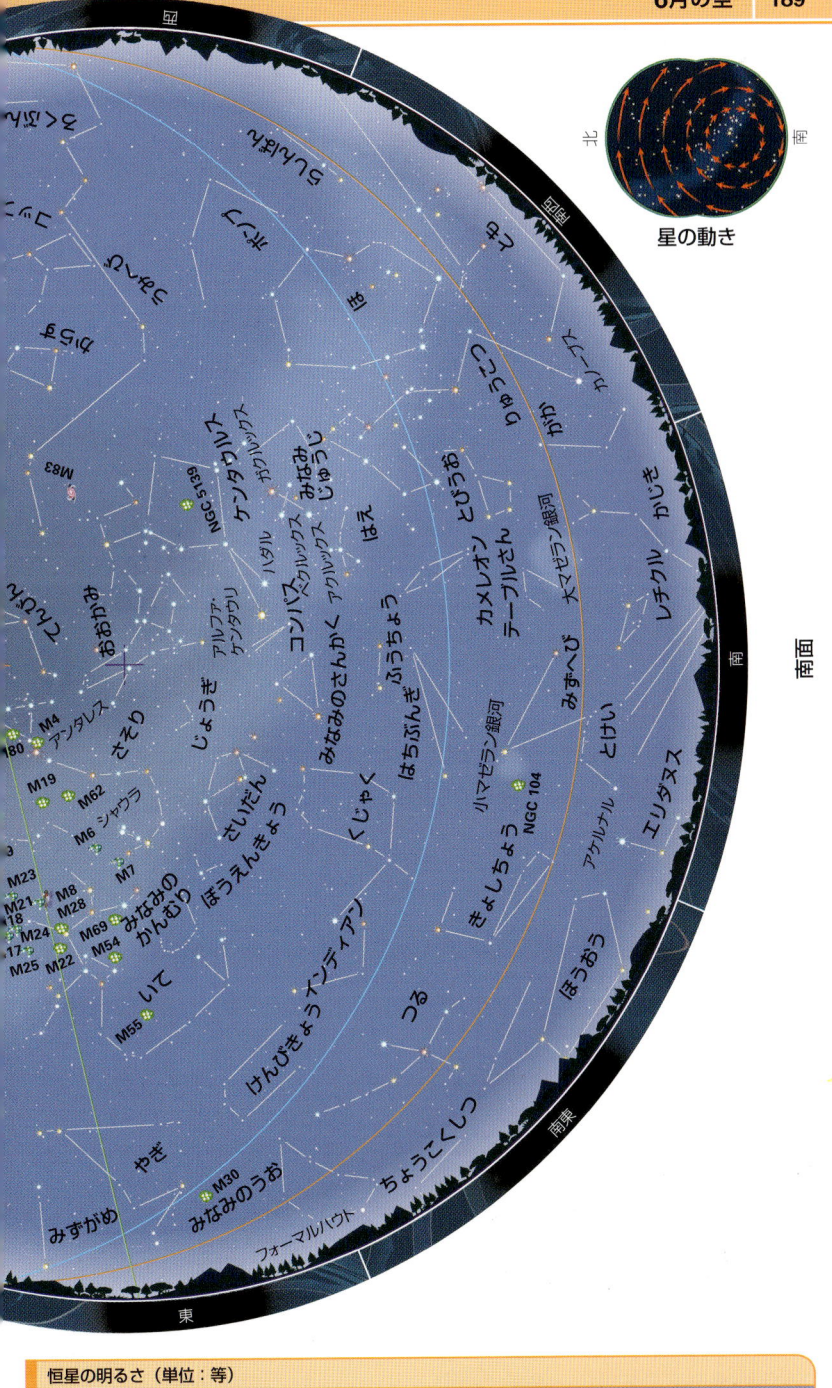

# 7月の空

**ヘルクレス座とへびつかい座**が留まる中央のメインステージに、わし座も姿を現す。南天の観測者は天の川の歓待を受ける。天の川銀河の中心が頭の真上に来るからだ。北半球では一等星ベガが輝く高い空にはくちょう座もまた昇る。

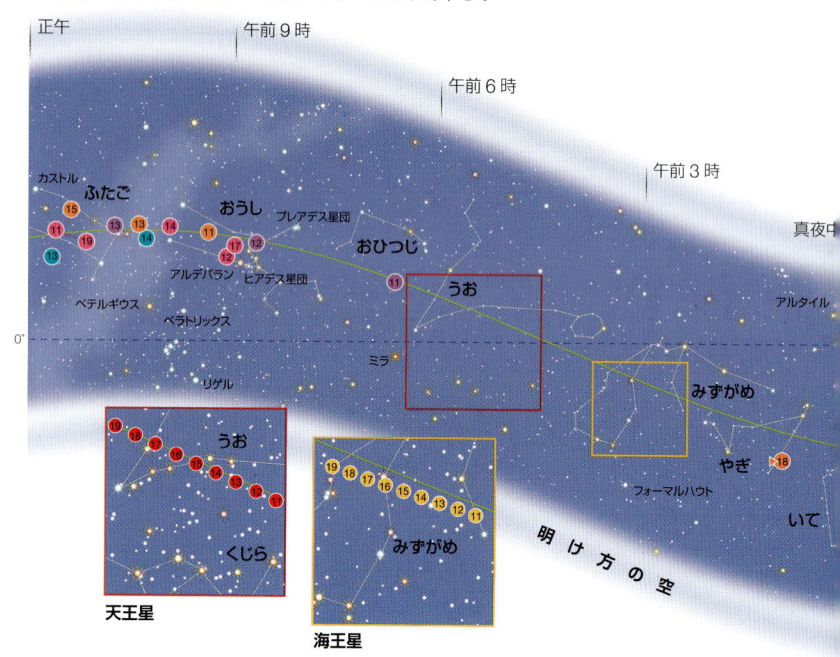

## 北半球の空

北の空では、尾に北極星をくっつけたこぐま座に、りゅう座が絡みつく。おおぐま座は北極星の左、右には神話の王族ケフェウス座とカシオペヤ座。アークトゥルス（うしかい座）は西、ベガ（こと座）はほぼ頭の真上にあるが、この2星が7月の空で最も明るい。次に明るいのが南東のアルタイルで、わし座の首に輝く。天の川はわし座から東の高い空を飛ぶはくちょう座に流れる。星の並びが大きな十字形をつくり、白鳥の胴体と広げた翼を描く。これを別名「北十字」と呼ぶ。はくちょう座で一番明るいのは超巨星のデネブで、白鳥の尾の印である。

南西の空高く小さな星座かんむり座がヘルクレス座とうしかい座に挟まれて昇る。へびつかい座が真南、その上に逆さまにヘルクレス座がかかる。北緯45°以南からは星の多いいて座からさそり座にかけての領域が南の地平線上の見やすい位置に来る。

**夏の大三角** デネブ、ベガ、そしてアルタイルの3星をつなぐと夏の大三角ができる。デネブ（左）が最も暗く、ベガ（上）が最も明るい。アルタイル（右）が最も南。

## 7月の空

**惑星の位置**
下の星図は2011〜2019年の7月の惑星位置を示す。惑星は右の凡例のように色分けされた円で表され、中の数字は西暦の下2桁に対応する。水星以外の全惑星で、7月15日の位置を記した。水星は最大離角のみ表示した。

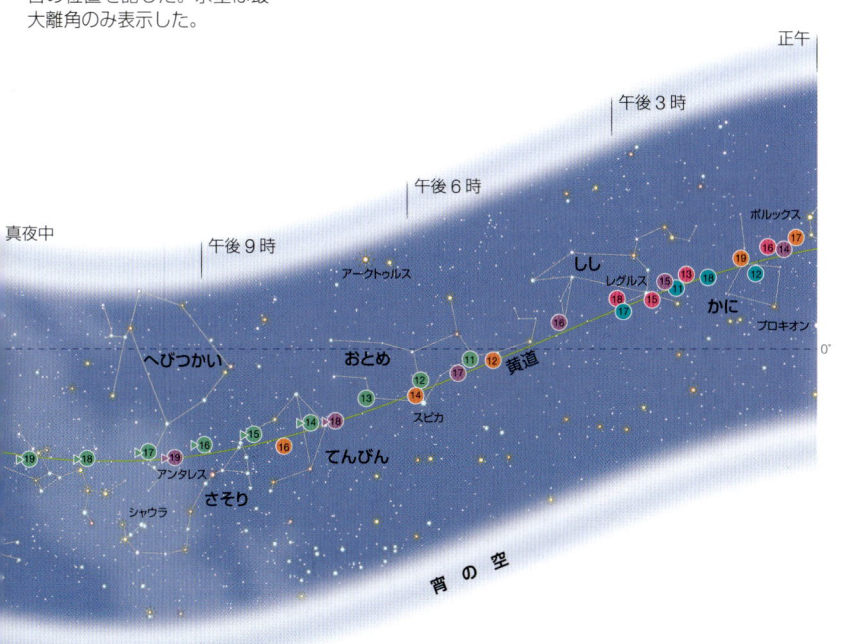

**惑星マークの凡例**
- 水星
- 火星
- 土星
- 海王星
- 金星
- 木星
- 天王星

# 南半球の空

南半球からはいて座とさそり座がほぼ天頂に見える。さそり座の尾は真南、散開星団M6とM7は観測におあつらえむきの位置に来る。赤色超巨星アンタレスはさそり座で最も明るく目立つ。これは肉眼で見える恒星で最も大きいもののひとつである。

いて座の方向に私たちの天の川銀河の中心がある。そこには多くの深宇宙天体がある。特筆すべきM24と干潟星雲(M8)はいずれも肉眼で見えるし、3番目に明るい球状星団M22もいて座にある。これは双眼鏡で簡単に見つけられる。いて座で北側の八つの星が紅茶ポット形をつくっている部分は、周囲にも星が多いために見つけにくい。いて座の前足近くに弧を描いて並ぶ目立つ星々がある。これはみなみのかんむり座で、最小の星座のひとつだ。

北に向くとへびつかい座が高い。その下にヘルクレス座。こと座のベガが地平線近く、こと座の隣にはくちょう座が見える。南緯30°以北からは飛ぶ白鳥の全体像が見える。その上、北東の空にわし座。

## 7月の流星群

みずがめ座δ群が7月29日頃極大を迎える。暗めの流星が1時間に20個みずがめ座の南半分から放射状に出現する。

192　毎月の観測ガイド

## 7月
### 北半球の空

| 観測時間 | |
|---|---|
| 日付 | 地方標準時 |
| 6/15 | 真夜中 |
| 7/1 | 午後 11 時 |
| 7/15 | 午後 10 時 |
| 8/1 | 午後 9 時 |
| 8/15 | 午後 8 時 |

**座標目盛り**

地平線： | 北緯 60° | 北緯 40° | 北緯 20° 　　天頂 ─┼─ 北緯 60° ─┼─ 北緯 40° ─┼─ 北緯 20° 　　黄道

# 7月の空

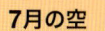

星の動き

南面

| 恒星の明るさ（単位：等） |
| --- |
| −1　0　1　2　3　4　5　⊙ 変光星 |

**深宇宙天体**

銀河　球状星団　散開星団　散光星雲　惑星状星雲

## 7月
### 南半球の空

| 観測時間 | |
|---|---|
| 日付 | 地方標準時 |
| 6/15 | 真夜中 |
| 7/1 | 午後11時 |
| 7/15 | 午後10時 |
| 8/1 | 午後9時 |
| 8/15 | 午後8時 |

| 座標目盛り | | | | | | | |
|---|---|---|---|---|---|---|---|
| 地平線: | 0°(赤道) | 南緯20° | 南緯40° | 天頂 | 0°(赤道) | 南緯20° | 南緯40° | 黄道 |

# 7月の空

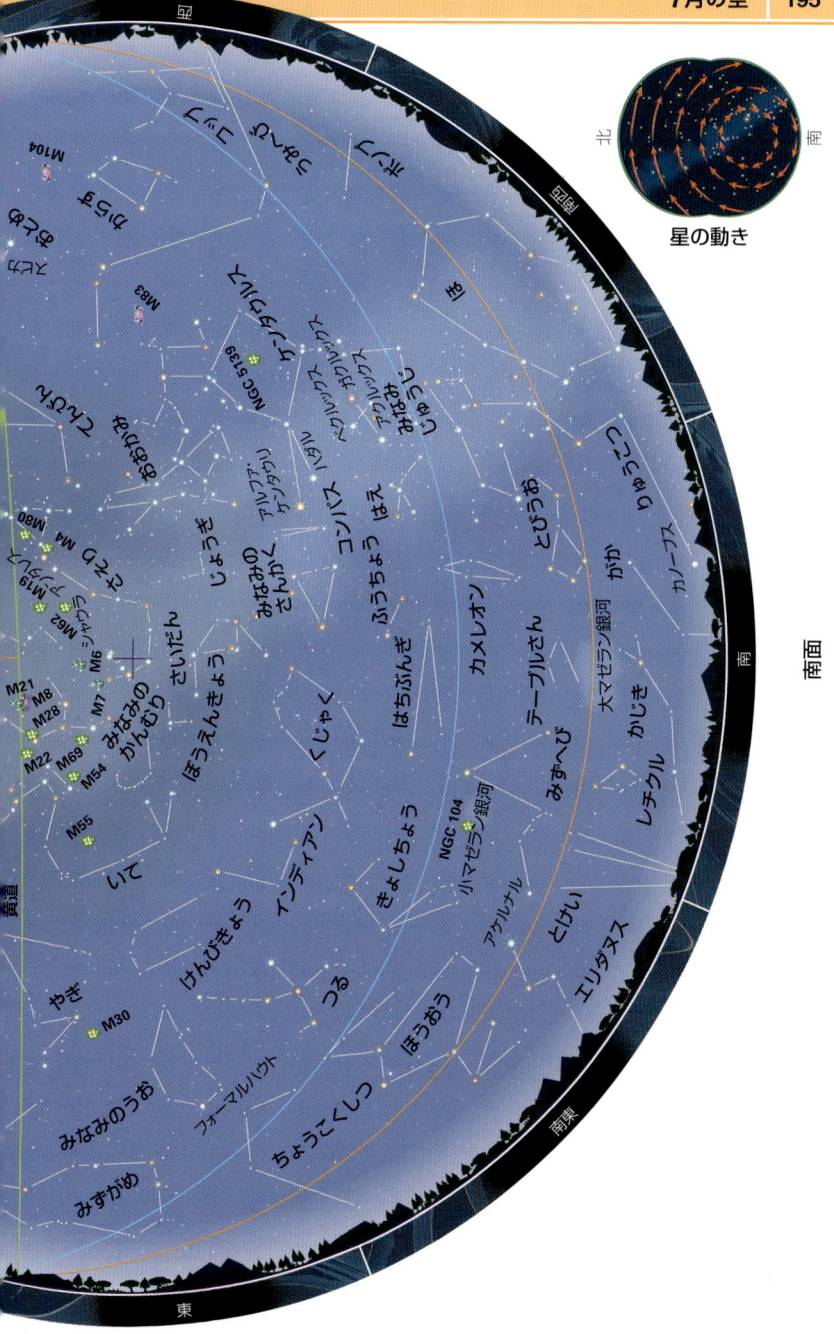

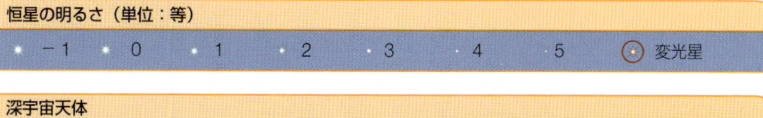

# 8月の空

**今月北半球**では銀河系中心を垣間見ることができる。ペルセウス流星群にも歓待される。南半球から見やすい位置にいて座がまだ残る。亜鈴星雲と環状星雲も見ごろ。

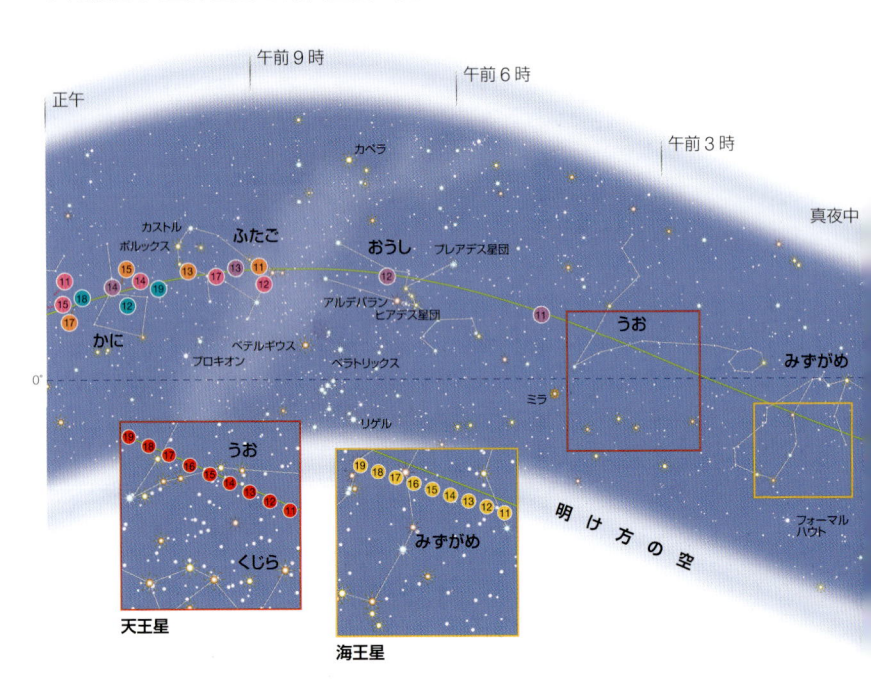

## 北半球の空

北半球では夏の大三角が頭の真上に来る。空が暗くなるとまず、青白いこと座のベガが見えてくる。その東がはくちょう座で三角形の二番星、青白い超巨星デネブが見える。三番星のアルタイルはわし座の星で、その南にある。

いて座はケンタウロス族の一人で、頭と腰から上は人間、脚と腰から下は馬という神話上の生き物である。いて座の人間部分がちょうど南の地平線より上に出ており、馬の脚部分は北緯40°以南でのみ見える。いて座は天の川銀河の中心の目印である。この領域が天の川の最も濃く明るい部分であるが、星が散りばめられた道を見るには地平線が暗いことが必要だ。この道は（少し明るさが落ちるが）地平線から上へたどる方が見やすいかもしれない。天の川はわし座を通り、天頂を抜けてはくちょう座を横切り、カシオペヤ座のある北東へ抜ける。はくちょう座のあたりで天の川に沿って黒い筋が見える。これをはくちょう座の裂け目と呼ぶ。天の川の手前にある不透明な塵の雲が、星の光を遮っている領域である。

### 8月の流星群

ペルセウス群が8月12日頃に極大を迎える。1時間あたり80個ほどがペルセウス座の輻射点から出現する。ペルセウス座自体は真夜中をすぎないと東の地平線から昇って来ないが、真夜中前でもペルセウス座の方向から飛ぶ群流星もある。

# 8月の空

## 惑星の位置

下の星図は2011〜2019年の8月の惑星位置を示す。惑星は右の凡例のように色分けされた円で表され、中の数字は西暦の下2桁に対応する。水星以外の全惑星で、8月15日の位置を記した。水星は最大離角のみ表示した。

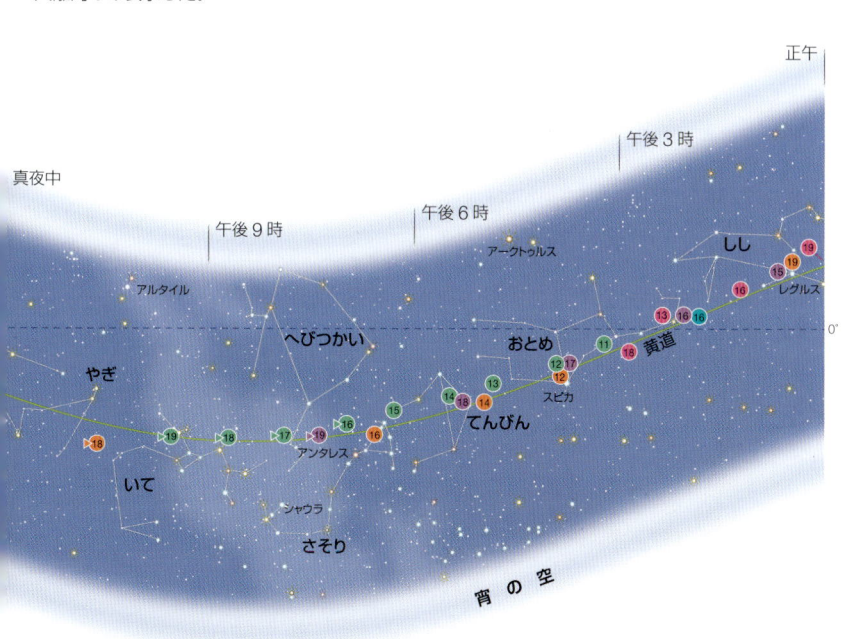

### 惑星マークの凡例

- 水星
- 火星
- 土星
- 海王星
- 金星
- 木星
- 天王星

# 南半球の空

北の空に明るい一等星が描く大きい三角形が目立つ。わし座とはくちょう座の間、こぎつね座にある惑星状星雲、亜鈴星雲（M27）が双眼鏡で観測できる。別の惑星状星雲、こと座の環状星雲（M57）が小型望遠鏡で見える。南東にはきょしちょう座、ここには球状星団きょしちょう座47と小マゼラン銀河が見える。

　いて座はほぼ天頂に来ており、ここから天の川がさそり座を通って南西に向かい、おおかみ座、みなみじゅうじ座を抜けて南の地平線に流れる。ケンタウルス座のαとβは南西の地平線に近く、ケンタウルスの両前脚を飾る。アルファ・ケンタウリ（リゲル・ケンタウルス）は空で3番目に明るく地球に一番近い恒星である。ベータ・ケンタウリ（ハダル）は明るい方から11番目である。

**干潟星雲**
明るい星形成領域干潟星雲は、いて座にあまたある深宇宙天体のひとつ。暗い空では肉眼でも見える。

## 8月
### 北半球の空

北面

### 観測時間

| 日付 | 地方標準時 |
|---|---|
| 7/15 | 真夜中 |
| 8/1 | 午後11時 |
| 8/15 | 午後10時 |
| 9/1 | 午後9時 |
| 9/15 | 午後8時 |

### 座標目盛り

地平線： | 北緯60° | 北緯40° | 北緯20° | 　天頂 ✚ 北緯60° ✚ 北緯40° ✚ 北緯20° 　黄道

# 8月の空

199

星の動き

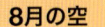

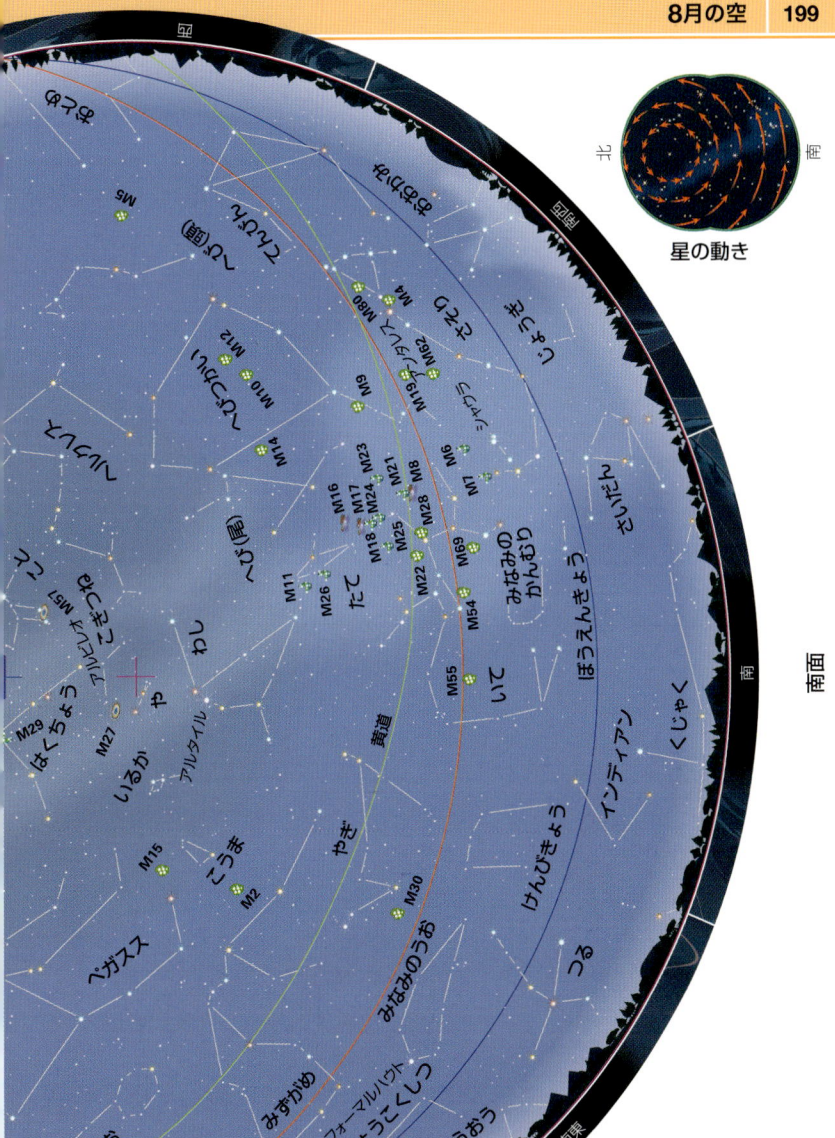

## 恒星の明るさ（単位：等）
-1　0　1　2　3　4　5　　⊙ 変光星

## 深宇宙天体
🌀 銀河　　✦ 球状星団　　✦ 散開星団　　☁ 散光星雲　　◉ 惑星状星雲

# 8月
## 南半球の空

| 観測時間 | |
|---|---|
| 日付 | 地方標準時 |
| 7/15 | 真夜中 |
| 8/1 | 午後11時 |
| 8/15 | 午後10時 |
| 9/1 | 午後9時 |
| 9/15 | 午後8時 |

**座標目盛り**
地平線： 0°(赤道) 南緯20° 南緯40°　　天頂 0°(赤道) 南緯20° 南緯40°　　黄道

# 8月の空 201

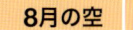

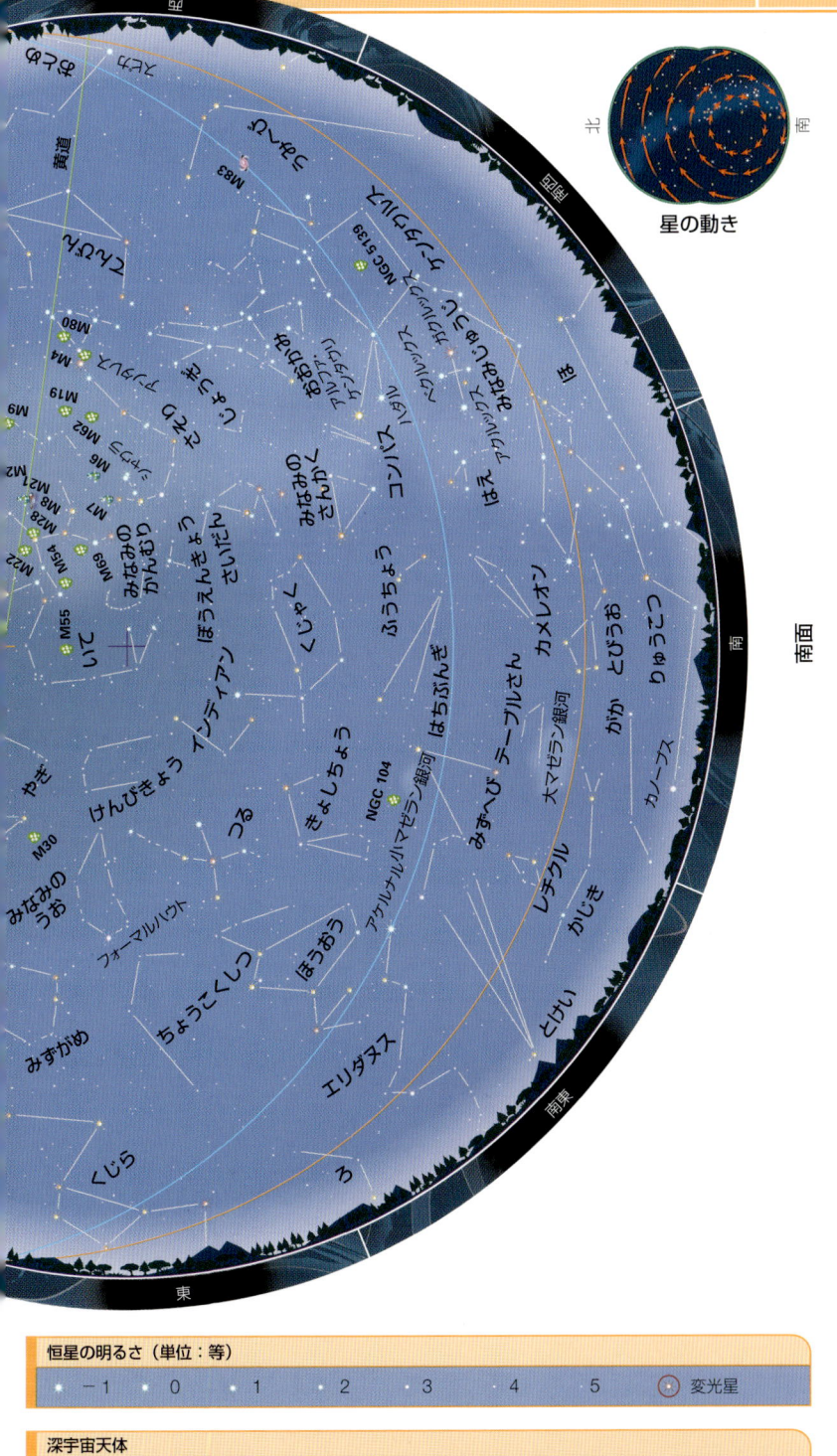

# 9月の空

**北半球の秋**、南半球の春の訪れとともに、やぎ座とみずがめ座が中央のメインステージにあがる。9月22日か23日に太陽は天の北半球から南半球に移る。太陽が天の赤道を横切るこの時期、昼と夜の長さが同じになる。

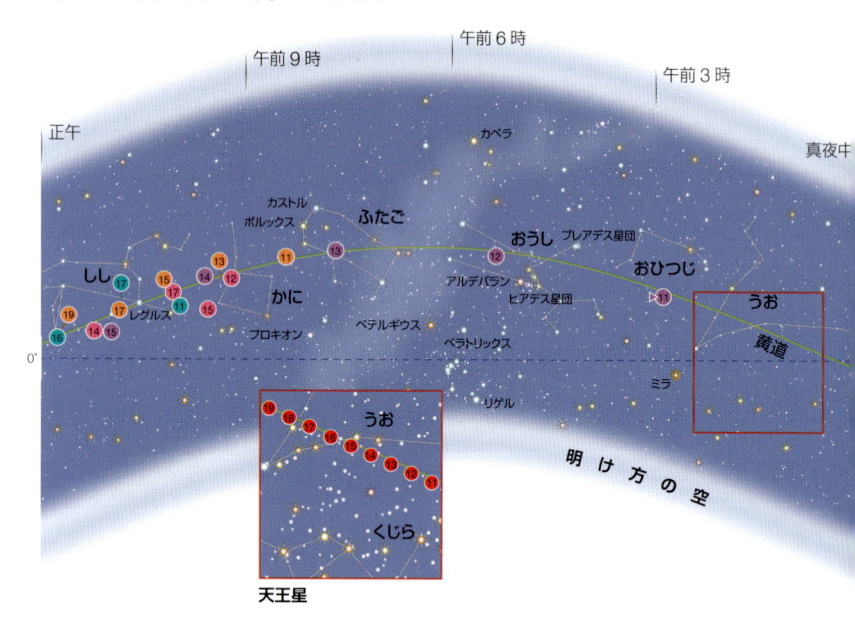

## 北半球の空

北半球から真南を見ると、黄道星座のやぎ座とみずがめ座が左右に並ぶ。北半球の高緯度地方でやぎ座を見るには9月が一番良い。アルジェディーと呼ばれるやぎ座 α は二重星である。視力の良い人や双眼鏡を使うと 3.6 等の巨星とそれの 6 倍遠い 4.2 等の超巨星が分離できる。

はくちょう座が残る頭上の高い空に、翼をもつ馬の星座ペガスス座が駆け上がる。西にはデネブ（はくちょう座）、ベガ（こと座）、そしてアルタイル（わし座）の夏の大三角が残るが、東の空に到来したペガスス座は秋の訪れを告げる。デネブの近くに光が拡散した特徴的な形の北アメリカ星雲 NGC 7000 があり、暗い空なら双眼鏡で見える。

北の空では、おおぐま座が北極星の下に、ケフェウス座とカシオペヤ座が北極星の上に来る。ケフェウス座は目立たない星座だが、王の頭の δ は探す価値がある。この星はケフェイドの典型である変光星で、黄色超巨星が脈動して周期 5 日で明るさが変わるものである。

北には明るい星が二つしかない。北東の地平線近くにカペラ（ぎょしゃ座）、西の高い空にカペラより少し明るいベガがある。

## 9月の空

### 惑星マークの凡例

- 水星
- 火星
- 土星
- 海王星
- 金星
- 木星
- 天王星

### 惑星の位置

下の星図は2011〜2019年の9月の惑星位置を示す。惑星は左の凡例のように色分けされた円で表され、中の数字は西暦の下2桁に対応する。水星以外の全惑星で、9月15日の位置を記した。水星は最大離角のみ表示した。

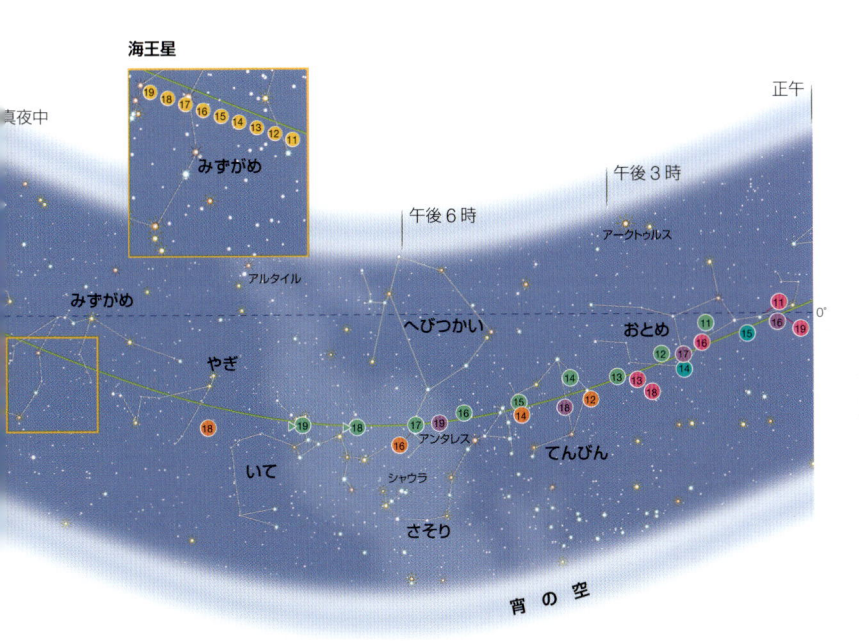

# 南半球の空

やぎ座とみずがめ座が天頂に昇る。いずれの星座にも明るい星がないが、みずがめ座には特筆すべき天体がいくつかある。球状星団M2は双眼鏡で見える。螺旋星雲（NGC 7293）は地球に一番近い惑星状星雲と考えられており、輝くガスは拡散して直径が満月の3分の1ほどの範囲に広がっている。その近くにみなみのうお座の一等星フォーマルハウトがある。

9月は夏の大三角を見る最後のチャンスになる。北西の地平線にまずベガが、続いてデネブが沈む。西の空に天の川が見える。いて座が高い空に残り、その下にさそり座。一番低い位置にはケンタウルス座とみなみじゅうじ座があり、南西の地平線に沈むところである。

青白い星アケルナルは南東の見やすい位置に来る。0.46等のこの星は神話に登場する川の星座エリダヌス座の果てを示す。その右はきょしちょう座で、ここには球状星団きょしちょう座47（NGC 104）と小マゼラン銀河がある。

### きょしちょう座の深宇宙天体

小マゼラン銀河ときょしちょう座47は地球から等距離にあるように見える。実際は小マゼラン銀河（下）は21万光年、きょしちょう座47（上）は1万9000光年の距離にある。

## 9月
### 北半球の空

| 観測時間 | |
|---|---|
| 日付 | 地方標準時 |
| 8/15 | 真夜中 |
| 9/1 | 午後11時 |
| 9/15 | 午後10時 |
| 10/1 | 午後9時 |
| 10/15 | 午後8時 |

| 座標目盛り | | | | | | | |
|---|---|---|---|---|---|---|---|
| 地平線: | 北緯60° | 北緯40° | 北緯20° | 天頂 ━━ 北緯60° ━━ 北緯40° ━━ 北緯20° | | | 黄道 |

# 9月の空 | 205

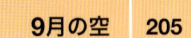

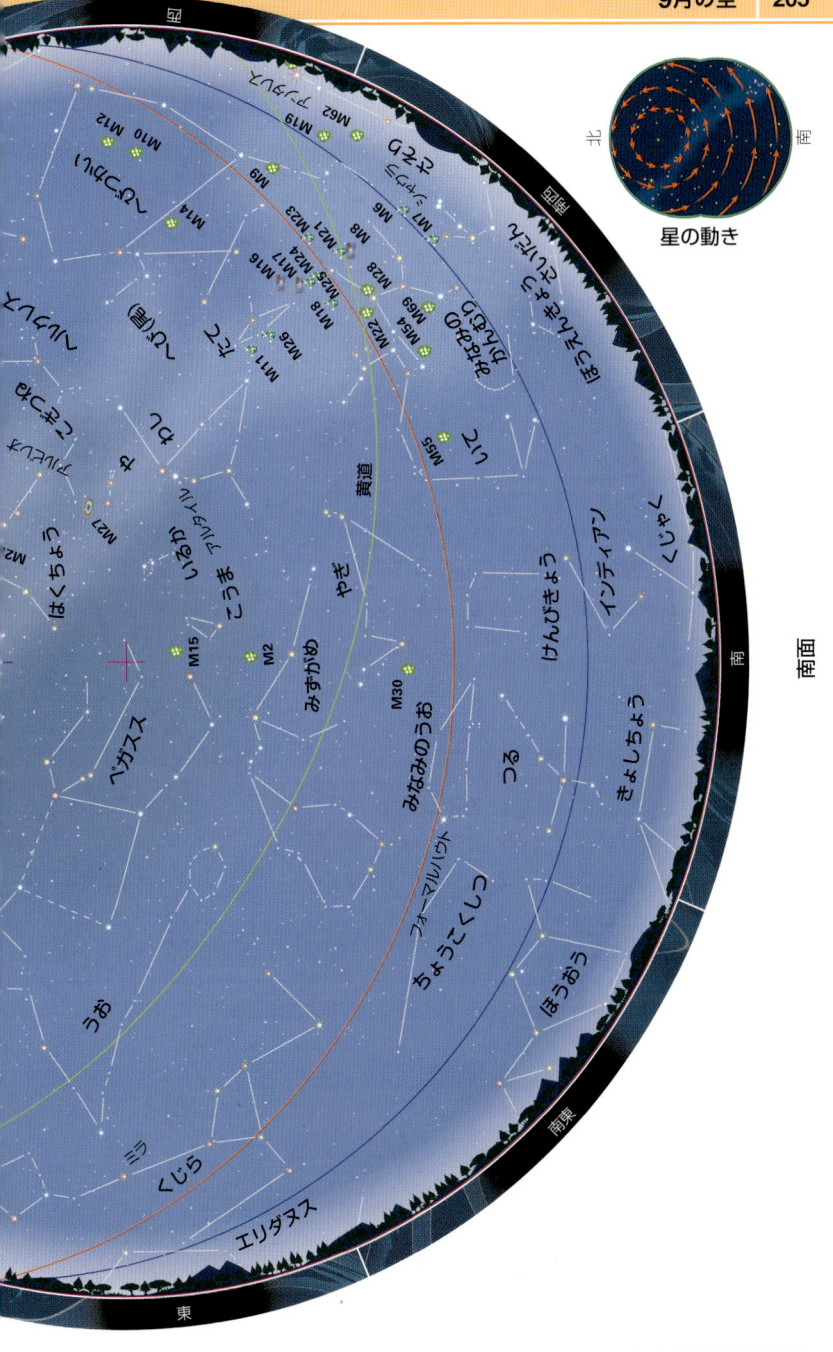

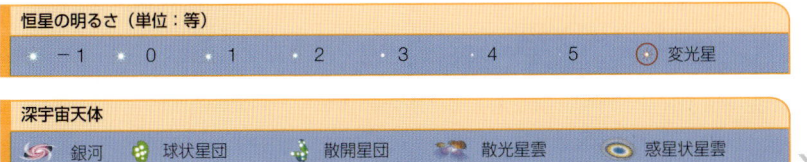

## 9月
### 南半球の空

| 観測時間 | |
|---|---|
| 日付 | 地方標準時 |
| 8/15 | 真夜中 |
| 9/1 | 午後11時 |
| 9/15 | 午後10時 |
| 10/1 | 午後9時 |
| 10/15 | 午後8時 |

座標目盛り
地平線： 0°（赤道） | 南緯20° | 南緯40° 　天頂 　0°（赤道） 　南緯20° 　南緯40° 　黄道

9月の空 | 207

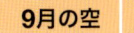

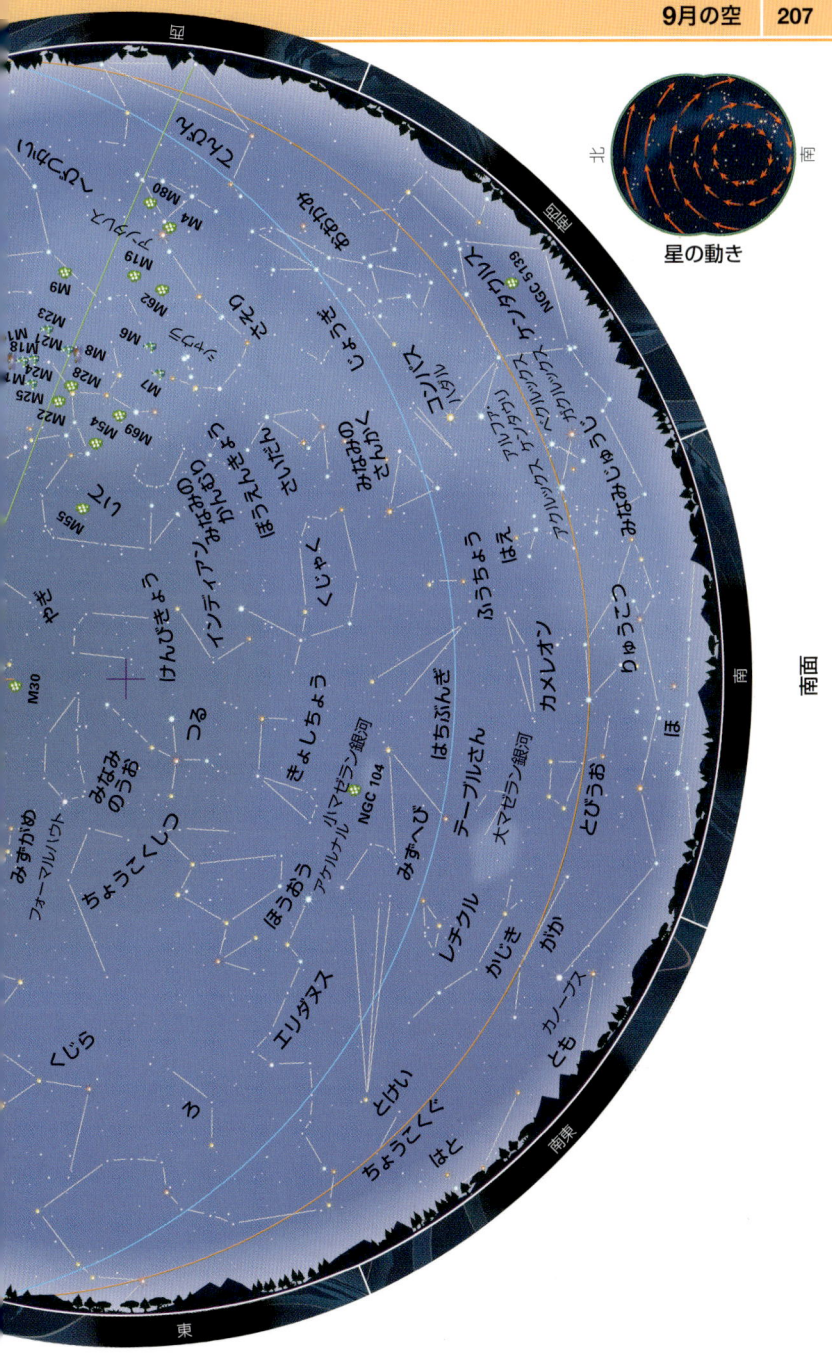

# 10月の空

**アンドロメダ銀河**がまさに今月どこからも見える。ペガススの四辺形もそうで、これはペガスス座とアンドロメダ座の明るい星を結んでできる四角形である。南半球からは大小マゼラン銀河を観測できる。北半球ではカシオペヤ座が見やすい位置に来る。

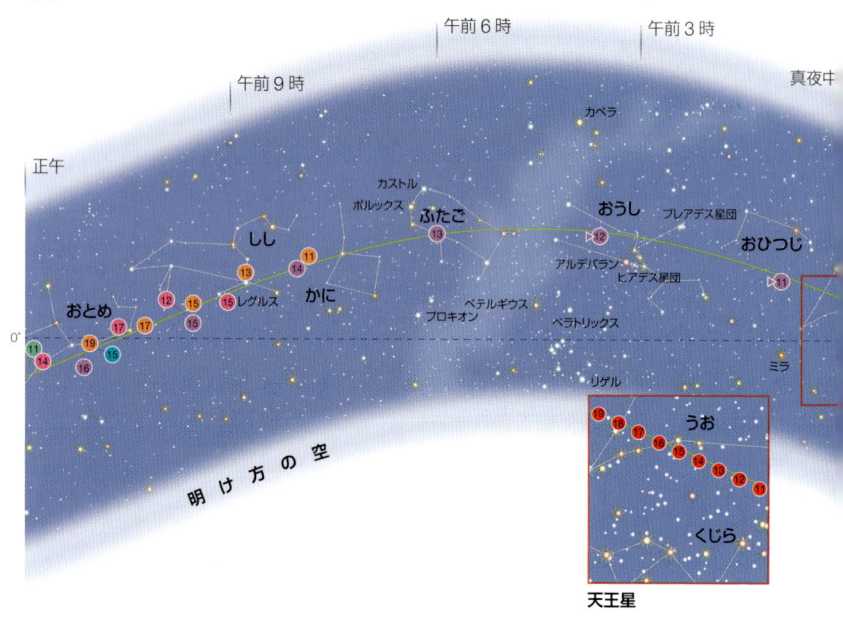

## 北半球の空

真南を向くとペガスス座とアンドロメダ座が左右に見える。この2星座をつなぐペガススの四辺形はペガスス座の星三つとアンドロメダ座の星一つからなり、神話の有翼馬の前半身を描く。馬の鼻先近くにある球状星団M15は肉眼で見える。アンドロメダ座にあるアンドロメダ銀河(M31)は局部銀河群で最大の銀河であり、中心部は肉眼でも見えるが、渦巻構造を見るには大型望遠鏡が要る。

北の空ではベガ(こと座)、北極星、そしてカペラ(ぎょしゃ座)を結ぶと空を横断する長い線ができる。天の川は頭上にあり、ケフェウス座とカシオペヤ座が北極星の上に来る。

### 10月の流星群

20日頃極大のオリオン群が1時間あたり25個ほど出現する。オリオン座が東から昇る真夜中すぎからが見ごろ。

**秋の四辺形**
この目立つ形はペガスス座の前半身にあたる。ここで馬の頭は四辺形の下、前脚は右に伸びる。

# 10月の空

## 惑星マークの凡例

- 水星
- 火星
- 土星
- 海王星
- 金星
- 木星
- 天王星

**惑星の位置**

下の星図は2011〜2019年の10月の惑星位置を示す。惑星は左の凡例のように色分けされた円で表され、中の数字は西暦の下2桁に対応する。水星以外の全惑星で、10月15日の位置を記した。水星は最大離角のみ表示した。

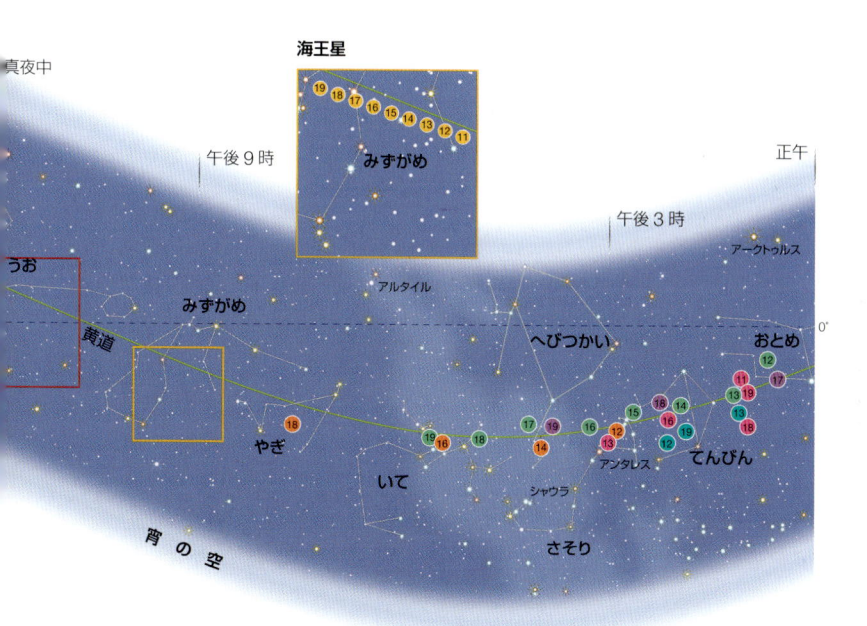

## 南半球の空

　北の空中央にペガススの四辺形。西に向かって飛ぶペガスス座の首から頭の形が、星をつないだ1本線で描ける。その下にできる2本の線が前脚である。

　アンドロメダ座はペガスス座より低い右側にある。アンドロメダ座で最も明るい星アルフェラツは王女の頭であり、ペガススの四辺形を形づくる星のひとつでもある。250万光年かなたのアンドロメダ銀河（M31）は王女の左膝にある。渦巻型は天の川銀河に似て、肉眼でも細長い楕円に見える。M31の渦巻腕と二つの伴銀河M32とM110は大型望遠鏡を使って見ることができる。小型望遠鏡で見える天体に惑星状星雲NGC 7662がある。これは別名「青い雪玉」と呼ばれ、アンドロメダ座の右手近くにある。

　みなみのうお座の一等星フォーマルハウトがほぼ天頂にある。アルタイル、ベガ、そしてデネブが北西の地平線に沈もうとする一方、夏の星座おうし座とオリオン座が東の空に現れる。南の空高く孤独な星アケルナルが昇り、4羽の暗い鳥の星座ほうおう、つる、きょしちょう、そしてくじゃくが中央のメインステージに現れる。きょしちょう座にある小マゼラン銀河と球状星団きょしちょう座47は見やすい位置にある。南東の地平線近くにかじき座、ここに大マゼラン銀河がある。これは私たちの天の川銀河の二つの伴銀河で大きく近い方である。

# 10月
## 北半球の空

| 観測時間 | |
|---|---|
| 日付 | 地方標準時 |
| 9/15 | 真夜中 |
| 10/1 | 午後11時 |
| 10/15 | 午後10時 |
| 11/1 | 午後9時 |
| 11/15 | 午後8時 |

座標目盛り
地平線：北緯60° 北緯40° 北緯20° ／ 天頂：北緯60° 北緯40° 北緯20° ／ 黄道

## 10月の空

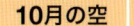

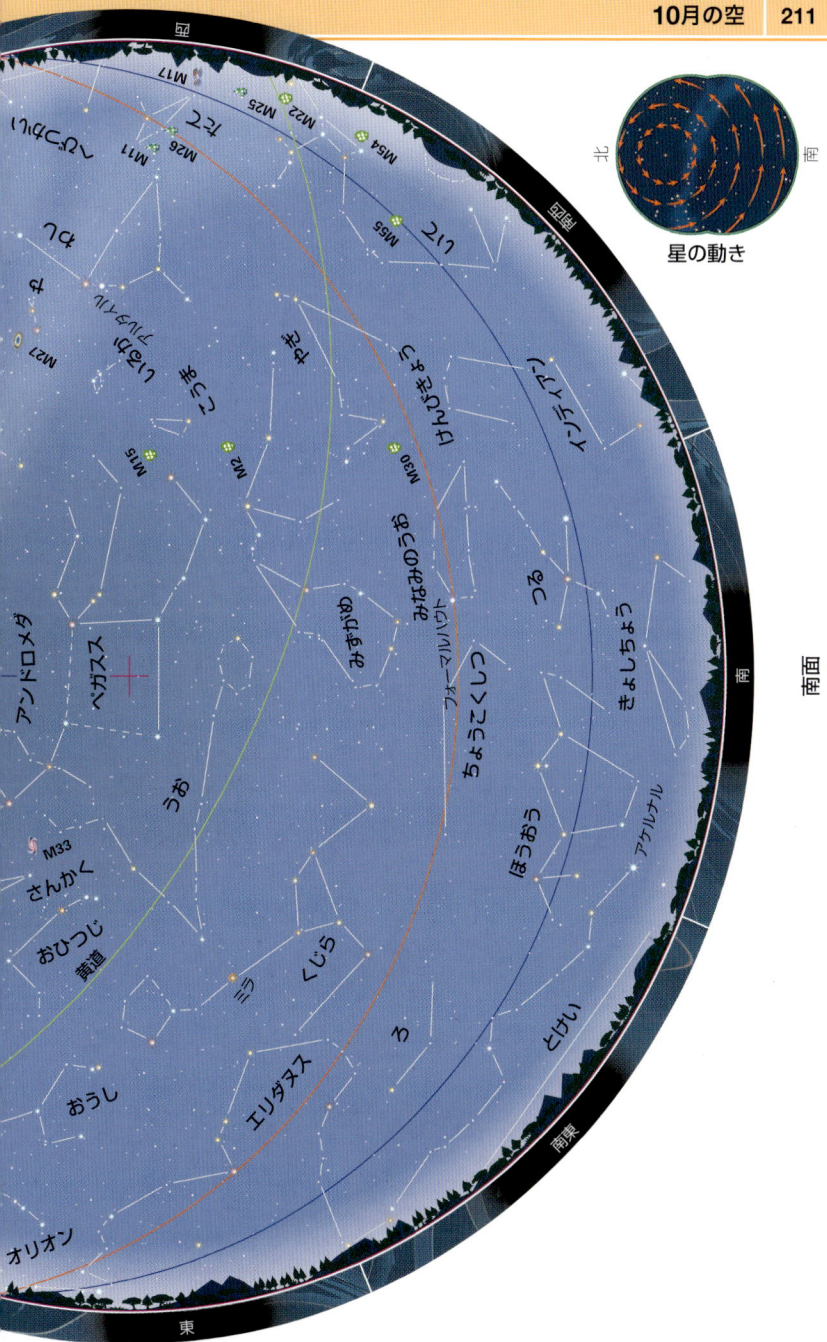

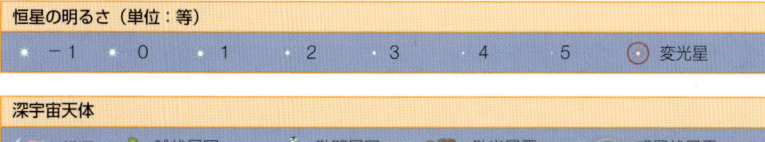

星の動き

# 10月
## 南半球の空

### 観測時間

| 日付 | 地方標準時 |
| --- | --- |
| 9/15 | 真夜中 |
| 10/1 | 午後11時 |
| 10/15 | 午後10時 |
| 11/1 | 午後9時 |
| 11/15 | 午後8時 |

### 座標目盛り

地平線： 0°(赤道) | 南緯20° | 南緯40°　　天頂 ― 0°(赤道) ― 南緯20° ― 南緯40°　　黄道

# 10月の空

星の動き

# 11月の空

ミラ（くじら座）とアルゴル（ペルセウス座）という**名高い変光星**がともに北半球でも南半球でも見やすい位置に来る。北半球では天の川銀河が天頂を通って橋をかける。南半球では4羽の鳥の星座が夏の到来を告げる。

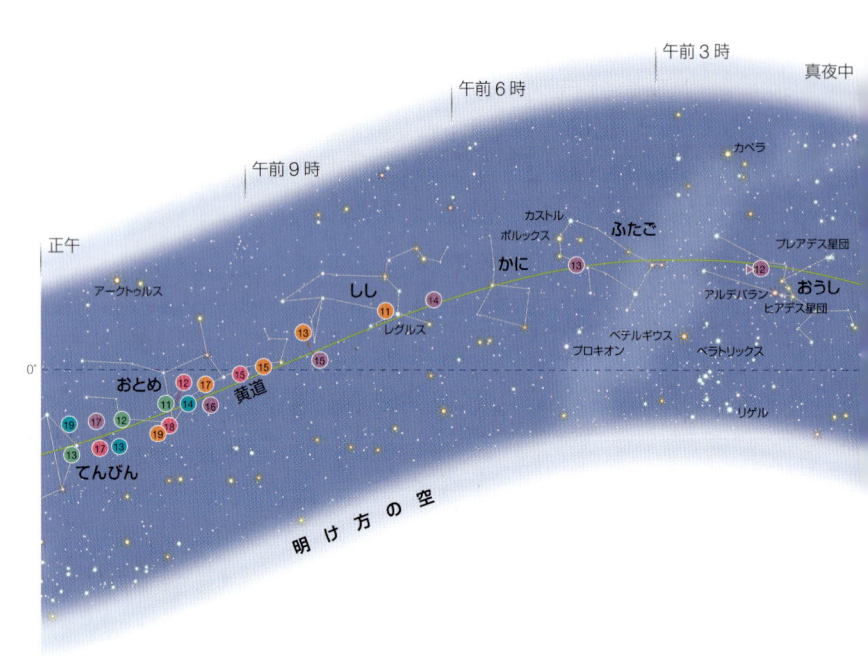

## 北半球の空

ペルセウス座とアンドロメダ座が空高く昇る。アンドロメダ姫の両親ケフェウス座とカシオペヤ座は北側に離れる。アンドロメダ銀河が観測向きの位置に来る。ペルセウス座のアルゴルは食変光星で、連星が互いに相手を隠すために明るさが変わるが、2星は近すぎて高性能の望遠鏡でも分離できない。

　くじら座が真南に来る。赤色巨星ミラはくじら座の首にある変光星で、11か月周期で明るさが変わる。くじら座の上にうお座、その右にペガススの四辺形。アルタイル、ベガ、そしてデネブの夏の大三角は北西の低い空に、南東からは冬の星座おうし座、ふたご座、およびオリオン座が昇る。

### 11月の流星群

おうし群が11月第1週に極大。17日頃はしし群の極大。

**しし座流星群**
しし座流星群はしし座にある輻射点から全方向に流れる。おうし群同様通常1時間に10個ほどが見える。

## 11月の空

### 惑星マークの凡例

- 🟢 水星
- 🟠 火星
- 🟩 土星
- 🟡 海王星
- 🟣 金星
- 🟤 木星
- 🔴 天王星

### 惑星の位置

下の星図は2011〜2019年の11月の惑星位置を示す。惑星は左の凡例のように色分けされた円で表され、中の数字は西暦の下2桁に対応する。水星以外の全惑星で、11月15日の位置を記した。水星は最大離角のみ表示した。

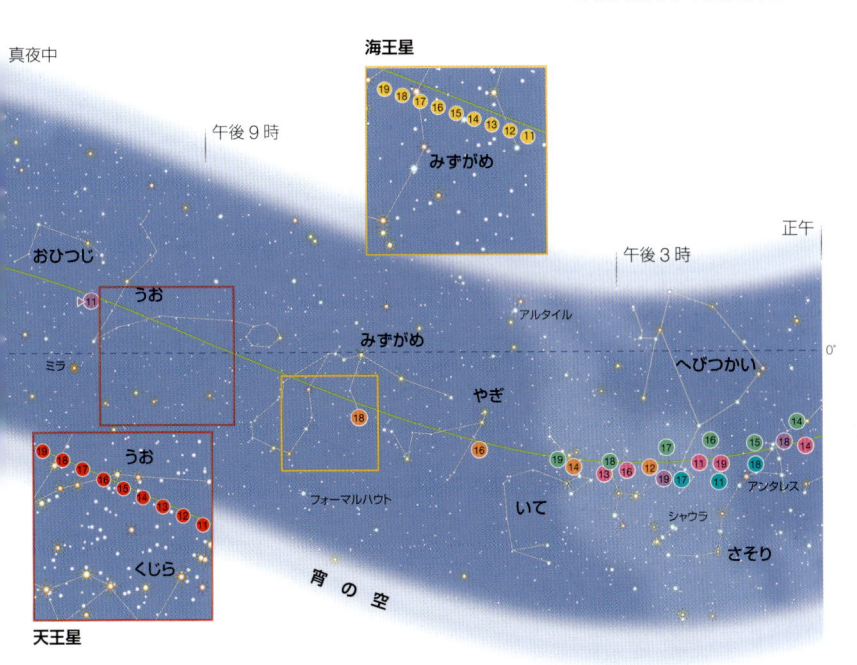

## 南半球の空

天頂のくじら座が変光星ミラ（変光周期11か月、2〜10等）を空高く掲げる。

真北を向くとうお座とおひつじ座が左右に並ぶ。うお座αは2匹の魚を縛った紐の結び目に当たり、望遠鏡で二つの恒星に分離する。うお座の下、北西にはペガスス座とアンドロメダ座。アンドロメダ銀河はまだ十分高く観測できる。

北西のアンドロメダ座の下にペルセウス座が見える。食変光星のペルセウス座β（アルゴル）は69時間ごとに10時間、2.1等から3.4等まで変光する。この明るさの変化は肉眼でもわかる。

エリダヌス座のアケルナルが南の空で輝く。その西にみなみのうお座のフォーマルハウト。このフォーマルハウトは魚の口で、右側のみずがめ座が瓶から注ぐ水を受けている。南西にほうおう座、つる座、きょしちょう座、そしてくじゃく座の4羽の鳥がある。小マゼラン銀河（きょしちょう座）、大マゼラン銀河（かじき座。小マゼラン銀河の左側）もここにある。

南東にカノープス（りゅうこつ座）、東の空高くシリウス（おおいぬ座）が昇る。地平線からおうし座、オリオン座、そしておおいぬ座が現れて、夏の到来を告げる。

## 11月
### 北半球の空

| 観測時間 | |
|---|---|
| 日付 | 地方標準時 |
| 10/15 | 真夜中 |
| 11/1 | 午後11時 |
| 11/15 | 午後10時 |
| 12/1 | 午後9時 |
| 12/15 | 午後8時 |

| 座標目盛り | | | | | | | | |
|---|---|---|---|---|---|---|---|---|
| 地平線 | 北緯60° | 北緯40° | 北緯20° | 天頂 | 北緯60° | 北緯40° | 北緯20° | 黄道 |

# 11月の空

217

星の動き

南面

恒星の明るさ（単位：等）
−1　0　1　2　3　4　5　　変光星

深宇宙天体
　銀河　　球状星団　　散開星団　　散光星雲　　惑星状星雲

## 11月
### 南半球の空

| 観測時間 | |
|---|---|
| 日付 | 地方標準時 |
| 10/15 | 真夜中 |
| 11/1 | 午後11時 |
| 11/15 | 午後10時 |
| 12/1 | 午後9時 |
| 12/15 | 午後8時 |

**座標目盛り**

地平線： 0°(赤道) | 南緯20° | 南緯40° 　　天頂 — 0°(赤道) — 南緯20° — 南緯40°　　黄道

# 11月の空

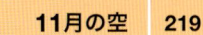

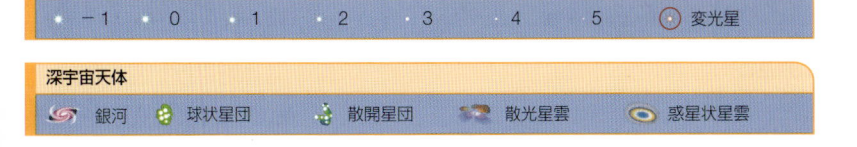

## 星の動き

## 恒星の明るさ（単位：等）
−1　0　1　2　3　4　5　　変光星

## 深宇宙天体
銀河　球状星団　散開星団　散光星雲　惑星状星雲

# 12月の空

年の瀬に**おうし座とオリオン座**が再びメインステージに戻ってくる。太陽は12月21〜22日頃天の赤道から南方に最も離れる。この日北半球では冬至であり一年で夜が最も長く、南半球では夏至であり夜が最も短い。

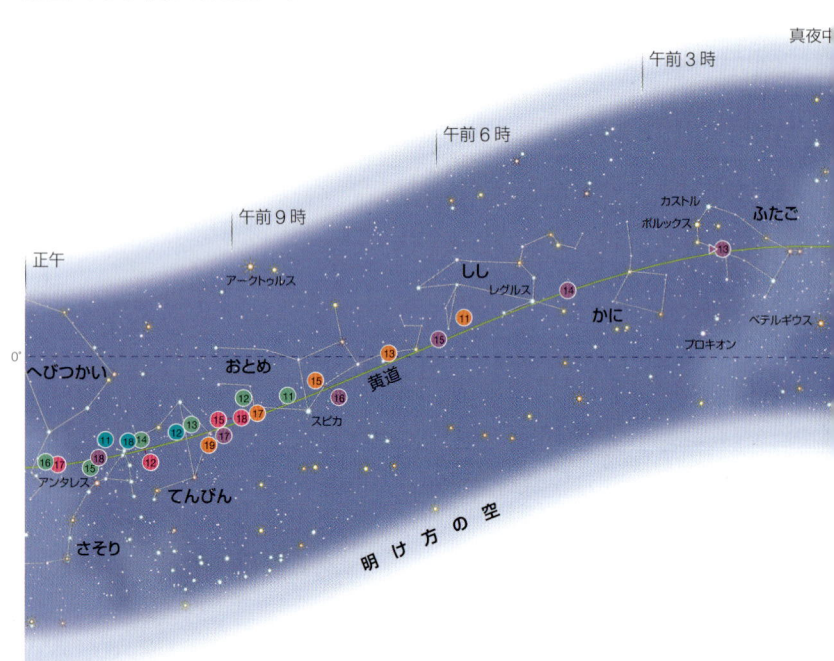

## 北半球の空

南の空半分を冬の星が占める。さきがけのおうし座はほぼ真南、オリオン座は南東、そしてふたご座は東の空にある。特に明るい恒星が二つある。ほぼ天頂にある黄色い星はぎょしゃ座のカペラ、全天で最も明るい恒星白いシリウスは南東の地平線近くにある。水に関係する星座（うお座、くじら座）は西の地平線に沈もうとしている。おうし座は牛の頭と肩の姿を描くが、V字形に並んだ星団ヒアデスが牛の顔、赤色巨星アルデバランは目、散開星団プレアデス（M45）は牛の背中に光る。

北の空ではおおぐま座もこぐま座も北極星の下に来る。アンドロメダ座とペルセウス座は頭上に残る。ペルセウスが手に掲げる光のこぶは二重星団である。

**二重星団**
ペルセウス座に散開星団が二つ並ぶ。NGC 884（左）とNGC 869（右）はいずれも数百個の恒星が集まっている。

### 12月の流星群
12月14日にふたご群が極大を迎え、1時間あたりの出現数は100個に達する。

## 12月の空

### 惑星マークの凡例
- 🟢 水星
- 🟠 火星
- 🟢 土星
- 🟡 海王星
- 🩷 金星
- 🟣 木星
- 🔴 天王星

### 惑星の位置
下の星図は2011〜2019年の12月の惑星位置を示す。惑星は左の凡例のように色分けされた円で表され、中の数字は西暦の下2桁に対応する。水星以外の全惑星で、12月15日の位置を記した。水星は最大離角のみ表示した。

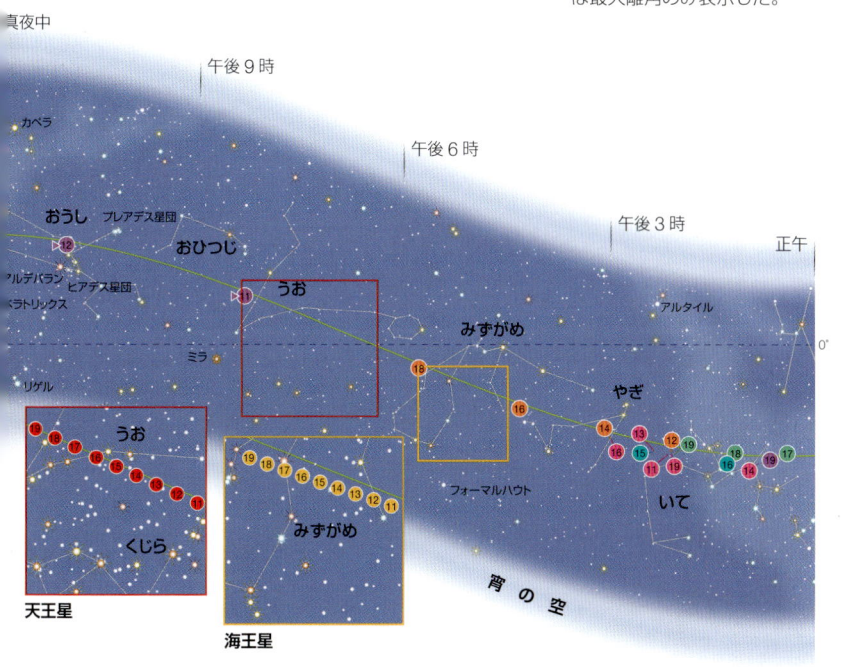

## 南半球の空

　北を見ると春の星座みずがめ座、うお座、そしてペガスス座が西の地平線に向かって移動する一方、夏の星々が東から昇る。逆さまのオリオン座の左下におうし座、右におおいぬ座が控える。オリオンの下にはふたご座が位置し、明るい二つ星カストルとポルックスが双子の頭の印として北東の地平線近くで輝く。

　おうし座は牛の前半身であり、南半球から見ると東に向いている。牡牛の肩と頭は地平線に近く、前脚は上に伸びる。散開星団プレアデス（M45）は牡牛の肩を飾る。そのうち六つまでは肉眼でも判別できるが、別名の「七姉妹」の由来である七つめは視力の良い人だけが見分けられる。双眼鏡や望遠鏡を使えばもっと多くの星が見える。牡牛の顔を描くV字形に並んだ星はヒアデス星団と呼ばれる。これは、無関係の赤色巨星アルデバランともども肉眼で見える。

　川の星座エリダヌス座が蛇行して流れる。オリオン座のリゲルを起点として南の地平線まで下り、真南から右のアケルナルが終点である。白いカノープス（りゅうこつ座）がアケルナルの左に輝く。アケルナルとカノープスの間、もっと地平線近くに大マゼラン銀河と小マゼラン銀河がある。

　明るいシリウス（おおいぬ座）が東の空高く輝き、ここからベテルギウス（オリオン座）、プロキオン（こいぬ座）をつなぐと三角形ができる。

# 12月
## 北半球の空

### 観測時間

| 日付 | 地方標準時 |
| --- | --- |
| 11/15 | 真夜中 |
| 12/1 | 午後11時 |
| 12/15 | 午後10時 |
| 1/1 | 午後9時 |
| 1/15 | 午後8時 |

### 座標目盛り

地平線： 北緯60° 北緯40° 北緯20°　　天頂： 北緯60° 北緯40° 北緯20°　　黄道

# 12月の空

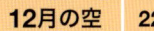

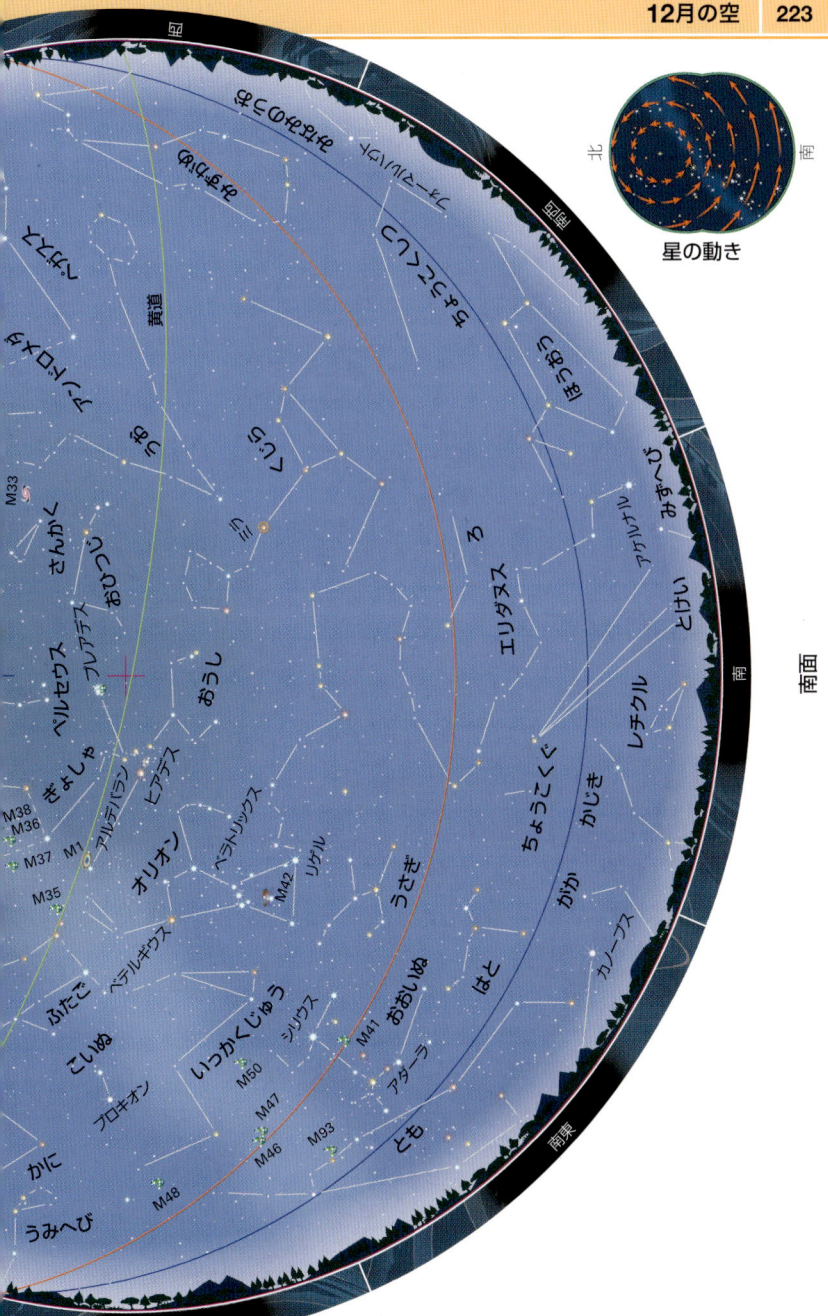

223

星の動き

南面

東

西

北

南東

北東

北西

南西

**星座・星名（図中ラベル）**

ぎょしゃ、ペルセウス、カシオペヤ、アンドロメダ、さんかく、おひつじ、おうし、プレアデス、ヒアデス、アルデバラン、カペラ、M38、M36、M37、M1、M35、ふたご、こいぬ、プロキオン、オリオン、ベテルギウス、ベラトリックス、リゲル、M42、いっかくじゅう、シリウス、M50、M47、M46、M93、おおいぬ、M41、アダーラ、うさぎ、はと、とも、カノープス、かに、M48、うみへび、くじら、エリダヌス、ちょうこくしつ、ろ、かじき、レチクル、ちょうこくぐ、とけい、ほうおう、つる、フォーマルハウト、みなみのうお、みずがめ、うお、ペガスス、ちょうこくしつ

黄道

**恒星の明るさ（単位：等）**

−1　0　1　2　3　4　5　⊙ 変光星

**深宇宙天体**

🌀 銀河　　✦ 球状星団　　✦ 散開星団　　☁ 散光星雲　　◉ 惑星状星雲

## » 12月
### 南半球の空

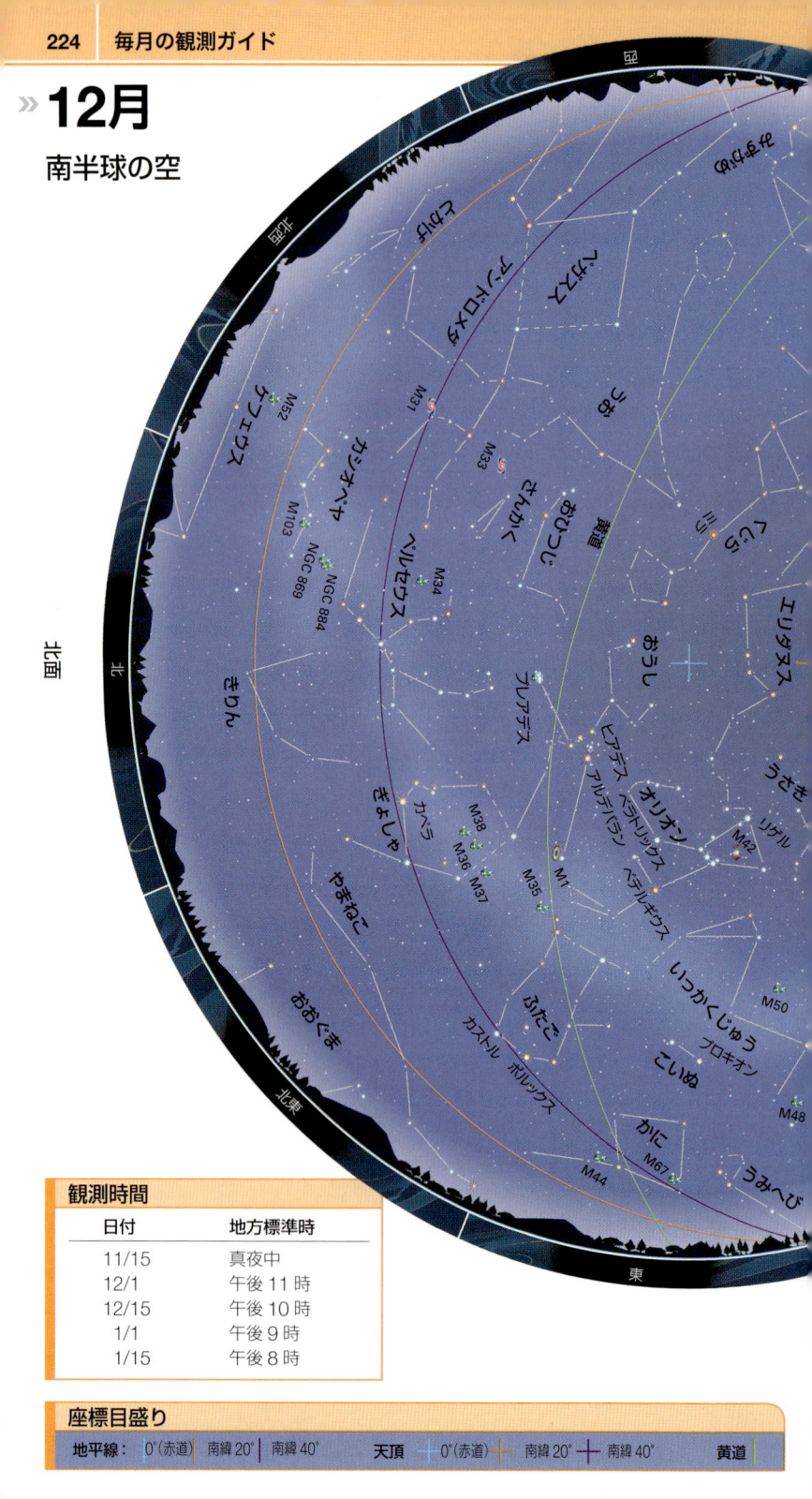

| 観測時間 | |
|---|---|
| 日付 | 地方標準時 |
| 11/15 | 真夜中 |
| 12/1 | 午後11時 |
| 12/15 | 午後10時 |
| 1/1 | 午後9時 |
| 1/15 | 午後8時 |

座標目盛り

地平線: 0°(赤道) | 南緯20° | 南緯40° | 天頂 0°(赤道) | 南緯20° | 南緯40° | 黄道

# 12月の空

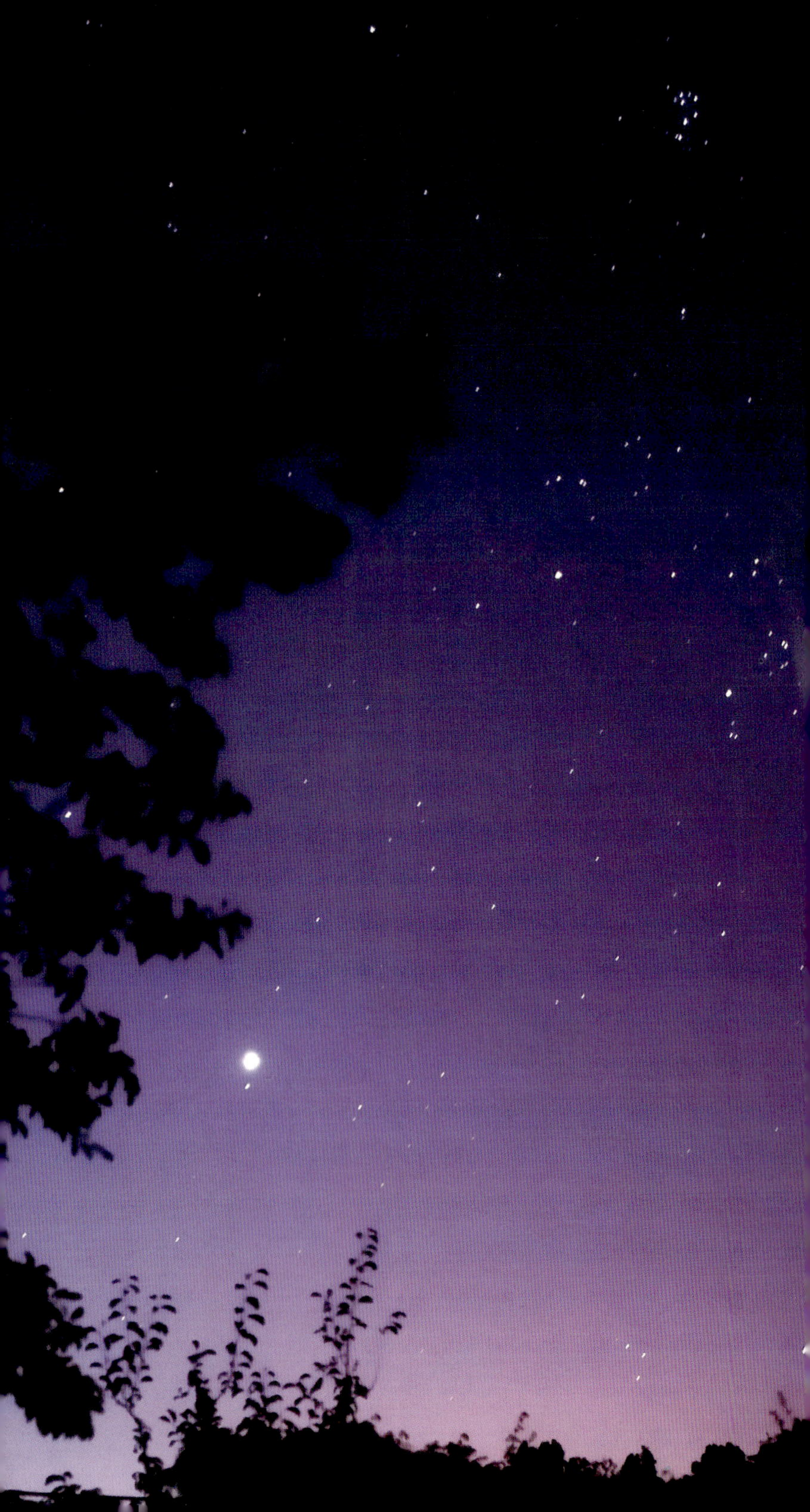

# 88星座

ポルトガルの夜空：中央にヒアデス、上にプレアデス、そして左下に火星。

| 228 | 88 星座 |

# この章の使い方

本章では国際的に認定された88星座のプロフィールを述べる。星座は天の北極に近いものから始めて天の南極に近いものを最後に並べた。

## 星座のプロフィール

各項目にはその星座の領域を含む星図1枚を載せた。星図には6.5等より明るいすべての恒星（5等より明るい全恒星に名称あり）と、深宇宙天体を図示した。文章は星座の起源、見つけ方を解説し、アマチュア向けの天体を紹介している。

見えない — 北緯80°／北緯60°／北緯40°
一部が見える — 北緯20°／0°（赤道）／南緯20°
見える — 南緯40°／南緯60°

### 観測できる地域
世界地図に緯度で、その星座が見えない範囲、一部が見える範囲、全体が見える範囲を示した。

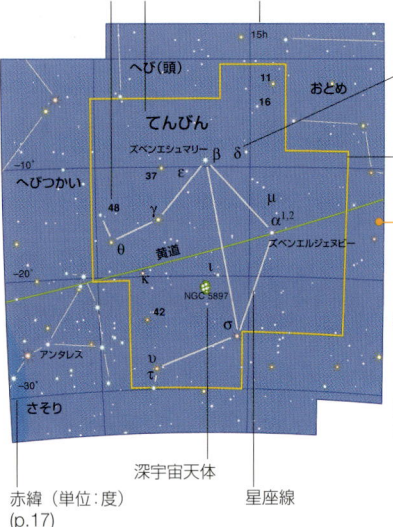

- 赤経(p.17)順に振られた番号
- 星座名
- 赤経（単位：時）
- 明るい星を識別するギリシア文字
- 星座の基礎データ（p.5に凡例）
- 星座の境界
- 星座に描かれた人物／動物／物の絵
- 星座のラテン名の所有格と略号
- その星座に特徴的な恒星や深宇宙天体
- 深宇宙天体
- 星座線
- 赤緯（単位：度）(p.17)

### 天体写真
星野写真では星を線でつないで星座の形をわかりやすくしてある。ほかに深宇宙天体の写真もある。

### 星座の位置
この図は天球での星座の位置と、天の川に対する相対位置を示す。

## ギリシア文字

多くの星図に、ギリシア文字で識別される恒星がある。星の中で1番明るいものが α、2番目に明るいものが β …というように続く (p.24)。

| | | | | | | |
|---|---|---|---|---|---|---|
| α | アルファ | η | エータ | ν | ニュー | τ タウ |
| β | ベータ | θ | テータ | ξ | クシー | υ ユープシーロン |
| γ | ガンマ | ι | イオタ | ο | オミクロン | φ ブヒー |
| δ | デルタ | κ | カッパ | π | ピー | χ キー |
| ε | イプシロン | λ | ラムダ | ρ | ロー | ψ プシー |
| ζ | ゼータ | μ | ミュー | σ | シグマ | ω オメガ |

## 恒星の明るさ（単位：等）

−1.5〜0　0〜0.9　1.0〜1.9　2.0〜2.9　3.0〜3.9　4.0〜4.9　5.0〜5.9　6.0〜6.9

## 深宇宙天体

銀河　球状星団　散開星団　散光星雲　惑星状星雲／超新星残骸　ブラックホール／X線連星

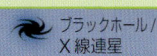

# Ursa Minor | こぐま 229

## データ

- 📊 56
- ↔️✋
- ↕️✋
- ☆ 北極星（α）2.0 等
- 📅 5～7月

**全体が見える範囲**：北緯 90°～赤道

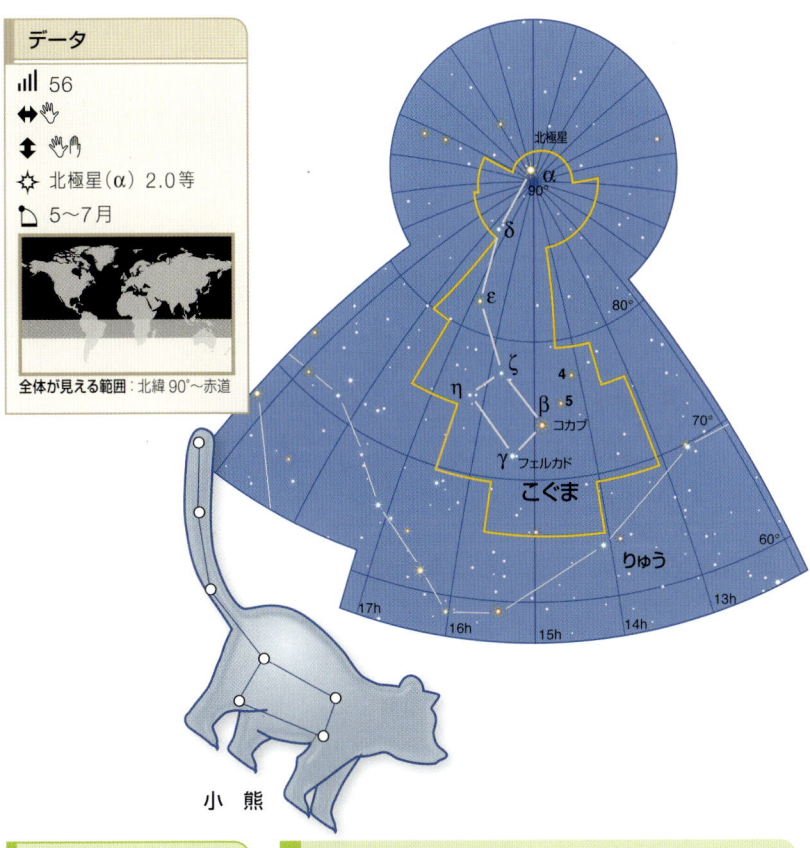

## 小熊

## 見どころ

**こぐま座 α（北極星）** 明るさ 2.0 等の北極星は地球から 430 光年の距離にある黄色超巨星で、天の北極から 0.5°離れた位置にある。これはケフェイドに分類されるが、最近数十年間は変光が観測されていない。

**こぐま座 β（コカブ）** こぐま座で 2 番目に明るい橙色のこの巨星は地球から約 100 光年の距離にある。

## Ursae Minoris（UMi）

# こぐま座

北天に常に見える星座で、地平線から昇ることも沈むこともなく、天の北極を中心に 24 時間回っている。おおぐま座（p.238～239）の北斗七星の小型版のような形に星が並ぶため、別名小びしゃくとも呼ばれる。紀元前 600 年から知られており、古代ギリシアの天文学者ミレトスのタレースが紹介した。幼いゼウスを養育したニンフ、イダから命名されたが、なぜ彼女が小熊の姿なのかははっきりしない。

北天

　こぐま座は北極星で有名な星座である。熊の尾に輝く北極星は、天の北極に非常に近い位置を占める。地球の自転軸がほぼ北極星に向いているため、北半球のどこからでも北極星が見える方向が北の目印になる。

# りゅう | Draco

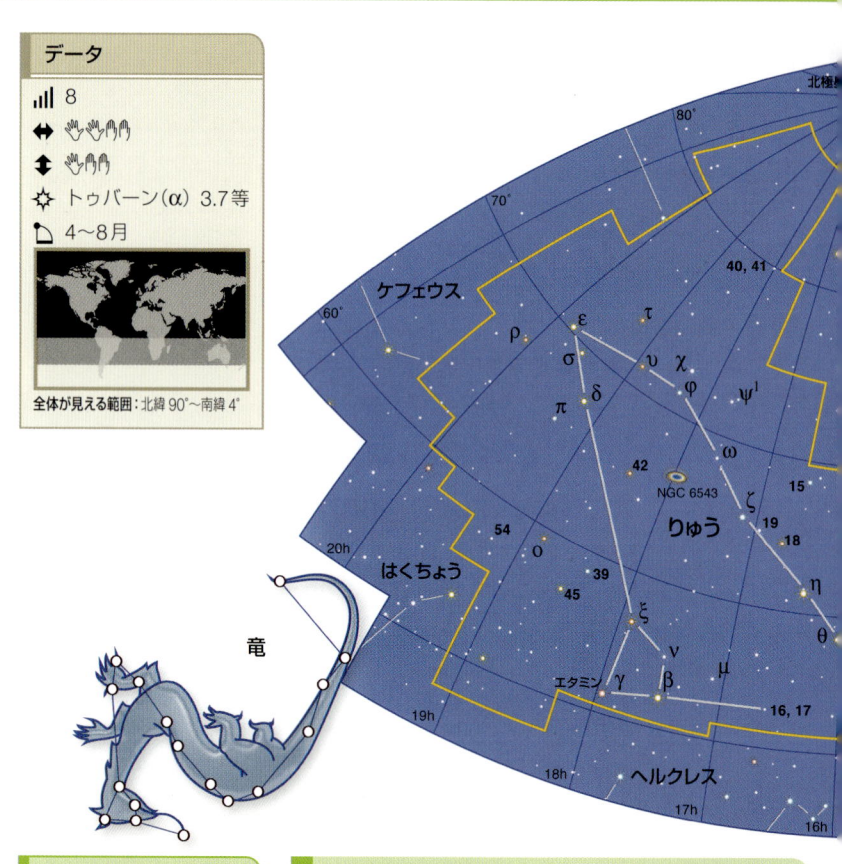

## データ

- 📶 8
- ↔ ✋✋✋
- ↕ ✋✋✋
- ☼ トゥバーン(α) 3.7等
- 🌙 4〜8月

全体が見える範囲：北緯90°〜南緯4°

## 見どころ

**りゅう座α（トゥバーン）**
約300光年離れた青白い巨星。りゅう座で最も明るいが3.7等と目立たない。このトゥバーンは歳差運動（p.17）により5000年前には北極星であった。

**りゅう座ν** 竜の頭に輝くこの星は双眼鏡で楽しめる重星で、二つの白い星が合成等級4.9の明るさで輝く。

**りゅう座16と17** 5.1等と5.5等の2星に双眼鏡で容易に分離できる。小型望遠鏡では明るい方の星がさらに重星であるのがわかる。

**NGC 6543（猫の目星雲）**
最も明るい惑星状星雲のひとつ。

## Draconis（Dra）

# りゅう座

**大きい星座で、こぐま座と天の北極を取り巻く。**ギリシア神話によれば、黄金のリンゴのなるヘスペリデスの果樹園を守っていた竜だとされる（ヘスペリデスとはティターン族の一人アトラスの娘たち）。この竜はヘラクレス（ヘルクレス座）に殺されたため、夜空でヘルクレス座はりゅう座の頭を踏みつけて立っているのだという。別の説では黄金の羊毛を守っていた竜で、アルゴー船に乗ったイアソン一行に倒されたともいう。

この星座は全天で8番目に大きいが、2等より明るい星がない。目立つ星雲も星団もない。数個の暗い銀河と興味深い惑星状星雲が一つあるだけだ。りゅう座には出現数がさほど多くないりゅう座流星群の輻射点があり、毎年10月9日頃極大を迎える。

北天

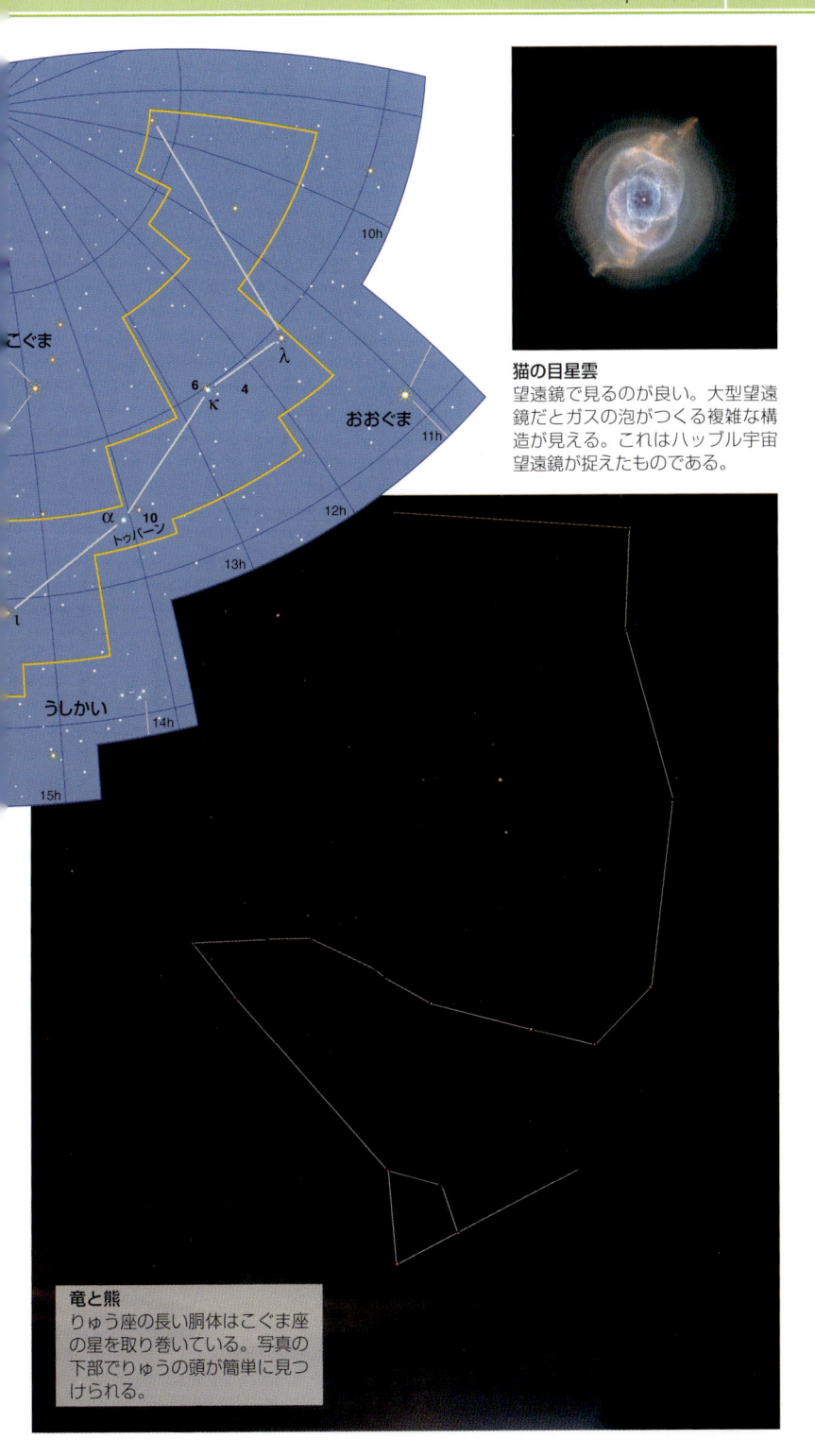

Draco | りゅう | 231

こぐま
おおぐま
うしかい

**猫の目星雲**
望遠鏡で見るのが良い。大型望遠鏡だとガスの泡がつくる複雑な構造が見える。これはハッブル宇宙望遠鏡が捉えたものである。

**竜と熊**
りゅう座の長い胴体はこぐま座の星を取り巻いている。写真の下部でりゅうの頭が簡単に見つけられる。

# ケフェウス | Cepheus

## データ

- ⅲ 27
- ↔ ✋✋
- ↕ ✋✋
- ☼ α 2.5等
- 9～10月

全体が見える範囲：北緯90°～南緯1°

ケペウス王

## 見どころ

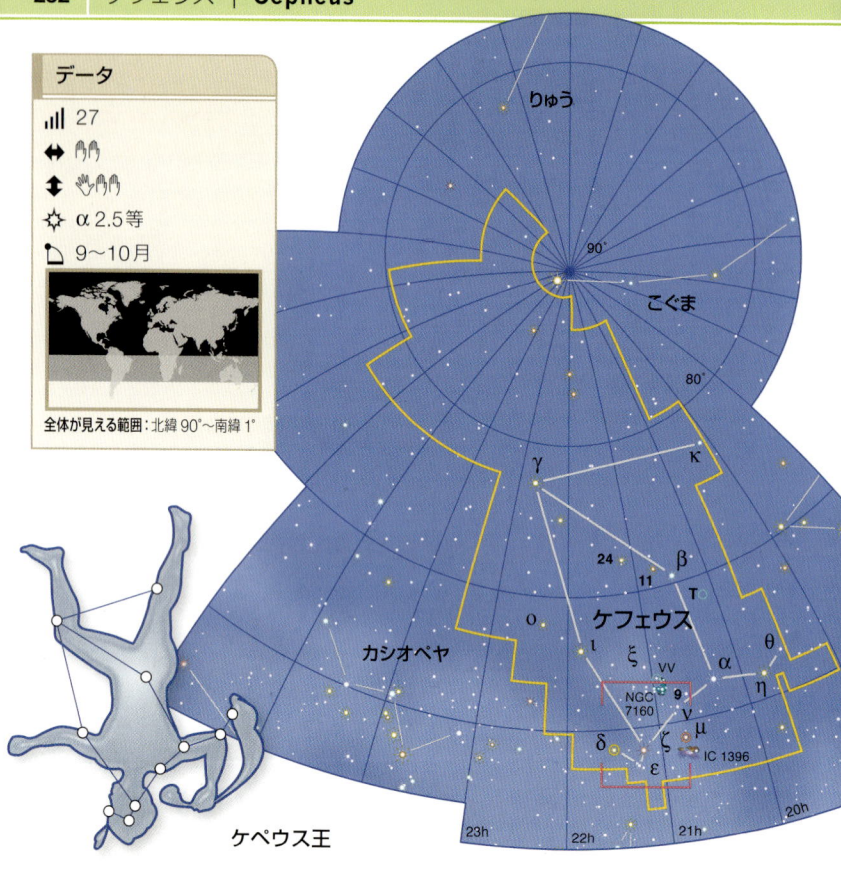

**ケフェウス座β** 青色巨星で暗い伴星をもつ。この星座で2番目に明るい。4.6時間周期で0.1等明るさが変わる。

**ケフェウス座δ** 変光星の一種ケフェイドの典型。老いた黄色超巨星が寿命を終える際に膨張と収縮を繰り返し、5日と9時間周期で3.5等から4.4等に明るさが変わる。

**ケフェウス座μ** 血のように赤いため「ガーネット・スター」とも呼ばれる。上のδ星同様赤色超巨星で変光する。変光は予測できないが、3.4等から5.1等まで約2年周期で明るさが変わる。

## Cephei (Cep)

# ケフェウス座

ケフェウス座は天の北極近く、カシオペヤ座とりゅう座の間に位置する。歪んだとんがり屋根の形に並んだ星は、古代エティオピアの王ケペウスを表している（妻はカシオペア座、娘はアンドロメダ座になっている）。

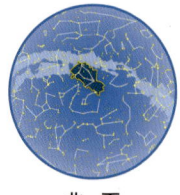

北天

　ケフェウス座には2.5等より明るい星がないため目立たない。しかし天の川の北端がこの星座のあたりに及ぶため、まったく興味をひかれないというわけでもない。ケフェウス座には変光星が複数あり、有名なものは変光が規則正しいδと、予想できないμである（右ページの星図参照）。μは別名ガーネット・スターと呼ばれる赤色超巨星で、巨大な星形成領域IC 1396に包まれている。

# Cepheus | ケフェウス

## 変光星ケフェウス座 δ と μ

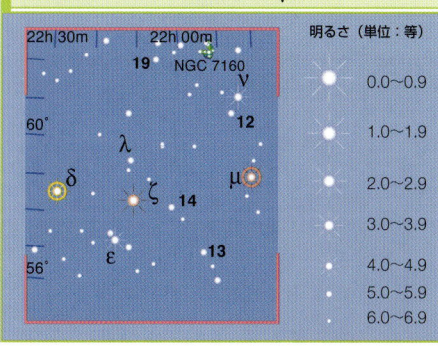

明るさ（単位：等）
- 0.0～0.9
- 1.0～1.9
- 2.0～2.9
- 3.0～3.9
- 4.0～4.9
- 5.0～5.9
- 6.0～6.9

## ヘンリエッタ・レビット

ケフェウス座δから命名されたケフェウス型変光星（ケフェイド）の特性を20世紀初頭に発見した人物。彼女は小マゼラン銀河中のケフェイドを同定し、それらがほぼ同じ距離にあるものとし、明るさが絶対等級を反映すると考えた。これにより絶対等級と変光周期との関係が明らかになり、ケフェイドを使って宇宙の距離を計算できるようになった。現在知られている宇宙の大きさは、この発見に基づいて計算されたものである。

### 神話の王様
司教の冠のような形は見つけにくい。王の隣にはお妃のカシオペヤ座とりゅう座がある。

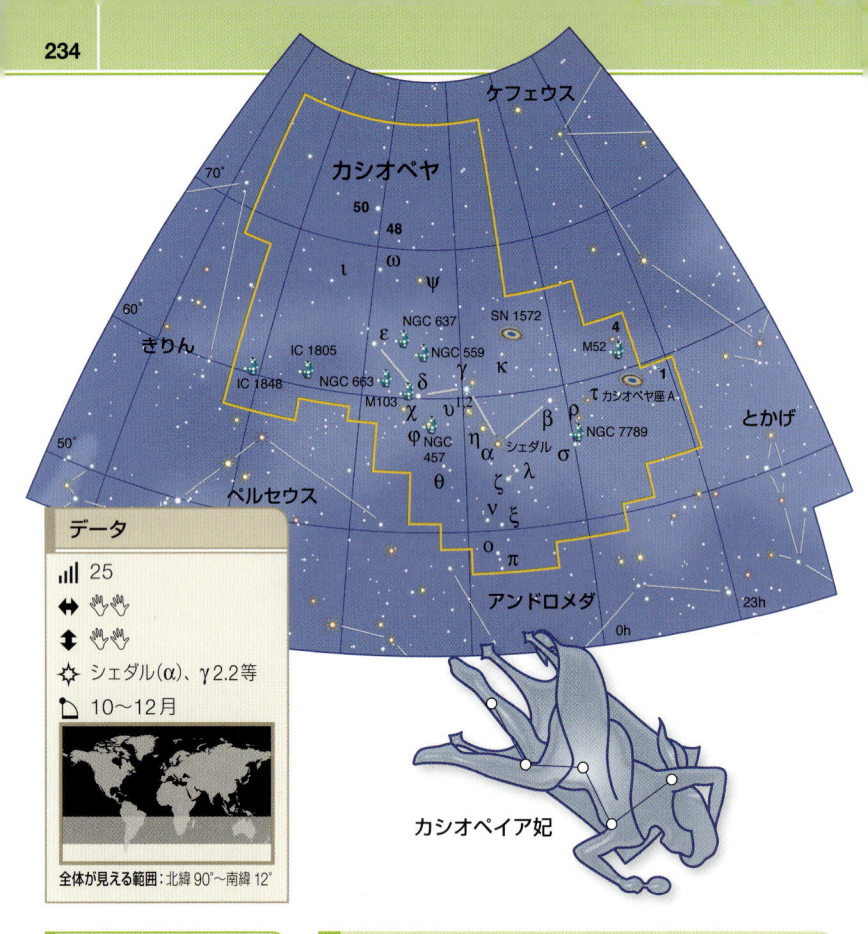

## データ

- 📶 25
- ↔ 🤚🤚
- ↕ 🤚🤚
- ☆ シェダル(α)、γ 2.2等
- 📅 10〜12月

**全体が見える範囲：北緯90°〜南緯12°**

カシオペイア妃

## 見どころ

**カシオペヤ座γ** 高速回転する高温の星で、ときどき赤道からガスの環を剥ぎ落として明るさが不規則に変わる。通常は2.2等でこの星座で一番明るい星と等しい。

**カシオペヤ座ρ** この非常に明るい黄白色の超巨星は10〜11か月周期で4等から6等まで変光する。この星は1万光年より遠いため、肉眼で見える恒星では特に遠い。

**M52** カシオペヤ座の散開星団のひとつ。双眼鏡では楕円形の光る点として見える。個々の星は小型望遠鏡で分離できる。

## Cassiopeiae (Cas)

# カシオペヤ座

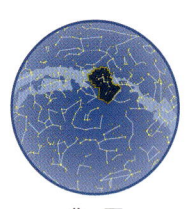

**北天の星座**カシオペヤ座は、五つ星が描くW字を見間違えようもない。北極星を挟んでおおぐま座の反対側にあり、天の川で星の多い部分を背にペルセウス座とケフェウス座の間に位置する。北半球の大部分でこの星座は周極星であり、常に空のどこかに見えていて沈むことがない。

北天

　ギリシア神話によればカシオペイアは古代エティオピアの女王でケペウス王の妃でありアンドロメダ王女の母である。彼女が海の神ポセイドンの娘たちであるネレイドたちを怒らせたためにアンドロメダを生贄に捧げなければならなくなった。カシオペヤ座にはアマチュア向けの星団も星雲もたくさんある。

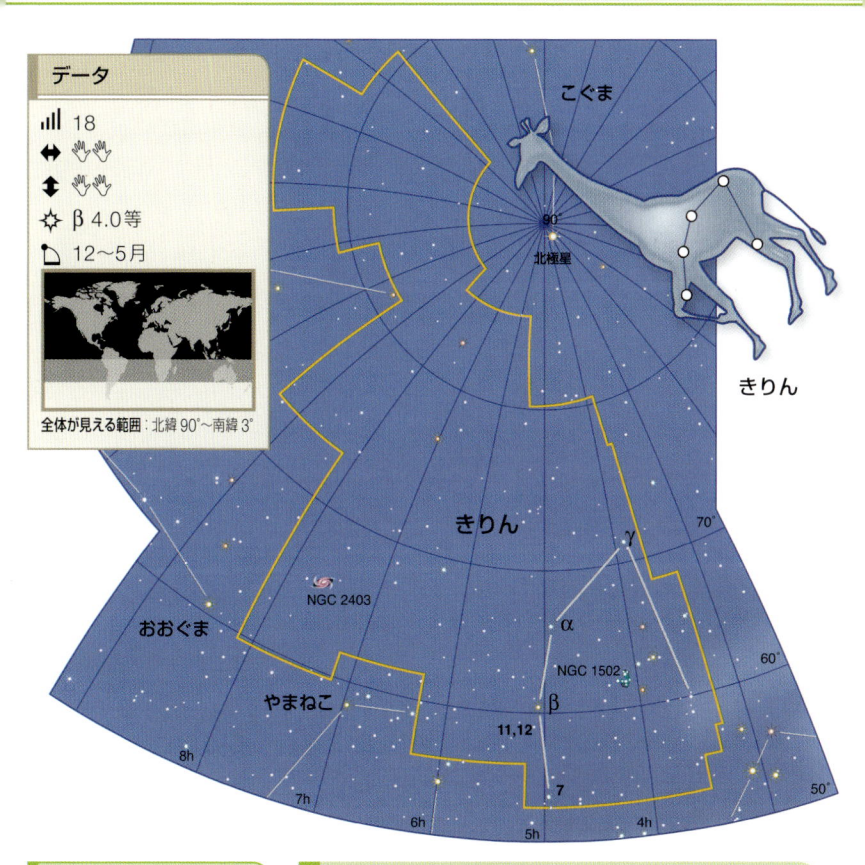

# Camelopardalis | きりん

## データ
- 📶 18
- ↔ 🤚🤚
- ↕ 🤚🤚
- ☼ β 4.0等
- 🌙 12〜5月

**全体が見える範囲：北緯90°〜南緯3°**

## Camelopardalis (Cam)

# きりん座

1613年にオランダの天文学者で神学者のペトルス・プランキウスが導入した星座。北天で暗い星がきりんを描くが、ラテン名はヒョウとラクダを合わせた単語。明るい恒星はきりん座αとβ。きりん座の長い首は北極星の側を通ってこぐま座とりゅう座の方向に伸びる。おおぐま座の脇を探すのが一番見つけやすい。

きりん座の占める範囲は広いが、天の川から遠いため、4等より明るい星がひとつもなく、目立つ星団や星雲もない。双眼鏡で「ケンブルの滝」と呼ばれる星の列が、満月の5倍の領域をうねって星団NGC 1502に続くのが見える。

**北天**

## 見どころ

**きりん座α** 星名はαであるが、きりん座では2番目に明るい。青色超巨星だが約3000光年の距離にあるため、4.3等でしかない。

**きりん座β** きりん座αより明るい（4.0等）。約1000光年の距離にある黄色超巨星で、8.6等の暗い伴星をもつ。

**NGC 1502** 小さい散開星団。双眼鏡では45個ほどの星が見える。地球から約3100光年の距離にある。

**NGC 2403** 1200万光年の距離にある渦巻銀河。8等の明るさで小型望遠鏡では楕円形に見える。

戦車の御者

### ぎょしゃ座 AE
連星から高速で放出された六等星で、IC 405 の中の燃えるような星雲中に見つかる。

## データ
- ill 21
- ↔ ✋
- ↕ ✋
- ☆ カペラ（α）0.1 等
- 📅 12〜2月

**全体が見える範囲：北緯 90°〜南緯 34°**

## 見どころ

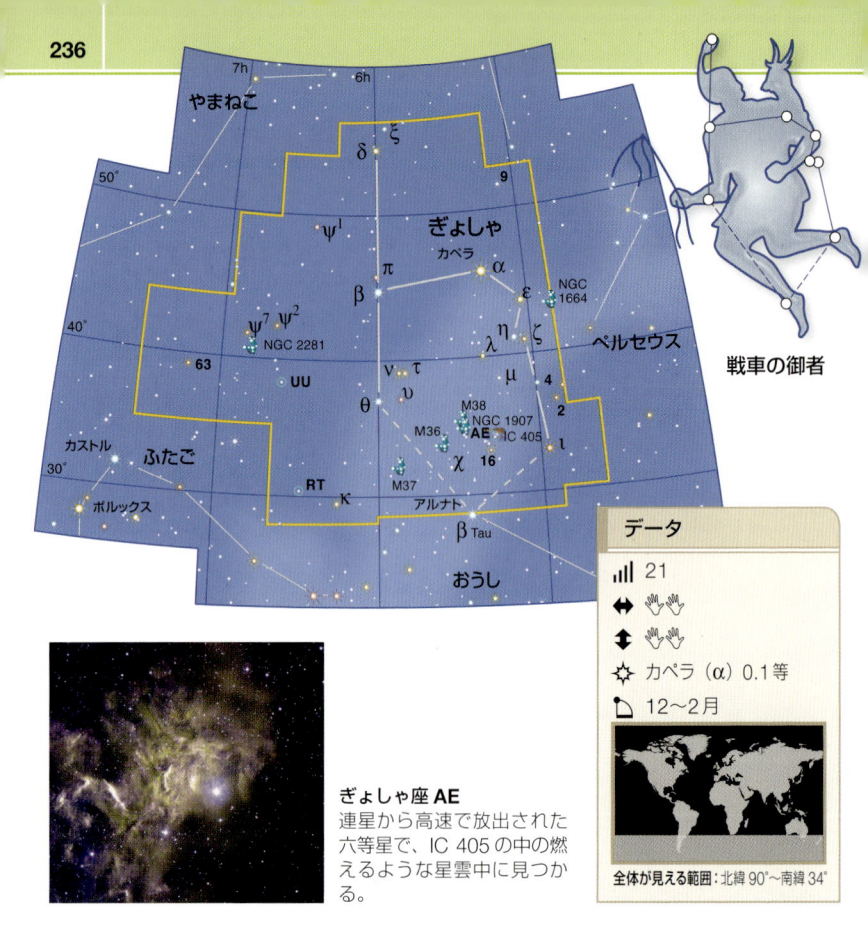

**ぎょしゃ座 α（カペラ）**
0.1 等のカペラは夜空で 6 番目に明るく地球から 42 光年の距離にある。この星は二つの黄色巨星からなる連星系であるが、互いに近すぎて望遠鏡でも二つに分離できない。

**ぎょしゃ座 ε（アルマーズ）**「子ヤギ」の一番北側の星は食連星（p.127）。27 年周期で変光し、非常に明るい超巨星の主星のまわりを大きく暗い半透明の伴星が公転する。おそらくこの伴星は、惑星を形成中の円盤を伴うのではないかと考えられている。

**ぎょしゃ座 ζ**「子ヤギ」の南西側のこの星もまた食連星である。

## Aurigae (Aur)

# ぎょしゃ座

天の川の中、ふたご座とペルセウス座の間、オリオン座の北に位置する。最も北にある一等星の黄色い α（カペラ）は容易に見つけられる。アテナイの王で熟練した御者であったエリクトニオスを表すとされている。この星座には別の見立てもあり、ゼウスに乳を与えた牝山羊を表すともいうため、ε、η、そして ζ は「子ヤギ」と呼ばれる。

北 天

　ぎょしゃ座で最南の星でかつてぎょしゃ座 γ と呼ばれていた恒星は、隣のおうし座と共有されていたもので、現在は公式にはおうし座 β（アルナト）ということになっている。この星は牡牛の北側の角の先を飾る。天の川が斜めに横切るぎょしゃ座には、見て楽しい恒星や、散開星団 M36、M37、そして M38 のような天体が多く含まれる。

# Lynx | やまねこ

オオヤマネコ

## データ

- ııl 28
- ↔ 🤚
- ↕ 🤚
- ☼ α 3.2等
- 🌙 2〜3月

**全体が見える範囲**：北緯90°〜南緯28°

## 見どころ

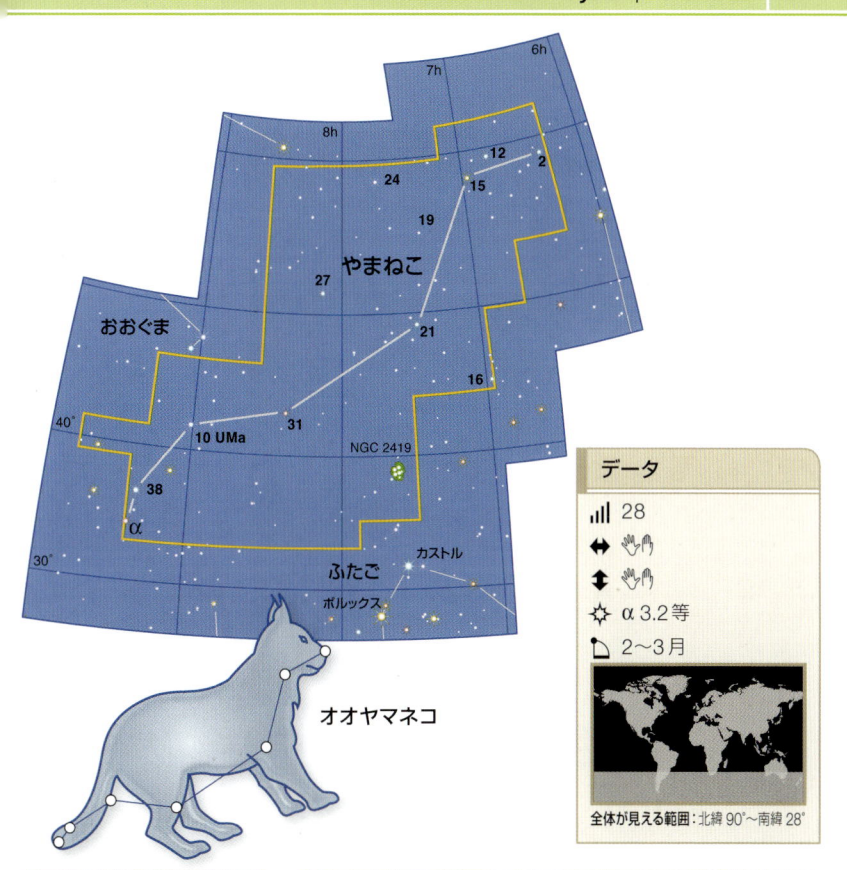

**やまねこ座α** 地球から約150光年の距離にある3.2等の赤色巨星。

**やまねこ座12** 肉眼では4.9等の白い暗い恒星だが、小型望遠鏡では7.3等の青白い伴星が見える。もっと大型の観測機器では明るい方の恒星が5等と6等の二つの星に分離できる。こちらの連星系は700年周期で互いに回り合っている。三連星やまねこ座12は、地球から140光年の距離にある。

**NGC 2419** 暗い球状星団（10等）で、中型望遠鏡を使わないと見えない。地球から21万光年の距離にあり、天の川銀河中の球状星団よりずっと遠い。

## Lyncis (Lyn)

# やまねこ座

**比較的最近加わった星座**。やまねこ座の範囲は、含まれる星の暗さに比べてびっくりするほど広く、ふたご座より大きい。ポーランドの天文学者ヨハネス・ヘベリウスが1680年代におおぐま座とぎょしゃ座の間の空きを埋めるために導入した。「やまねこ」と命名したのは、「やまねこのように鋭い視力」の持ち主でなければ見えないからだといわれている。ヘベリウス自身も視力の良さで有名であった。しかし彼が星図に描いた星座絵は、実際の山猫にほとんど似ていない。同様にこの暗い星が連なる形もヨーロッパヤマネコにまったく似たところがない。

　澄んだ空なら最も明るいαが肉眼で見えるかもしれない。しかしやまねこ座には興味深い重星があるので、望遠鏡での観測をおすすめする。

北天

### 見慣れたひしゃく形
北斗七星を形づくる七つの星は空で最も見つけやすい星つなぎである。だがこれは、おおぐま座の一部でしかない。

うしかい

## 見どころ

**おおぐま座α（ドゥーベ）**
黄色巨星のドゥーベは100光年かなたにあり明るさは1.8等である。β（メラク）からα（ドゥーベ）に引いた線を延長するとこぐま座にある北極星にぶつかる。

**おおぐま座ζ（ミザール）**
有名な重星で、別の星アルコルがたまたま同じ方向にあるために重なって見える。小型望遠鏡でミザールを見るとこの星自体連星であることがわかる。

**M81（ボーデの銀河）**
1000万光年の距離にあるこの渦巻銀河を見るには小型望遠鏡が要る。近くに楕円形の葉巻銀河M82も、M81から満月一つ分離れて見つかる。

## Ursae Majoris（UMa）

# おおぐま座

**北天で最も有名な星座**おおぐま座にある北斗七星は、他の恒星や星座を探す役に立つ。おおぐま座の暗い星は北斗七星から離れて広い範囲に散らばっている。おおぐま座は全天で3番目に大きい星座なのだ。この星座は多くの古代文明で1頭の熊と見なされてきた。ギリシア神話では女神アルテミスによって熊に変えられた美女カリストに結びつけられた。

北斗七星をつくる大半の恒星はおおぐま座運動星団に属する。これは地球に非常に近い（約70光年）散開星団で、空の広い領域に散らばっている。その向こうには、アマチュアにおすすめの近傍銀河がいくつもある。

北 天

# Ursa Major | おおぐま 239

りゅう
おおぐま
M101
アルコル 78
83 ミザール ζ ε アリオト
アルカイド
M82 24
M81
ρ σ
π²
τ
o
23
α ドゥーベ
υ
δ 北斗七星
M108 メラク 36
ファード M97 β
φ 18
M109 γ
θ 15
26
κ ι
χ
りょうけん
ψ 56
ω λ
55 μ
こじし
やまねこ
ν ξ
かみのけ
しし

大　熊

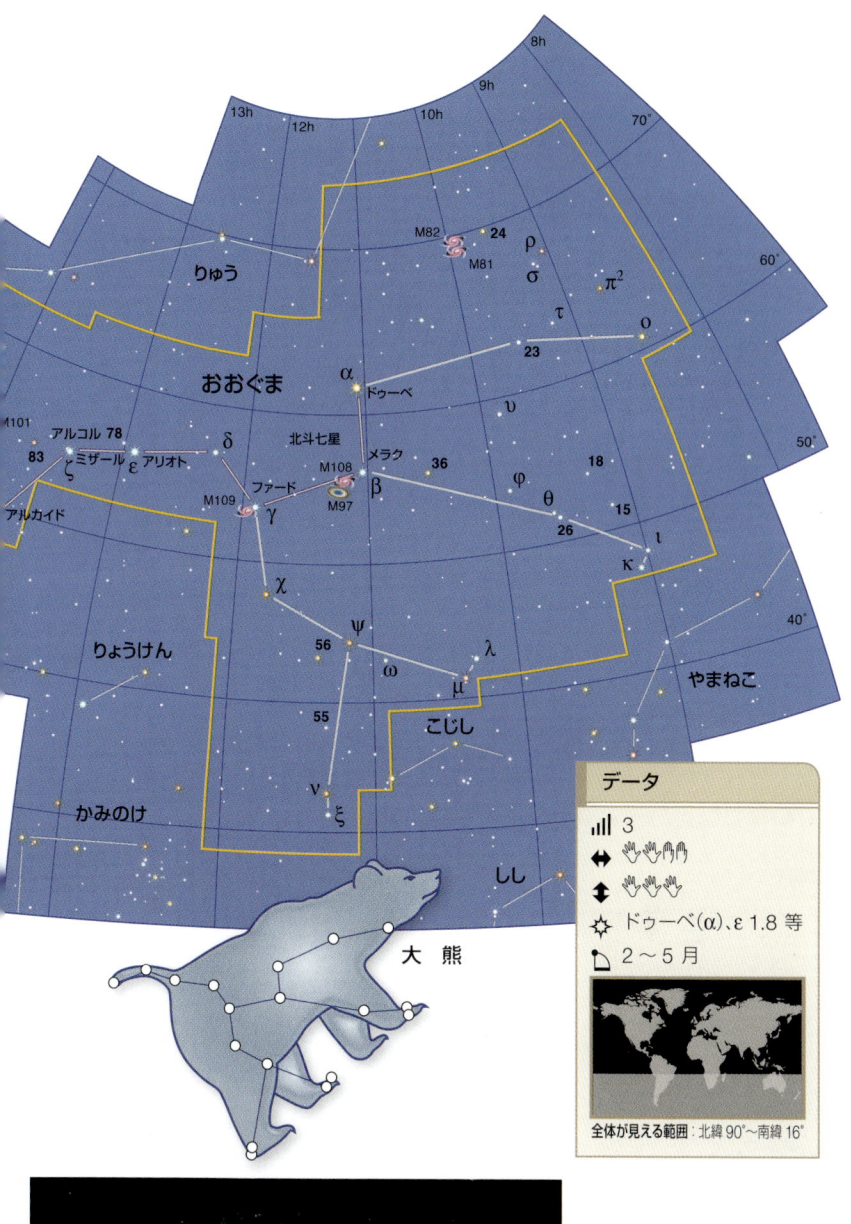

## データ

- 📶 3
- ↔ ✋✋
- ↕ ✋
- ☆ ドゥーベ(α)、ε 1.8 等
- 🌙 2〜5 月

**全体が見える範囲**：北緯 90°〜南緯 16°

### ボーデの銀河
ハッブル宇宙望遠鏡で見た、腕をかたく巻きつかせた大銀河。中心部は非常に明るく(活動銀河核)、そこにあるブラックホールが物質を引き込むことにより、活動が誘発されている。

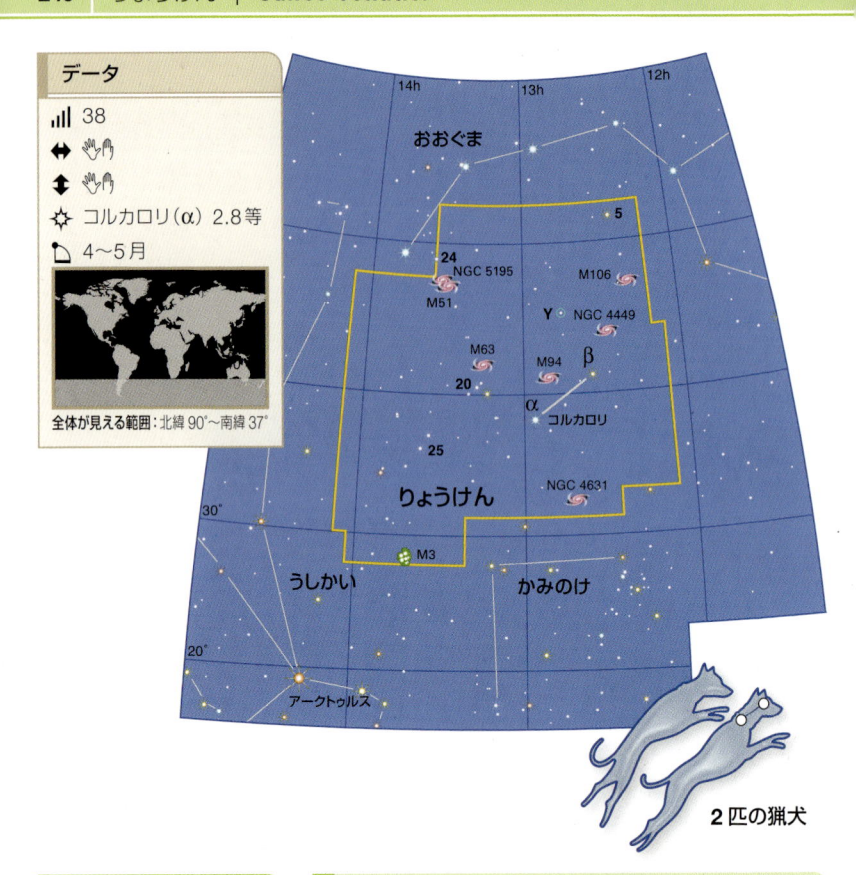

# りょうけん | Canes Venatici

## データ

- 📶 38
- ↔ ✋
- ↕ ✋
- ☆ コルカロリ(α) 2.8等
- 📅 4～5月

全体が見える範囲：北緯90°～南緯37°

2匹の猟犬

## 見どころ

**りょうけん座α（コルカロリ）** 双眼鏡で見える。通称コルカロリと呼ばれるこの恒星は離れて公転する連星で、2.8等と5.6等の二つの白い星からなる。地球からの距離は82光年。

**M3** 北天で最良の球状星団のひとつ。双眼鏡ではぼやけた点に、小型望遠鏡ではかすんだ光の球に見える。

**M51（子もち銀河）** 比較的近い（2300万光年）明るく素晴しい渦巻銀河。正面向きのため、双眼鏡か（推奨は）小型望遠鏡で明るい中心部が見える。中型望遠鏡では渦巻腕の流れが見える。

## Canum Venaticorum (CVn)

# りょうけん座

北天のうしかい座とおおぐま座の間、北斗七星（p.238～239）の柄の下にあるため比較的見つけやすい。2匹の猟犬を描いた星座で、牛飼い（うしかい座）に連れられて2頭の熊（おおぐま座とこぐま座）を追う。りょうけん座は17世紀の終わりにポーランドの天文学者ヨハネス・ヘベリウスが創設した。

小さいこの星座には覚えやすい星つなぎ型はないが、比較的明るい恒星として「コル・カロリ・レギス・マルティリス」（殉教王チャールズの心臓、通称コルカロリ）があり、この星は1640年代の革命で処刑されたイギリス王チャールズ1世を偲んで名づけられた。りょうけん座には明るいM51（子もち銀河）もある。

北天

# Boötes | うしかい

牛飼い

## データ

- 📶 13
- ↔ ✋
- ↕ ✋✋
- ☼ アークトゥルス(α) −0.04等
- 🌙 5〜6月

全体が見える範囲：北緯90°〜南緯35°

## 見どころ

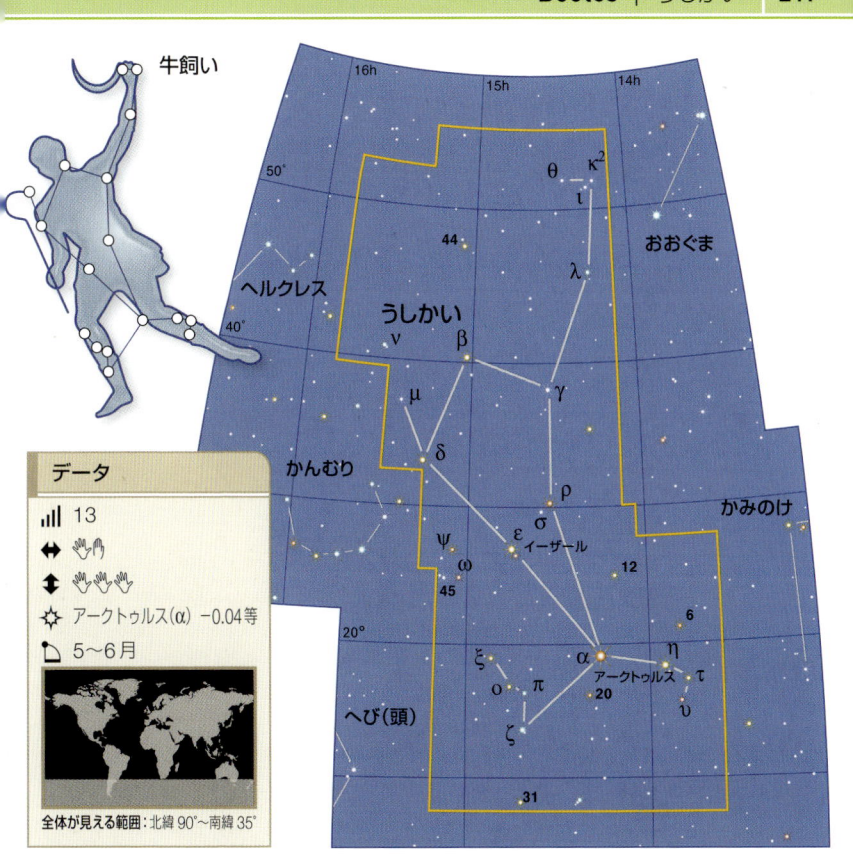

**うしかい座α（アークトゥルス）** −0.04等のアークトゥルスは空で最も近く明るい恒星のひとつだ。晩年を迎えた橙色巨星で、地球からちょうど36光年の距離にある。

**うしかい座ε（イーザール）** 別名プルケリマ。美しい連星で、小型望遠鏡で橙色巨星（2.7等）と青い星（5.1等）に分離できる。地球からの距離は約203光年。

**うしかい座τ** 太陽系以外で惑星が見つかった最初の星系として知られる。4.5等の母星τは太陽に似た黄色い星で地球から51光年の距離にある。木星の3倍大きい巨大惑星が1周に3.3日かけて公転している。

## Boötis（Boo）

# うしかい座

凧のような形の大きく目立つ星座。うしかい座はりゅう座や北斗七星の柄（p.238〜239）から南のおとめ座まで広がる。ギリシア神話によれば、うしかい座はゼウスとカリストの子で、カリストが姿を変えたおおぐま座を追いかけているとのこと。

北天

うしかい座には天の北半球で最も明るく全天では4番目に明るいアークトゥルスがある。明るい星団も星雲も銀河もないが、中型の望遠鏡向きな天体がある。うしかい座の北部分の暗い星のあたりには、かつては「しぶんぎ」座という星座（現在は廃止された）があった。毎年1月に出現する流星群でこのあたりに輻射点をもつしぶんぎ群にその名が残る。

# ヘルクレス | Hercules

## データ

- 📶 5
- ↔ ✋✋
- ↕ ✋✋✋
- ☼ コルネフォロス（β）2.8等
- 📅 6〜7月

全体が見える範囲：北緯90°〜南緯38°

英雄ヘラクレス

## 見どころ

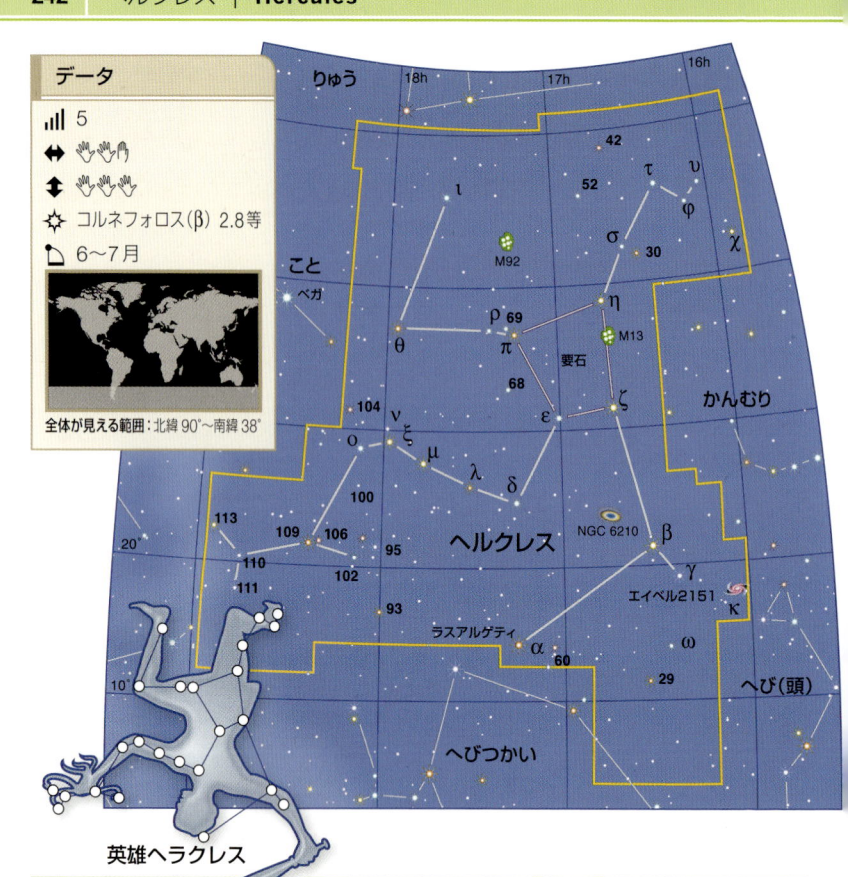

**ヘルクレス座α（ラスアルゲティ）** 固有名は「ひざまずく者の頭」の意味のアラビア語。2星が互いに公転し合う連星系である。片方は不安定な赤色巨星で、明るさが2.8〜4.0等の間で変わる。もう片方は少し小さな巨星で、5.3等の明るさで安定している。この連星系は地球から380光年の距離にある。

**M13** 肉眼でも見える明るい球状星団で北天では最良。恒星が30万個、密に詰まっている。地球からの距離は約2万5000光年。双眼鏡ではぼんやりした球に、小型望遠鏡では縁の密度が少し低い部分の星が分離できる。

## Herculis（Her）

# ヘルクレス座

**大きいが比較的暗い。** 北天で二つの明るい星（アークトゥルスとベガ）に挟まれる。全天で5番目に大きい星座で、ギリシア神話の英雄ヘラクレスを表す。ライオンの毛皮をまとい、片手は棍棒を振りかざし、もう片手は地獄の番犬ケルベロスの切断された頭をもち、りゅう座の頭を片足で踏みつけてひざまずく。

北天

この星座で最も目立つのは歪んだ四角形「要石」で、ε、ζ、η および π を結ぶとできる。要石から暗い星が伸びて英雄の両腕を描く。この星座にはほかに、暗い遠くのヘルクレス座銀河団と、素晴らしい球状星団M13がある。

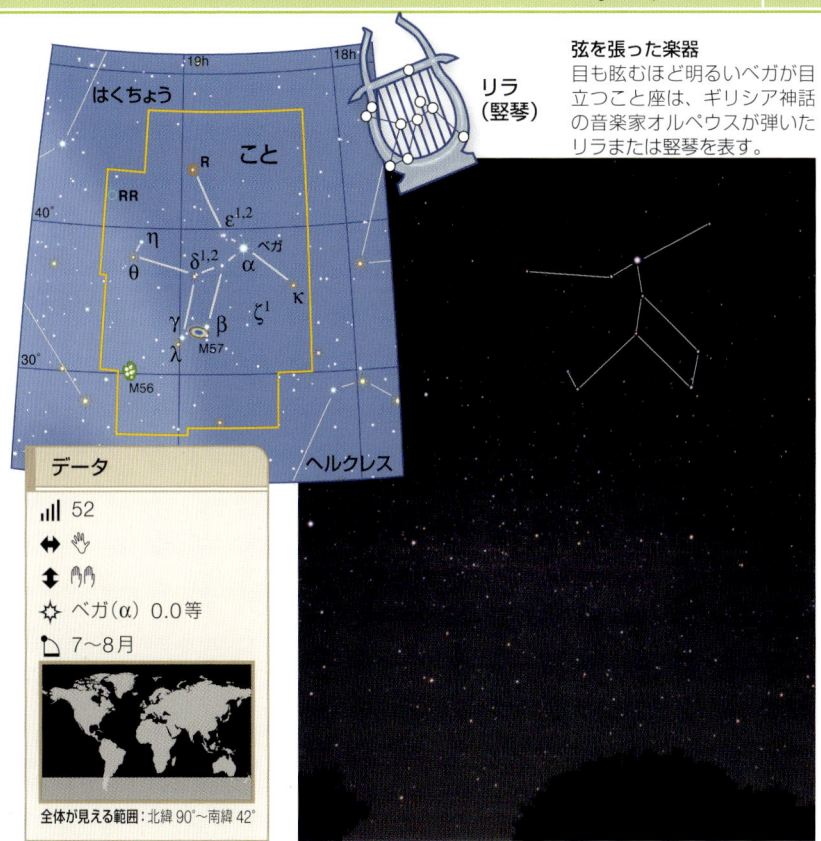

# Lyra｜こと

### 弦を張った楽器
目も眩むほど明るいベガが目立つこと座は、ギリシア神話の音楽家オルペウスが弾いたリラまたは竪琴を表す。

リラ（竪琴）

## データ
- 📶 52
- ↔ ✋
- ↕ ✋
- ☆ ベガ(α) 0.0等
- 📅 7〜8月

**全体が見える範囲：北緯90°〜南緯42°**

## 見どころ

**こと座α（ベガ）** 地球からちょうど25光年離れたこの白い星は0.0等の明るさで輝く。つまり本当は太陽の50倍明るい。この星を取り巻く塵円盤があり、それは惑星系を形成できずに残った破片らしい。

**こと座ε** 有名な複連星系。双眼鏡で二つの星に見えるが、小型望遠鏡ではそれぞれがさらに連星であることがわかる。そこでこの星は「ダブル・ダブル」と呼ばれる。

**M57（環状星雲）** 最も有名な惑星状星雲。2150光年かなたで瀕死の星が脱ぎ落としたガスの殻。明るさは8.8等で、小型望遠鏡で見るのが良い。

## Lyrae (Lyr)

# こと座

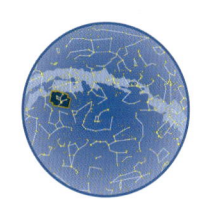

天の川の端、**はくちょう座の目立つ十字形に近い小さな星座**。小さいが全天で5番目に明るい白い星ベガがあるおかげで、北天で簡単に見つかる。この星座は古代から弦を張った楽器リラを表すとされていた。ギリシア神話によれば、このリラはオリュンピアの神々の一人ヘルメスが発明し、後にオルペウスが死んだ妻エウリュディケを取り戻しに冥界に下ったときに奏でて黄泉の神々を魅了した。

北天

　ベガは夏の大三角を形づくる星のひとつである（あとの二つははくちょう座のデネブとわし座のアルタイル）。毎年4月21〜22日頃に極大を迎えること座流星群の輻射点はこの近くにある。

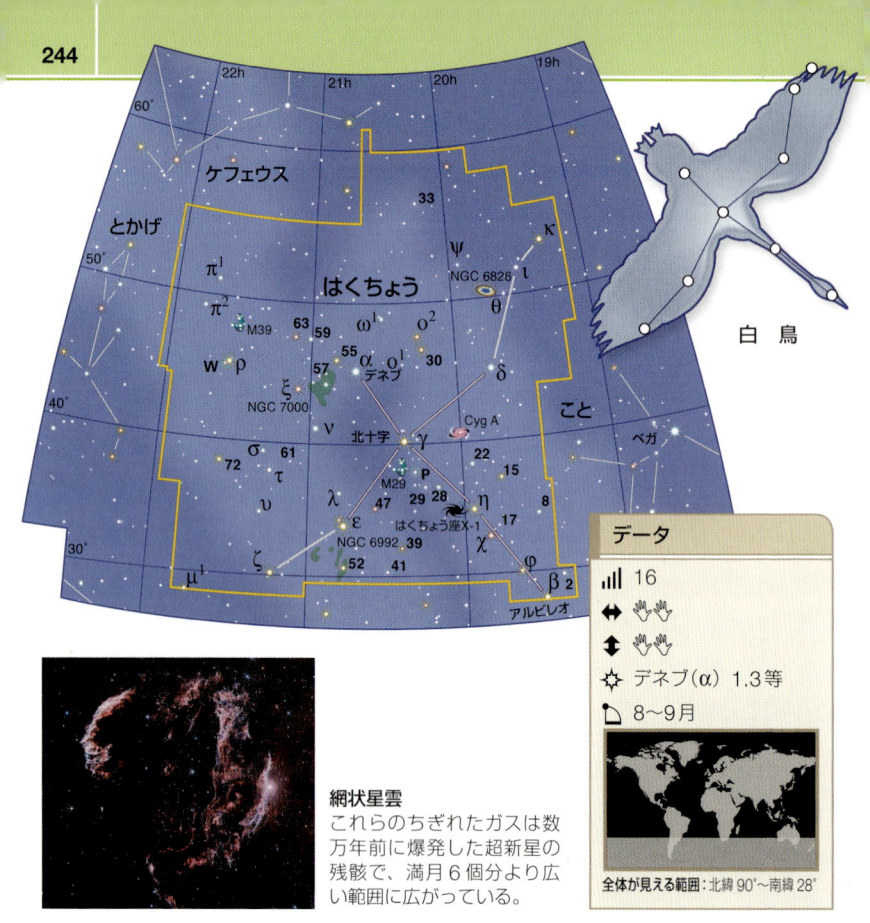

白鳥

網状星雲
これらのちぎれたガスは数万年前に爆発した超新星の残骸で、満月6個分より広い範囲に広がっている。

### データ

- 📶 16
- ↔ ✋✋
- ↕ ✋✋
- ☀ デネブ(α) 1.3等
- 📄 8〜9月

全体が見える範囲：北緯90°〜南緯28°

### 見どころ

**はくちょう座α（デネブ）**
地球から約1500光年の距離にあるデネブは、実際は太陽の16万倍ほど明るいが、実視等級は1.3等。近くのベガより暗く見える。

**はくちょう座β（アルビレオ）** 色の対比が美しい重星が白鳥のくちばしを飾る。双眼鏡で黄色い星（3.1等）と青い星（4.7等）に分離できる。

**NGC 6992（網状星雲）**
ちぎれたガスの残骸が集まって切れ切れの環の形に並んでいる。この星雲は地球から1500光年の距離にある。これは超新星の残骸であり、巨大な星雲複合体はくちょう座ループの一部でもある。

## Cygni (Cyg)

# はくちょう座

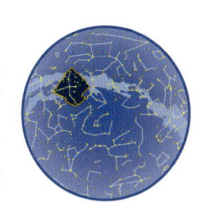

**北天で最も目立つ星座のひとつ。** 天の川で星の多い領域にある。天の川に沿って飛ぶ白鳥を連想させられる。ゼウスはこの姿でスパルタ王の妻レダを誘惑した。星座の主要部を構成する十字形は北十字とも呼ばれる。はくちょう座には球状星団も明るい銀河もないが、多くの星雲や散開星団があり、双眼鏡や低倍率の望遠鏡で見ると感動的である。

北天

はくちょう座X-1という強いX線源もある。ここではブラックホールが別の恒星のまわりを回っていると思われている。一番特徴的な領域は「はくちょう座の裂け目」で、天の川の手前に暗黒星雲があって光を遮っているものである。

# Lacerta ｜ とかげ

## データ

- ıll 68
- ↔ ✋
- ↕ ✋
- ☆ α 3.8等
- 🗓 9〜10月

**全体が見える範囲：北緯90°〜南緯33°**

**ジグザグ走行**
これらの暗い星を結んでできる形は、地をはうトカゲが岩の隙間を急いですり抜けるように見える。とかげ座で明るい星は頭部に集中している。

## 見どころ

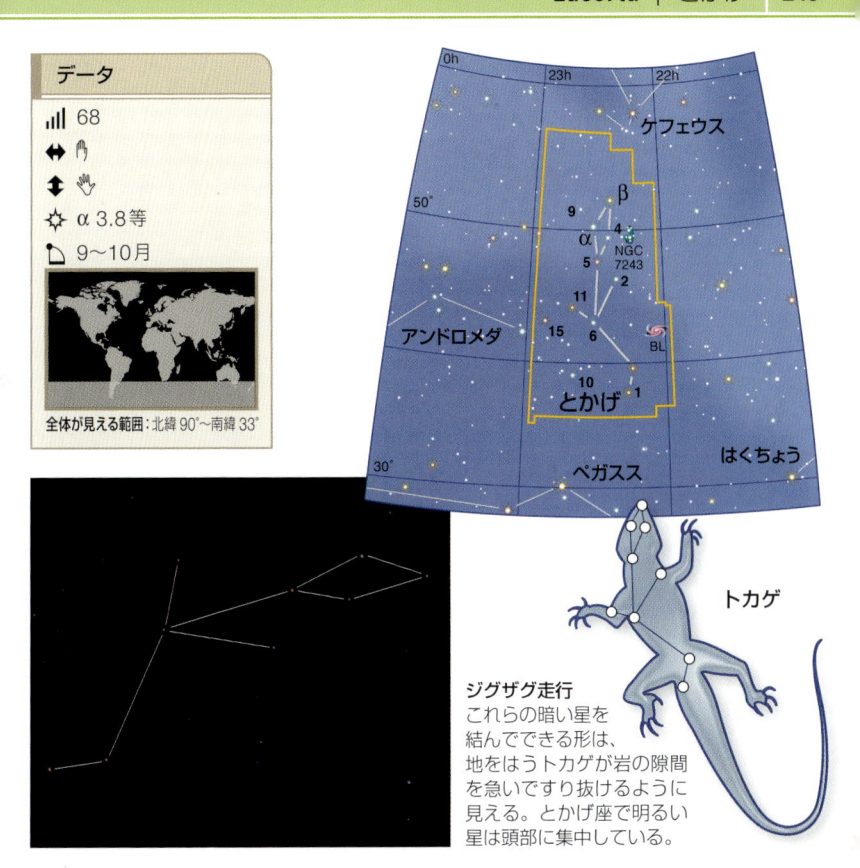

**とかげ座α** 青白い3.8等星で、地球から102光年の距離にあるため、実際は太陽の27倍明るい。

**NGC 7243** 青白い恒星が複数ゆるくまとまっている。星がかなり広く拡散しているため、実際は散開星団ではないと考える天文学者もいる。

**とかげ座BL** 速い変光を繰り返すこの奇妙な天体は、実際は「ブレイザー」と呼ばれるもので、遠い楕円銀河の表面に明滅する放射源をもつ天体と考えられている。これは12〜16等の間で変光する。中心からガスのジェットが地球に向かって噴き出しているため、この天体は恒星のように見える。

## Lacertae (Lac)

# とかげ座

**小さく目立たない**とかげ座は、北天の天の川の中、**カシオペヤ座とはくちょう座の間**で手足を一杯に広げて立つ。1687年ポーランドの天文学者ヨハネス・ヘベリウスが導入した星座で、小走りするトカゲを表す。天の川の濃い領域にあるため、ときどき新星が現れる。新星とは恒星が急に爆発的に増光する現象である。

北天

とかげ座にはBL Lac（とかげ座BL）もある。かつてこれは14等の特殊な変光星と思われていた。しかし実際はブレイザーと呼ばれる天体の典型であった。ブレイザーとは中心に超大質量のブラックホールをもつ遠くの銀河で、周囲の物質を飲み込んでジェットとして地球に向かって吐き出すものである。

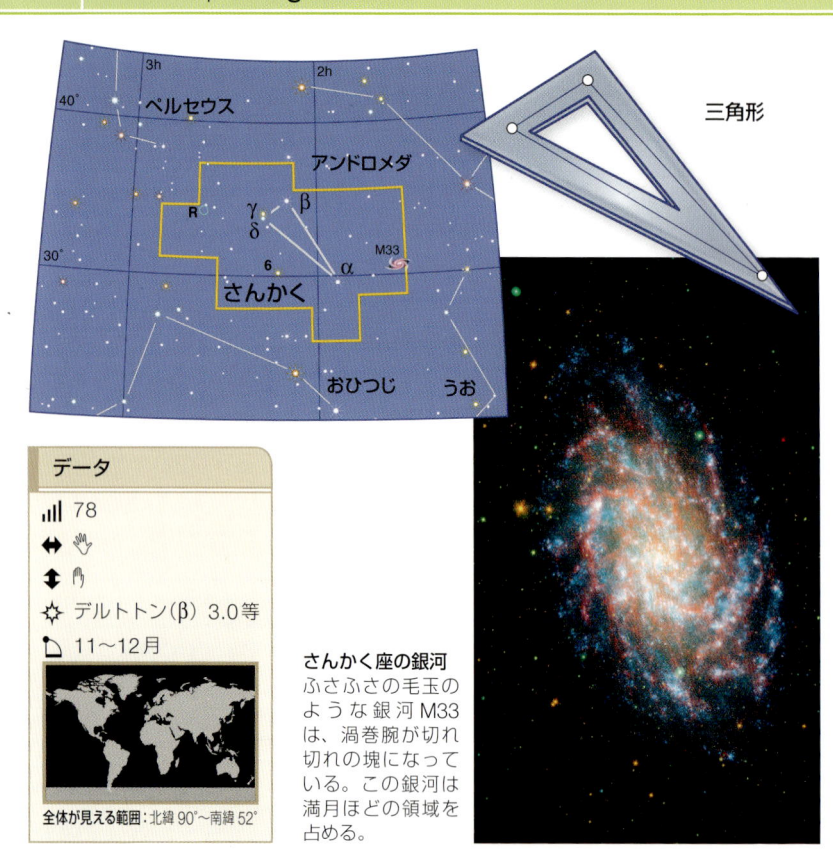

# 246 さんかく | Triangulum

三角形

## データ

- .ill 78
- ↔ ✋
- ↕ ✋
- ☆ デルトトン(β) 3.0等
- 📅 11〜12月

全体が見える範囲：北緯90°〜南緯52°

**さんかく座の銀河**
ふさふさの毛玉のような銀河M33は、渦巻腕が切れ切れの塊になっている。この銀河は満月ほどの領域を占める。

## 見どころ

**さんかく座β（デルトトン）** さんかく座で最も明るい（3.0等）この星は地球から約135光年の距離にある。

**さんかく座α（ラサルモサラー）** 3.4等のこの星は約65光年の距離にある。星名はαであるが、βより暗い。

**さんかく座6** この黄色い恒星は5.2等の明るさで、7.0等の伴星をもつ。この伴星は小型望遠鏡で見える。

**M33（さんかく座の銀河）** さんかく座で一番素晴しいのはこの渦巻銀河だろう。260万光年と銀河では地球に最も近いが、厚みがないために見つけるのは難しい。

## Trianguli (Tri)

# さんかく座

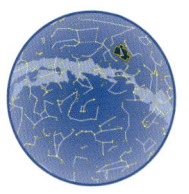

北天の小さな星座さんかく座は、ペルセウス座、アンドロメダ座、そしておひつじ座に囲まれている。おもな暗い星三つで描く細長い三角形は、小さいため比較的見つけやすい。目立つ天体はないが、起源は古代に遡る。ギリシアの天文学者が最初にこの星をギリシア文字の「Δ」に見立てている。後にナイル川デルタやイタリアのシチリア島にも見立てられた。

北天

さんかく座には星団も星雲もないが、渦巻銀河の標本のような近傍銀河M33がある。直径は天の川銀河やアンドロメダ銀河の4分の1であるが、局部銀河群（p.146）で3番目に大きい銀河である。おそらくアンドロメダ銀河の近くを通ったときに重力で捕まったと考えられている。

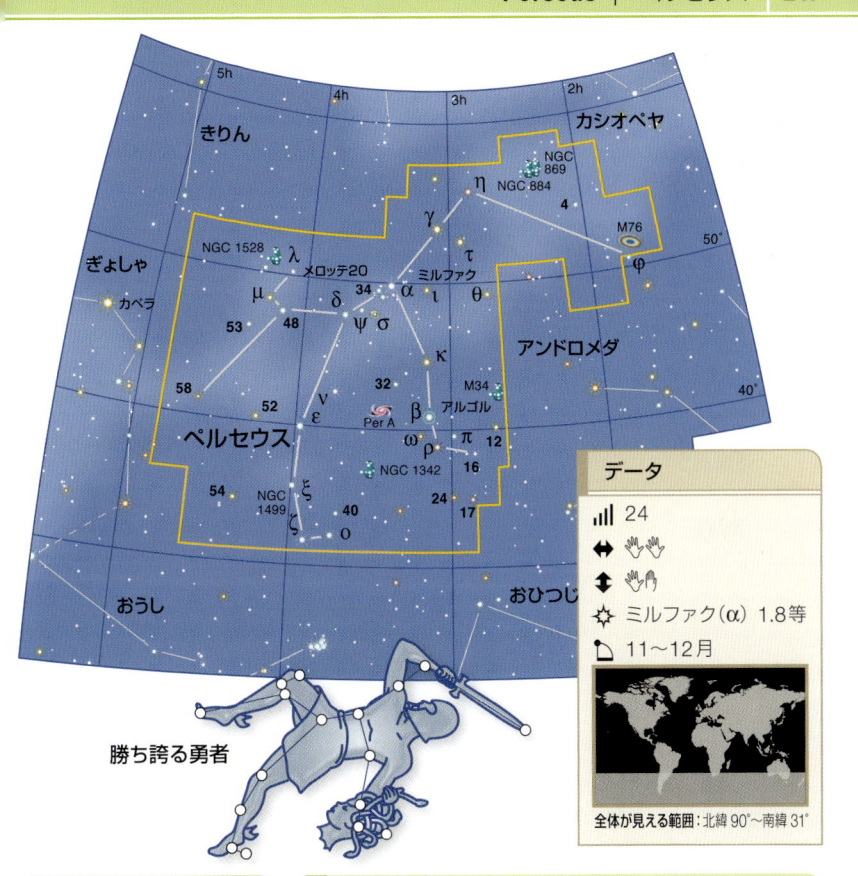

Perseus | ペルセウス | 247

勝ち誇る勇者

### データ

- ▐▐▌ 24
- ↔ 🤚🤚
- ↕ 🤚
- ☆ ミルファク(α) 1.8等
- 🌙 11〜12月

**全体が見える範囲**：北緯90°〜南緯31°

## 見どころ

**ペルセウス座α（ミルファク）** 双眼鏡で1.8等の黄色超巨星が暗く青い星団の中心部にあることがわかる。地球からの距離は590光年。

**ペルセウス座β（アルゴル）** 変光星として有名。食連星として最初に発見された。これは三連星で、そのうち二つの星が2.87日ごとに互いに手前に来るために、約10時間周期で合成等級が2.1等から3.4等に変光する。

**NGC 869、NGC 884（二重星団）** 地球から約7000光年の距離にある二つの散開星団。双眼鏡で見ると素晴らしく、肉眼では合体して見える。

## Persei (Per)

# ペルセウス座

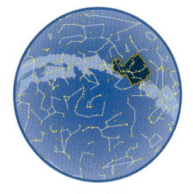

北天の目立つ星座。天の川の中、**カシオペヤ座とぎょしゃ座の間**にある。ギリシア神話の英雄で、アンドロメダ姫を海の怪物くじら座から救い、ゴルゴオ三姉妹のメドゥサを殺したペルセウスから名づけられた。

北 天

　ペルセウス座が左手で掲げているメドゥサの首の所には有名な変光星アルゴル（食変光星）がある。右手で振りかざしている剣は二重星団 NGC 869 と NGC 884 が表す。高密度の星雲と若い青白い星々がペルセウス座αを包んでいるところは双眼鏡でも小型望遠鏡でもおすすめである。αはペルセウスOB1 アソシエーション（メロッテ 20）の中心部に位置する。このアソシエーションは満月の数倍の領域を越えて星が拡散する星団である。

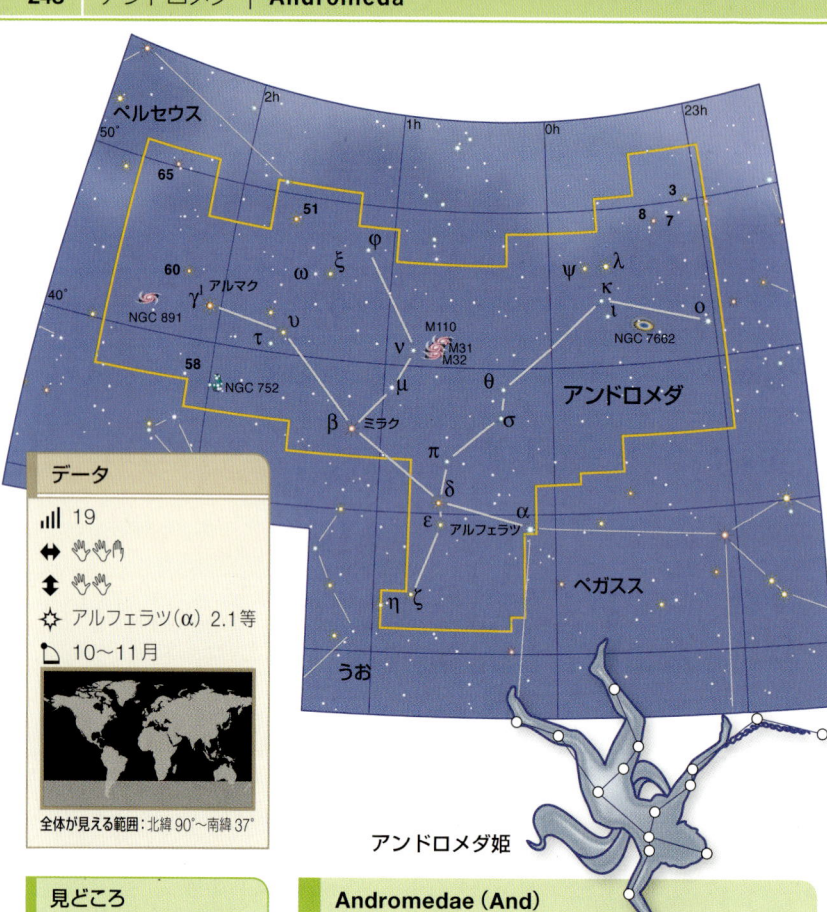

# アンドロメダ | Andromeda

## データ

- ill 19
- ↔ 🖐🖐
- ↕ 🖐🖐
- ☆ アルフェラツ(α) 2.1等
- 📅 10〜11月

**全体が見える範囲：北緯90°〜南緯37°**

## 見どころ

**アンドロメダ座α（アルフェラツ）** ペガスス座δとされることもある。青白いこの星は97光年の距離にある。

**アンドロメダ座γ（アルマク）** 黄色い星（2.3等）と青い星（4.8等）の重星で、小型望遠鏡で見ると色の対比が美しい。大型望遠鏡では青い星からさらに6等の伴星が分離できる。

**M31（アンドロメダ銀河）** 地球からの距離250万光年のこの銀河は、肉眼で見える最も遠い天体である。肉眼ではぼやけた四等星に見える。双眼鏡か小型望遠鏡では渦巻銀河の中心部が楕円形に見える。

### Andromedae（And）

# アンドロメダ座

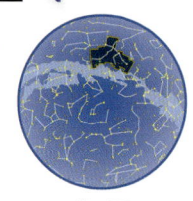

**ペガススの四辺形につながる見つけやすい星座**。北天で名高いこの星座はエティオピアの王女アンドロメダ姫の姿を表す。彼女はカシオペイア王妃とケペウス王の間の娘で、ギリシア神話によれば、カシオペイアが娘の美しさを自慢したために、海神ポセイドンが怒って怪物くじら座を送ってエティオピアを襲わせた。神の怒りを鎮めるためにアンドロメダは生贄として海岸の岩に鎖でつながれたが、英雄ペルセウスに救われた。

アンドロメダ座は、ペガススの四辺形で一番明るい北東の星アルフェラツから連なる暗い数本の星の列からなる。ここはアマチュアが見て面白い天体は少ない。この星座の名声はほぼすべてアンドロメダ銀河M31とその伴銀河に帰する。

北天

# Andromeda | アンドロメダ

## ペルセウスとアンドロメダ

アンドロメダ姫は北天の多くの星座を巻き込んだ物語の中心にいる。ギリシア神話によれば、彼女は鎖で岩につながれて海の怪物くじら座に捧げられた。それは母妃カシオペア座（ケフェウス座の妻）の娘自慢を購（あがな）うためであった。そのときメドゥサを倒して帰る途中の英雄ペルセウス座が通りかかり、羽根のついたサンダルで空から舞い降り、メドゥサの首を怪物につきつけて石に変えて姫を救ったのである。

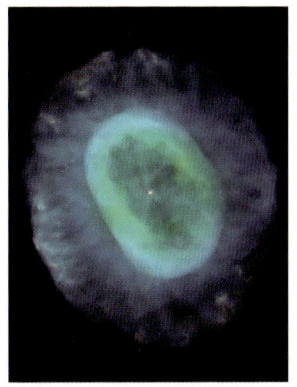

**NGC 7662**
約 1800 光年の距離にある惑星状星雲で、直径約 3 分の 1 光年に及ぶ。小型望遠鏡では星雲状物質をわずかにまとった恒星に見えるが、大型の観測機器では青みがかった円盤が見える。

### アンドロメダ銀河
中心部は肉眼でも見えるが、このように素晴しい渦巻腕と塵の筋の構造を詳しく捉えるには大型望遠鏡か長時間露出での写真撮影が必要である。

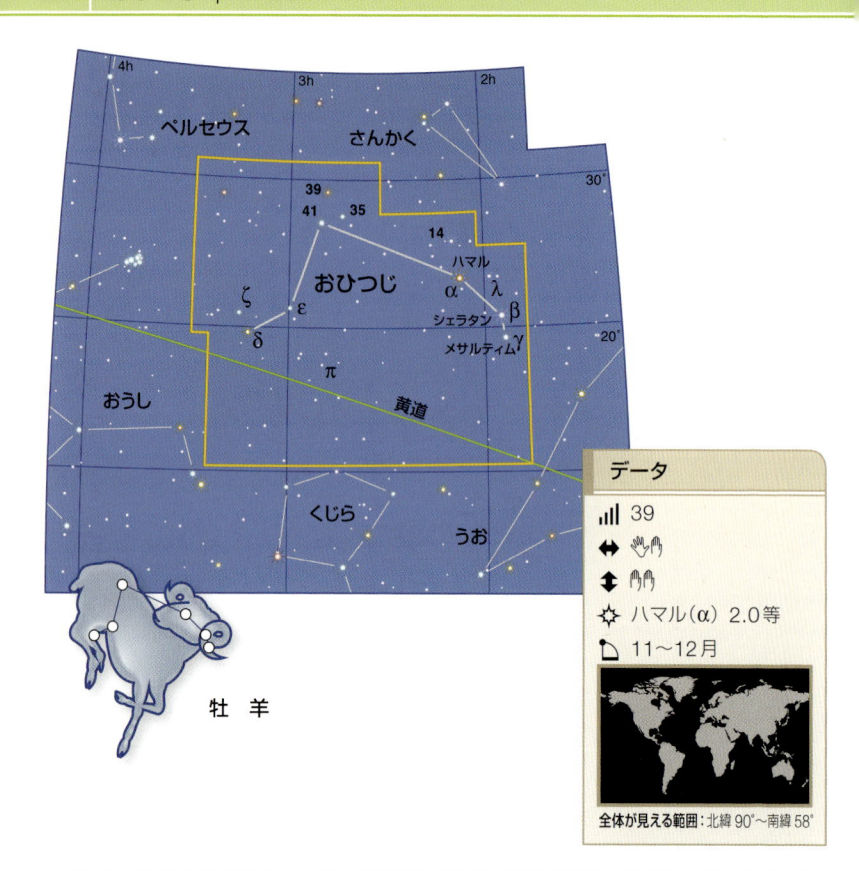

# おひつじ | Aries

## データ

- 📶 39
- ↔ ✋✋
- ↕ ✋
- ☆ ハマル(α) 2.0等
- 🌙 11〜12月

全体が見える範囲：北緯90°〜南緯58°

## 見どころ

**おひつじ座α（ハマル）**
地球から約66光年の距離にある2.0等の黄色巨星。固有名はアラビア語で「牡羊」を表す言葉から。直径は太陽の15倍大きい。

**おひつじ座γ（メサルティム）** 連星であると最初に判明した星のひとつで、イギリスの科学者ロバート・フックが1664年に発見した。小型望遠鏡でそれぞれ4.8等の白い星が二つ見える。2星は地球から約200光年離れた位置で互いに公転している。

**おひつじ座λ** これも重星で、双眼鏡で白い主星（4.8等）と黄色い伴星（7.3等）に分離する。

## Arietis（Ari）

# おひつじ座

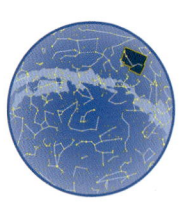

**うお座とおうし座の間の目立たない黄道星座**。ギリシア神話ではアルゴー船に乗ったイアソン一行が探し求めた黄金の羊を表す。古代ギリシア以前にすでにこのあたりの星はうずくまる牡羊と見なされていた。おひつじ座で最も目立つのはうお座との境のα（2等）、β（3等）そしてγ（4等）の3星である。

おひつじ座にはアマチュアの目をひく天体は少ないが、歴史的に重要な星座である。2000年以上前に春分点（黄道と天の赤道との交点）がおひつじ座とうお座の境にあったからだ。歳差のために実際の春分点はうお座を抜けてみずがめ座に入っているが、現在でもなお春分点は「おひつじ座の起点（First Point of Aries）」と呼ばれる。

北 天

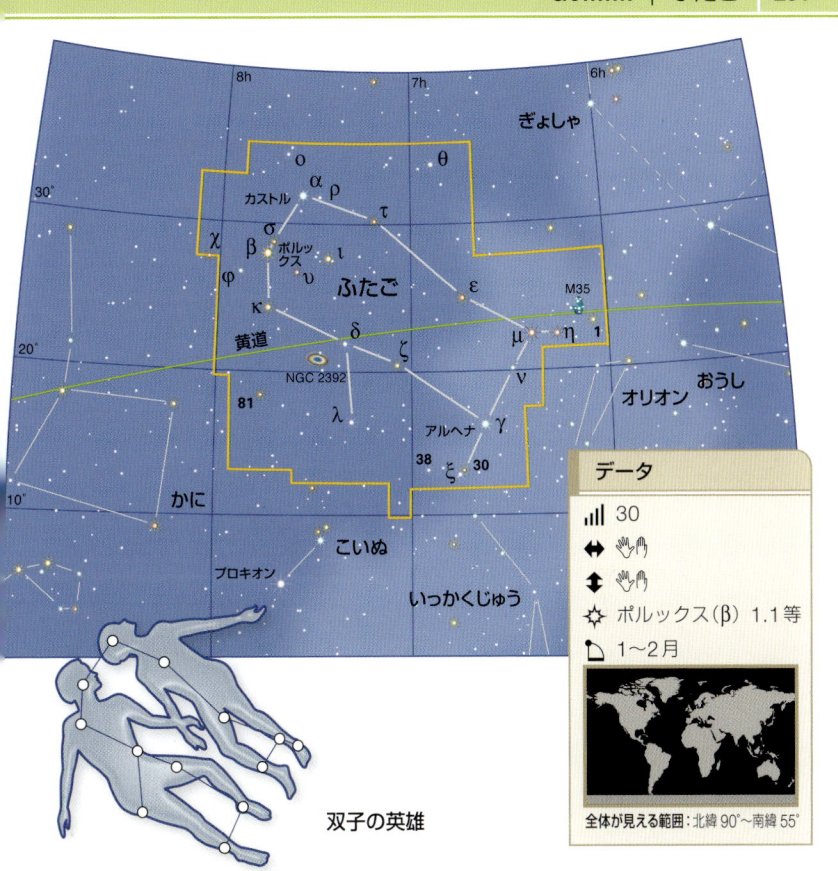

# Gemini | ふたご

双子の英雄

## データ

- ▮▮▮ 30
- ↔ ✋
- ↕ ✋
- ☆ ポルックス(β) 1.1等
- 🗓 1〜2月

全体が見える範囲：北緯90°〜南緯55°

## 見どころ

**ふたご座β（ポルックス）**
黄色い単独星ポルックスは地球から約34光年の距離にある。1.1等でαより明るい。

**ふたご座α（カストル）**
合成等級1.6等の魅力的な複連星。小型望遠鏡では白い星が二つ、大型望遠鏡ではさらに赤い伴星が一つ見える。この3星はそれぞれ連星であるが視覚的には分離できない。結局カストルは六連星ということになる。

**M35** 肉眼でも見つけられる散開星団。双眼鏡では直径が満月ほどの光る楕円形のしみに見える。

## Geminorum（Gem）

# ふたご座

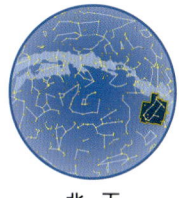

北天で目立つ黄道星座でおうし座とかに座の間に位置する。神話の双子カストルとポリュデウケスを表す。スパルタの王妃レダの息子でトロイアのヘレネの兄にあたる。この双子もアルゴ―船の乗員で黄金の羊探しに加わった。ふたご座は神話の双子の名と同じ明るい2星で簡単に見つけられる。

北　天

　バイヤー名と逆にβ（ポルックス）の方がα（カストル）より明るい。二人の足は天の川に浸っている。ふたご座には散開星団M35、暗いが美しいエスキモー星雲（NGC 2392）のような興味深い深宇宙天体があり、毎年12月半ばにはカストル近くに輻射点をもつふたご座流星群が出現する。

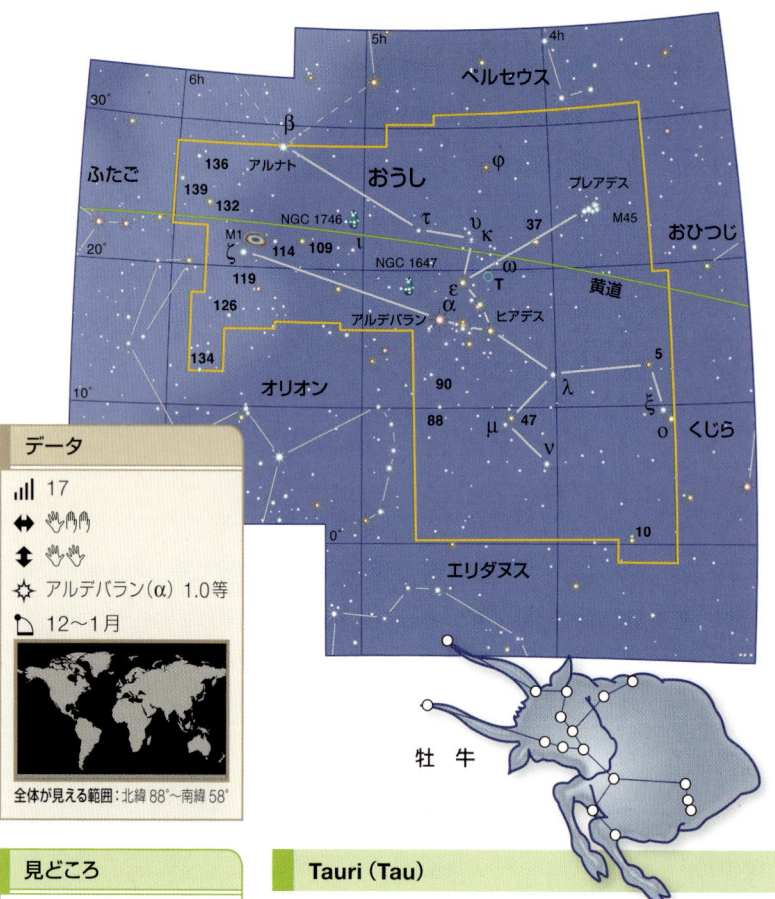

おうし | Taurus

## データ
- 📶 17
- ↔ ✋✋
- ↕ ✋
- ☆ アルデバラン（α）1.0等
- 📅 12〜1月

全体が見える範囲：北緯88°〜南緯58°

## 見どころ

**おうし座α（アルデバラン）** 地球から約65光年の距離にある赤色巨星。1.0等ほどの明るさであるが、年老いて不安定なため変光する。

**ヒアデス** アルデバランより遠く（約160光年）でV字形に並ぶ星団。双眼鏡を使うと素晴しい。

**M1（かに星雲）** 1054年に超新星爆発を起こした恒星が脱ぎ捨てたガスの残骸。

**M45（プレアデス）** 七姉妹とも呼ばれるが肉眼で見えるのはふつう六つである。双眼鏡や望遠鏡では高温の青い星がたくさん見える。この星団は5000万歳と若く、410光年の距離にある。

## Tauri（Tau）

# おうし座

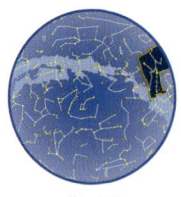

バビロニア時代から知られていた**最古の星座のひとつ**。**黄道星座でおひつじ座とふたご座の間に位置する**。ゼウスが化けた牡牛で、このときフェニキアの王女エウロペを誘拐した。おうし座は天の赤道の北側で、狩人オリオン座に突進している。北側の角の先は隣のぎょしゃ座につながる。

　おうし座で最も明るい恒星はアルデバランで、M45（プレアデス）とヒアデスという目立つ散開星団も二つある。ヒアデス星団には星が200個ほど散らばり、牡牛の顔を形づくるV字形を空に描く。おうし座にはほかにも超新星残骸M1のように双眼鏡や望遠鏡で楽しめる天体がある。11月にはプレアデスの南に輻射点をもつ流星群が観測できる。

北天

## 消えた7番目の星

プレアデスは別名七姉妹とも呼ばれるが、ギリシア神話ではティターン族のアトラスの娘七人を表す。しかし肉眼では星が六つしか見えないため、消えた七人めについて伝説が二つある。一つめの話では消えたのは暗いメロペで、一人だけ死すべき運命の人間と結婚したためとされる。もうひとつの話では消えたのはエレクトラで、トロイアの破滅から顔を背けているとされる。プレアデスの7番目はいずれの伝説とも異なりアステローペと呼ばれる。

## プレアデス星団

明るい散開星団で、固有名をもつ星は九つある。プレアデスの七姉妹とその両親（アトラスおよびプレイオネー）である。

### ヒアデス(左下)とプレアデス(右上)

おうし座にある2星団。プレアデスは星が密に固まっているため、初見ではぼんやりしたしみのように見える。

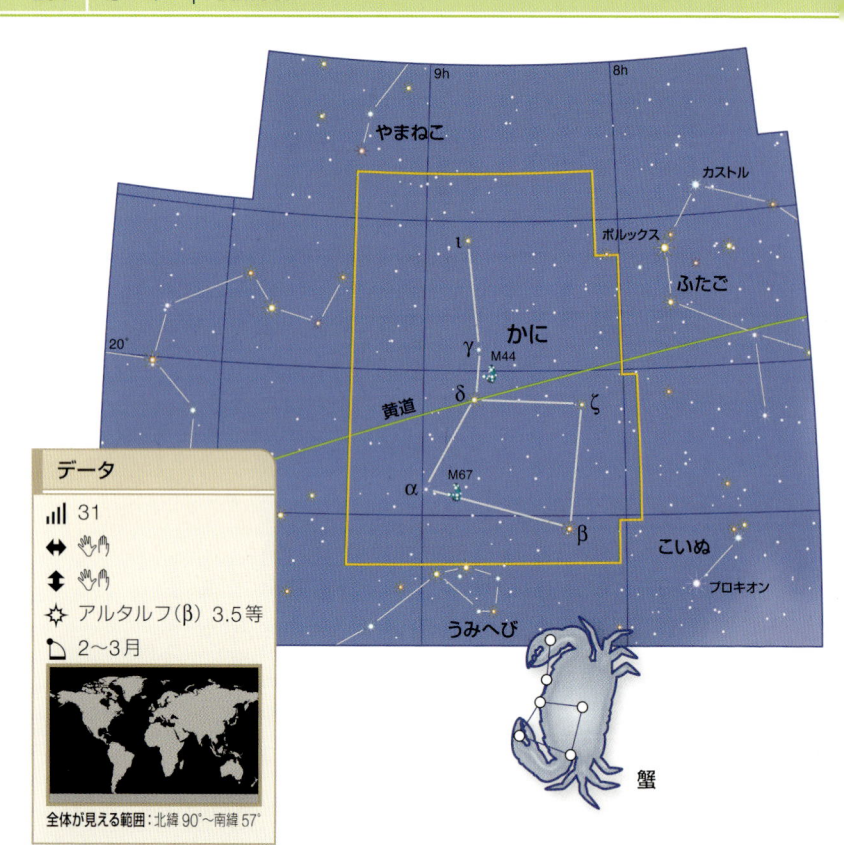

# かに | Cancer

## データ
- ill 31
- ↔ 🤚
- ↕ 🤚
- ☼ アルタルフ（β） 3.5等
- 🗓 2～3月

全体が見える範囲：北緯90°～南緯57°

## 見どころ

**かに座β（アルタルフ）**
かに座で最も明るいこの星は橙色巨星で地球から290光年の距離にあり、3.5等でαより明るい。

**かに座α（アキューベンス）** 固有名はアラビア語で「（蟹の）はさみ」を意味する言葉から。4.2等の白い星で地球から約175光年の距離にある。

**M44（プレセペ）** 若い星50個が満月3個分の範囲に散らばっている星団。星の光が合成されて肉眼でも容易に見つけられる明るさになっている。星団中の星を個々に分離するには双眼鏡が必要である。

## Cancri (Cnc)

# かに座

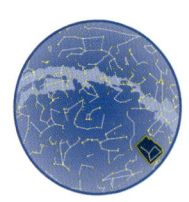

黄道12星座では最も暗く、星の並びも目立たないが、**ふたご座としし座の明るい星に挟まれて**見つけやすい。ギリシア神話によれば、かに座はうみへび座とともにヘルクレス座と戦った結果踏み潰された。

　天の川はかに座の領域を通っていないため、このあたりは天体が少ないが、散開星団が二つある（M44およびM67）。M67の方が集中度が高く、M44の方が星がまばらである。M44は地球から約570光年の距離にあり、別名「蜂の巣星団」「プレセペ（かいば桶）」と呼ばれる。ギリシア神話では2頭のロバのための干草が入った桶を表すとされ、かに座γとδがそのロバを表す。

北天

Leo Minor | こじし | 255

## データ

- ɪɪl 64
- ↔ 🖐
- ↕ 🖐
- ☼ こじし座46 3.8等
- ⌂ 3～4月

**全体が見える範囲：北緯90°～南緯48°**

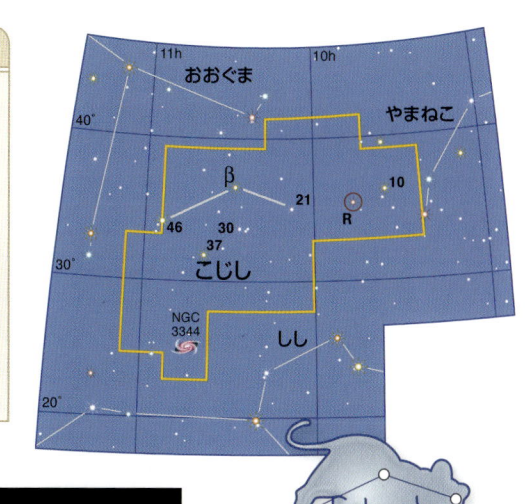

子ライオン

**NGC 3344**
この魅力的な正面向き銀河の内側の渦巻腕は、かたく巻いているため見分けにくい。全体等級は10.5等だが、拡散しているため小型望遠鏡でも観測は難しい。

## 見どころ

**こじし座46** こじし座で一番明るいこの星は3.8等の晩年を迎えた橙色巨星で地球から80光年の距離にある。αというバイヤー名がついていないのはミスによる。

**こじし座β** こじし座で2番目に明るい4.2等のこの星は、地球から190光年離れた黄色巨星である。距離と実視等級からすると、βは46番星より絶対等級が明るい。

**こじし座R** こじし座21西に位置する赤色巨星で、372日周期で脈動する変光星。極大では6.3等であり双眼鏡で楽に見つけられるが、極小では小型望遠鏡でも見えない。

## Leonis Minoris (LMi)

# こじし座

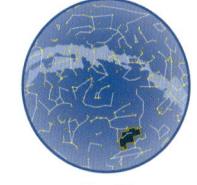

**しし座とおおぐま座の間に押し込められている**この暗い星座は、1680年頃ポーランドの天文学者ヨハネス・ヘベリウスが創設した。彼は星の並びがしし座に似ていると主張したが、正直なところ全然似ていない。明るい星をつないでも三角形ができるだけだ。ヘベリウスは単に星図「ウラノグラフィア」の隙間を埋めたかっただけかもしれない。しかしこの星座はふつう子ライオンを表すとされる。

比較的星がまばらなこじし座には、アマチュアの興味をひくものはほとんどない。46番にはバイヤー名αがつくべきところだが、1845年にイギリスの天文学者フランシス・ベイリーがつけ忘れたのだ。2番目に明るい恒星には正しくβがつけられている。

北天

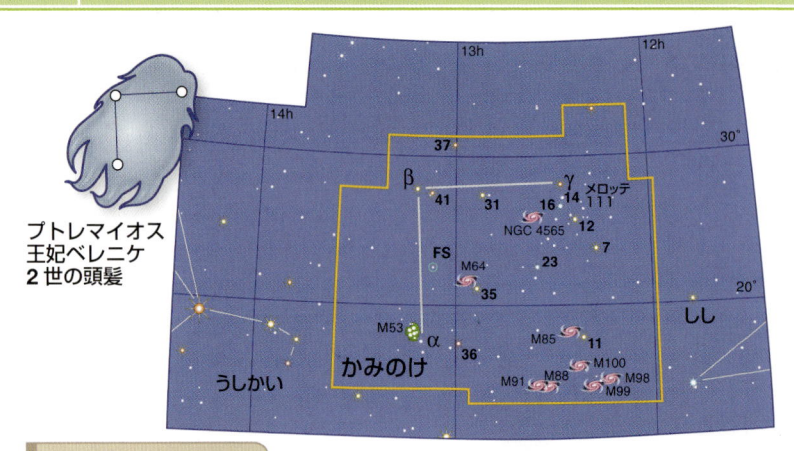

# かみのけ | Coma Berenices

プトレマイオス
王妃ベレニケ
2世の頭髪

## データ

- ▰▰▰ 42
- ↔ 👤👤
- ↕ 👤👤
- ☼ β 4.2等
- 📅 4〜5月

**全体が見える範囲：北緯90°〜南緯56°**

**黒あざ銀河**
小型望遠鏡で楕円形の光のしみに見える。中心部の塵の雲は口径150mm以上の大型望遠鏡で見るのが良い。

## 見どころ

**M53** かみのけ座にある二つの球状星団で明るい方。5万6000光年の距離にある。双眼鏡でも見えるが、小型望遠鏡で見る方が良い。

**M64（黒あざ銀河）** 中心部に塵の暗黒星雲があることからこの名で呼ばれる。地球に対して傾いているこの銀河は、1700万光年の距離にある。

**メロッテ111（かみのけ座星団）** この星座の主要部である散開星団。暗い星が集まってかみのけ座γを要に扇形に広がる。これは地球に最も近い散開星団のひとつで、肉眼でも20個以上の恒星が見分けられる。

## Comae Berenices (Com)

# かみのけ座

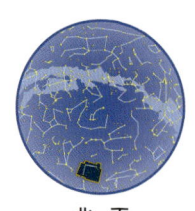

この領域は当初隣のしし座の尾とされていた。16世紀半ばにオランダの地図製作者ゲラルドゥス・メルカトルが新しく「ベレニケの髪の毛」座（Coma Berenices。略してComaと呼ばれる）を創設した。しし座とうしかい座の間にあり、紀元前3世紀のエジプト王妃ベレニケの髪ひと房を表す。彼女は夫のプトレマイオス3世が戦闘から無事帰還したことを神に感謝して髪を切って捧げた。

北天

かみのけ座は比較的暗い星座であるが、近傍の星団メロッテ111や、遠くの銀河が双眼鏡や望遠鏡で楽しめる。かみのけ座に見える銀河には、近傍のおとめ座銀河団からあふれたものも、もっと遠いかみのけ座銀河団に属するものもある。

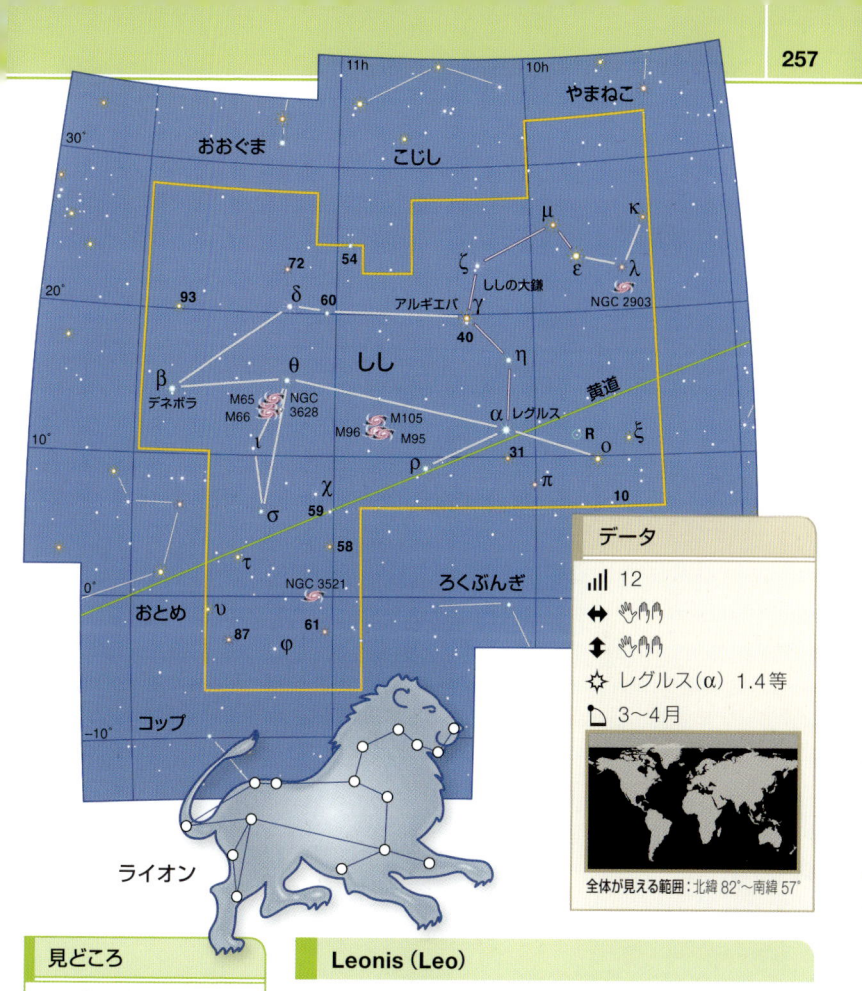

## データ

- 📶 12
- ↔ ✋✋
- ↕ ✋✋
- ☀ レグルス (α) 1.4等
- 🌙 3〜4月

全体が見える範囲：北緯82°〜南緯57°

## Leonis (Leo)

# しし座

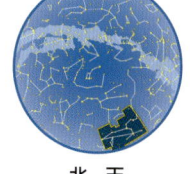

**大型の黄道星座で、天の赤道のすぐ北に位置する。**英雄ヘラクレスに退治されたネメアの獅子を表す。星をつないだ形はうずくまるライオンによく似ている。ライオンの頭と胸の六つの星は「ししの大鎌(おおがま)」と呼ばれる鉤形を描く。毎年11月のしし座流星群は輻射点がこのあたりにある。

しし座は天の川から遠く、つまり銀河面から外れているために、星雲や星団はないが、明るい銀河がいくつか見える。矮星ボルフ359があるのもしし座で、太陽に4番目に近い（7.8光年）恒星であるが、暗すぎてアマチュアの観測対象にはならない。

北 天

## 見どころ

**しし座α（レグルス）** 固有名はラテン語で「小さな王」を意味する。明るい青白い星で、地球から約80光年の距離にある。7.8等の伴星があり、双眼鏡で分離できる。

**しし座γ（アルギエバ）** 約170光年の距離にある連星で、黄色巨星二つからなる。小型望遠鏡で2.0等の主星と3.2等の伴星に楽に分離できる。1周600年ほどかけて互いのまわりを回る。

**しし座R** 約3000光年の距離にある赤色巨星で、312日周期で変光する。通常は肉眼で見える限界の明るさだが、極大では4等である。

## データ

- ᴉᴉᴉ 2
- ↔ ✋✋✋
- ↕ ✋✋
- ☆ スピカ(α) 1.0等
- 4〜6月

**全体が見える範囲:北緯67°〜南緯75°**

### 見どころ

**おとめ座α(スピカ)** 平均等級1.0のスピカは地球から約260光年の距離にある。この星は複雑な連星系(アマチュアの望遠鏡では分離できない)であり、暗い伴星の影響で主星の形が変わったり変光したりする。

**M87** 楕円銀河でおとめ座銀河団の中心部に位置する。明るさは8.1等で5000万光年の距離にある。

**M104(ソンブレロ銀河)** 約2800万光年の距離にある明るい銀河で、おとめ座銀河団よりずっと近い。地球に対して横向きで、中央バルジを黒い塵の線が1本貫いて見える。大型望遠鏡で見るのが良い。

## Virginis (Vir)

# おとめ座

全天で2番目に大きい星座(最大はうみへび座)で黄道星座で唯一の女性。おとめ座は天の赤道にまたがって広がり、ずっとわかりやすいしし座の南東に位置する。この星座はギリシアの正義の女神ディケーなどさまざまな女神に見立てられている。隣のてんびん座が善悪をはかる天秤を表す。収穫の女神デメテルとも関連づけられており、スピカは彼女が手にもつ麦の穂の印である。

おとめ座には明るい星団も星雲もないが、銀河がたくさんあるので十分埋め合せになる。おとめ座の方向には私たちの銀河系より遠い5500万光年離れたおとめ座銀河団がある。そこには銀河が2000個以上も含まれ、その多くはアマチュアの望遠鏡でも見える。

北 天

# Virgo | おとめ

## 少女の神

おとめ座はギリシアの正義の女神ディケーまたはユースティティアを表すとされることが多い。彼女は人間が堕落したことに失望して地上を見捨てて飛び去り天に帰った。この話では隣のてんびん座は、女神のもつ善悪をはかる秤とされる。一方紀元前1000年紀の古代メソポタミアでは、この星座は肥沃と収穫に結びつけられており、古代ギリシアの天文学者はおとめ座を収穫の女神デメテルまたはケレスとした。一番明るいスピカは乙女の手が握っている麦の穂の印である。

**ソンブレロ銀河**
メキシコの帽子に似た形から命名されたこの銀河は、中央部が大きく膨らんだ渦巻銀河で、ほぼ真横を向いている。塵の環が銀河円盤を黒く縁取る。この画像はハッブル宇宙望遠鏡で撮影された。

**マルカリアンの鎖**
おとめ座銀河団の一部で、銀河が並んでなめらかな曲線を描く。ここが銀河が偶然に配列されたのではなく、重力で結びついていることを最初につきとめたアメリカの天文学者 B. E. マルカリアンから名づけられた。

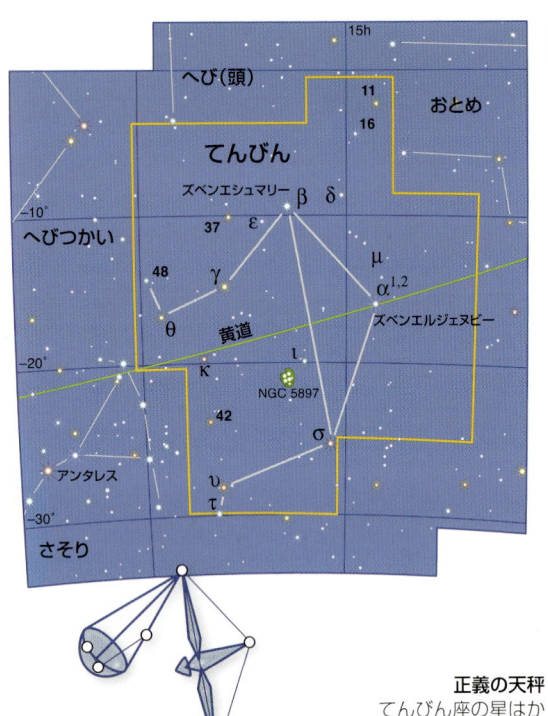

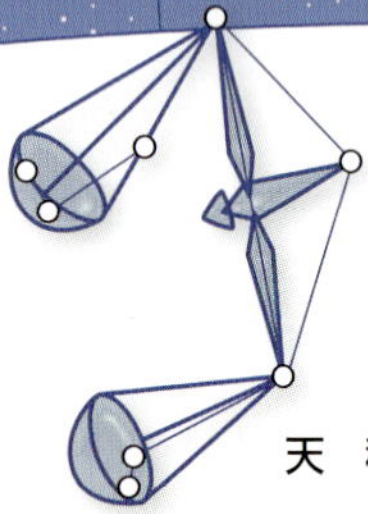

# てんびん | Libra

## データ

- ‖‖ 29
- ↔ 🖐
- ↕ 🖐
- ☼ ズベンエルジェヌビー(α) 2.8等
- 📅 5〜6月

全体が見える範囲：北緯60°〜南緯90°

**正義の天秤**
てんびん座の星はかつてさそり座の「爪」であった。今は人間の善行をはかる天秤を表す。

## Librae（Lib）

# てんびん座

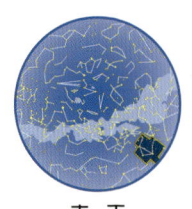

黄道星座で生き物でなく物（一対の天秤）を描いた唯一の星座。古代ギリシアですでに「Chelae Scorpionis」（さそりの爪）として認識されており、明るい星の固有名「ズベンエルハクラブ」「ズベンエルジェヌビー」および「ズベンエシュマリー」はそれぞれ「さそりの爪」「南の爪」および「北の爪」を意味する。しかしローマ時代以後、てんびん座は隣のおとめ座がもつ善悪をはかる天秤と解釈されている。

てんびん座は小さくて暗い星座で、隣の明るい星座から見つけるしかなく、目立たない球状銀河が一つあるだけでアマチュア向け天体に乏しい。βの北に位置する暗い恒星グリーゼ581は複雑な惑星系を伴うが、大半のアマチュアに手が届く天体ではない。

南天

## 見どころ

**てんびん座α（ズベンエルジェヌビー）** 双眼鏡で容易に分離できる連星。地球から70光年の距離に2.8等の青白い巨星と5.2等の白い星がある。

**てんびん座μ** 連星でどちらも白い星。地球から235光年離れた位置で5.6等と6.7等の星が互いに回り合っている。αより近接しているため、分離するには口径75 mmほどの望遠鏡が必要である。

**てんびん座48** 地球から510光年の距離にあるこの若い星は、展開段階の初期にあり、過剰な物質を吐き出して周囲に殻を形成している。そのために少し変光する。

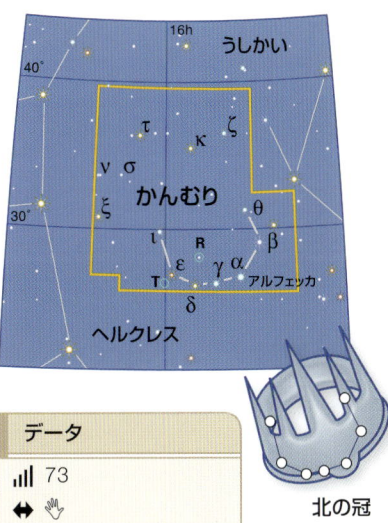

Corona Borealis | かんむり

うしかい
かんむり
ヘルクレス
アルフェッカ

北の冠

### データ

- 73
- アルフェッカ(α) 2.2等
- 6月

**全体が見える範囲：北緯90°〜南緯50°**

**天の冠**
かんむり座の星が夜空に描く曲線は王冠のようだ。

### 見どころ

**かんむり座α（アルフェッカ）** 平均等級 2.2 等の分解しにくい食変光星で、17.4 日周期で二つの星が互いに前後を入れ替わって明るさが変わる。

**かんむり座R** 冠の中に囲まれた変光星で、地球から 6000 光年の距離に位置する。この黄色超巨星は、通常は肉眼で見える 5.8 等であるが、数年ごとに急に減光し、そのときはアマチュアの望遠鏡では見えない。

**かんむり座T** 「ブレイズ・スター」（燃え盛る星）とも呼ばれるこの恒星は、最も明るくかつ回帰性の高い新星で、数十年ごとに 11 等から 2 等近くまで増光する。

### Coronae Borealis（CrB）

# かんむり座

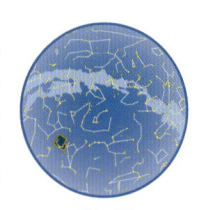

小さいがはっきりした星座で、北天、うしかい座とヘルクレス座の間に位置する。暗い恒星七つが馬蹄形に並ぶ様子は、クレタの王女アリアドネがディオニュソス神と結婚したとき載せた冠を表すとされる。この星座は古代からあるもので、紀元 2 世紀にプトレマイオスが創始した 48 星座にも入っていた。

北天

アマチュア向けの深宇宙天体を欠く代わり、かんむり座には魅力的な連星と変光星がたくさんある。銀河が 400 個以上あつまった銀河団エイベル 2065 もある。しかしこの銀河団は 15 億光年かなたにあるため、明るさは 16 等にすぎない。

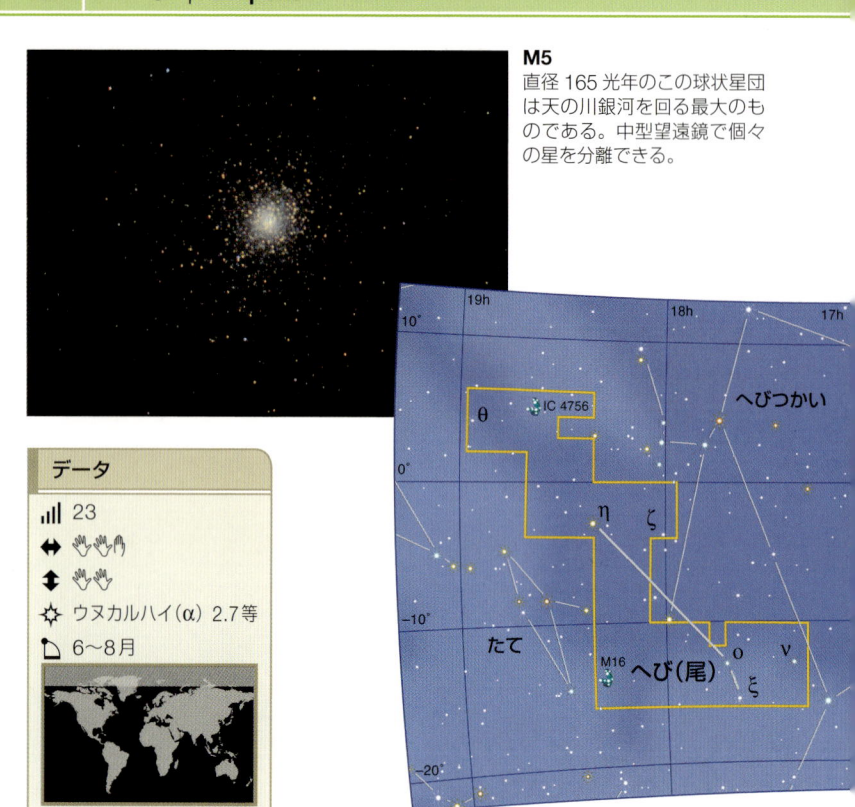

へ び | Serpens

**M5**
直径 165 光年のこの球状星団は天の川銀河を回る最大のものである。中型望遠鏡で個々の星を分離できる。

### データ

- ▥ 23
- ↔ ✋✋
- ↕ ✋
- ☼ ウヌカルハイ (α) 2.7 等
- 🌙 6〜8月

**全体が見える範囲：北緯 74°〜南緯 64°**

### 見どころ

**へび座 α（ウヌカルハイ）**
へび座で一番明るい 2.7 等のこの星はへび座頭部にある橙色巨星で、地球から約 70 光年離れている。

**M5** およそ 130 億歳の球状星団で、夜空で最も古い天体。地球から 2 万 4500 光年の距離にあり、肉眼でやっと見える明るさ（約 5.6 等）である。

**M16** 60 個ほどの恒星が集まった散開星団で、地球から 4600 光年の、大きいが暗いガス雲、わし星雲の中心部にある。M16 は満月ほどの大きさのぼやけた光のしみに見える。

## Serpentis (Ser)

# へび座

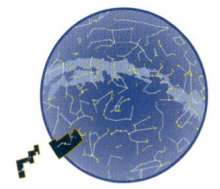

**二分割された唯一の星座。** へびつかい座を挟んで頭部と尾部に分かれている。ギリシア神話では脱皮する蛇は再生の象徴とされた。へびつかい座は偉大な治療者アスクレピオスを表すとされた。アスクレピオスは死者を生き返らせるほど評判が良かった。

**北 天**

へび座の尾は天の川の中にあるが、頭の方向は銀河と銀河の間の比較的天体の少ない領域になる。よってへび座は前半と後半ではっきり性質が異なっている。尾部には中心部に M16 をもつわし星雲がある。頭部には球状星団 M5 や多くの遠い銀河がある。

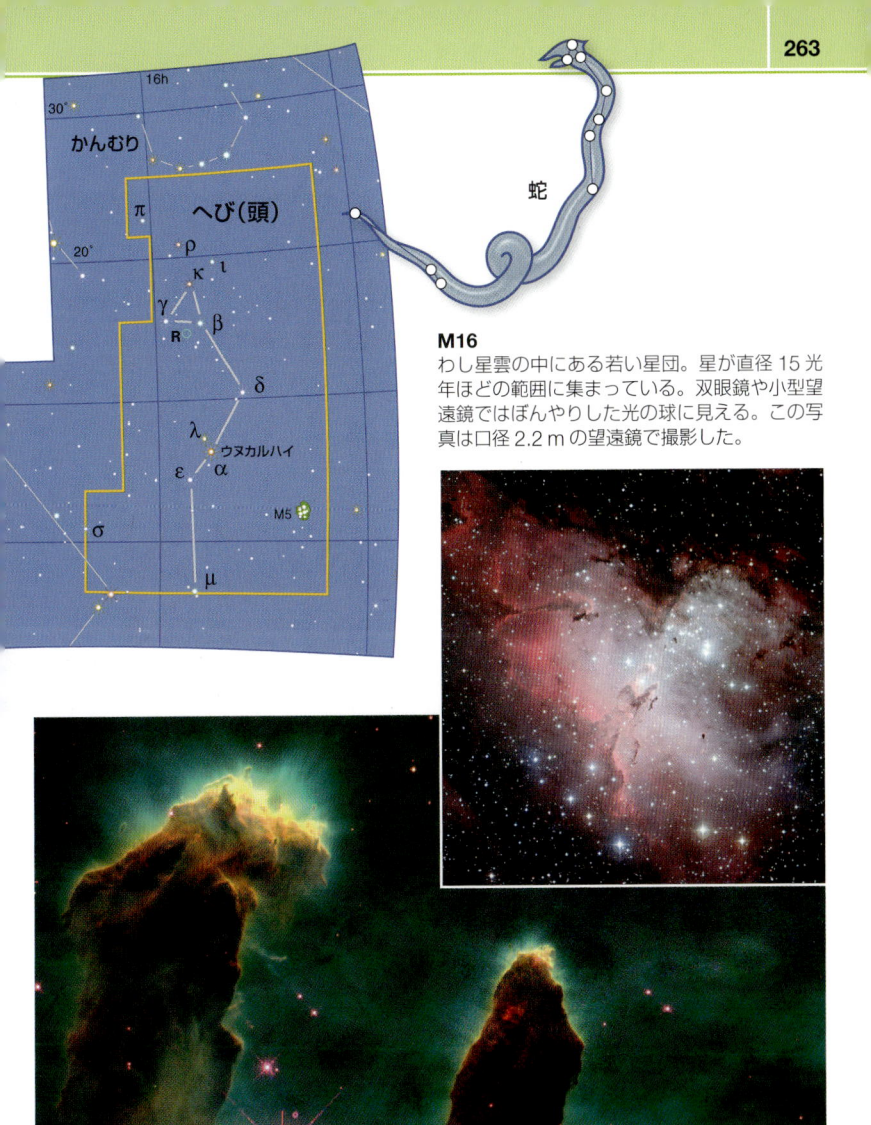

**M16**
わし星雲の中にある若い星団。星が直径15光年ほどの範囲に集まっている。双眼鏡や小型望遠鏡ではぼんやりした光の球に見える。この写真は口径2.2mの望遠鏡で撮影した。

**わし星雲**
ハッブル宇宙望遠鏡によるこの画像は、わし星雲中の「創造の柱」と呼ばれるガスと塵の柱を示す。これらの暗黒星雲の中で星が形成されて、その星の放射で周囲の物質が吹き飛ばされて露出する。

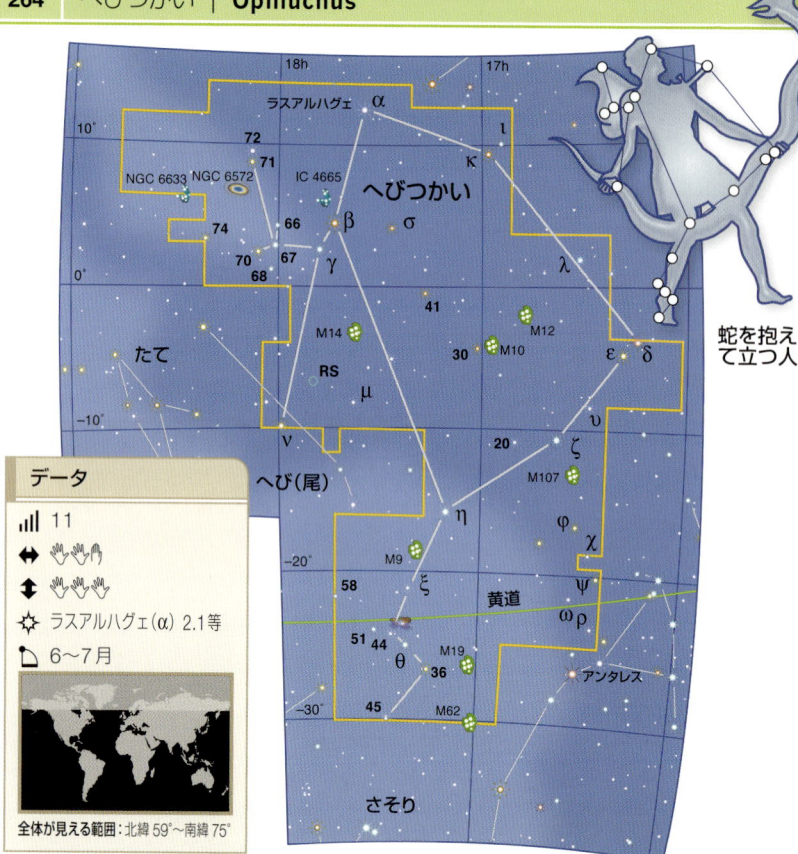

# へびつかい | Ophiuchus

## データ

- 📶 11
- ↔ ✋✋
- ↕ ✋✋
- ☆ ラスアルハグェ(α) 2.1等
- 🌙 6〜7月

**全体が見える範囲：北緯59°〜南緯75°**

蛇を抱えて立つ人

## 見どころ

**へびつかい座 α（ラスアルハグェ）** この星座で一番明るい恒星は 2.1 等の白色巨星で、地球からの距離は約 50 光年。

**へびつかい座 ρ** この魅力的な複連星はそれを形成した暗いガス雲に包まれている。5.0 等の主星と伴星のうち離れている二つが双眼鏡で分離して見える。小型望遠鏡ではさらに主星に近い別の 5.9 等の伴星が見える。

**バーナードの星** この星座で最も有名なバーナードの星は β の近くに見つかる。夜空で最も速く移動する恒星で、200 年間に満月直径ほど位置を変える。太陽に 2 番目に近い恒星で 6 光年しか離れていない。

## Ophiuchi (Oph)

# へびつかい座

**古くからある大きな星座で、天の赤道にまたがる。** 大蛇を抱える人物として描かれ、ギリシアの治療の神アスクレピオスに関連づけられる。蛇の方は独立した別の星座へび座になる。暗い星ばかりで星をつないでできる形もはっきりしないため、ヘルクレス座の南、さそり座（南にある）の北を探すと良い。

南天

黄道がこの星座を通っており、太陽は 12 月前半にへびつかい座を通るが、黄道星座とは見なされない。へびつかい座を構成する星は暗いが、興味深い天体があまた含まれ、特に球状星団は多い。大きく広がった星雲状天体もあるため、天体写真家に人気がある。

# Scutum | たて

## データ

- ill 84
- ↔ 🖐
- ↕ 🖐
- ☼ α 3.8等
- 🌙 7〜8月

**全体が見える範囲**：北緯74°〜南緯90°

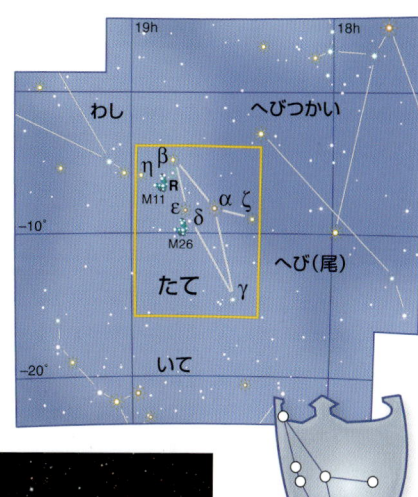

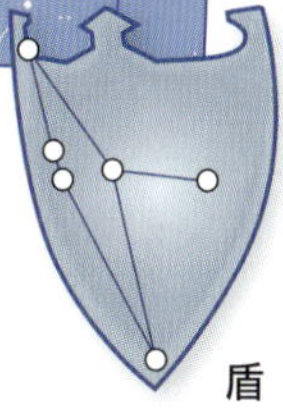

**野鴨星団**
地球から5600光年ほど離れたM11は、空が暗い郊外では、天の川の中でぼやけた明るい光のしみとして肉眼で見える。

## 見どころ

**たて座δ** 地球から260光年離れた4.7等の巨星で脈動する。変光星の一種激変星の典型で、4.6時間周期で0.1等明るさを変える。

**たて座R** δより長い周期の変光星で、変光を追跡するのは容易である。これは黄色超巨星で極大では4.5等、極小では8.8等と双眼鏡の観測限界の明るさになる。変光周期は144日。

**M11（野鴨星団）** この散開星団は天の川の濃い「たて座星雲」の中、たて座βのすぐ南に位置する。肉眼でも見えるが双眼鏡がおすすめ。望遠鏡で見ると星が扇形に並ぶ。

## Scuti (Sct)

# たて座

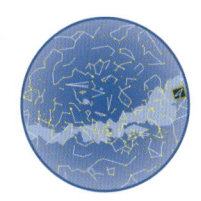

凧のような形の小さな星座で、天の赤道の南にある。たて座は17世紀にポーランドの天文学者ヨハネス・ヘベリウスが創設した。彼は初めポーランド-リトアニア共和国王ヤン3世ソビェスキを称えて「Scutum Sobiescianum」（ソビェスキの盾座）と名づけたが、今では単に「たて座」と呼ばれる。見つけるにはわし座といて座の間を探すのが良い。

**南天**

　天の川の明るい部分がかかるため星雲が多く、双眼鏡での掃天に最適。いて座方向の天の川中心から外れて天の川が最も明るい部分は「たて座星雲」と呼ばれる。アマチュア向きの天体としては散開星団M11、長周期変光星たて座Rがある。

# や | Sagitta

## データ

- ǁǁǁ 86
- ↔ ✋
- ↕ ✋
- ☀ γ 3.5等
- 🗓 8月

**全体が見える範囲:** 北緯90°〜南緯69°

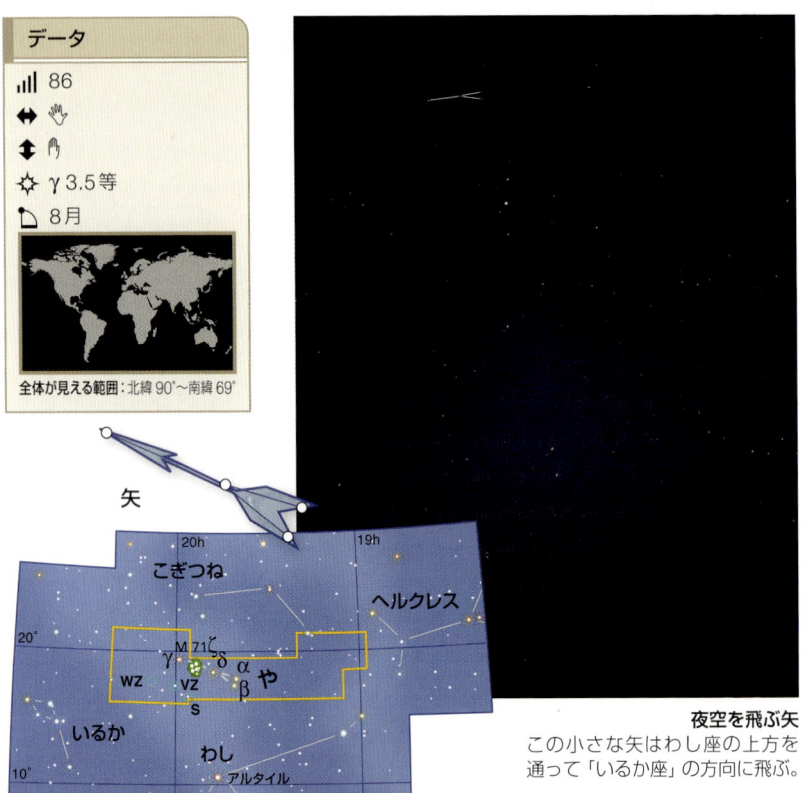

**夜空を飛ぶ矢**
この小さな矢はわし座の上方を通って「いるか座」の方向に飛ぶ。

## 見どころ

**や座γ** や座で最も明るい矢の先端で輝くこの星は3.5等の橙色巨星である。地球からの距離は175光年。

**や座α（シャム）とβ** この黄色い2星はどちらも4.4等の星で、地球から470光年のところで仲良く並んでいる。

**や座S** 地球から4300光年の距離にあるこの黄色超巨星は脈動変光星でもあり、8.38日周期で5.5等から6.2等に明るさが変わる。

**M71** ふつう球状星団に分類されるが、恒星の集中度が低いために散開星団かもしれない。1万3000光年の距離に位置する。

## Sagittae (Sge)

# や 座

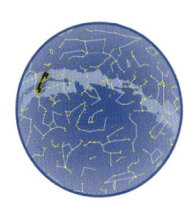

全天で3番目に小さい「や座」は天の川の中、**こぎつね座とわし座の間に位置する**。同様に小さいがもっと形のはっきりしたいるか座と並んでいるので見つけやすい。天の川銀河に属する星を擁し「はくちょう座の裂け目」と呼ばれる暗黒星雲（天の川を分断するように見える塵の雲）を含むにもかかわらず、アマチュアの興味をひく天体はほとんどない。

や座は小さく比較的目立たない星座であるが、古代ギリシア時代から1本の矢と認識されていた。しかしいて座とは関係がない。ギリシア文化の権威はこのや座を、神アポロンやヘラクレスやエロスがはくちょう座やわし座に向かって射た矢を表すとしている。

**北天**

Aquila ｜ わ し　267

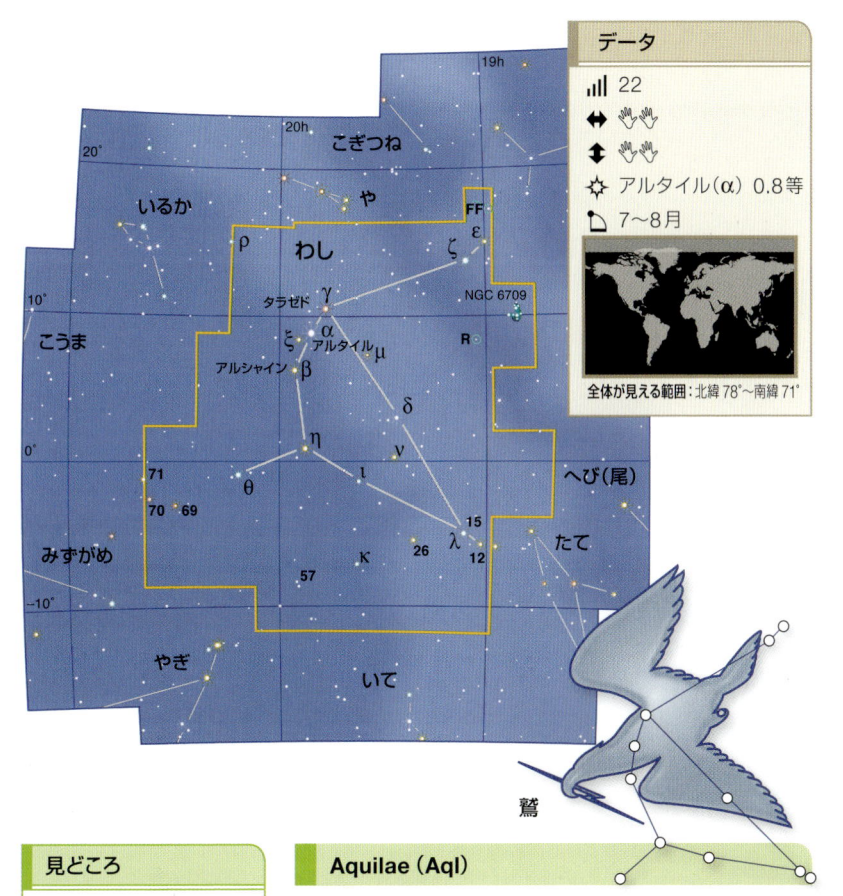

## データ

- 📶 22
- ↔ 🖐
- ↕ 🖐
- ☆ アルタイル（α）0.8等
- 📅 7〜8月

全体が見える範囲：北緯78°〜南緯71°

鷲

### 見どころ

**わし座α（アルタイル）**
地球に最も近い一等星でちょうど17光年の距離にある。0.8等の明るさで全天で12番目に明るい。鷲の首を飾る星で、左右にβとγが並ぶ。

**わし座β（アルシャイン）**
このβとγ（タラゼド）は双子のように左右からαを挟む。この2星ではアルシャインの方が暗く（3.7等）、タラゼドは2.7等である。アルシャインまではちょうど49光年で、橙色巨星タラゼドはその5倍遠い。

**NGC 6709** 約3000光年離れたこの散開星団は、双眼鏡を使うと天の川の中で光るこぶに見える。

## Aquilae（Aql）

# わし座

天の赤道にかかるわし座は、はくちょう座やたて座やいて座の近く、天の川が濃い領域に位置する。わし座は九つもの他の星座と境界を接している。明るいアルタイルとその左右にアルシャインとタラゼドが並ぶ星つなぎが中心にあるおかげで簡単に見つかる。アルタイルは夏の大三角（p.190）の一角を司る（他の2星はこと座のベガとはくちょう座のデネブ）。わし座には注目に値する深宇宙天体は乏しい。

　この星座は少なくとも3000年前から飛ぶ鷲に見立てられてきた。この鷲は神ゼウスの象徴の雷電の筋（どう）を運ぶ。あるいはゼウスその人が化けた鷲であり、ゼウスはその姿で少年ガニュメデスを誘拐した。隣のみずがめ座がさらわれたガニュメデスとされる。

北天

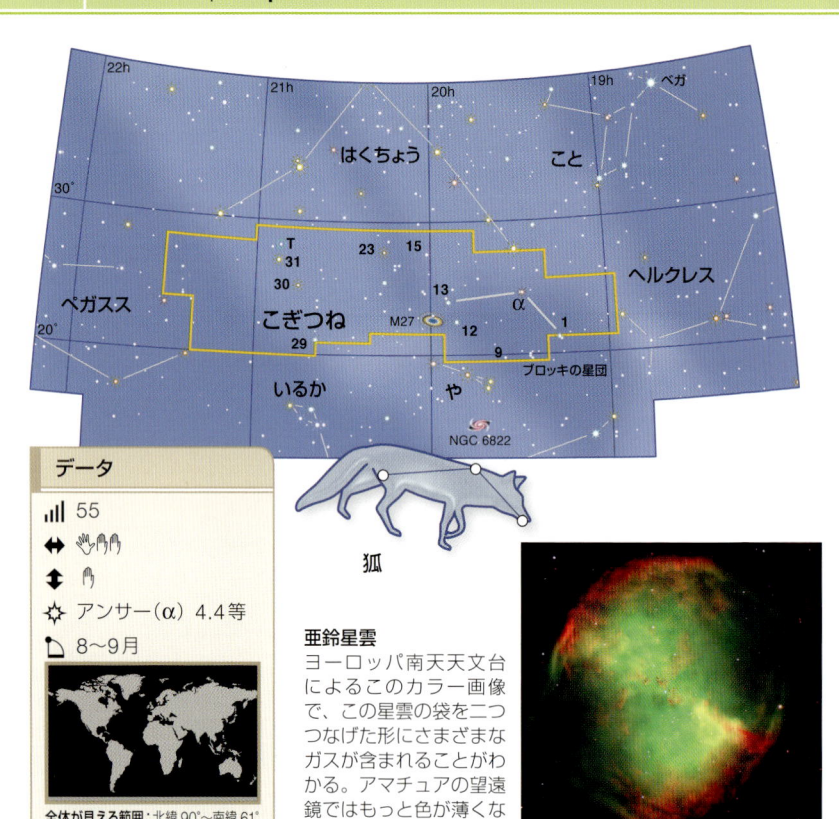

こぎつね | **Vulpecula**

## データ

- ᴉᴉᴉ 55
- ↔ ✋🤚
- ↕ ✋
- ☼ アンサー（α）4.4等
- 📅 8〜9月

全体が見える範囲：北緯90°〜南緯61°

## 見どころ

**こぎつね座α（アンサー）** この星座で一番明るいアンサーは4.4等の赤色巨星で、地球から約250光年の距離にある。

**ブロッキの星団（洋服掛け）** こぎつね座の南側の境にある恒星10個ほどの星団。星の並びから「洋服掛け」とも。個々の星は肉眼の限界等級に近いため、双眼鏡で見るのが良い。

**M27（亜鈴星雲）** 明るい惑星状星雲で見つけやすい。満月の4分の1ほどの円いしみとして見える約1000光年離れた天体。小型望遠鏡で命名の由来となった亜鈴形がわかる。

**亜鈴星雲** ヨーロッパ南天天文台によるこのカラー画像で、この星雲の袋を二つつなげた形にさまざまなガスが含まれることがわかる。アマチュアの望遠鏡ではもっと色が薄くなる。

### Vulpeculae（Vul）

# こぎつね座

北天の小さく暗い星座で、天の川の中、**はくちょう座の南に位置**する。17世紀末にポーランドの天文学者ヨハネス・ヘベリウスが導入した星座で、当初はVulpecula cum Anser（鴨をくわえた狐）という名であったが、現在は単にVulpeculaと呼ばれる。この星座は暗く、わかりやすい星つなぎもないため、ペガスス座の隣を探すと良い。

北 天

　比較的目立たない星座ではあるが、M27（亜鈴星雲）のように双眼鏡や小型望遠鏡で印象的な天体がある。さらに最初に発見されたパルサーである電波源 PSR 1919+21 もある。以前はパルス信号の機構は謎であったが、今では高速回転する中性子星であると判明している。

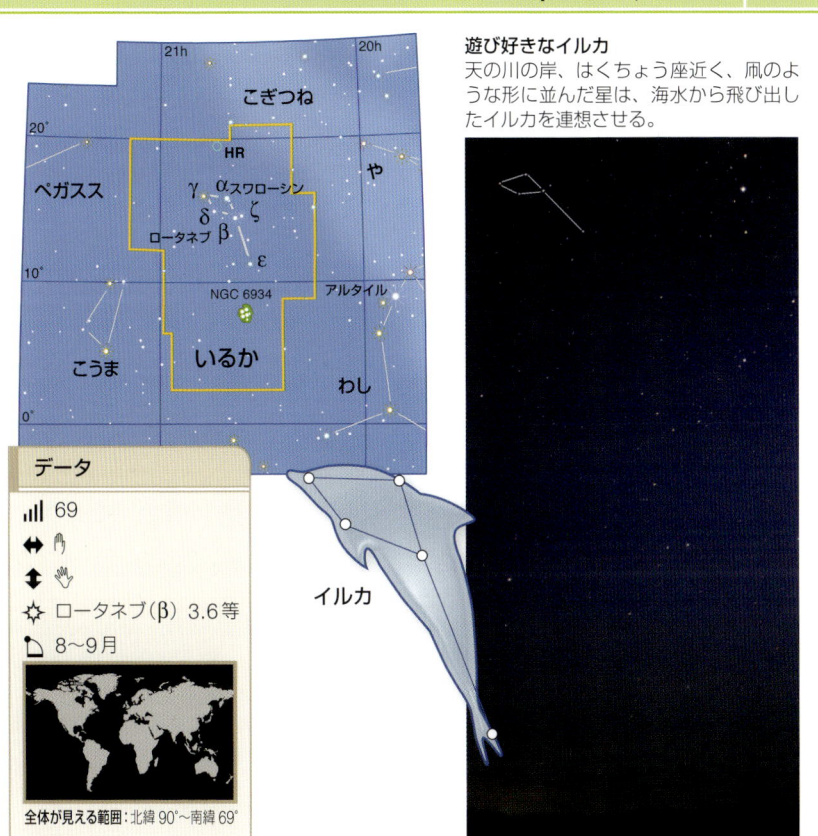

# Delphinus | いるか 269

### 遊び好きなイルカ
天の川の岸、はくちょう座近く、凧のような形に並んだ星は、海水から飛び出したイルカを連想させる。

## データ

- 📶 69
- ↔ ✋
- ↕ ✋
- ☼ ロータネブ（β）3.6等
- 📅 8〜9月

全体が見える範囲：北緯90°〜南緯69°

## 見どころ

**いるか座β（ロータネブ）** αより僅差で明るい。3.6等の澄んだ白い星で地球から72光年の距離にある。

**いるか座α（スワローシン）** 地球から190光年の距離にある高温の青白い星で、3.8等の明るさで輝く。

**いるか座γ** 地球から125光年離れた魅惑的な連星で、小型望遠鏡でたやすく分離できる。黄白色の二つの星はそれぞれ4.3等と5.1等の明るさ。

## Delphini（Del）

# いるか座

小さいが特徴的な星座でわし座とペガスス座の間に位置する。ギリシア神話によれば、詩人で音楽家のアリオンが船上で船乗りたちに襲われて海に飛びこんだときに助けたイルカとされる。または海神ポセイドンがアンピトリテを花嫁として迎える際に送ったイルカともいわれる。起源は古く、プトレマイオス48星座に含まれる。

北天

明るい二つの恒星 α と β は1814年に編集された恒星カタログで初めてスワローシン（Sualocin）とロータネブ（Rotanev）と命名された。これは編集者のイタリア人の助手ニッコロ・カッチャトーレ（Niccolo Cacciatore）が、自分の名をラテン風にしたニコラウス・ベナトール（Nicolaus Venator）を逆から綴って名づけたものである。

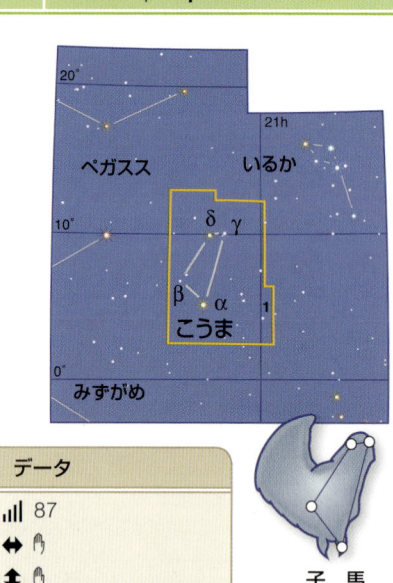

# こうま | Equuleus

**子馬**

## データ

- ill 87
- ↔ 🖐
- ↕ 🖐
- ☼ キタルファ(α) 3.9等
- 🗓 9月

全体が見える範囲：北緯90°〜南緯77°

**子馬の頭**
暗い星で構成された小さな星座で見落としやすい。ペガスス座といるか座の間で子馬の頭を表す。

## 見どころ

**こうま座α（キタルファ）**
3.9等の黄色巨星で太陽から190光年離れている。絶対等級は太陽の75倍。

**こうま座ε**　三重星で、連星ひと組と別の星が偶然地球から見て同じ方向に位置している。小型望遠鏡で5.4等の星（距離200光年）と7.4等の別の星（たまたま同じ方向にあるだけ）が分離できる。後者の方が近く125光年の距離にある。大型望遠鏡で見ると前者の星が実際は連星であるのがわかる。

## Equulei (Equ)

# こうま座

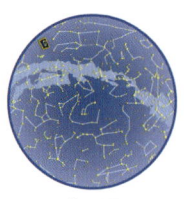

**全天で2番目に小さい星座で、比較的暗い。** 若駒の頭部を表し、古代には隣のペガスス座のお伴と見られていた。2世紀にプトレマイオスが編纂した48星座にこのこうま座は含まれる。ギリシア神話では有名なペガスス座の子孫または弟とされる足の速い子馬ケレリスに結びつけられている。

　こうま座はペガススの鼻先の星ペガスス座εといるか座の菱形の間に上手く入り込んでいる。こうま座には重星があり、一番明るい恒星こうま座αは別名キタルファとも呼ばれる。

**北天**

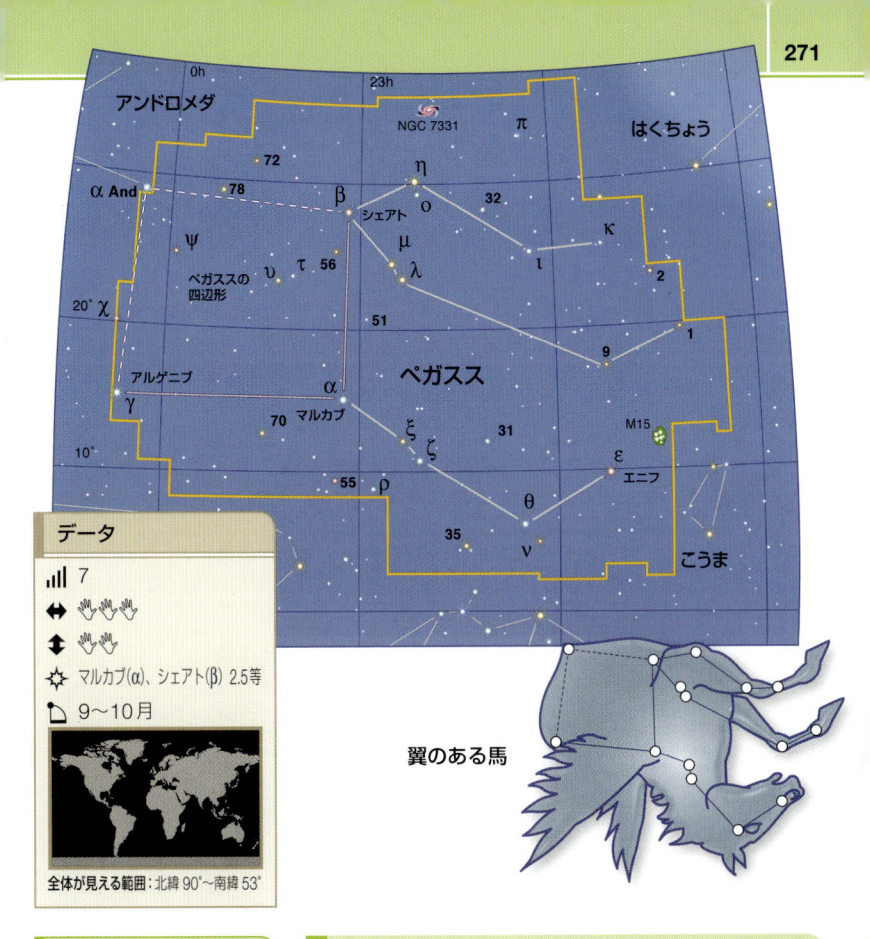

271

### データ

- ᵢ.ᵢl 7
- ↔ ✋✋
- ↕ ✋
- ☆ マルカブ(α)、シェアト(β) 2.5等
- 🗓 9～10月

全体が見える範囲：北緯90°～南緯53°

### 見どころ

**ペガスス座 α（マルカブ）**
この青白い星は約140光年の距離で2.5等の明るさで輝く。

**ペガスス座 β（シェアト）**
赤色巨星のため四辺形の他の星とは色が違う。地球から200光年離れたこの星の通常の明るさは2.7等であるが、予測不能な変光をしてマルカブより明るくなったりγより暗くなったりする。

**M15** 6.2等の球状星団で明るく双眼鏡で簡単に見つかる。3万光年以上の距離にあり、最も高密度な星団のひとつ。ここには昔超新星爆発を起こしたパルサーが九つある。

## Pegasi (Peg)

# ペガスス座

**最大の星座のひとつで、黄道星座みずがめ座とうお座の北側の空白を埋める。明るい四つの恒星（うちひとつは隣のアンドロメダ座と共有）がつくるペガススの四辺形のおかげで非常に見つけやすい。**

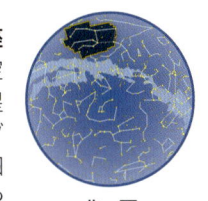

北天

　ギリシア神話の有翼馬として有名なペガソスは、メドゥサがペルセウスに殺されたときに彼女の血から生まれた。馬の前躯だけを描いたペガスス座は、それでも全天で7番目に大きい。天の川から離れてはいるが、ペガスス座には球状星団M15や黄色い主系列星ペガスス座51が含まれる。後者は太陽系以外で惑星が最初に見つかった恒星である。

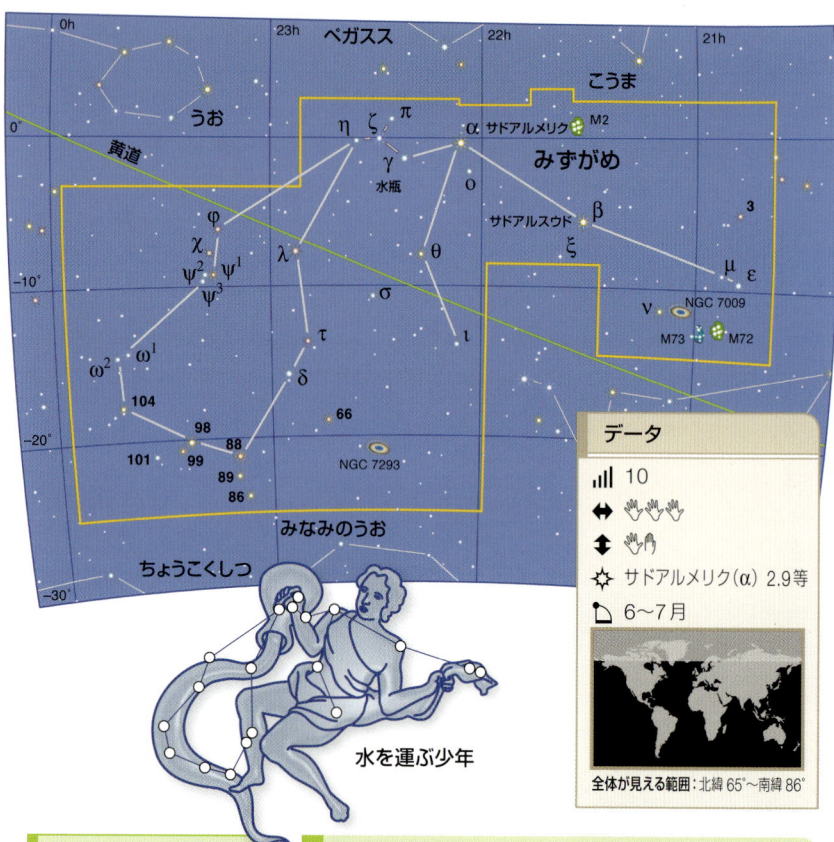

# みずがめ | Aquarius

水を運ぶ少年

## データ

- ıll 10
- ↔ ✋✋
- ↕ ✋✋
- ☆ サドアルメリク(α) 2.9等
- 🗓 6～7月

全体が見える範囲：北緯65°～南緯86°

## 見どころ

**M2** みずがめ座にある二つの球状星団で明るい方（6.5等）。地球から3万7000光年離れている。

**NGC 7293（螺旋星雲）** 700光年ほど離れた地球に最も近い惑星状星雲。ほぼ満月と同じ大きさで、光が広い範囲に拡散しているため、空が暗く澄んでいないと見つけにくい。視野が広角の双眼鏡で見るのが良い。

**NGC 7009（土星星雲）** これも惑星状星雲で、明るさは8.0等、1430光年の距離にある。この星雲は土星に似た大きさの円盤状に見える。小型望遠鏡では緑色を帯びる。

## Aquarii (Aqr)

# みずがめ座

最古の黄道星座のひとつで、天の赤道近く、やぎ座とうお座の間に位置する。星が結ぶ形ははっきりしないが、みずがめ座αと「瓶」を表す四つの星によるY字形は目印になる。毎年5月初めに出現するみずがめ座η流星群がこのあたりに輻射点をもつ。

みずがめ座は紀元前2000年紀より、瓶から水を注ぐ人と認識されている。ギリシア神話によれば、この人物は若い羊飼いガニュメデスで、鷲（わし座）に化けたゼウスにさらわれてオリュンポス山で神々に酌をする供人となった。この星座には地球に最も近い惑星状星雲など、興味深い深宇宙天体がいくつもある。

北 天

# Pisces | うお 273

## データ

- ııl 14
- ↔ ✊✊
- ↕ ✊✊
- ☼ η 3.6等
- 🗓 10〜11月

全体が見える範囲: 北緯83°〜南緯56°

2匹の魚

### 見どころ

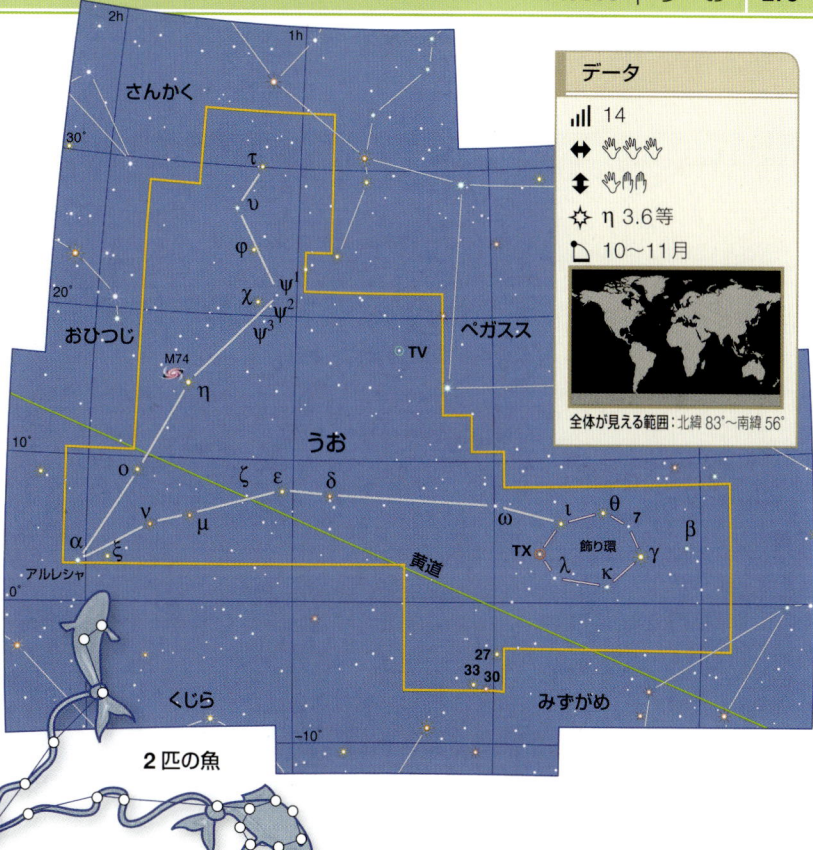

**うお座 η** うお座で最も明るいこの黄色超巨星は3.6等で、αより明るく、αの2倍遠い300光年の距離にある。

**うお座 α（アルレシャ）** うお座で2番目に明るいこの連星は、2匹の魚をつなぐ紐の結び目の印である。地球からちょうど140光年の距離にあり、白い星が二つそれぞれ4.2等と5.2等の明るさで光る（合成等級は3.8等）。この連星は近接しており、小型望遠鏡では分離できない。

**M74** 2500万光年離れた正面向きの美しい渦巻銀河は、光が広く拡散しており、小型望遠鏡で見るのは骨である。

## Piscium (Psc)

# うお座

この黄道星座はみずがめ座とおひつじ座の間に位置し、2匹の魚が尾を紐でつながれた姿を描く。ギリシア神話によると、この魚は女神アプロディテと息子エロスで、怪物テュポンから逃げたときに魚に変身してユーフラテス川に飛び込んだところといわれる。この星座で最も目立つのは、ペガススの四辺形（p.271）の南で七つの星が楕円形に連なる「飾り環」である。「飾り環」は片方の魚の胴体にあたる。

うお座の範囲は広いが、アマチュアの興味をひく天体は多くない。うお座には重要な春分点（毎年3月に太陽が天の赤道を横切る点）があり、星図で天の座標系の原点として使われる。

北天

## データ

- ▁▁▁ 4
- ↔ 🤚🤚🤚
- ↕ 🤚🤚
- ☼ ディフダ(β) 2.0等
- ◗ 10〜12月

**全体が見える範囲：北緯65°〜南緯79°**

海の怪物

## 見どころ

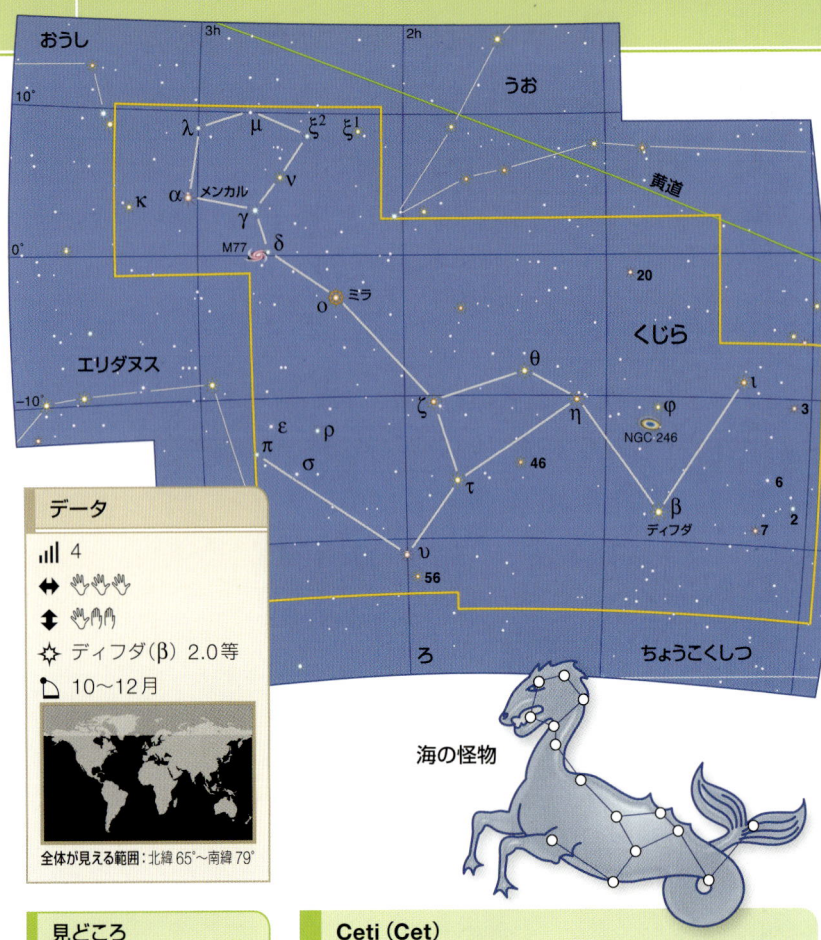

**くじら座o（ミラ）** ラテン語で「不思議な」を意味する語から命名されたミラは、最も目立つ変光星であり、332日周期で10等から2等まで変光する。この不安定な赤色巨星は長く定期的な脈動を繰り返す。光度変化の幅が大きく、肉眼で見えるときもあれば、望遠鏡を使わないと見えないときもある。

**くじら座τ** 黄色準矮星に分類される近傍星のひとつで、明るさも温度も太陽によく似ている。地球からちょうど11.9光年の距離で、小惑星や彗星の群れに囲まれている。もしもこの星に惑星があれば、地球外生命が存在する望みがある。

## Ceti (Cet)

# くじら座

プトレマイオス48星座のひとつで、天の赤道にまたがる。大きいが比較的暗く、見つけるにはおうし座の南西を探すと良い。名前こそ「くじら」座であるが、古い星図に描かれた星座絵はクジラと全然似ていない。さまざまな動物を合成した奇妙な怪物のようである。

南天

この星座の形を星でたどるのはたやすくない。というのは最も目立つo（ミラ）が大きく変光するからである。1596年にドイツの天文学者ダービト・ファブリツィウスが、くじら座に新たに星が出現したのに気づいた。真相はすぐに判明し、恒星が新しくできたのではなく、ミラが長い規則的な脈動周期に従って増光したのだとわかった。これが、変光星の最初の発見であった。

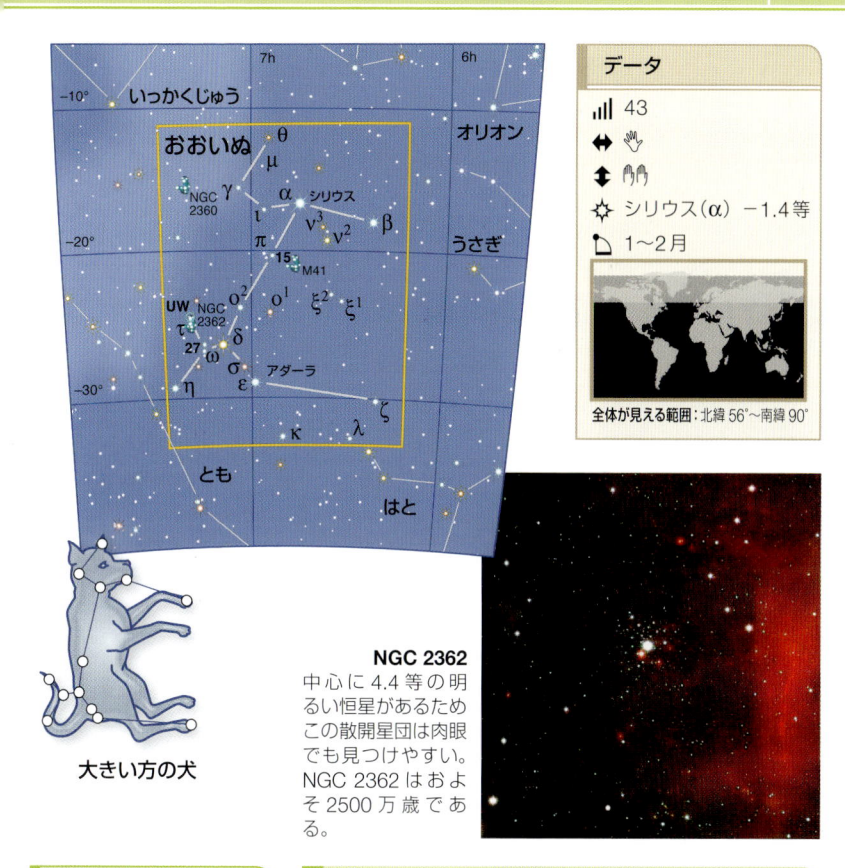

# Canis Major | おおいぬ

## データ

- 📶 43
- ↔ 🤚
- ↕ 🤚🤚
- ☀ シリウス（α）−1.4等
- 🌙 1〜2月

**全体が見える範囲**：北緯56°〜南緯90°

**NGC 2362** 中心に4.4等の明るい恒星があるためこの散開星団は肉眼でも見つけやすい。NGC 2362はおよそ2500万歳である。

大きい方の犬

## 見どころ

**おおいぬ座α（シリウス）**
「ドッグ・スター」（犬の星）として有名なシリウスは絶対等級が太陽の23倍明るく、8.6光年しか離れてないため−1.4等で輝く。シリウスは連星系で、主星のまわりを暗い白色矮星のシリウスBが回っている。

**おおいぬ座β（ミルザム）**
2.0等でシリウスより数段暗い。この恒星は青色巨星でシリウスより絶対等級は明るいが、地球から遠い（500光年）ため暗く見える。

**M41** 肉眼では満月ほどのぼんやりしたしみに見える。双眼鏡では明るい恒星が分離でき、望遠鏡では中心から星が放射状に連なる様子が見える。

## Canis Majoris（CMa）

# おおいぬ座

**狩人オリオン**に従って空を駆けるおおいぬ座には**シリウス**がある。全天で最も明るい恒星で近傍星のひとつでもある。古代よりこの星座はオリオンの連れている猟犬の大きい方とされてきた（小さい方はこいぬ座）。別の説明では、おおいぬ座は俊足の犬レラプスであり、「けっして捕まらない」テウメーッソスの狐を永遠に追い続けているのだとされる。

南天

　シリウス、こいぬ座のプロキオン、そしてオリオン座のベテルギウスの3星が、天の赤道あたりに大きな三角形を描く。古代エジプトでシリウスが太陽とともに昇ると、毎年起こるナイル川の氾濫の前触れとされていた。おおいぬ座の領域は天の川にかかっているため、星団など興味深い深宇宙天体を含む。

# オリオン | Orion

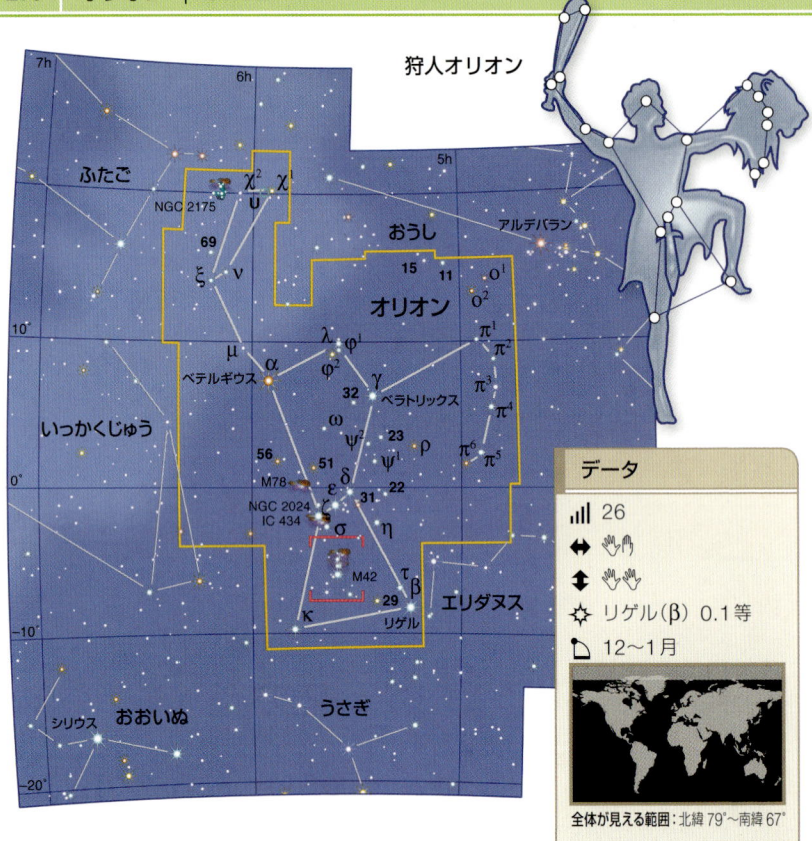

## データ

- ııl 26
- ↔ ✋
- ↕ ✋
- ☼ リゲル(β) 0.1等
- 📅 12〜1月

全体が見える範囲：北緯79°〜南緯67°

## 見どころ

**オリオン座β（リゲル）**
ベテルギウスが極大の時期（0.0等）以外は、この星座でリゲルが最も明るい。この星は0.1等の青白い超巨星で約770光年の距離にある。

**オリオン座α（ベテルギウス）** 地球から430光年ほど離れた赤色巨星。明るさは0.0等から1.3等まで変動し予測できない。

**M42（オリオン大星雲）**
オリオンが帯に下げている短剣を飾る。M42は約1300光年離れた巨大な星形成領域である。肉眼でも見えるが、双眼鏡か小型望遠鏡で見ると素晴らしく、生まれたばかりの四つの星が輝くトラペジウムが内部に見える。

## Orionis (Ori)

# オリオン座

突進してくる**牡牛（おうし座）に立ち向かい、犬を2匹従えた（おおいぬ座、こいぬ座）狩人**で戦士のオリオンを表す。古代からある星座で、シリアではアルジャッバー（巨人）として知られており、古代エジプト人はサフ（オシリス神の魂）と呼んだ。

北天

　オリオン座は天の赤道域に位置するため、世界のどこからでも見える。最も目立つのは二等星が三つ並ぶオリオンの帯で、ほぼ天の赤道に重なる。さらにオリオン座には有名な一等星が二つもある（リゲルとベテルギウス）。一群の星と星雲は、オリオンの三つ星から下がる剣を形づくる。そこには巨大な星形成領域オリオン大星雲もある。毎年10月に、ふたご座との境界に輻射点をもつオリオン座流星群が極大を迎える。

## オリオン大星雲

明るさ（単位：等）
0.0〜0.9
1.0〜1.9
2.0〜2.9
3.0〜3.9
4.0〜4.9
5.0〜5.9
6.0〜6.9

## 狩人オリオン

ギリシア神話によれば、オリオンは海の神ポセイドンの子で、強く美しい顔立ちの青年だった。ギリシア詩人ホメロスはオリオンについて、青銅の棍棒を扱う狩人で狩猟の女神アルテミスとよくいっしょに目撃されると書いている。

ある伝説で彼は、地上の生き物はすべて打ち負かせると豪語した。そこで大地の女神はさそりを送って彼を刺して死なしめた。こうしてオリオン座は空でさそり座の反対側に置かれることになったのだという。

### オリオン大星雲

この画像はハッブル宇宙望遠鏡によるものだが、双眼鏡で見ても花が咲いたような素晴しい構造がわかる。オリオン大星雲は、オリオンの腰帯と短剣のあたりに複数位置する星雲のひとつ。

# こいぬ | Canis Minor

## データ

- 📶 71
- ↔ ✋
- ↕ ✋
- ☆ プロキオン（α）0.4等
- 🌙 2月

全体が見える範囲：北緯89°～南緯77°

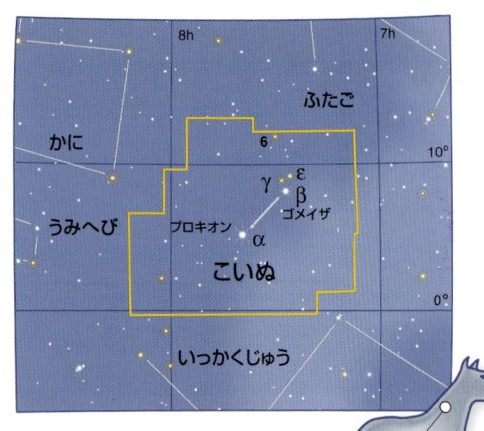

小さい犬

**孤独な星**
目立つおおいぬ座と違い、こいぬ座はプロキオン一星で大半を占める。

## 見どころ

### こいぬ座 α（プロキオン）
この白い星は全天で8番目に明るい恒星で、シリウスより少し遠く（11.4光年）、0.4等で輝く。固有名はギリシア語で「犬の前」を表し、地中海ではこの星がシリウスの少し前に昇るところから来ている。絶対等級は太陽の7倍明るい。

### こいぬ座 β（ゴメイザ）
約150光年の距離にある2.9等の青白いこの星は、プロキオンよりはるかに遠く、絶対等級はかなり明るい。固有名はアラビア語で「目病み女」を意味する。この星はシリウスの姉妹で、人生を求めて旅立ったシリウスに置いていかれてむせび泣いているといわれる。

## Canis Minoris (CMi)

# こいぬ座

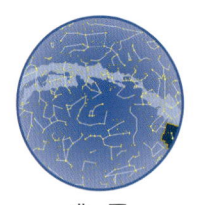

**古代からある星座のひとつで、**紀元2世紀のプトレマイオス48星座に含まれるこいぬ座は、実質天の赤道に乗っている。通常はオリオンが連れている2匹の猟犬の小さい方と見なされるが、狩りの女神ディアナの犬とされる場合もある。明るい恒星α（プロキオン）があるため簡単に見つけられる。プロキオンは他の二つの一等星（オリオン座のベテルギウス、おおいぬ座のシリウス）とつなぐと大きな三角形ができる。

北 天

偶然にもシリウスとプロキオンは、地球からの距離がほぼ等しい。ということはこの2星の明るさの違いがそのまま絶対等級の違いを表すということになる。目立つ星座ではあるが、こいぬ座は全天で最も小さい星座のひとつであり、アマチュアが特に興味をひかれるような天体はほとんどない。

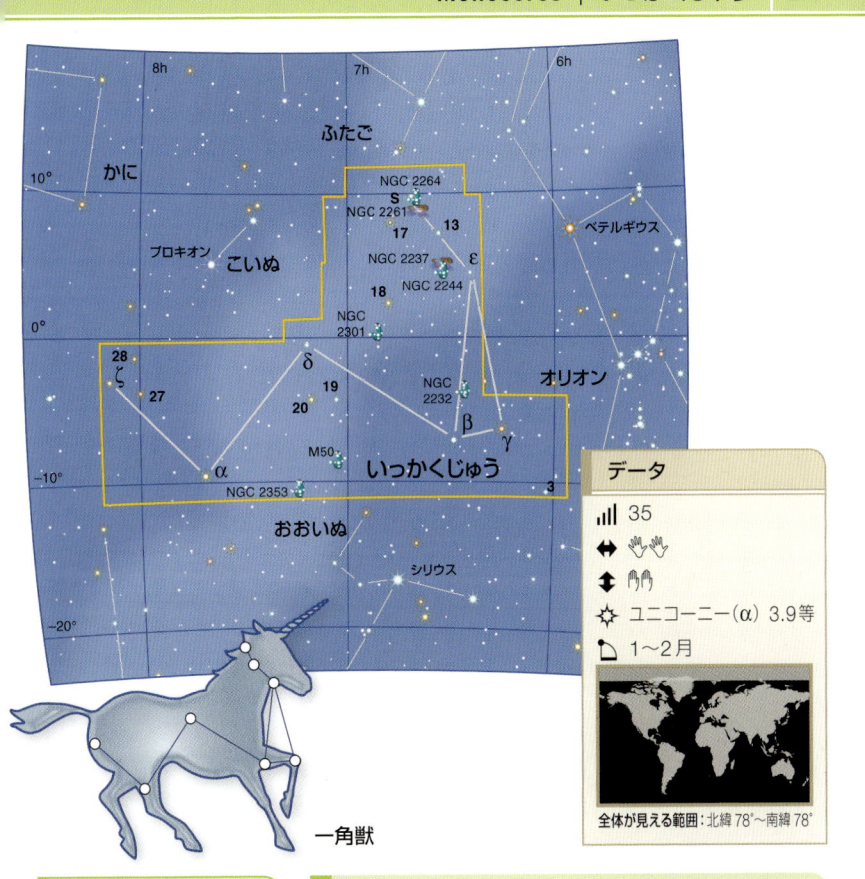

# Monoceros | いっかくじゅう

一角獣

## データ

- ||| 35
- ↔ 🖐🖐
- ↕ 🖐🖐
- ☼ ユニコーニー(α) 3.9等
- 📅 1〜2月

全体が見える範囲：北緯78°〜南緯78°

## 見どころ

**いっかくじゅう座α（ユニコーニー）** この明るい橙色巨星は地球から約175光年の距離にあり、3.9等で輝く。

**いっかくじゅう座β（イート）** 美しい三連星で、小型望遠鏡では青白い五等星が三つ連なって見える。

**M50** 天の川の濃い部分にある多くの散開星団のひとつ。小型望遠鏡で個々の星が分離できる。

**NGC 2244** ばら星雲と呼ばれる散光星雲の中心にある星団。ばら星雲はオリオン座を中心に広がる巨大な星形成領域の一部。ばら星雲は暗い夜に良質の双眼鏡を使うと見える。

## Monocerotis (Mon)

# いっかくじゅう座

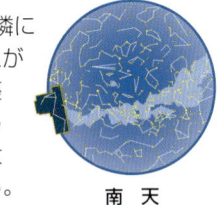

この星座の星が結ぶ W 形は、隣に明るい星座があるので見過されがちだ。オリオン座とおおいぬ座と見比べれば見つけるのは難しくない。一等星三つがつくる大三角の中心、赤道に載っている。

南天

神話の一角獣を描くこの星座の起源はわかっていない。しかし最初に書かれたのは 17 世紀である。この星座の紹介はオランダの天文学者ペトルス・プランキウスが 1613 年に、ドイツの科学者ヤコブス・バルチウスが 1624 年に行ったとされているが、もっと以前に帰するとの主張も複数存在する。いっかくじゅう座の中を天の川が通っているため、ここには星団も星雲も豊富にあるが、明るい恒星は欠く。

# うみへび | Hydra

## データ

- ᎒᎒᎒ 1
- ↔ ✋✋✋✋
- ↕ ✋✋
- ☆ アルファルド(α) 2.0等
- ▱ 2〜6月

**全体が見える範囲：北緯54°〜南緯83°**

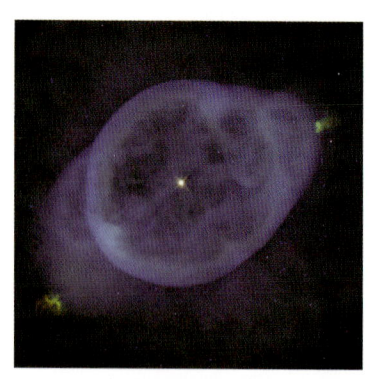

### NGC 3242

惑星に似て見えることから「木星の幽霊」とも呼ばれるこの惑星状星雲は、小型望遠鏡で見るのが良く、はっきり青みがかって見える。

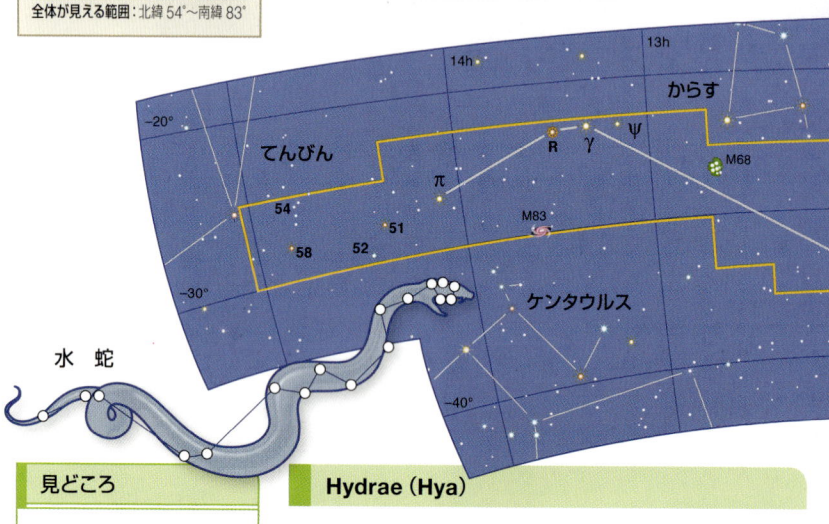

## Hydrae (Hya)

# うみへび座

**全天で最大の星座**で、並みの明るさの星が空を4分の1周分も連なる姿をたどるのは難しい。頭はかに座の南で天の赤道のすぐ北に位置し、尾は天の南半球でてんびん座とケンタウルス座の間を通る。最も明るい恒星アルファルドが海蛇の心臓を飾る。

南天

星座名は「うみへび」と訳されているが、神話では背中に乗せているからす座とコップ座に関連づけられている。うみへび座のラテン名ヒュドラ(Hydra)は神話の英雄ヘラクレスと戦った、頭がたくさんある怪物の呼び名でもある。

これほど大きいのに、頭を描く中位の明るさの六つの星以外は目立つ天体がほとんどない。遠い銀河はいくつかあるが見つけにくいものばかりであるので、おおむね深宇宙天体に欠けるといえよう。

## 見どころ

**うみへび座α（アルファルド）** 固有名は「孤独な者」を意味し、空っぽな領域にただひとつ輝く様子を反映している。2.0等の橙色巨星で、地球からの距離は約175光年。

**うみへび座ε** 連星で黄色（3.4等）と青色（6.7等）の対比が美しい。中型望遠鏡で分解できる。

**M48** うみへび座といっかくじゅう座との境界近くに位置する。80個ほどの恒星からなり、暗い夜なら肉眼で見える。

**M83** 1500万光年かなたの渦巻銀河。明るい中心核をもつため小型望遠鏡でも見つけやすい。

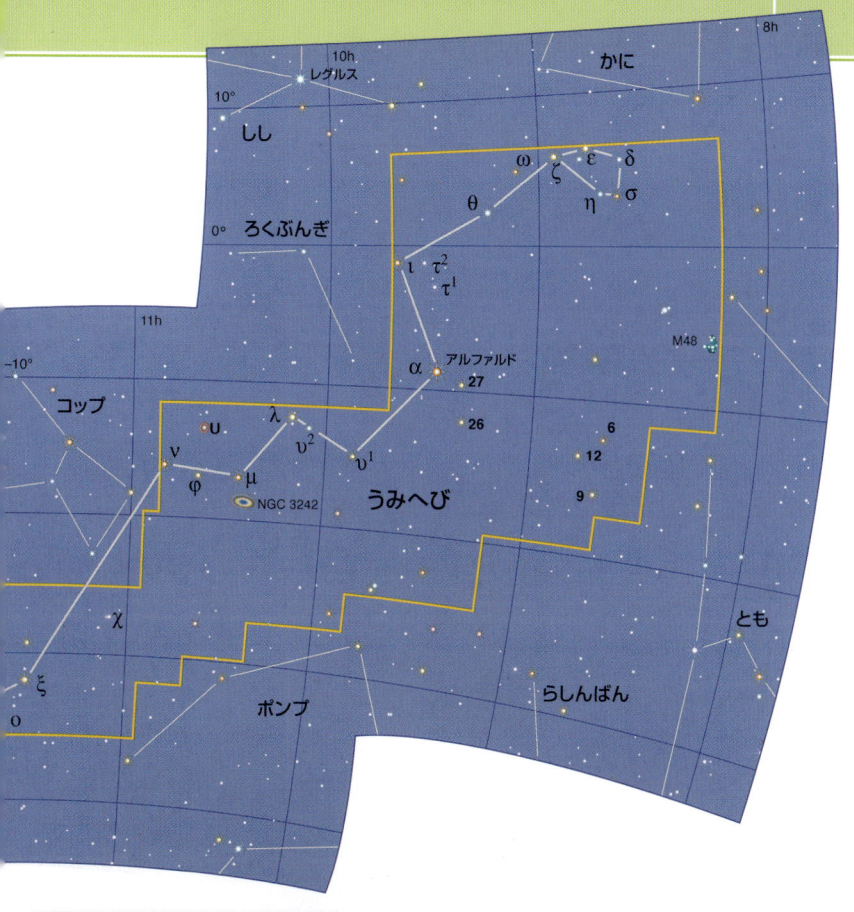

### 南天のねずみ花火銀河

渦巻銀河 M83 のクローズアップ。巨大望遠鏡が捉えたこの画像では、渦巻腕の中に桃色がかった星形成領域がはっきりわかる。M83 は直径が私たちの天の川銀河のざっと半分である。

282 ポンプ | Antlia

空気ポンプ

**NGC 2997**
この洗練された渦巻銀河は大口径の望遠鏡で見たもので、視線に対し45°ほど傾いている。渦巻腕に沿って桃色の水素ガス雲が見える。

### データ

- ıll 62
- ✋ ↔
- ✋ ↕
- ☆ α 4.3等
- 🗓 3〜4月

全体が見える範囲：北緯49°〜南緯90°

### 見どころ

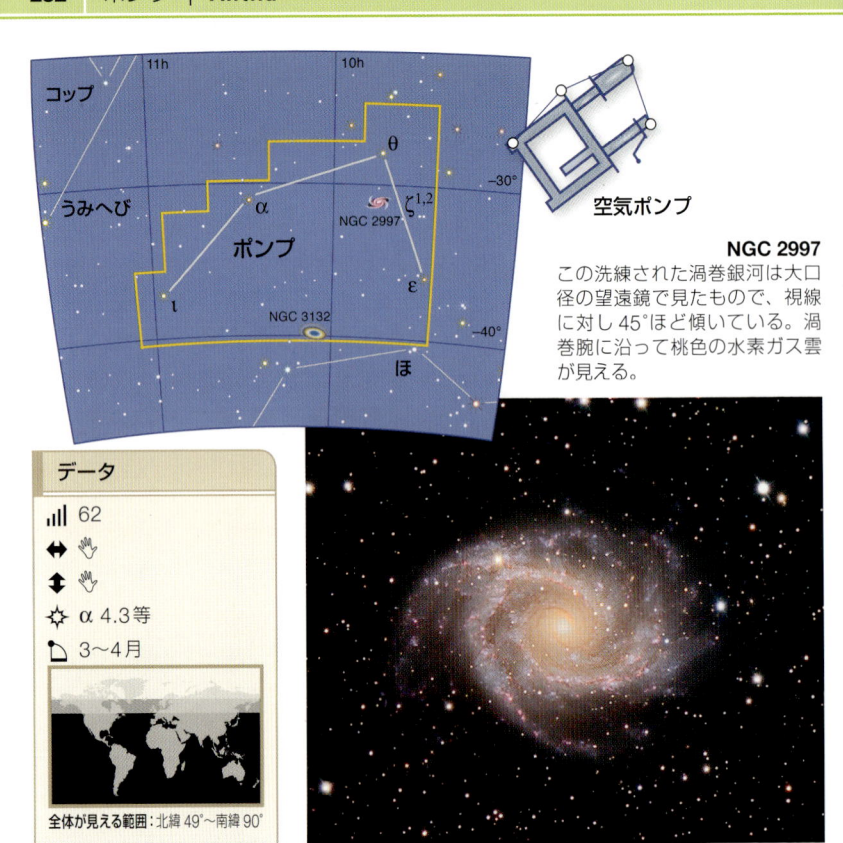

**ポンプ座α** この橙色巨星は絶対等級が太陽の500倍あるが、地球から365光年離れているため4.3等と暗く見える。

**ポンプ座θ** 4.8等でポンプ座では2番目に明るい。実際は白い星（5.6等）と黄色い星（5.7等）の連星であるが、くっつきすぎのため小型望遠鏡では分離できない。

**NGC 3132（8字星雲）**
南の環状星雲と呼ばれる場合も。この惑星状星雲は地球から約2000光年の距離で、ポンプ座とほ座の境界にまたがる。8.2等の明るさで小型望遠鏡におすすめの天体である。

### Antliae（Ant）

# ポンプ座

**うみへび座の南にある暗い星座。**
天の川がとも座を抜けるあたりから北東に見上げると見つけやすい。フランスの天文学者ニコラ・ルイ・ド・ラカイユが1756年に南天の星図に追加した。彼が創設した星座は当時発明された道具に敬意を表したものが多く、この星座の場合はフランスの科学者デニス・パピンとイギリスの物理学者ロバート・ボイルが気体実験の際使った空気ポンプを描いた。

南 天

　ポンプ座には明るい恒星もなく、双眼鏡や望遠鏡で見て面白い天体もほとんどない。しかし比較的近い銀河団がここにある。ポンプ座銀河団は230個の銀河が集まったもので、そのうち明るい、約3200万光年離れた銀河は、アマチュア所有の大型望遠鏡でも観測できる。

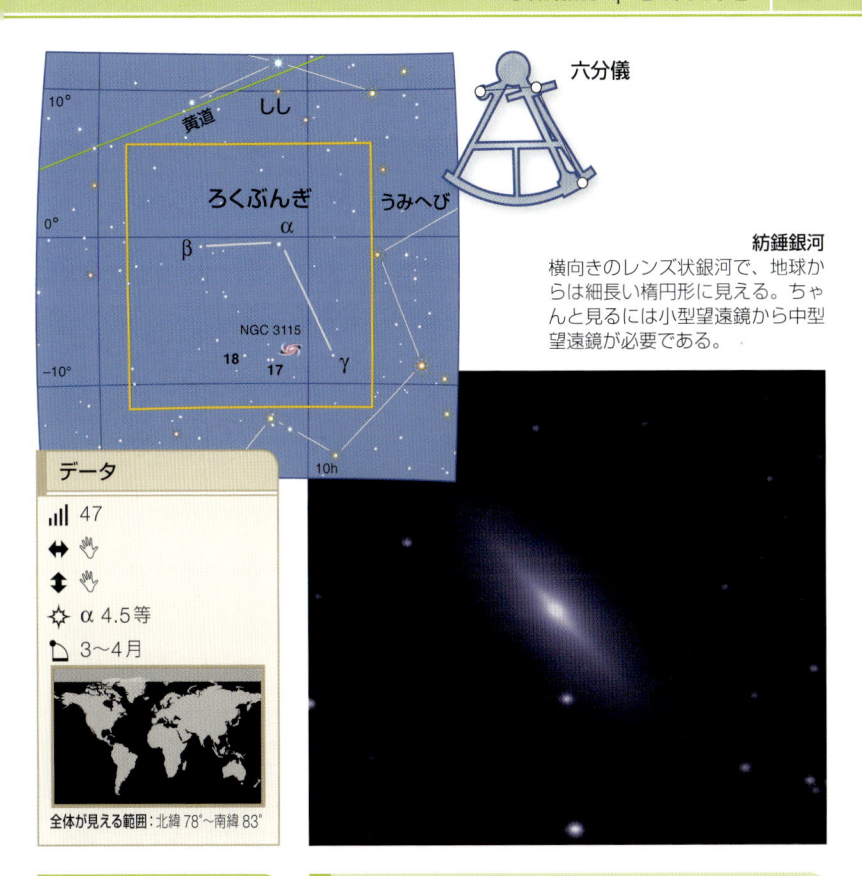

# Sextans | ろくぶんぎ

六分儀

**紡錘銀河**
横向きのレンズ状銀河で、地球からは細長い楕円形に見える。ちゃんと見るには小型望遠鏡から中型望遠鏡が必要である。

## データ

- ▮▮▮ 47
- ↔ ✋
- ↕ ✋
- ☆ α 4.5等
- 🌙 3～4月

全体が見える範囲：北緯78°～南緯83°

## 見どころ

**ろくぶんぎ座α** この青白い巨星は地球から約340光年離れている。こんなに遠いので、αといえども比較的暗い（4.5等）。

**ろくぶんぎ座β** 別の青白い巨星βは、絶対等級はαより明るいが、520光年の距離にあるため5.1等と暗くなる。

**NGC 3115（紡錘銀河）** 地球から1400万光年と最も近い銀河のひとつ。巨大で中央が膨らんだ円盤を真横から見るためこの名がある。銀河中の恒星の合成等級は8.5等に達するため、双眼鏡でも見える。

## Sextantis (Sex)

# ろくぶんぎ座

**小さく目立たない星座**。天の赤道にちょうど乗っている。しし座のレグルスの南で星座の形はすぐ見つかる。1687年にポーランドの天文学者ヨハネス・ヘベリウスが導入した。これは船乗りが正確な時計といっしょに使って船の位置を求めた道具六分儀を表す。この道具は電子航法の時代になっても、船に搭載して海図に位置を記す際に使われていた。

　ろくぶんぎ座は天の川から遠く、明るい有名な星も、星団も、星雲もない。しかし私たちの局部銀河群（p.146）のすぐ外にある銀河などいくつかの銀河を含む。これらの銀河を詳しく観測するには、大型望遠鏡が必要である。

南天

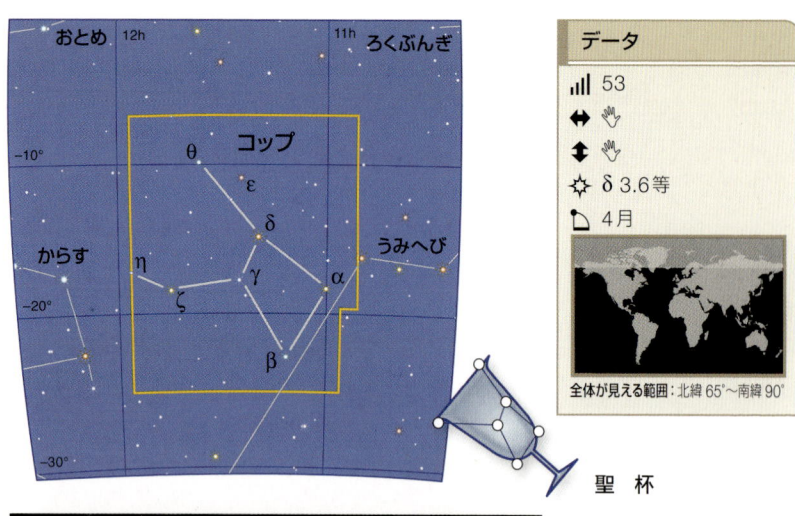

# コップ | Crater

## データ

- ▋▋▋ 53
- ↔ ✋
- ↕ ✋
- ☆ δ 3.6等
- ◐ 4月

全体が見える範囲：北緯65°〜南緯90°

聖 杯

**NGC 3981**
この優美な棒渦巻銀河は小型望遠鏡でちょうど見える明るさで、約8200万光年の距離にある。この銀河の直径は天の川銀河の3分の2程度。

### 見どころ

**コップ座δ** コップ座で最も明るい星は成り行きでδと命名された。これは地球から62光年離れた3.6等の橙色巨星である。

**コップ座γ** 75光年の距離にある4.1等のこの白い星は、実際は連星であり、小型望遠鏡で暗い伴星が分離できる。

**コップ座α** 4.1等でγよりはっきり暗いこのαは、地球から175光年の距離に位置する。

## Crateris (Crt)

# コップ座

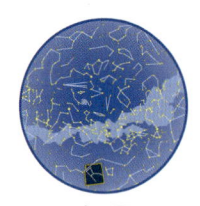

**おとめ座とうみへび座の間に位置する暗い星座**であるが、星がつくる蝶ネクタイ形のおかげで比較的見つけやすい。これはアポロン神が酒を呑むための杯を表す。東隣のからす座、下方のうみへび座と神話で結びついており、3星座とも紀元2世紀のプトレマイオスが定めた48星座に含まれている。後年の天文学者がこの領域に星座を二つ（猫座とふくろう座）追加したが、現在ではプトレマイオスの初期形態に敬意を表してその2星座は除外されている。

南 天

　コップ座はからす座より大きいが、明るい星を欠き、目立つ星団も星雲もない。しかしアマチュア所有の大型望遠鏡で観測できる銀河はいくつかある。

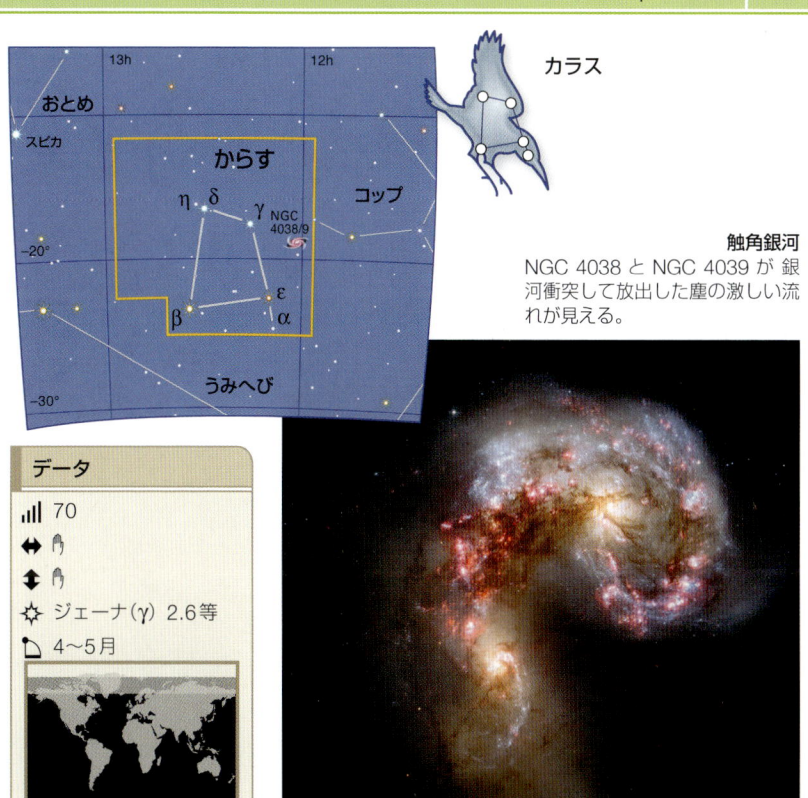

Corvus | からす 285

カラス

**触角銀河**
NGC 4038 と NGC 4039 が銀河衝突して放出した塵の激しい流れが見える。

## データ

- ıll 70
- ↔ 🖐
- ↕ 🖐
- ☼ ジェーナ (γ) 2.6等
- ◗ 4〜5月

**全体が見える範囲：北緯65°〜南緯90°**

### 見どころ

**からす座γ（ジェーナ）**
からす座で一番明るい（2.6等）この青白い恒星までは220光年の距離がある。はくちょう座εにも同じ固有名ジェーナがつく。

**からす座δ** 小型望遠鏡向きの重星。明るい青白い主星に9.2等の伴星が分離する。伴星は深い青色か紫色に見える。

**からす座α（アルキバ）**
バイヤー名と裏腹に、γ、β、そしてδより暗い。この星は52光年の距離で4.0等の明るさで光る。

**NGC 4038/4039（触角銀河）** 衝突中の2銀河は、小型望遠鏡でようやく見える。

## Corvi (Crv)

# からす座

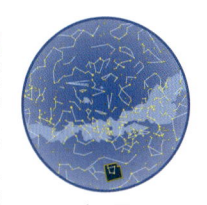

**明るい一等星スピカのすぐ南西にある星座**で、四つの星が歪んだ四角形をつくる。ギリシア神話では、アポロン神に命じられて杯に泉の水を汲みに出かけたカラスで、隣のコップ座が神の杯を表す。カラスは途中でいちじくを食べて到着が遅くなり、水蛇（うみへび座）を爪でつかんで戻った。その蛇が邪魔して水を汲めなかったために遅れたと言い訳したのだ。アポロンはカラスの嘘に怒って杯とカラスと蛇を空に放り投げた。その三つが今でも星座としてそのまま残っているのだという。

南天

からす座にはアマチュアの興味をひくような明るい星団も星雲もない。銀河はあるが、暗すぎてほとんどのアマチュアには見えない。しかし衝突中の銀河 NGC 4038/4039 は大型望遠鏡なら楽しめる。

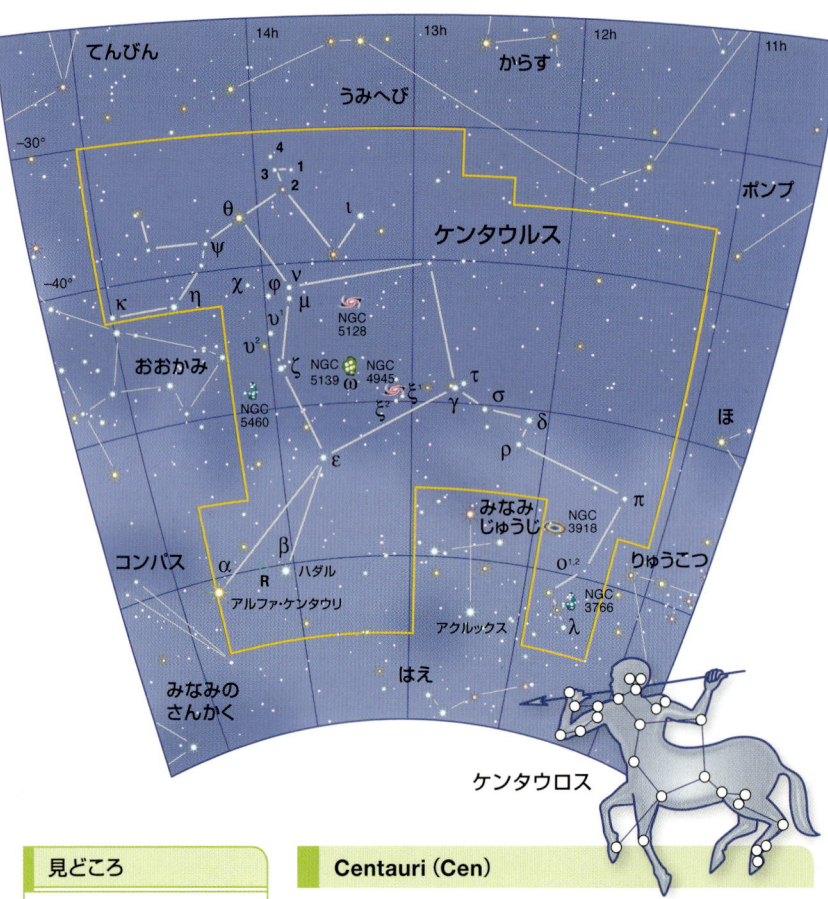

# ケンタウルス | Centaurus

## Centauri (Cen)

# ケンタウルス座

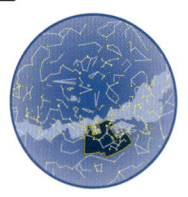

南天の有名な星座で、東にはおおかみ座とさそり座、西にはりゅうこつ座とほ座が並ぶ。伝説の生き物半人半馬のケンタウロス族の一人ケイロンを表す。みなみじゅうじ座はこのケイロンの前脚と後ろ脚の間に位置する。ケンタウロス族が星座に二人いる（もう一人はいて座）が、ケイロンは一族で最も賢く、ギリシア神話の多くの英雄を育てた。

　天の川で天体が豊富な部分がこのケンタウルス座を通っている。全天で最も明るい球状星団ケンタウルス座 ω、活動銀河 NGC 5128（電波源ケンタウルス座 A とも呼ばれる）もここにある。さらに、太陽に最も近い恒星系で、全天で3番目に明るいアルファ・ケンタウリもこの星座に属する。

南天

## 見どころ

**ケンタウルス座 α（アルファ・ケンタウリ）** 地球からの距離 4.3 光年で、太陽に最も近い恒星系。双眼鏡で黄色い星（0等）と橙色の星（1.3等）に分離できる。もうひとつの星 11.1 等のプロキシマ・ケンタウリは良質の望遠鏡で見つかる。

**ケンタウルス座 ω（NGC 5139）** 1万 7000 光年離れた球状星団で、恒星が数百万個ぎっしり球状に集まっている。明るさは 3.7 等で、小型望遠鏡で個々の星が分離できる。

**NGC 5128（ケンタウルス座 A）** 楕円形の明るい活動銀河。1500 万光年の距離から強い電波を放射している。

# Centaurus | ケンタウルス

## データ

- ıll 9
- ↔ 🖐🖐
- ↕ 🖐🖐
- ☆ アルファ・ケンタウリ(α) 0.0等
- 📅 4〜6月

**全体が見える範囲**：北緯25°〜南緯90°

### NGC 5179
チリ、ラシーヤ天文台で撮影したこの画像は、私たちの銀河のまわりを公転する最大の球状星団である。これは古い矮小銀河の核だけが天の川に飲み込まれずに残ったものと信じられている。

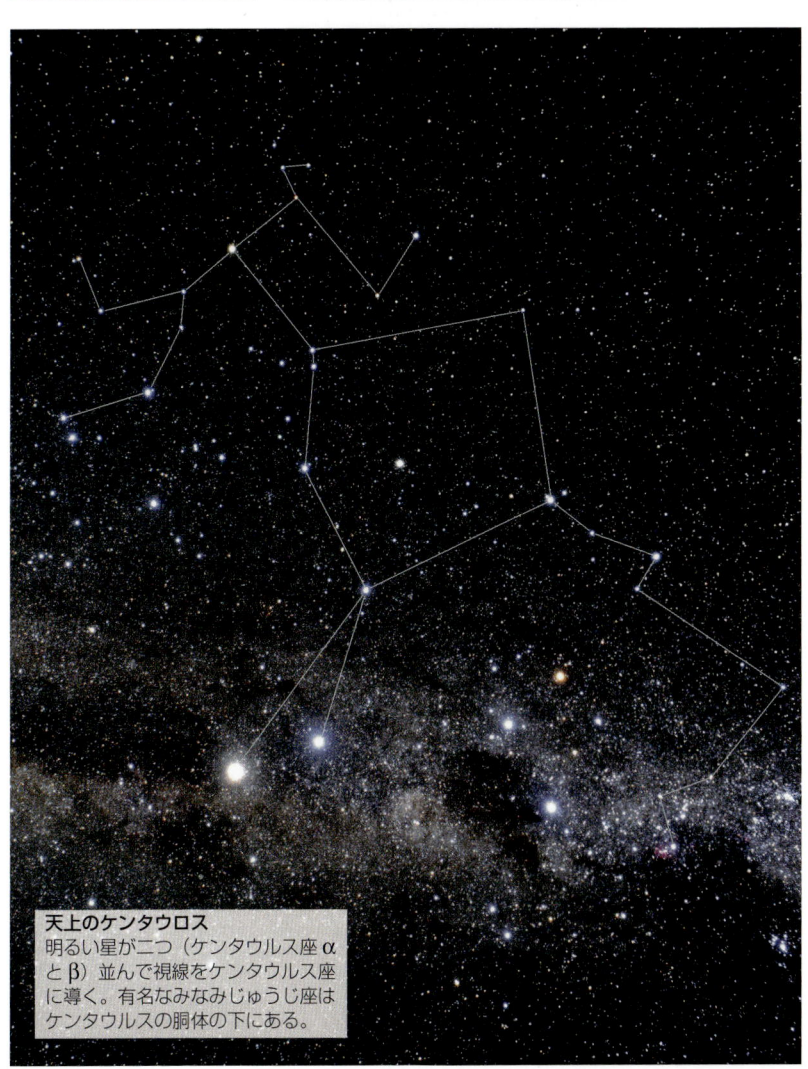

### 天上のケンタウロス
明るい星が二つ（ケンタウルス座αとβ）並んで視線をケンタウルス座に導く。有名なみなみじゅうじ座はケンタウルスの胴体の下にある。

# おおかみ | Lupus

## データ

- 46
- ↔ ✋
- ↕ ✋
- ☆ α 2.3等
- 🌙 5〜6月

**全体が見える範囲：北緯34°〜南緯90°**

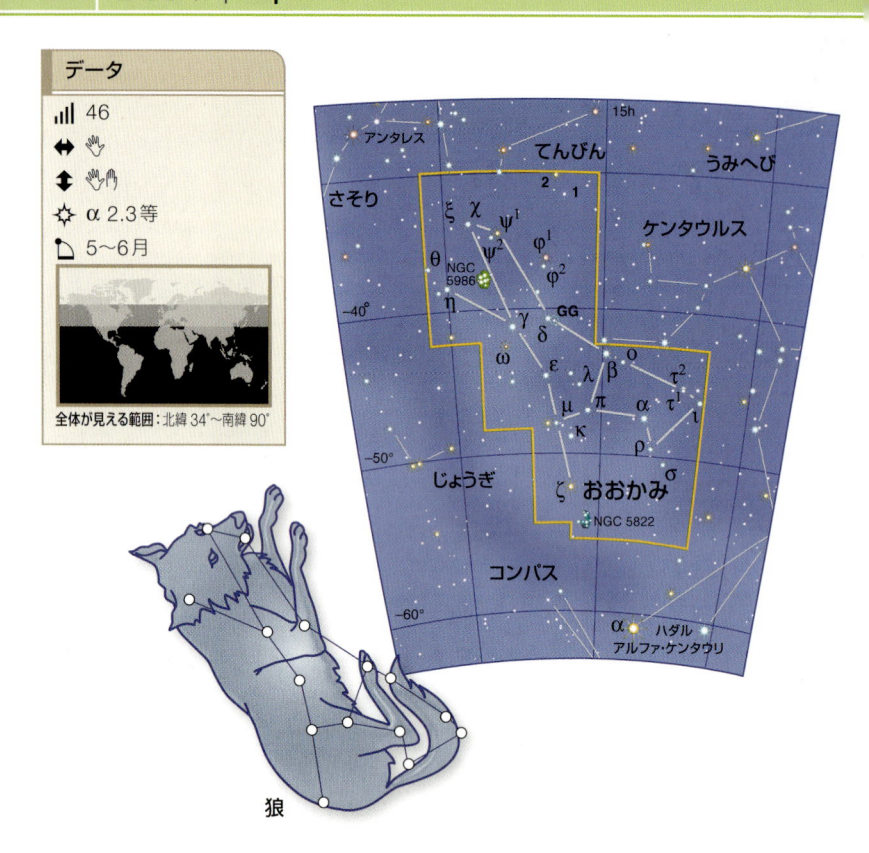

## 見どころ

**おおかみ座αとβ** この星座で最も明るい恒星は二つあり、そっくりな星が二つ近くに並ぶ。どちらも青色巨星で約650光年の距離にある。αの方が少し近く2.3等、βは2.7等で輝く。

**おおかみ座μ** 複連星で、分離しやすい。小型望遠鏡なら4.3等の青白い主星と7等の伴星を見分けられるだろう。大型望遠鏡では主星が実際は5.1等の二つの星であるのがわかる。

**NGC 5822** 恒星が100個以上集まった大きい散開星団。約2600光年の距離にあり、合成等級は7.0等なので双眼鏡で見える。

## Lupi (Lup)

# おおかみ座

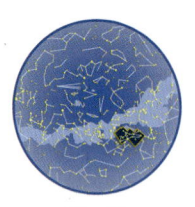

南天の星座で天の川の縁、ケンタウルス座とさそり座の間に位置する。比較的明るいのに恒星が無秩序に入り乱れているため見つけにくい。プトレマイオス48星座のひとつで、古代ギリシア時代から親しまれてきた。彼らはこの星座を、隣のケンタウルス座の長い杖に串刺しされた野生の何かとして描いた。成り行きとして、ケンタウルス座とおおかみ座は合体した1星座と見なされる場合が多かった。この星座を独立させて1頭の狼とするのがふつうになったのはルネサンス時代かららしい。

おおかみ座は天の川の中にあるため、連星やアマチュアが見て楽しめる天体がたくさんある。

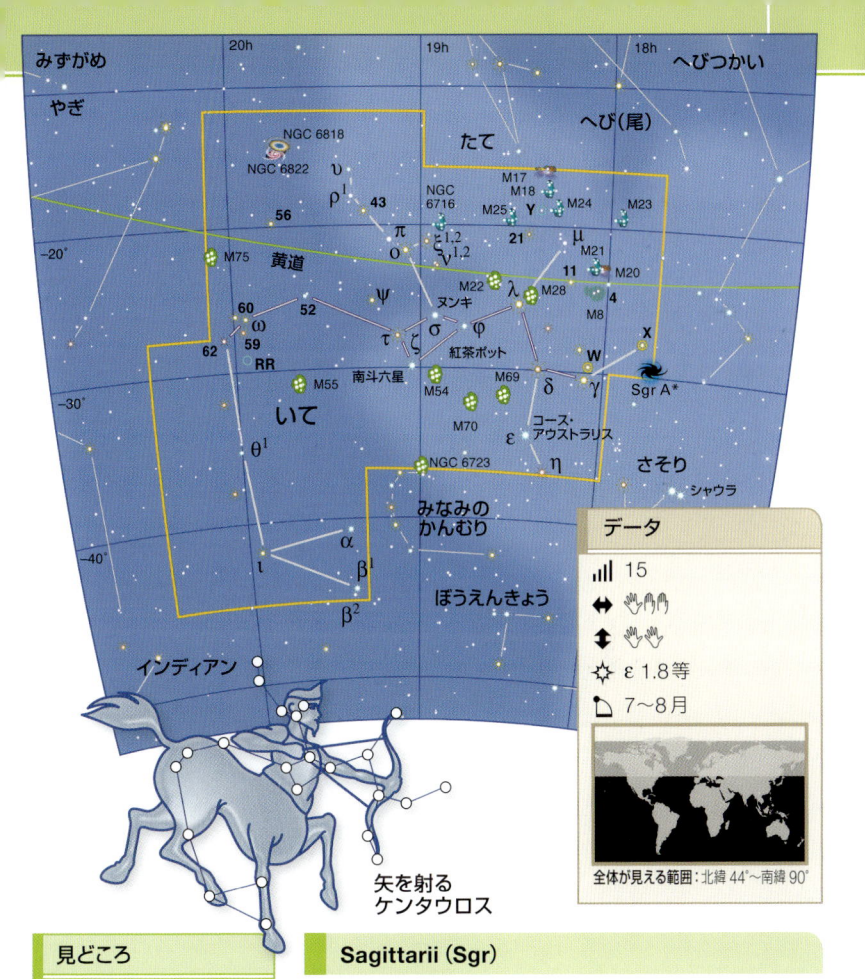

## データ

- 📶 15
- ↔ ✋✋
- ↕ ✋✋
- ☆ ε 1.8等
- 🌙 7〜8月

**全体が見える範囲：北緯44°〜南緯90°**

## 見どころ

**いて座ε** いて座で一番明るい1.8等のこの星には、暗い伴星が一つある。

**いて座β（アルカブ）** この星は肉眼でも分離できる見かけの重星で、4.0等の星が二つ視線上に重なって見える。実際はそれぞれ140光年と380光年の距離がある。

**M8（干潟星雲）** いて座で最も明るくて大きい深宇宙天体で、肉眼では光るしみのように見える。双眼鏡で見つけやすい。

**M22** 肉眼でも見えるし双眼鏡で見ても美しい。いて座の北端にある球状星団のうち最も明るいもの。

## Sagittarii (Sgr)

# いて座

**南天、さそり座とやぎ座の間に位置する目立つ黄道星座**。10個の星が紅茶ポット形に並ぶ形は簡単に見つけられる。古い星図ではケンタウロスの姿で描かれているが、ギリシア神話に登場する半人半馬のサテュロスとされる場合もある。その場合は自然神パンの息子で弓術の草案者クロートスと呼ばれる。

南天

いて座は天の川銀河の中心方向に位置し、そこには恒星や星団が多く存在する。散開星団や球状星団が60個以上、大きくて明るい星雲が複数含まれ、双眼鏡や望遠鏡で見て飽きることがない。天の川銀河の中心はそれらの星雲よりずっと遠くの2万6000光年かなたにある。

## さそり | Scorpius

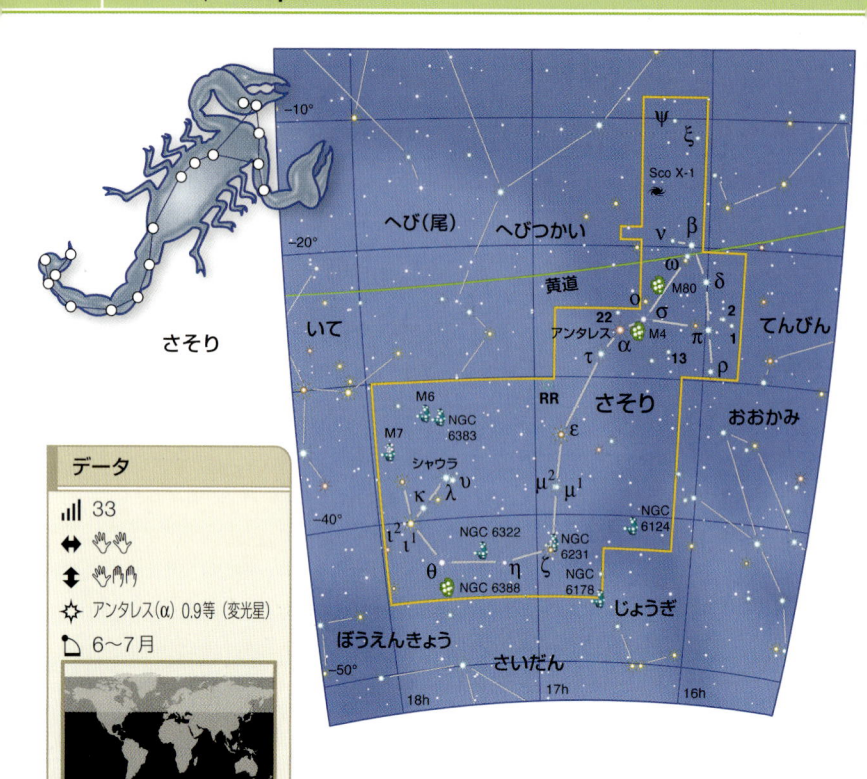

### データ

- 📶 33
- ↔ 🤚🤚
- ↕ 🤚🤚🤚
- ☆ アンタレス(α) 0.9等（変光星）
- 📅 6〜7月

**全体が見える範囲：北緯44°〜南緯90°**

### 見どころ

**さそり座α（アンタレス）**
固有名は「火星に張り合うもの」を意味する。太陽の9000倍絶対等級が明るく、約5年周期で0.9等から1.8等に変光する。太陽の数百倍大きい赤色超巨星で、地球から600光年離れている。

**M4** 7000光年離れた球状星団で、天の川銀河のまわりを回る。7.4等で双眼鏡でも望遠鏡でも観測できる。

**M6** 美しい散開星団で、天の川の中、さそりの尾のすぐ上に明るいしみとして肉眼でも見える。双眼鏡や小型望遠鏡では数十個の恒星が分離できる。M6は2000光年の距離にある。

## Scorpii (Sco)

# さそり座

美しく簡単に見つけられる黄道星座で、南天のいて座とてんびん座の間に位置する。ギリシア神話でさそり座は女神アルテミスが狩人オリオンを殺すために送りつけたさそりを表す。その逸話に相応しく、さそり座が昇るとオリオンは沈む。さそり座は尾をもち上げた姿で描かれるが、星が描く曲線は暗く透明度が高い夜には非常に目立つ。恒星アンタレスはさそりの心臓を表し、てんびん座はかつてさそりのはさみとされていた。さそり座の後ろ半身は天の川の中を通っているため、アマチュア向きの天体が多く、特に高密度の星雲と星団がおすすめである。この星座に含まれる明るい恒星は、地球から約430光年離れたさそり座-ケンタウルス座OBアソシエーションに属するものが多い。

南天

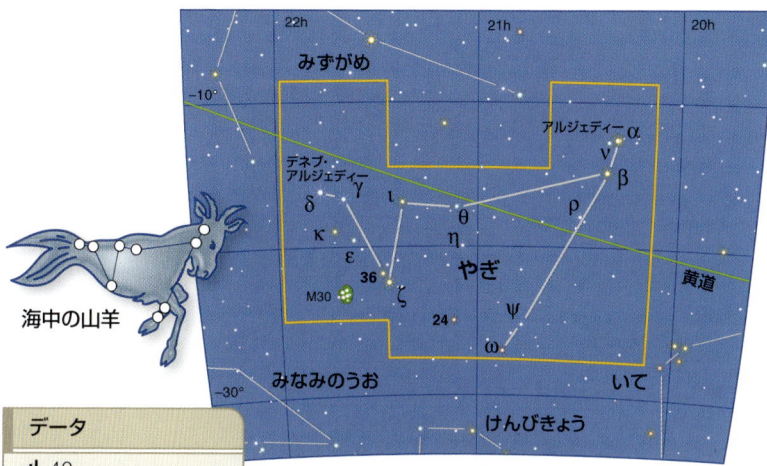

# Capricornus | やぎ

海中の山羊

## データ

- 40
- デネブ・アルジェディー(δ) 2.9等
- 8〜9月

全体が見える範囲：北緯62°〜南緯90°

**M30**
直径90光年ほどのこの球状星団は、中心部が崩れて、星が巻きひげのように放射状に並ぶ変わった構造になっている。

## 見どころ

**やぎ座α（アルジェディー）** 複連星で、双眼鏡で（視力の良い人なら肉眼でも）4.2等の黄色超巨星（$α^1$）と、3.6等の橙色巨星（$α^2$）の2星に分解できる。地球からの距離は$α^1$が690光年、$α^2$が109光年である。さらに小型望遠鏡で$α^1$は二重星に、大型望遠鏡で$α^2$は三重星に分解できる。

**やぎ座β（ダービ）** 3.3等の黄色巨星ダービを双眼鏡で見ると暗い伴星が見つかる。この星は実際は330光年離れた複連星系で、5〜8個の星が互いに公転し合っている。

**M30** 2万7000光年離れた7.5等の球状星団で、双眼鏡で見える。

## Capricorni (Cap)

# やぎ座

南天でいて座とみずがめ座の間に位置するやぎ座は、いて座の北東を探すのが良い。黄道12星座でかに座に次いで2番目に暗い。比較的小さいが最古の星座のひとつで、下半身が魚の奇妙な山羊の姿は、4000年以上前のバビロニアの紋章にすでに見られる。ギリシア神話では山羊の神パンが川に飛び込んで怪物テュポンから逃げるときに、一部が魚になった姿とされる。

　やぎ座は天の川から離れた比較的空っぽの領域にある。したがってアマチュア向きの深宇宙天体に乏しい。見て楽しい天体には多重星と球状星団がある。

南天

# けんびきょう | Microscopium

## データ

- 📶 66
- ↔ ✋
- ↕ ✋
- ☆ γ、ε 4.7等
- 🗓 8〜9月

**全体が見える範囲：北緯45°〜南緯90°**

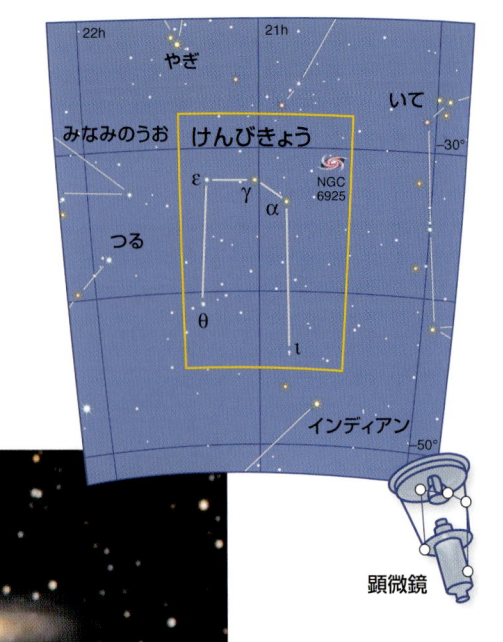

顕微鏡

**NGC 6925**
地球に真横を向けている渦巻銀河で、アマチュア所有の中型望遠鏡で見える。この銀河は秒速約2800kmで地球から遠ざかっている。画像は非常に大口径の望遠鏡で撮影したもの。

## 見どころ

**けんびきょう座γ** 245光年離れた黄色巨星で4.7等の明るさ。

**けんびきょう座θ** この星座で一番明るい変光星であるが、平均等級4.8等から2日周期で0.1等だけ変光するため明るさの変化がわかりにくい。

**けんびきょう座α** 地球からの距離が250光年の連星。主星は5.0等の黄色巨星で伴星は10等とかなり暗く、中型望遠鏡でないと見えない。

**けんびきょう座U** 遠方の赤色巨星で、変光がはっきりわかる。くじら座のミラと同様332日周期で明るさが変わる。

## Microscopii (Mic)

# けんびきょう座

**暗く目立たない星座。南天中緯度、やぎ座の南に位置する。**いて座とみなみのうお座の間で暗い星がつくる歪んだ四角形を探すのが一番良さそうだ。

この星座はフランスの天文学者ニコラ・ルイ・ド・ラカイユが1750年代に追加した一群の暗い星座のひとつで、初期の複合顕微鏡を描いている。天の川から遠いためいくつかの銀河以外は深宇宙天体を含まない。その銀河も暗すぎてアマチュアの望遠鏡では見えない。いて座との境界近くに、興味深いが暗い恒星Uがある。地球から30光年離れたこの赤色矮星は、周囲に塵円盤を伴う。これは惑星形成中の物質かもしれない。

南 天

Piscis Austrinus | みなみのうお | 293

## データ

- 60
- フォーマルハウト(α) 1.2等
- 9〜10月

全体が見える範囲：北緯53°〜南緯90°

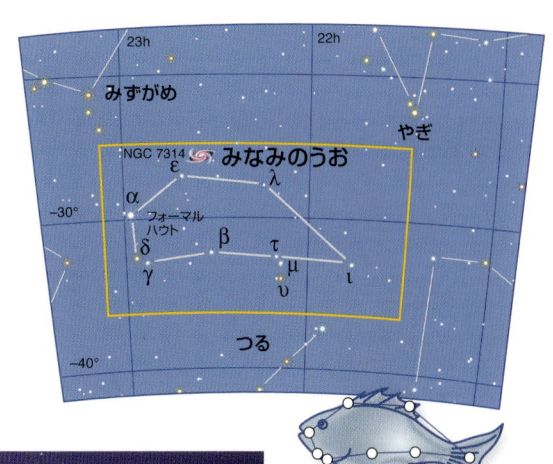

南方の魚

魚の口
星座の中できわだって明るいため、フォーマルハウトはこの星野で目立つ。固有名はアラビア語で「魚の口」を意味する言葉から。

## 見どころ

**みなみのうお座α（フォーマルハウト）** 1.2等の青白い星。25光年しか離れていない。この星で、冷たく凍った物質の環（惑星の材料かもしれない）が取り巻いているのが最初に発見された。この環の直径は私たちの太陽系の2倍以上ある。

**みなみのうお座β** 地球から135光年の距離にある連星。4.3等の主星と7.7等の伴星は大きく離れているため、小型望遠鏡で分離できる。

**みなみのうお座γ** 地球から325光年の距離にある連星。4.5等の主星と8.0等の伴星は連星系βより近接していて分離が難しい。

## Piscis Austrini（PsA）

# みなみのうお座

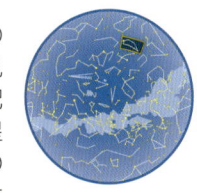

**暗い星が連なる環**は一等星のフォーマルハウトのおかげで見つけやすい。みなみのうお座は紀元2世紀のプトレマイオス48星座の流れを汲む古い南天星座のひとつだ。近くのみずがめ座が注ぐ水を飲む魚として描かれることが多く、うお座の親と見なされる場合もある。

南天

　みなみのうお座には明るい星団も星雲もなく、銀河もほとんどは暗すぎてアマチュアの観測対象にならない。渦巻銀河NGC 7314だけが大型の観測機材で見つけることが可能だ。しかし魅力的な恒星はいくつかある。

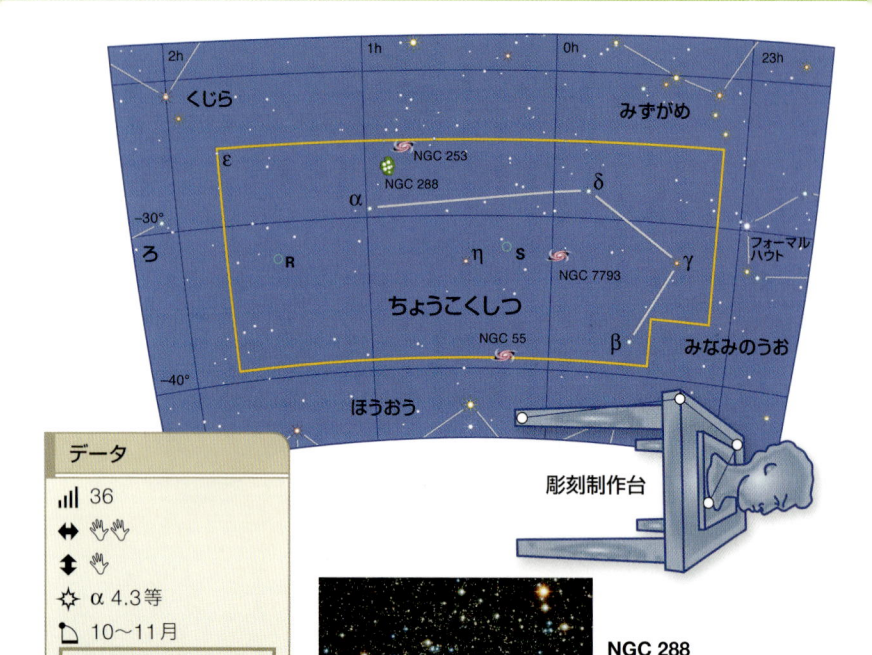

# ちょうこくしつ | Sculptor

### データ
- ill 36
- ↔ 🖐
- ↕ 🖐
- ☆ α 4.3等
- 🌙 10〜11月

**全体が見える範囲：北緯50°〜南緯90°**

**NGC 288**
恒星が緩く集まったこの球状星団は、小型望遠鏡でぼんやりしたしみに見える。口径100mmを超える望遠鏡で個々の星が分離できる。この画像はハッブル宇宙望遠鏡による。

### 見どころ

**ちょうこくしつ座α** 青白い巨星で590光年の距離にあり4.3等で輝く。

**NGC 55** 小型望遠鏡で楽に見える8等の渦巻銀河で、600万光年しか離れていない。私たちの局部銀河群（p.146）の外、すぐ隣の銀河団に属する。この銀河は塵の雲と星形成領域が霜降り状に分布する。

**NGC 253** ちょうこくしつ座銀河群で最も大きく明るい銀河。この渦巻銀河は約900万光年かなたにあり、近傍の銀河団の中心部に位置する。明るさは7.5等で、双眼鏡では直径が満月ほどの楕円形のぼんやり光るしみに見える。

## Sculptoris (Scl)

# ちょうこくしつ座

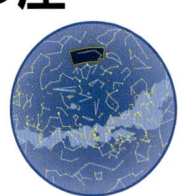

**南天の暗く目立たない星座。** くじら座の南、みなみのうお座のフォーマルハウトの真東を探すと簡単に見つかる。18世紀にフランスの天文学者ニコラ・ルイ・ド・ラカイユが追加した新規の星座のひとつで、彫刻家の仕事場を表そうとしたもの。

南 天

　この星座は天の川から遠く、一番明るい恒星でも4.3等と暗い。そのためまったく目立たない。しかし、ここには私たちの銀河系の南極（銀河面の南側90°）がある。この星座の方向は、恒星やガスや塵を避けて銀河面の真下を見ることになる。良質の望遠鏡で見ると、私たちの局部銀河群に最も近い巨大銀河団である、ちょうこくしつ座銀河団中の無数の銀河が見える。

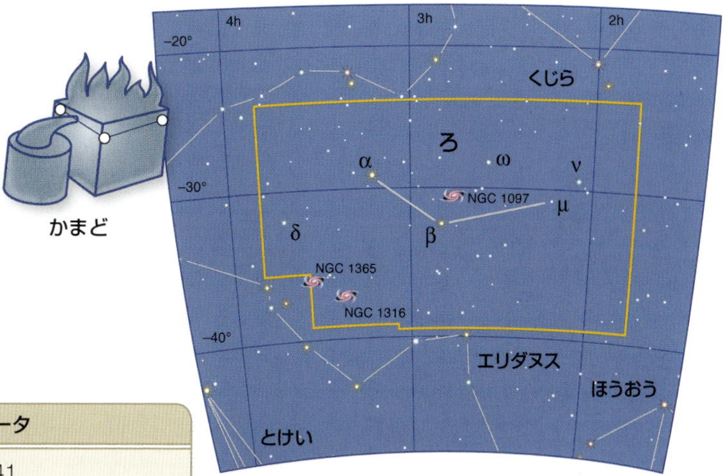

# Fornax｜ろ

かまど

## データ

- ᴵᴵᴵ 41
- ↔ ✋
- ↕ ✋
- ☆ α 3.9等
- 🌙 11〜12月

全体が見える範囲：北緯50°〜南緯90°

## 見どころ

**ろ座α** 連星で、小型望遠鏡で3.9等の黄色い星と6.9等の橙色の伴星に簡単に分離できる。

**NGC 1097** 6000万光年の距離から10.3等の明るさで輝く棒渦巻銀河。小型望遠鏡で明るい中心核が見える。棒状の構造と中心を貫く塵の筋を見るにはもっと大きい観測機器が必要である。

**NGC 1316** この奇妙な銀河はろ座Aと呼ばれる電波源と結びついている。楕円形で、最近別の銀河を吸収したように見える。塵とガスが中心のブラックホールを刺激して中心核の活動を引き起こしている。

**NGC 1365**
棒渦巻銀河で、ろ座銀河団の一員。地球から約7500万光年離れている。中心核は小型望遠鏡で見える。

## Fornacis (For)

# ろ 座

海の怪物くじら座の南に位置し、天上の大河エリダヌス座の蛇行に囲まれた目立たないこの星座は、ひと握りの暗い恒星からなる。ろ座は1750年代初めにフランスの天文学者ニコラ・ルイ・ド・ラカイユが導入した。初めはFornax Chemica（科学者のかまど）という名前であり、科学者が蒸留に使う道具を描いた。

南天

　ろ座には恒星も星団も乏しいが、ろ座銀河団がある。これは地球から約7500万光年離れた銀河団で、明るいものはアマチュアの望遠鏡でも見える。またこの星座中の狭い領域を2003年に数百万秒観測して作成されたのが、宇宙で最も遠くまで見通された領域「ハッブル・ウルトラ・ディープフィールド」である。

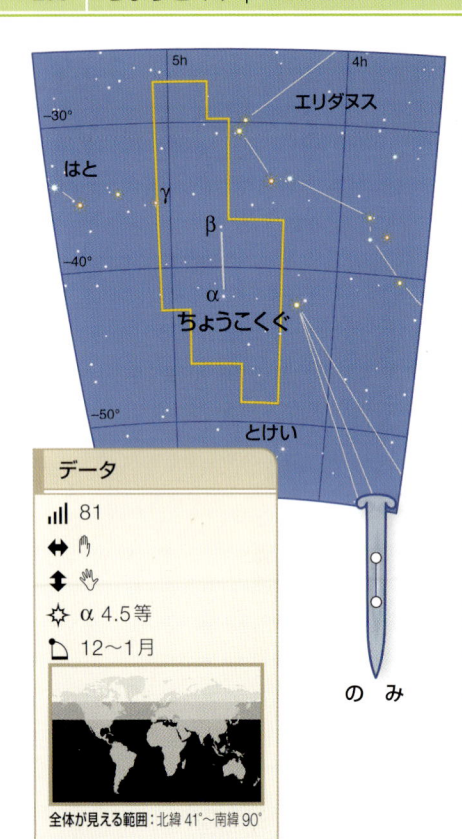

# 296 ちょうこくぐ | Caelum

のみ

## データ

- ᵢₗₗ 81
- ↔ ✋
- ↕ ✋
- ☼ α 4.5等
- ▱ 12～1月

全体が見える範囲：北緯41°～南緯90°

**目立たない形** この星座は南天で比較的見つけやすい。というのは明るいシリウス（おおいぬ座）とカノープス（りゅうこつ座）の西にあるからである。

## 見どころ

**ちょうこくぐ座α** 星座で一番明るいこの星は62光年離れた4.5等の白い星である。

**ちょうこくぐ座γ** はと座との境界にあるγは約280光年離れた4.6等の橙色巨星である。小型望遠鏡で8.1等の伴星が分離できる。

**ちょうこくぐ座β** α同様に中位の明るさの白い星。65光年の距離から5.1等の明るさで輝く。

**ちょうこくぐ座R** 赤色巨星で、400日という長い周期で変光する。極大時（6.7等）にはエリダヌス座と接する北の境界近くに双眼鏡で簡単に見つけられる。

## Caeli (Cae)

# ちょうこくぐ座

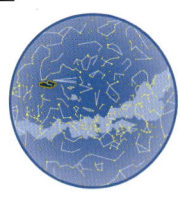

エリダヌス座とはと座に挟まれたこの小さく暗い星座は、うさぎ座（p.297）の南西を探すのが一番見つけやすい。この星座はフランスの天文学者ニコラ・ルイ・ド・ラカイユが南天に追加した星座でもある。暗い星二つをただつな

南天

いだだけの形は、18世紀の石工が使ったのみを表すと思われ、同様に目立たない星座ちょうこくしつ座の対をなす。

天の川から遠いために、ちょうこくぐ座として切り取られた空の狭い範囲には、暗い恒星のほかに目立つ星雲も星団もなく、銀河の一番明るいものでさえ、大型望遠鏡を使わなければ見えない。

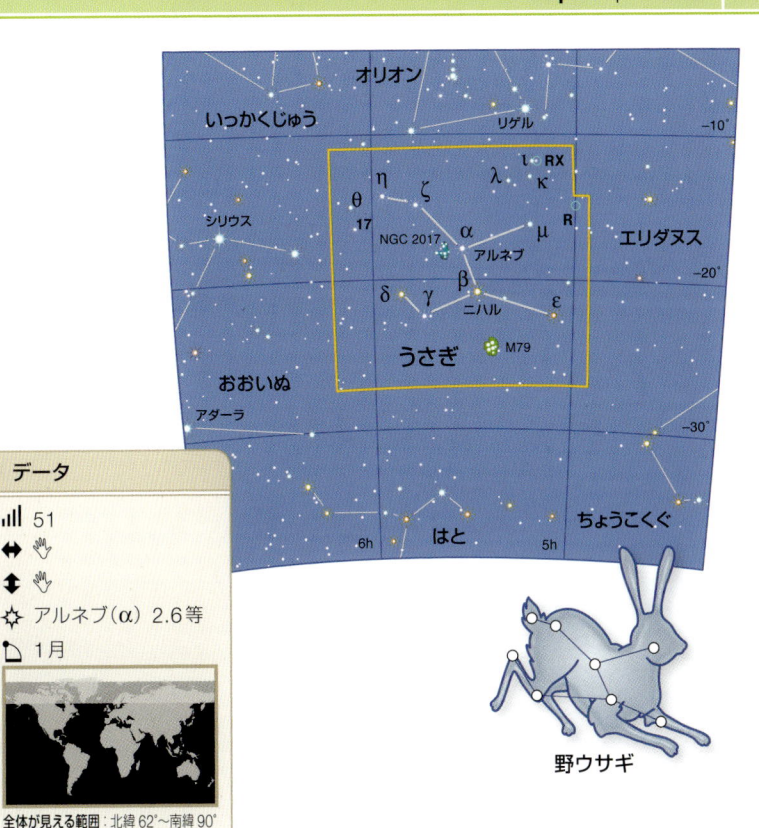

# Lepus | うさぎ

## データ

- ᴵᴵᴵ 51
- ↔ ✋
- ↕ ✋
- ☆ アルネブ（α）2.6等
- ◗ 1月

**全体が見える範囲：北緯62°～南緯90°**

野ウサギ

## 見どころ

**うさぎ座α（アルネブ）** 2.6等のアルネブは1300光年もの遠くにあるので、絶対等級はかなり明るい。

**うさぎ座γ** 重星で、黄色い主星（3.9等）と橙色の伴星（6.2等）に分離する。どちらの星も地球から約30光年の距離にある。

**うさぎ座R（ハインドのクリムゾンスター）** 赤色巨星で脈動変光星のこの星は、深い赤色で注目される。430日周期で5.5等から12.0等まで明るさが変わる。

**NGC 2017** 色とりどりの八つの恒星が集まった散開星団。うち5星は明るさが6～10等。

## Leporis（Lep）

# うさぎ座

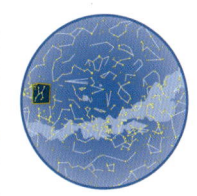

空の狩人オリオン座のすぐ南に位置する。狩犬おおいぬ座とこいぬ座に追われて飛び跳ねる野ウサギを表す。古代ギリシア時代から知られていた星座で、蝶ネクタイの形は、明るく目立つ星座群に混じっても見つけやすい。ギリシア神話によれば、レロス島に妊娠した雌の野ウサギがもち込み、その後猛威を振るった伝染病を忘れないためにここに置かれた。

うさぎ座には明るい恒星はないが、興味深い変光星と重星がある。この星座の北西の隅に、魅力的な重星ιと赤色巨星RXが並ぶ。さらに深宇宙天体もいくつかある。

南天

## エリダヌス | Eridanus

**天上の大河**
南半球ほぼ全域と北半球の半分からエリダヌス座の全体が見える。この川はオリオン座のリゲルの脇から始まる。

### 見どころ

**エリダヌス座α（アケルナル）** 0.5等の青白い巨星で地球から140光年ほどの距離にある。

**エリダヌス座ε** 川が北に張り出した部分にあるεは、太陽に似た近傍星で、太陽より少し温度が低く暗い星である。10.5光年離れた位置で3.7等の明るさで輝く。

**エリダヌス座o²** 地球から16光年離れたこの三連星には、最も見やすい白色矮星が含まれる。主星は4.4等の赤色矮星で、伴星は9.5等の白色矮星である。さらにこの伴星にもっと暗い赤色矮星がくっついている。

## Eridani (Eri)

# エリダヌス座

川の星座エリダヌスは、オリオン座の足元を基点に、南天を蛇行し、一等星アケルナル（「川の終点」を意味する）まで流れる。赤緯の幅は58°に及び、南北に最も広い星座である。エリダヌス座はナイル川、ユーフラテス川からイタリア、ポー川までさまざまな川になぞらえられている。ギリシア神話では太陽神ヘリオスの息子パエトンの物語に登場する。パエトンは父親の馬車で空を走ろうとするが、制御できかねて落ちた川がこのエリダヌスということになっている。

南天

　エリダヌス座は大きいが、川を描く恒星の大半は暗い。明るい深宇宙天体に乏しく、アマチュアの機材で見える星団もない。この星座には銀河が少しと、惑星状星雲 NGC 1535 がある。後者は条件が良ければ望遠鏡で見える。

# Eridanus | エリダヌス | 299

## NGC 1300
約6100万光年かなたの棒渦巻銀河で、天の川銀河より少し大きい。中心部には小型の渦巻構造がある。この画像は口径500 mmの望遠鏡で見た様子である。

### データ

- 📶 6
- ↔ 🤚🤚
- ↕ 🤚🤚🤚
- ☆ アケルナル（α） 0.5等
- 🗓 11〜1月

全体が見える範囲：北緯32°〜南緯89°

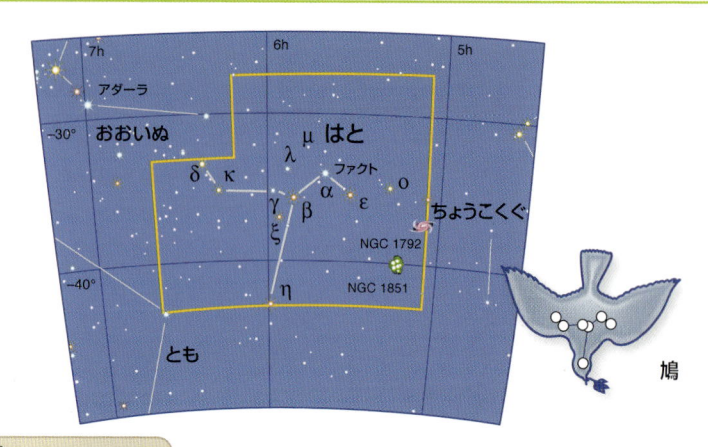

はと | Columba

## データ

- 📶 54
- ↔ ✋
- ↕ ✋
- ☆ ファクト(α) 2.6等
- 🌙 1月

全体が見える範囲：北緯46°〜南緯90°

## 見どころ

**はと座α（ファクト）** 固有名はアラビア語で「シラコバト」を意味する言葉から。地球から170光年離れた青白い星で明るさは2.6等。

**はと座β（ワーズン）** 3.1等の黄色巨星で130光年の距離に位置する。固有名はアラビア語で「重さ」を意味する。

**NGC 1851** はと座で最も目立つ深宇宙天体で7.1等の球状星団。約3万9000光年の距離。双眼鏡や小型望遠鏡では暗いしみのように見える。

**NGC 1792**
明るい円盤を伴う渦巻銀河は、地球に対して傾いているため楕円形に見える。中規模の望遠鏡で内部の詳細がわかる。

## Columbae (Col)

# はと座

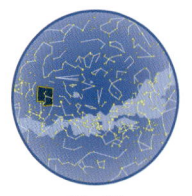

オランダの神学者で天文学者のペトルス・プランキウスが1592年頃南天のうさぎ座とおおいぬ座の間に新設した星座。聖書学者であったプランキウスは星座にColumba Noachi（ノアの鳩）と名づけた。つまり聖書で箱船に乗って大洪水を逃れたノアが、水の引いた土地を探すために放った鳩である。ギリシア神話ではイアソンが黒海で安全な航路を探るためにアルゴー船から進行方向に放った鳩に関連づけられている。プランキウスが、アルゴー船の一部であるとも座の近くにこの星座を置いたとき、彼の頭の一部をこの鳩も占めていたのかもしれない。

　五等星のはと座μは固有運動が大きい星として知られる。

南天

# Pyxis | らしんばん

## データ

- ɪɪl 65
- ↔ ✋
- ↕ ✋
- ☼ α 3.7等
- 🌙 2〜3月

**全体が見える範囲**：北緯52°〜南緯90°

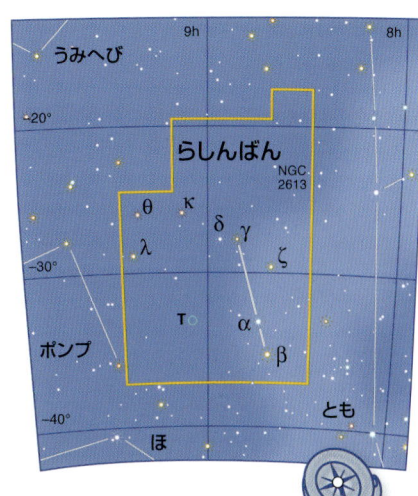

**NGC 2613**
真横を向いた棒渦巻銀河。中規模の望遠鏡で見るには骨が折れる。大型望遠鏡を使って長時間露出で写真撮影するには良い被写体。

羅針盤

## 見どころ

**らしんばん座α** 青白い超巨星で、三つ並んだ星の真ん中である。絶対等級は太陽の1万8000倍明るいが、明るさは3.7等でしかない。地球から1000光年以上離れているからである。

**らしんばん座β** 4.0等の黄色巨星で、320光年の距離にある。

**らしんばん座T** この変光星は通常は小型望遠鏡でも見えないが、極大で双眼鏡で見える明るさになる。この星系は増光が予測できない反復新星(連星で、一方の高温高密度の白色矮星表面で爆発が繰り返される)である。

## Pyxidis (Pyx)

# らしんばん座

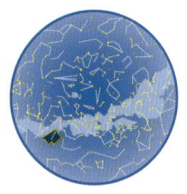

暗く目立たない星座で、とも座ζの東で三つの星が並ぶ。18世紀にフランスの天文学者ニコラ・ルイ・ド・ラカイユが南天の星図を編集する際に加えた。らしんばん座は磁気コンパスを表す(コンパス座は製図工が使うコンパスを表す)。おそらくこの星座の星も最初アルゴー船の一部であったと思われるが、ラカイユはこの船を解体してりゅうこつ座、とも座、そしてほ座と扱いやすい大きさに組み直した。19世紀のイギリスの天文学者ジョン・ハーシェルがこの星座を Malus (アルゴー船の帆柱)と呼ぼうと提案したが、普及せずに終わった。

　天の川に一部が浸っているにもかかわらず、らしんばん座には小型望遠鏡で見える深宇宙天体はない。おもに興味をひかれるのは恒星である。

南天

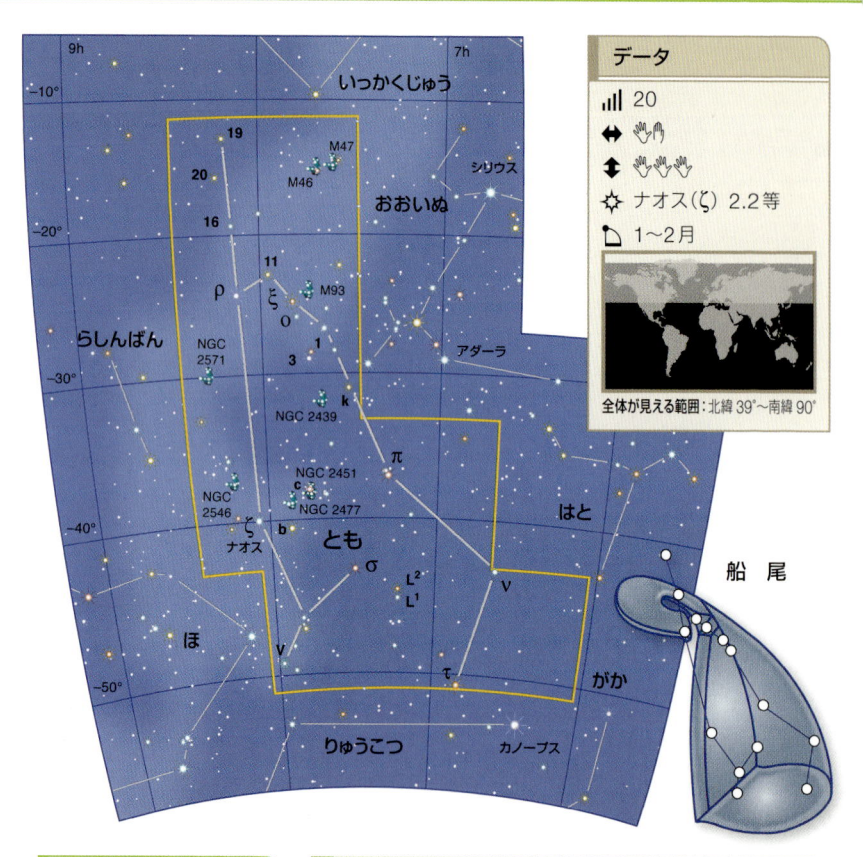

## Puppis (Pup)

# とも座

### データ

- ‖‖ 20
- ↔ ✋
- ↕ ✋✋
- ☆ ナオス(ζ) 2.2等
- 📅 1〜2月

全体が見える範囲：北緯39°〜南緯90°

南天で天の川にまたがるこの星座は、初め船の星座アルゴー座の一部であった。船尾を表すとも座はアルゴー座を分割した星座で最も大きい。18世紀にフランスの天文学者ニコラ・ルイ・ド・ラカイユがとも座、りゅうこつ座、そしてほ座をそれぞれ独立して星座にしたが、恒星のバイヤー名はアルゴー座時代のまま残っているため、とも座の場合はζから始まる。この星は別名ナオスとも呼ばれる。

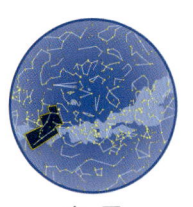

　天の川で天体の多い部分がとも座を通っているため、双眼鏡で見るには理想的な星座だ。恒星が密な星野、70個を超える散開星団がこの星座にある。その中には肉眼でも見えるものもある。

南天

### 見どころ

**とも座ζ（ナオス）**　船の星座アルゴー座が分割されて、この青色巨星（2.2等）がとも座で最も明るい星として残った。これは高温の星としても有名で、表面温度が太陽の6倍である。地球からの距離は1万4000光年。

**とも座L**　見かけの重星で、青白い$L^1$は地球から150光年、赤色巨星の$L^2$はさらに40光年遠くにある。$L^1$は4.9等で安定しているが、$L^2$は脈動変光星で、140日周期で2.6等から6.2等に明るさが変わる。

**M47**　1600光年離れた双眼鏡向きの印象的な散開星団。近くのM46より少し明るい。

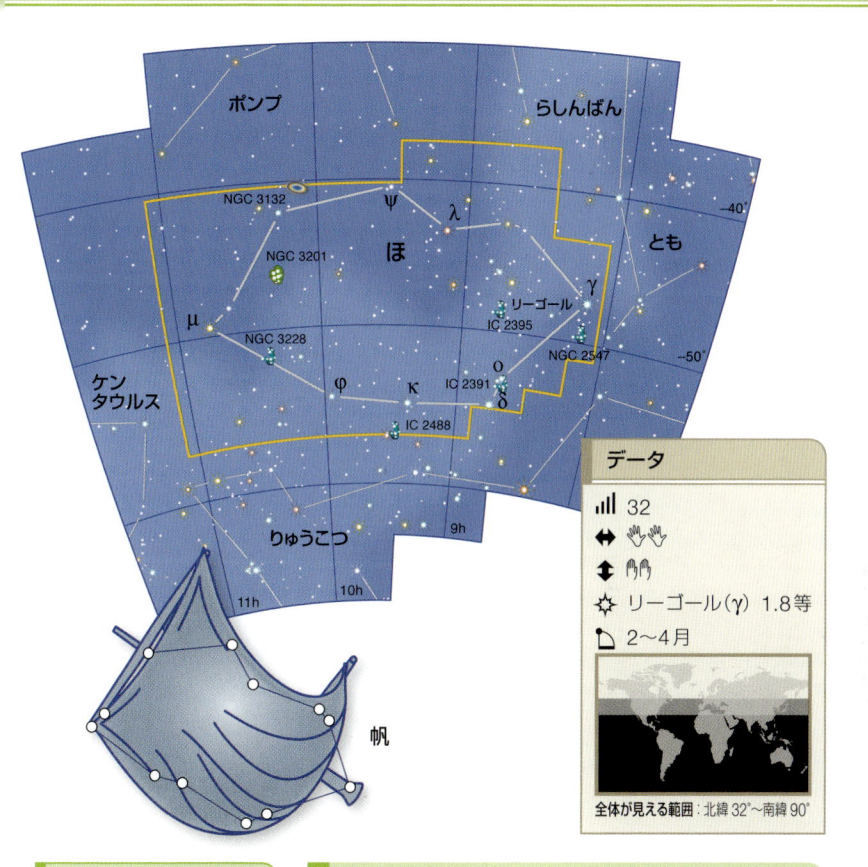

# Vela | ほ

## データ
- ⅰⅰⅰ 32
- ↔ 🖐🖐
- ↕ 🖐🖐
- ☆ リーゴール（γ）1.8 等
- 📅 2〜4月

全体が見える範囲：北緯 32°〜南緯 90°

## 見どころ

**ほ座 γ（リーゴール）** ほ座で最も明るいこの星は複連星系。最も明るい星はウォルフ–ライエ星（高温の大質量星で外層を激しい恒星風で吹き飛ばして内側の超高温の内部が露出しているもの）である。合成等級は 1.8 等。

**NGC 3201** 密度がかなり低い球状星団で、地球から 1 万 5000 光年離れている。双眼鏡や小型望遠鏡で検出できる。中型望遠鏡で周辺の星を分離できる。

**IC 2391** 美しい散開星団で「南のプレアデス」とも。IC 2391 は肉眼で見える。ちょうど 400 光年離れたこの星団は双眼鏡で見ると素晴しい。

## Velorum (Vel)

# ほ　座

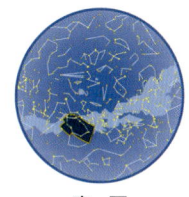

**南天の大きな星座で、アルゴー船の帆が独立したもの。** かつてはとも座、りゅうこつ座と合わせて巨大なアルゴー座とされていた。りゅうこつ座の北に位置するこの星座は、天の川の濃い領域、40 個以上の星団と大星雲を含む部分を囲い込む。

南天

ほ座のバイヤー名は γ から始まるが、それはアルゴー座時代の星名を変えずに使っていて、元アルゴー座の α と β は現在りゅうこつ座にあるからだ。γ と λ の間に縄をなったようなガス構造がある。それは 1 万 1000 年前に起こった超新星爆発の残骸である。δ と κ はりゅうこつ座にある他の 2 星と合わせて「にせ十字」と呼ばれる星つなぎを形成する。このにせ十字は本物のみなみじゅうじ座（p.305）としばしば混同される。

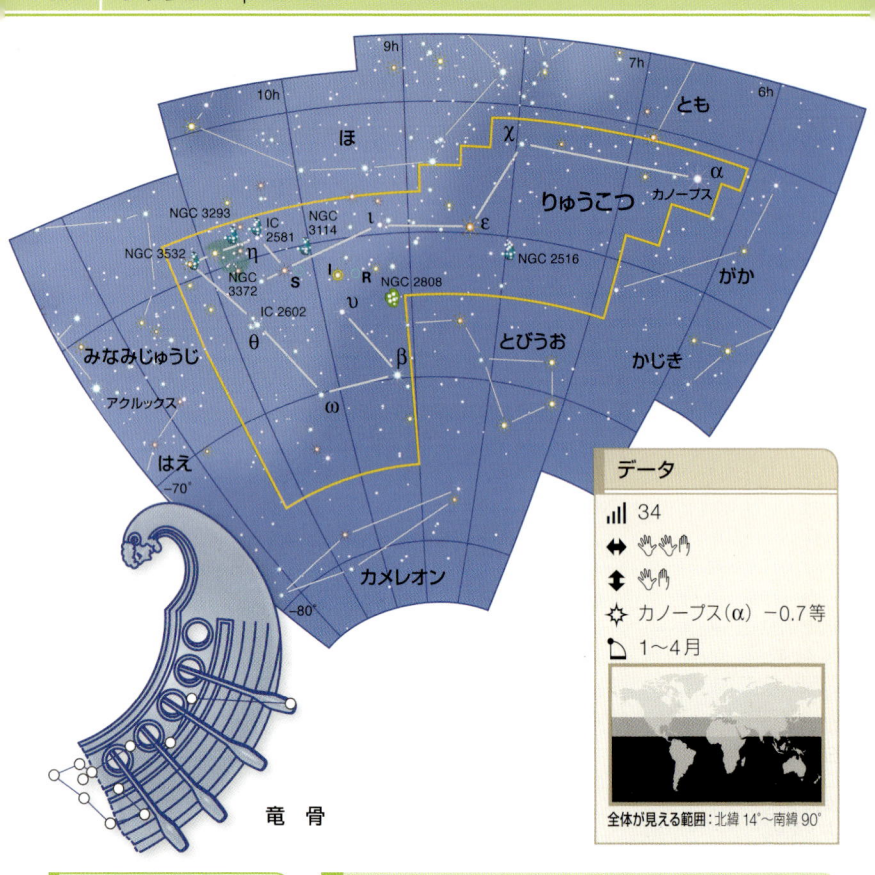

# りゅうこつ｜Carina

竜骨

## データ

- ⅲ 34
- ↔ ✋✋
- ↕ ✋
- ☆ カノープス（α） −0.7等
- 📄 1〜4月

全体が見える範囲：北緯14°〜南緯90°

## 見どころ

**りゅうこつ座α（カノープス）** 全天で2番目に明るい恒星（−0.7等）カノープスは、絶対等級も明るい。310光年の距離で黄白色に輝く超巨星である。

**NGC 3372（りゅうこつ座の星雲）** この広大な発光星雲は、3600光年離れた星形成領域である。見かけの大きさは満月の4倍。肉眼で、天の川の中の明るいしみとして見える。この星雲で最も高密度の部分にエータ・カリーナ（η Car）がある。

**IC 2602（南のプレアデス）** 約500光年の距離にあるこの巨大な散開星団には、6.0等より明るい星が八つ含まれる。

# Carinae（Car）

# りゅうこつ座

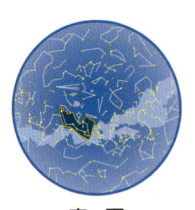

南天で目立つ星座で、天の川の星の多い領域にある。これはかつてアルゴー船であった一部で、18世紀にフランスの天文学者ニコラ・ルイ・ド・ラカイユが分割するまでアルゴー座に属していた。元のアルゴー座の南半分を取ったこの星座は、船の竜骨を表す。α（カノープス）は全天で2番目に明るい恒星で、舵または舵取りオールを表す。この星座は南半球の大部分から周極星座であり、いつでも地平線上にあって沈むことがない。

南天

りゅうこつ座には多くの星団と星野があり、双眼鏡で見て楽しい。巨大な星形成領域であるりゅうこつ座の星雲もあり、これは有名なオリオン大星雲（p.276〜277）より大きくて明るい。

# Crux | みなみじゅうじ

## データ

- ıll 88
- ↔ 🤚
- ↕ 🤚
- ☼ アクルックス (α) 0.8等
- 📅 4～5月

**全体が見える範囲**：北緯25°～南緯90°

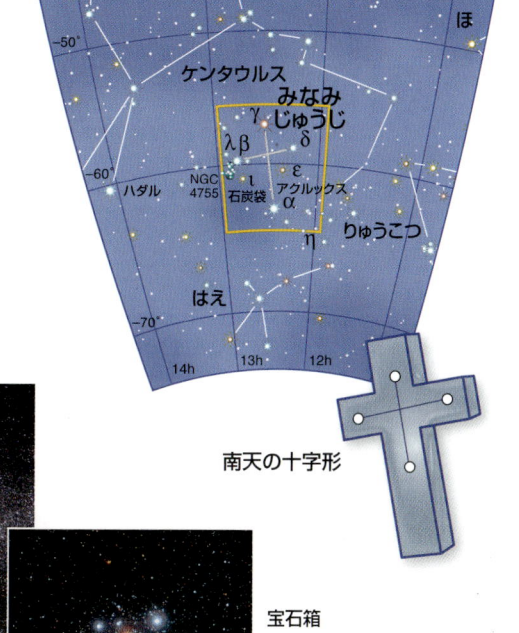

南天の十字形

**石炭袋**
この暗黒星雲は十字形のすぐ隣に見える。これは塵が集まった巨大な雲で、向こう側にある星からの光を遮る。

**宝石箱**
このきらめく一群の星は、「石炭袋」のすぐ北に見つかる。肉眼でもβ近くの明るいしみに見えるが、双眼鏡では青白い星が複数分離できる。

## 見どころ

**みなみじゅうじ座α（アクルックス）** 十字形の南端を飾る0.8等の青白い重星。望遠鏡で明るさがほぼ等しい二つの星に分離する。

**みなみじゅうじ座β（ベクルックス）** 青白い変光星で、変光周期が短く6時間ごとに1.25～1.15等の間で変光する。この星は350光年の距離にある。

**NGC 4755（宝石箱）** 豪華な星団で、南天の宝石にたとえられる。肉眼では4.0等のぼやけた単独星に見えるが、実際は7600光年離れた星団である。双眼鏡では数十個の青白い星が分離し、中心近くの赤色超巨星との対比が美しい。

## Crucis (Cru)

# みなみじゅうじ座

**最小の星座**であるが、最も有名で形を見つけやすい。古代ギリシア人は最初この星座をケンタウルス座の一部と見なしていたが、16世紀末には独立して Crux Australis（南天の十字形）と認識されるようになった。もっと時代が下ると短縮されて単に Crux となった。

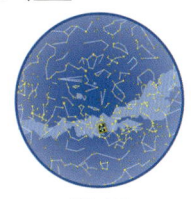

南天

　天の川はこの星座のあたりで明るく、くさび形のガスと塵の星雲「石炭袋」がはっきりわかる。この星座では星そのものも明るく、別名「宝石箱」と呼ばれる美しい星団 NGC 4755 も目立つ。十字の形は天の南極を見つける目印にもなる。天の南極はγからαに引いた直線の延長上にある（p.35）。

# はえ | Musca

## データ

- ᆢ 77
- ↔ ✋
- ↕ ✋
- ☼ α 2.7等
- ▷ 4〜5月

全体が見える範囲：北緯14°〜南緯90°

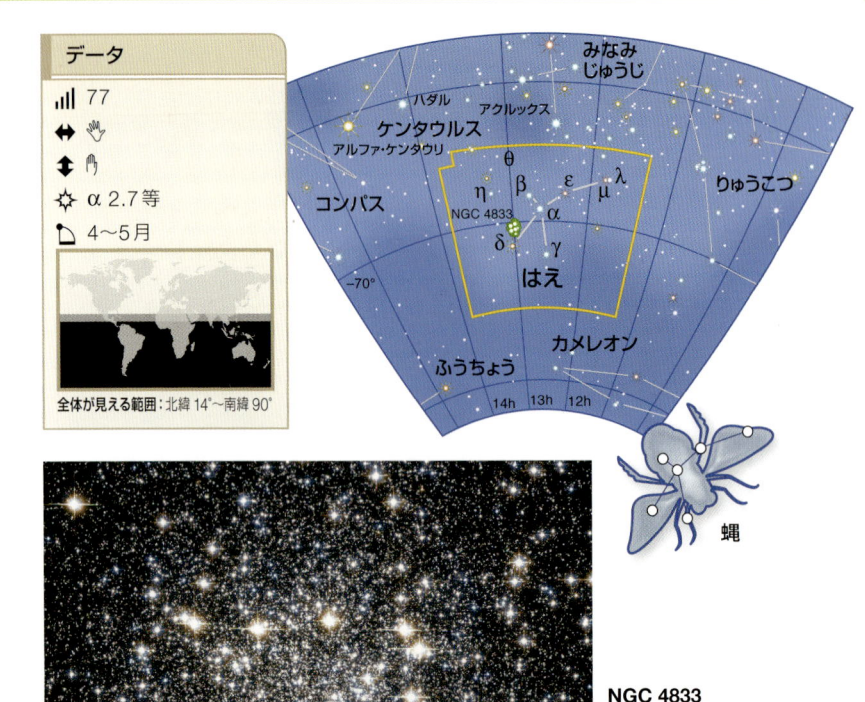

**NGC 4833**
小さくまとまった球状星団。双眼鏡でぼんやり光る球に見える。口径100 mmの望遠鏡で個々の星が分解できる。

## 見どころ

**はえ座α** 2.7等の青白い巨星で、305光年の距離にある。

**はえ座β** 肉眼ではαと瓜二つであるが、実際は連星である。小型望遠鏡では383年周期で公転し合う3.0等と3.7等の二つの青い星が分離できる。この連星系は310光年の距離にある。

**はえ座θ** この連星は5.7等の青色超巨星と7.3等の伴星からなる。双眼鏡で見える伴星はウォルフ・ライエ星（p.303）で、非常に高温の白い星が外層を吹き飛ばして急激に老化が進む。

## Muscae（Mus）

# はえ座

みなみじゅうじ座とケンタウルス座の南に位置する。探すにはみなみじゅうじ座の長い方の軸を天の南極に向かって延長すると良い。はえ座はオランダの航海者ピーテル・ディルクスゾーン・ケイセルとフレデリック・デ・ハウトマンが16世紀末に創設した星座では最もわかりやすい。初めApis（ミツバチ座）とされたが、1750年代におそらくApus（ふうちょう座、極楽鳥）との混乱を避けるためにMusca Australis（南の蝿座）と改名された。当時はMusca Borealis（北の蝿座）も存在していたが、そちらは使われなくなったので、この星座も単にMuscaになった。

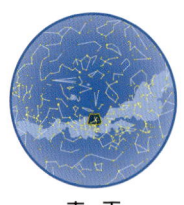

　興味深い連星系のほか、明るい球状星団と暗黒星雲「石炭袋」の南端を含む。後者はみなみじゅうじ座から南方にはみ出している。

南天

# Circinus | コンパス

## データ

- ıll 85
- ↔ ✋
- ↕ ✋
- ☆ α 3.2等
- 🕐 5〜6月

**全体が見える範囲**：北緯19°〜南緯90°

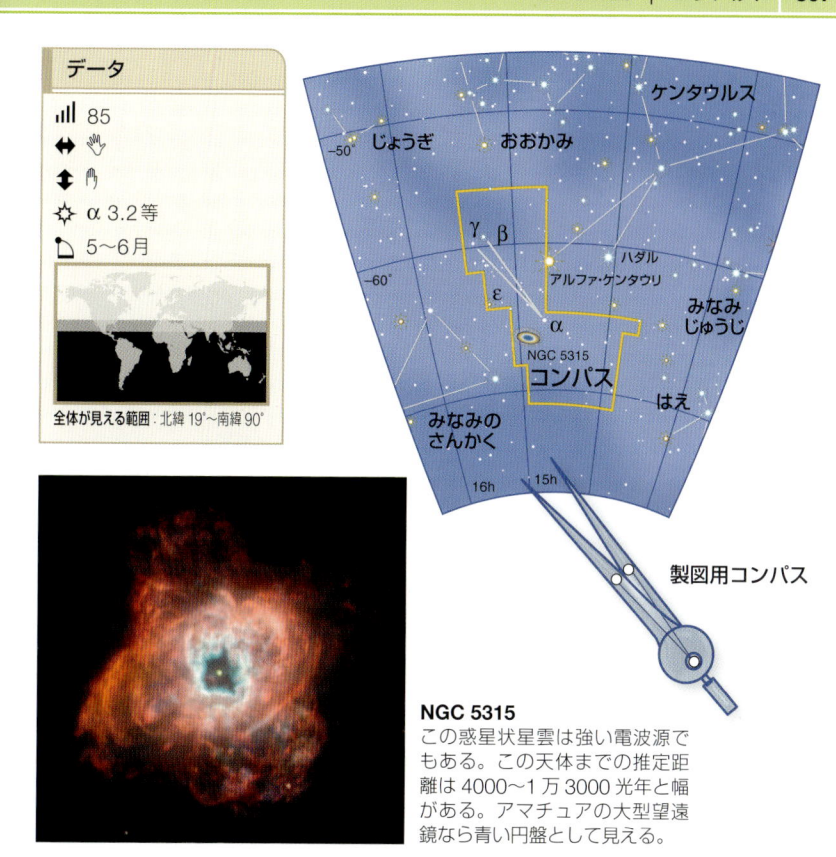

**製図用コンパス**

**NGC 5315**
この惑星状星雲は強い電波源でもある。この天体までの推定距離は4000〜1万3000光年と幅がある。アマチュアの大型望遠鏡なら青い円盤として見える。

## 見どころ

**コンパス座α** 3.2等の白いこの星を小型望遠鏡で見ると8.6等の暗い伴星が見える。この連星系は65光年の距離にある。

**コンパス座γ** 地球から約500光年離れて青い星（5.1等）と黄色い星（5.5等）が互いに公転し合う。この連星は中型望遠鏡でなければ分離できない。

**コンパス座θ** これも連星だが、近接しすぎて視覚的には分離できない。連星の片方が不規則に変光するため、合成等級は5.0等から5.4等の範囲で変わる。

**NGC 5315** 遠くの暗い惑星状星雲で、距離は約7000光年。

## Circini (Cir)

# コンパス座

**南天の暗く目立たない星座。** 1756年にフランスの天文学者ニコラ・ルイ・ド・ラカイユが創設した。暗い星が結ぶ三角形がおそらく測量や航海で使う製図用コンパスを表すということなのだろう（対してらしんばん座は磁気コンパスを表す）。この星座はケンタウルス座とみなみのさんかく座の間にむりやり収まっているが、最も明るい恒星のひとつであるアルファ・ケンタウリに近いため見つけやすい。

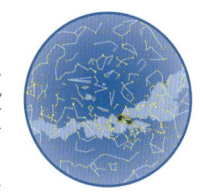

コンパス座には明るい星団も星雲も銀河もない。しかし天の川中の星雲と重なっている。この星雲が邪魔になって、私たちに最も近いよその銀河、コンパス座の銀河が見えない。1970年代に発見されたこの銀河は、1300万光年かなたにある小型の渦巻銀河で、激しく活動中の超大質量ブラックホールを宿す。

**南天**

# じょうぎ ｜ Norma

## データ

- ▎ 74
- ↔ ✋
- ↕ ✋
- ☼ γ² 4.0等
- 📅 6月

**全体が見える範囲: 北緯29°〜南緯90°**

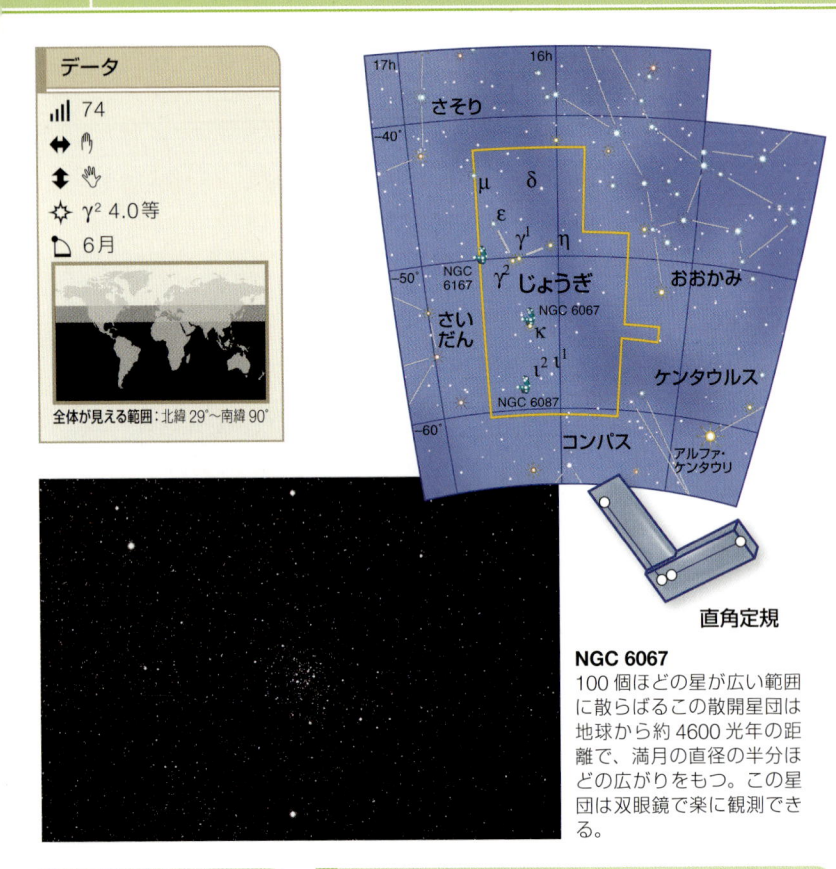

**直角定規**

### NGC 6067
100個ほどの星が広い範囲に散らばるこの散開星団は地球から約4600光年の距離で、満月の直径の半分ほどの広がりをもつ。この星団は双眼鏡で楽に観測できる。

## 見どころ

**じょうぎ座γ** 地球から見て黄色い星が二つ重なって見える見かけの重星。γ²は4.0等の巨星で地球からの距離は125光年ほどであり、γ¹は地球から1500光年とずっと遠い超巨星で、5.0等の明るさで輝く。

**じょうぎ座ι** この220光年の距離にある複連星は、小型望遠鏡で4.6等の主星と8.1等の伴星に分離できる。大口径の望遠鏡で主星は27年周期で公転し合う2星に分離できる。つまりじょうぎ座ιは三連星である。

**NGC 6087** この散開星団は、3000光年の距離に位置し、肉眼で見える。中心部には超巨星じょうぎ座Sがある。

## Normae (Nor)

# じょうぎ座

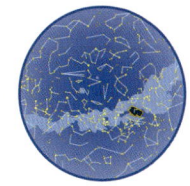

さそり座とおおかみ座に挟まれたこの暗い三角形は、1750年代にフランスの天文学者ニコラ・ルイ・ド・ラカイユが分割して独立した星座になった。彼が創設した他の南天星座と同様、じょうぎ座も測量者が水平や垂直をはかるための道具から命名されている。最初この星座はNorma et Regula(直角定規と定規)と呼ばれていた。しかし星座の境界が正式に決められた際に、定規を構成していた恒星の一部(一番明るい数個も含めて)は隣のさそり座に吸収されてしまった。

天の川がこの星座を通っているため、双眼鏡で掃天する価値はある。しかし星座の形をつなぐ星々は、天の川に紛れて見つけにくい。

**南天**

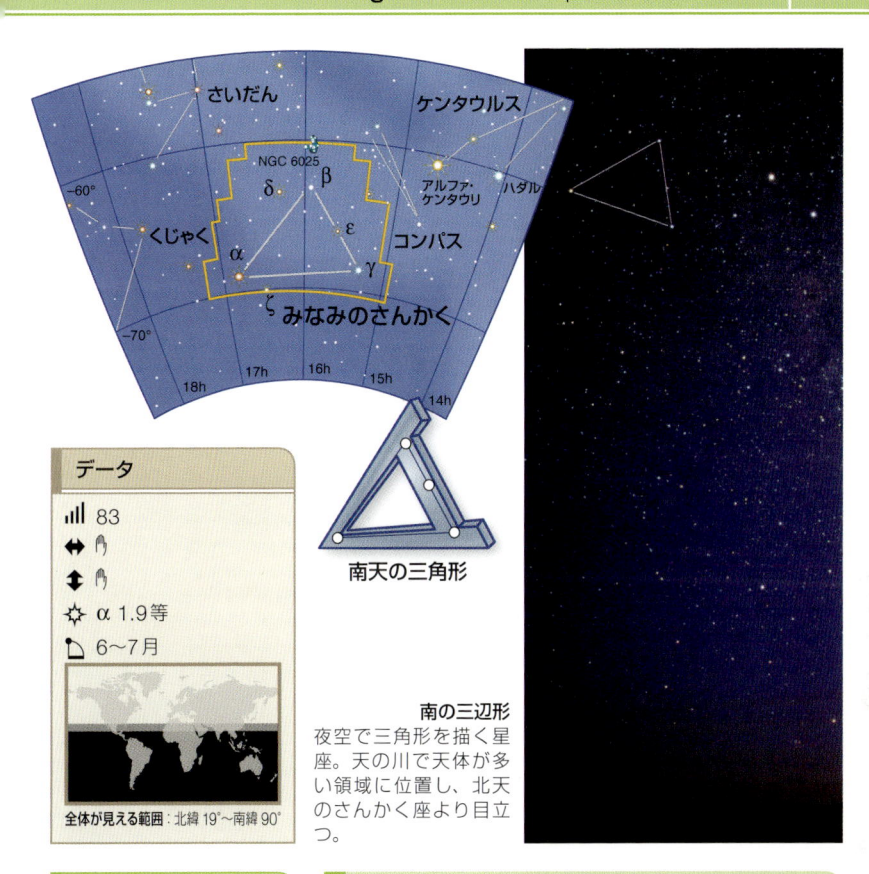

Triangulum Australe | みなみのさんかく

**南天の三角形**

## データ

- 📶 83
- ↔ 🤏
- ↕ 🤏
- ☼ α 1.9等
- 📅 6〜7月

全体が見える範囲：北緯19°〜南緯90°

**南の三辺形**
夜空で三角形を描く星座。天の川で天体が多い領域に位置し、北天のさんかく座より目立つ。

## 見どころ

**みなみのさんかく座α**
1.9等の橙色巨星で、三角形の南東の隅を飾る。地球からの距離は100光年。

**みなみのさんかく座β**
地球から約42光年離れた白い星で明るさは2.9等。

**みなみのさんかく座γ**
βと同じ明るさ（2.9等）であるが、距離は70光年を超えるため、γの方が絶対等級がかなり明るい。つまりこれは青白い高温の星である。

**NGC 6025** 5.4等と肉眼で見える明るさであるが、天の川の中にあるため双眼鏡で見るのが良い。2700光年の距離に位置する散開星団。

## Trianguli Australis（TrA）

# みなみのさんかく座

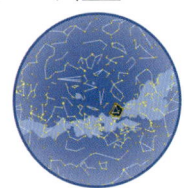

南天で目立つ三角形のこの星座はケンタウルス座の南東で容易に見つかる。この星座の導入については諸説ある。最初の記録はドイツの天文学者ヨハン・バイヤーが1603年に編集した星図「ウラノメトリア」にある。オランダの航海者ピーテル・ディルクスゾーン・ケイセルとフレデリック・デ・ハウトマンが1590年代に創設した可能性もある。さらに別の説では、オランダの天文学者ペトルス・テオドロス・エムダヌスなる人物が発見したともいう。

この星座は北天のさんかく座より小さいが、明るい星があるので見つけやすい。天の川に重なっているが、小さく魅力的な散開星団が一つあるほかにはアマチュアが興味をひかれる天体はない。

**南 天**

# さいだん ｜ Ara

## データ

- 📶 63
- ↔ ✋
- ↕ ✋
- ☼ α 3.0等
- 📅 6〜7月

全体が見える範囲：北緯22°〜南緯90°

**NGC 6188**
この巨大な星雲は、水素、酸素、そして硫黄の原子が、NGC 6193中の若い恒星が放射する強い紫外線で励起して出す光が反射して輝く。

## 見どころ

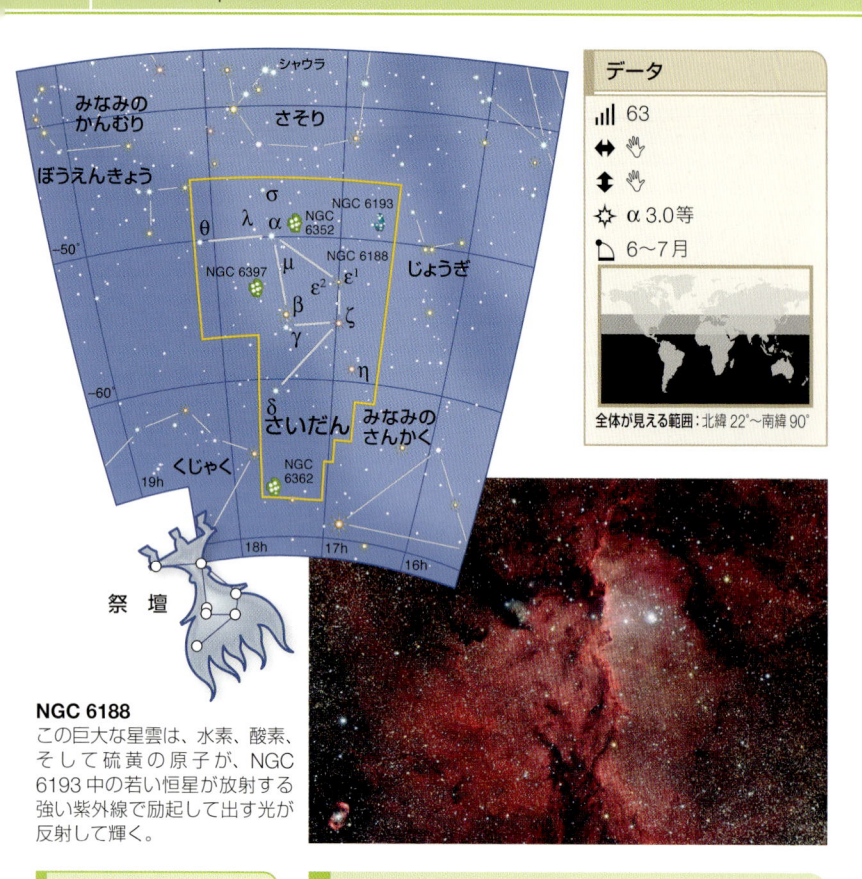

**さいだん座α** 3.0等の青白い星で、地球から460光年ほど離れた位置にある。

**さいだん座γ** 銀河系内で最も絶対等級が明るい恒星のひとつ。太陽の3万2000倍明るいが、1100光年の距離にあるため、3.3等でしかない。

**NGC 6193** 肉眼で楽に見つけられる散開星団。差し渡し満月の半分ほどに見える。地球からの距離は4000光年で、星形成中のガスにまだ包まれている。

**NGC 6397** 距離が7200光年と比較的近い球状星団で、双眼鏡で楽に見える。

## Arae (Ara)

# さいだん座

**はるか南の空にある**さいだん座は、古代ギリシア時代から知られており、プトレマイオス48星座にも含まれる。ギリシア人はここに宇宙の支配をかけてオスリス山のティターン族と戦った10年戦争の初めに、オリュンポス山の神々が宣誓した天の祭壇を描いた。

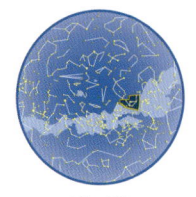

南天

　星座の形ははっきりしないものの、さそり座の南に位置し天の川の濃い領域が横切るため見つけやすい。アマチュアの観測機材でも手が届く星団が数個と、暗い星団NGC 6188がある。地球から50光年の距離にある暗いさいだん座μは太陽に似た星で、少なくとも四つの惑星をもつ。

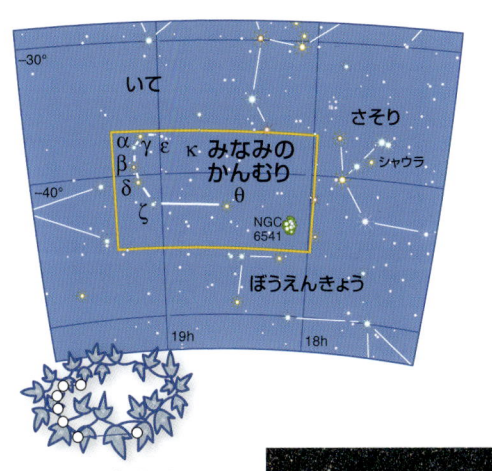

Corona Australis ｜ みなみのかんむり　311

### データ

- 📶 80
- ↔ ✋
- ↕ ✋
- ☼ α、β 4.1等
- 📅 7〜8月

全体が見える範囲：北緯44°〜南緯90°

南天の冠

### みなみのかんむり座 R

口径2.2mの望遠鏡で撮影したこの暗い変光星は、ぼんやり青く光る反射星雲と、近くにあるもっと大きい暗黒星雲に包まれている。このRはγとεの間に位置する。

### 見どころ

**みなみのかんむり座 α**
4.1等のこの星は白く、地球から140光年の距離にある。

**みなみのかんむり座 β**
4.1等で輝く黄色巨星。αと見かけの明るさは同じであるが、βの方が少し遠く、510光年の距離にある。この星は絶対等級が太陽の730倍も明るい。

**みなみのかんむり座 γ**
この連星系はどちらも肉眼で見える明るさ（4.8等と5.1等）であるが、分離するには小型望遠鏡が必要である。

**NGC 6541** この球状星団までは2万2000光年あるため、肉眼で見える明るさに少し足りない。

## Coronae Australis（CrA）

# みなみのかんむり座

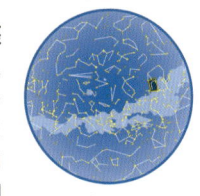

南天のこの小さな星座はいて座の足の下にある。プトレマイオスが48星座のひとつとして認識していた古い星座で、初めは花冠として描かれた。これはギンバイカを編んだ小さな冠で、ギリシア神話でぶどう酒と歓楽の神であるディオニュソスが、冥界から母親を取り戻した後で空に置いた。古代中国の天文学者は同じ領域に亀を見た。

南天

南天の冠は、すべて4等より暗い星が連なる曲線として描かれる。この形は北天のかんむり座ほどきれいに並んではいないが、いて座の「紅茶ポット」形の真下にあるため見つけやすい。みなみのかんむり座は天の川の濃い部分と境界を接しており、薄い星雲が広がっているのが長時間露出で写真撮影するとわかる。

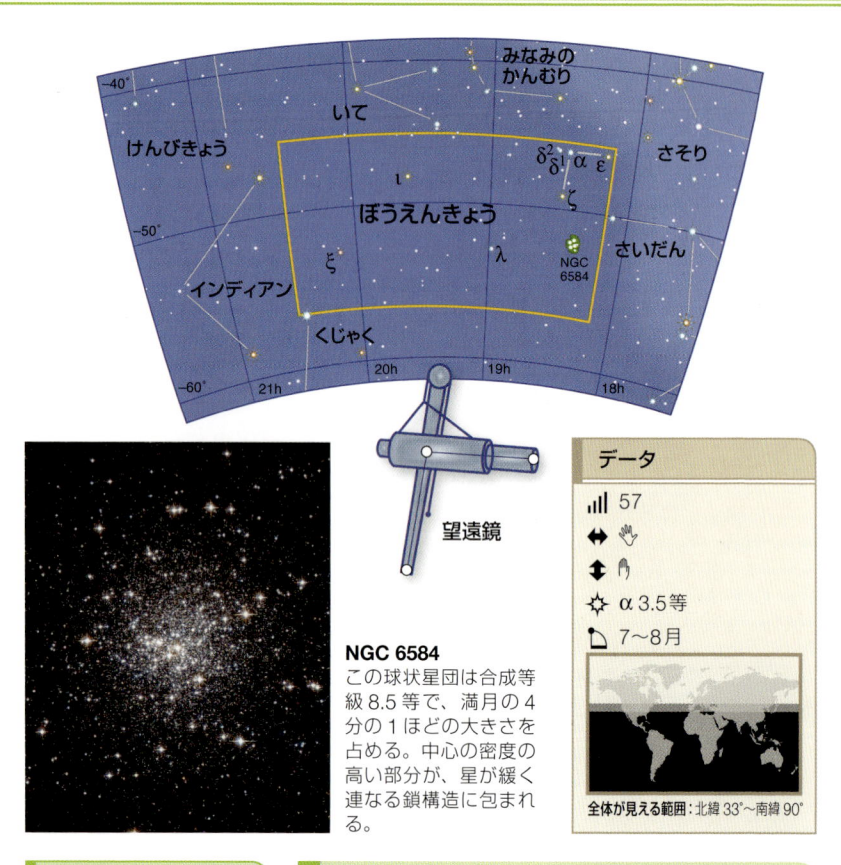

## ぼうえんきょう | Telescopium

望遠鏡

### データ

- ᵈ 57
- ↔ 🤚
- ↕ ✋
- ☆ α 3.5等
- 📄 7〜8月

全体が見える範囲：北緯33°〜南緯90°

**NGC 6584**
この球状星団は合成等級8.5等で、満月の4分の1ほどの大きさを占める。中心の密度の高い部分が、星が緩く連なる鎖構造に包まれる。

### 見どころ

**ぼうえんきょう座α** この青白い星は地球から約450光年の距離にあり、3.5等で輝く。

**ぼうえんきょう座δ** 見かけの重星で、双眼鏡で青白い2星に分離できる。この2星は無関係で、地球からの距離は一方が650光年、もう片方が1300光年。明るさはほぼ等しくいずれも5.0等ほど。

**NGC 6584** 4万3700光年離れたこの球状星団は、強力な双眼鏡で簡単に見つけられる。小型望遠鏡では小さな球に見える。大型望遠鏡なら個々の星を分解できる。

### Telescopii（Tel）

# ぼうえんきょう座

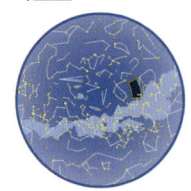

南天

暗く見つけにくい星座。みなみのかんむり座の南の領域に1本、線が引かれているだけである。18世紀にフランスの天文学者ニコラ・ルイ・ド・ラカイユが創案した。彼はこの星の並びを、パリ天文台で使用された巨大な空気望遠鏡として描いた。それらは鏡筒が長い屈折鏡（レンズを用いた）で、長さが10 mを超える場合も多く、高い柱から縄と滑車で吊られていた。

ラカイユはこの星座をつくるために、近くの星座（いて座、さそり座、へびつかい座、そしてみなみのかんむり座）から星を借りた。1929年に星座が標準化された際、それらの借り物は本来の星座に戻された。そのために、現在の枯れ木のようなぼうえんきょう座になった。

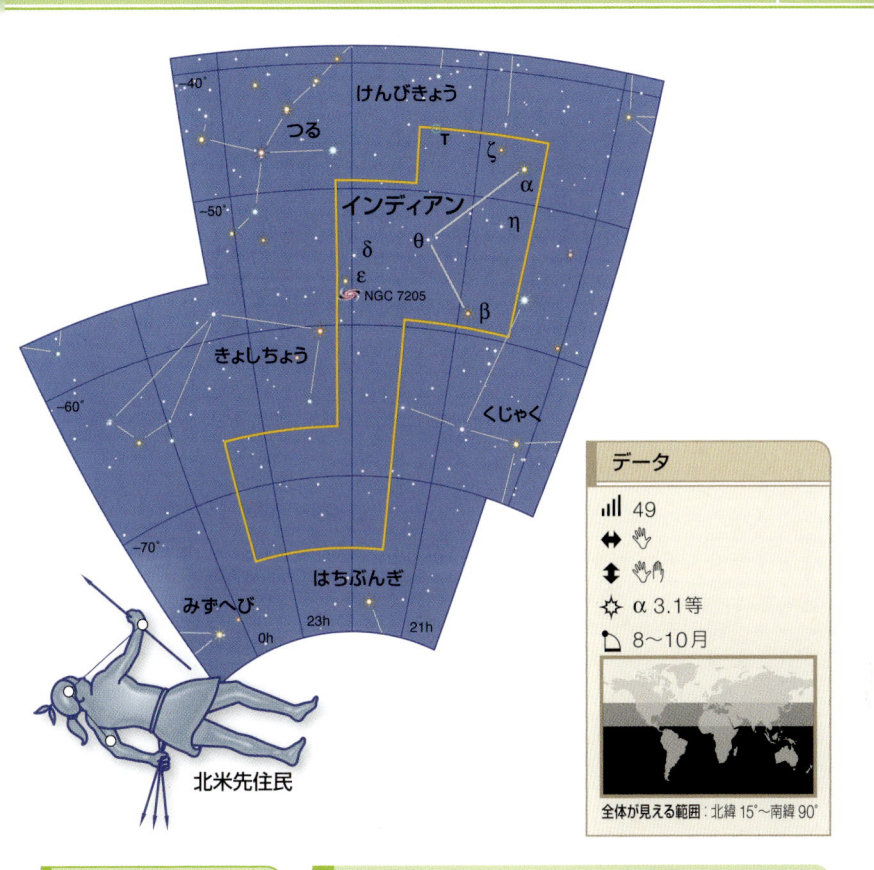

# Indus ｜ インディアン

北米先住民

## データ

- ɪɪɪ 49
- ↔ ✋
- ↕ ✋
- ☼ α 3.1等
- 8〜10月

全体が見える範囲：北緯15°〜南緯90°

### 見どころ

**インディアン座α** 橙色巨星で、地球から125光年の距離に位置し、明るさは3.1等。

**インディアン座β** この橙色巨星はαより近くて（110光年）絶対等級が少し暗い。見かけの明るさは3.7等。

**インディアン座ε** この4.7等の黄色い星は太陽に近い近傍星で、距離はちょうど11.8光年。質量が木星の45倍ある褐色矮星を伴星にもつ。

**NGC 7205** この渦巻銀河は11.4等で、中口径の望遠鏡でやっと見える。

## Indi (Ind)

# インディアン座

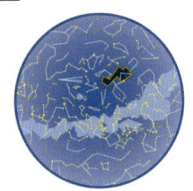

インディアン座はいて座の南、つる座ときょしちょう座の東に位置する。この星は、槍と矢を携えた北アメリカのインディアンを描いたものと考えられている。16世紀のオランダの航海者ピーテル・ディルクスゾーン・ケイセルとフレデリック・デ・ハウトマンにより導入された。東インドを探検していた彼らは、北アメリカのインディアンか東南アジアの島民を意図したのかもしれない。オランダの天文学者ペトルス・プランキウスはその頃すでに北天に新星座をいくつか追加していたが、ケイセルとデ・ハウトマンはプランキウスの求めに応じて最南端の恒星を記録している。

インディアン座には、アマチュアの望遠鏡でも見える暗い銀河がある。

南天

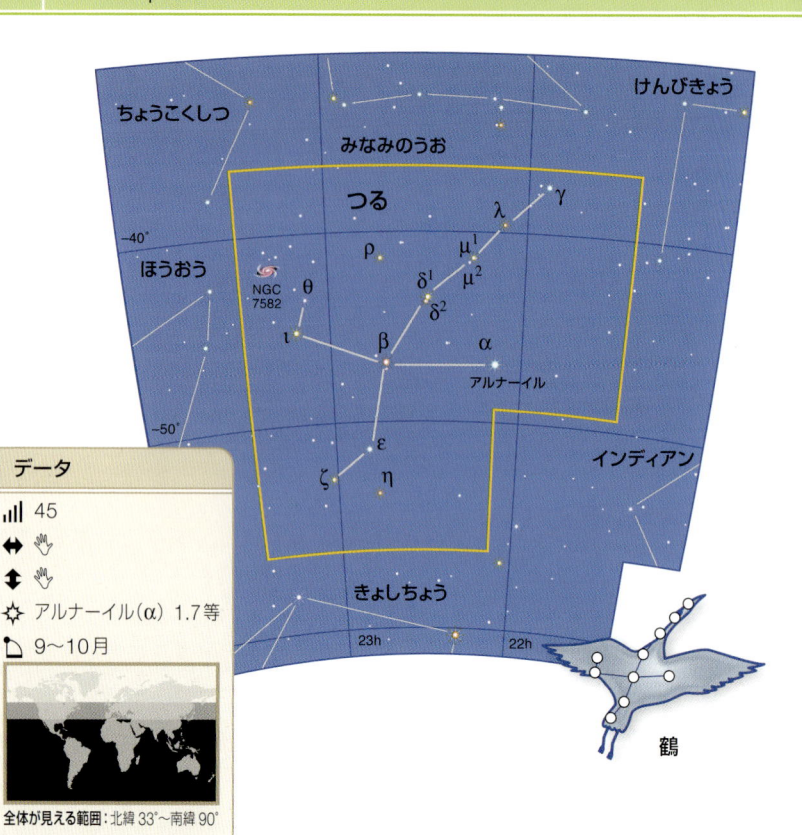

# つる | Grus

## データ

- 📶 45
- ↔ ✋
- ↕ ✋
- ☆ アルナーイル（α）1.7等
- 🌙 9〜10月

**全体が見える範囲：北緯33°〜南緯90°**

## 見どころ

**つる座α（アルナーイル）**
アラビア語で「明るいもの」を意味するこの青白い星は、65光年の距離にあり、1.7等で輝く。

**つる座β** 地球から170光年離れた赤色巨星であり変光星。膨張と収縮を不規則に繰り返し、2.0等から2.3等まで明るさが変わる。

**つる座δ** 肉眼で重星に見えるが、実際は距離が150光年の黄色巨星（4.0等）と420光年の赤色巨星（4.1等）が同一視線上に重なって見える見かけの重星。

**NGC 7582** この棒渦巻銀河は中型望遠鏡で見える。

## Gruis (Gru)

# つる座

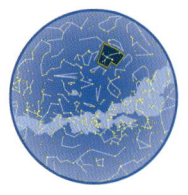

はるか南方の星座つる座は、**みなみのうお座ときょしちょう座の間にある**。オランダの探検家ピーテル・ディルクスゾーン・ケイセルとフレデリック・デ・ハウトマンが1590年代に追加した鳥の星座。後の1603年、つる座はドイツの天文学者ヨハン・バイヤーによる偉大な星図「ウラノメトリア」に首と脚の長い水鳥の姿で掲載されて定着した。通常は鶴とされるが、フラミンゴが描かれたこともある。

銀河面から遠く位置するこのつる座には散開星団も星雲もない。しかし、中位の明るさの星が並ぶ鶴の胴体ははっきり見える。この線を延長するときょしちょう座（p.316）にある小マゼラン銀河（SMC）からみなみのうお座のフォーマルハウトまでつながる鎖になる。

南天

不死鳥

## データ

- 📶 37
- ↔ ✋
- ↕ ✋
- ☆ アンカー（α）2.4等
- 🗓 10〜11月

全体が見える範囲：北緯32°〜南緯90°

### 伝説の鳥
夜明けの空で西の地平線に沈むほうおう座。その下につる座も見える。この画像で北は右になる。

### 見どころ

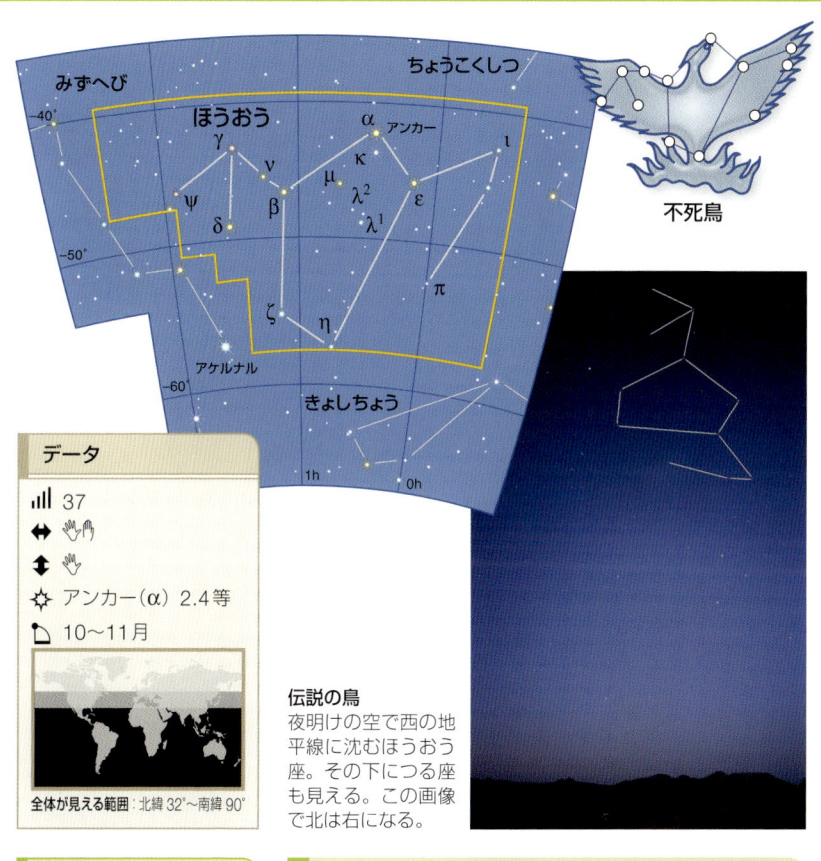

**ほうおう座α（アンカー）**
88光年の距離にあるこの黄色巨星は、2.4等で輝く。

**ほうおう座β**　肉眼で3.3等の黄色い単独星に見えるが、中型望遠鏡では4.0等の黄色い星二つからなる連星とわかる。距離は130光年。

**ほうおう座ζ**　280光年離れた四連星。一番明るい星はたいてい3.9等の明るさに見えるが、実は食変光星で40時間ごとに4.4等まで暗くなる。小型望遠鏡で三つめの星（6.9等）が分離できる。もっと大型の望遠鏡で、主星に近い暗い第四の星が見える。

## Phoenicis (Phe)

# ほうおう座

エリダヌス座の南端、明るいアケルナルの隣に鳥の形が見つかる。ほうおう座は古代ヨーロッパから古代中国まで広く神話に記された架空の鳥を描いた星座である。この鳥は500年生きるとされ、寿命が尽きると香木の炎に自ら身を投じ、その灰の中から蘇るという。

南天

　ほうおう座は16世紀末にオランダの航海者で天文学者のピーテル・ディルクスゾーン・ケイセルとフレデリック・デ・ハウトマンが導入した星座のうち最大である。しかしアラビアの天文学者は、ほうおう座が生まれるずっと前にほぼ同じ領域の恒星一揃いを使って、エリダヌス川の岸につないだ1艘の船を描いた。この星座は暗く目立ず、連星以外アマチュアの興味をひく天体はほとんどない。

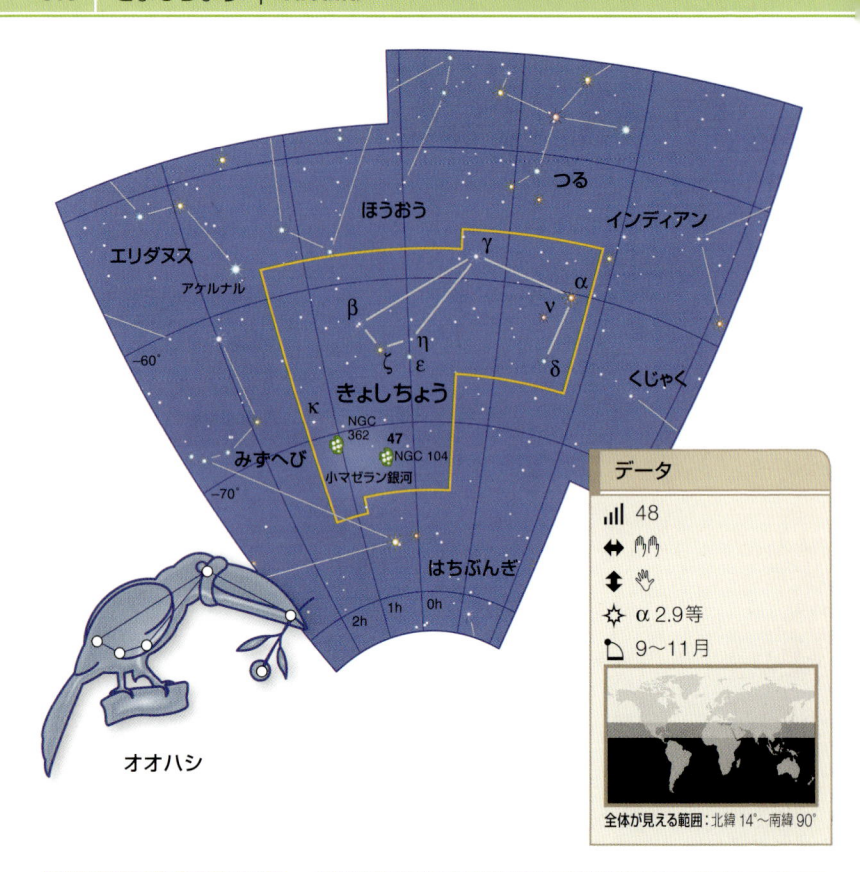

# きょしちょう | Tucana

**データ**
- 📶 48
- ↔ ✋
- ↕ ✋
- ☆ α 2.9等
- 🗓 9〜11月

全体が見える範囲：北緯14°〜南緯90°

## 見どころ

**NGC 104（きょしちょう座47）** 小さく高密度な素晴しい球状星団。直径約147光年の球に恒星が数百万個ぎっしり詰まっている。1万9000光年の距離にあり、肉眼でもぼやけた単独星のように見える。小型望遠鏡では外縁部の星を個々に分離できる。

**小マゼラン銀河（SMC）** 天の川銀河の二つの伴銀河で小さい方。地球からの距離は21万光年。肉眼でも楽に見える天体で、天の川の一部がくさび形にちぎれたように見える。双眼鏡で見た星野は、恒星や塵や星形成領域がわかる。

## Tucanae（Tuc）

# きょしちょう座

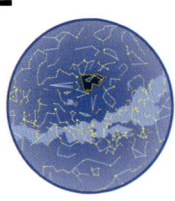

南天の果てにある星座で、エリダヌス座の終点アケルナルの西に見つかる。これはくちばしの大きい熱帯の鳥で、南アメリカまたは中央アメリカに生息するオオハシを描いたもの。きょしちょう座は16世紀末にオランダの航海者で天文学者のピーテル・ディルクスゾーン・ケイセルとフレデリック・デ・ハウトマンが創設した。

　きょしちょう座の星は暗く、星をつないでできる形も目立たないが、アマチュアなら誰でも興味をもつ目立つ天体が二つある。小マゼラン銀河（SMC）とNGC 104（きょしちょう座47）だ。最初は恒星として目録に載ったNGC 104は実際は全天で2番目に明るい球状星団である。SMCは銀河系の伴銀河のひとつで、1520年頃のポルトガルの探検家フェルディナンド・マゼランによる記録が最初である。

南天

**空を走る蛇**
この小さな水蛇は南天で二つのマゼラン銀河の間をすり抜けるように見える。近くの明るい星はエリダヌス座のアケルナル（右上）。

## データ

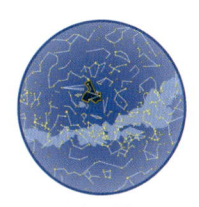

- 📶 61
- ↔ ✋
- ↕ ✋
- ☆ β 2.8等
- 📐 10〜12月

全体が見える範囲：北緯8°〜南緯90°

### 見どころ

**みずへび座α** 78光年の距離にある白いこの星は2.9等で、この星座で2番目に明るい。

**みずへび座β** 最も明るいβは、太陽に似た黄色い星で蛇の尾の半ばで輝く。地球からちょうど21光年の距離で、2.8等。

**みずへび座π** 見かけの重星で、二つの赤色巨星が同一視線上に並ぶ。双眼鏡で楽に分離できる。$π^1$まで740光年、$π^2$は470光年の距離にある。

**みずへび座VW** みずへび座γに近い反復新星で、連星の片方である白色矮星の表面で、月1回程度爆発が起こる。この爆発は小型望遠鏡で容易に継続観測できる。

## Hydri（Hyi）

# みずへび座

みずへび座は**はるか南天の星座でずっと小さい**ので、名前が似ているうみへび座と混同されることはまずない。小さい水蛇を表し、中位の明るさの星をつないでできる形は目立たない。しかし蛇の頭に光るαはエリダヌス座の果ての星アケルナルに近いので、見つけるのは簡単である。蛇の胴体はかじき座（p.321）の大マゼラン銀河（LMC）ときょしちょう座（p.316）の小マゼラン銀河（SMC）の間にぴったりはまっている。

　この星座は16世紀にオランダの航海者で天文学者のピーテル・ディルクスゾーン・ケイセルとフレデリック・デ・ハウトマンが紹介した。アマチュアが注目するような深宇宙天体はないが、πのように興味深い重星が二つある。

南　天

# とけい | Horologium

振り子時計

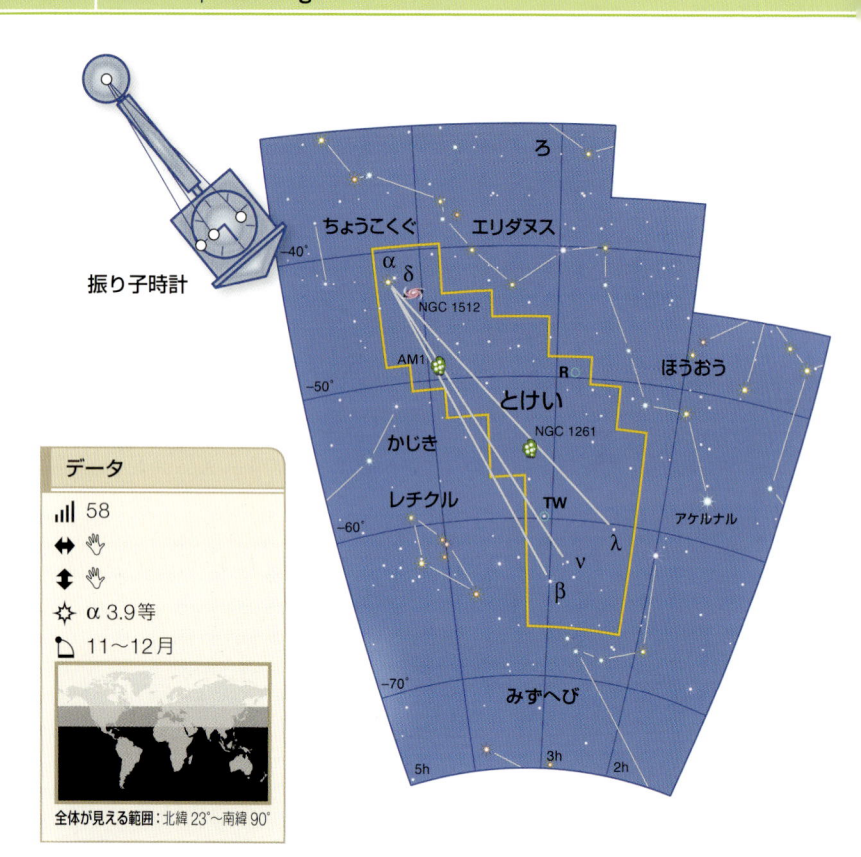

## データ

- 📶 58
- ↔ ✋
- ↕ ✋
- ☆ α 3.9等
- 📅 11〜12月

全体が見える範囲：北緯23°〜南緯90°

## 見どころ

**とけい座α** 3.9等の黄色巨星で、地球からの距離は180光年。

**NGC 1261** 天の川銀河のまわりを公転しているもっと遠くの球状星団のひとつ。距離は4万4000光年。合成等級は8.0等で、双眼鏡の良い観測対象になる。

**NGC 1512** 地球から約3000万光年離れた棒渦巻銀河で、直径は7万光年。これは私たちの銀河系の3分の2に相当する。明るい中心部は10等の明るさで、小型望遠鏡で見える。詳しく観測するとこの中心部を囲んで連なる若い星団の環が見える。この環の直径は2400光年ほどである。

## Horologii (Hor)

# とけい座

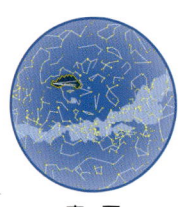

南天

南天の暗く目立たない星座。とけい座はエリダヌス座の南の果て近くに位置する。1750年代にフランスの天文学者ニコラ・ルイ・ド・ラカイユが導入した。彼が創設した多くの星座同様、暗く散らばった恒星群を恣意的に新たな技術革新から命名したのは明らかである。ラカイユの意図は、当時の天体観測で正確な計時のために使われた振り子時計であった。時計の振り子の支点がα、その振り子はλとβの間で前後に揺れる。

天の川からある程度離れて位置し、占めるのは空の狭い一画にすぎないが、とけい座は興味深い球状星団複数と渦巻銀河を一つ含む。

# Reticulum | レチクル

**NGC 1313**
この2000万光年離れたスターバースト銀河は大規模な星形成を経験しているところである。この銀河の渦巻腕には星形成中の巨大な星雲が点在し、そのために銀河が変形している。

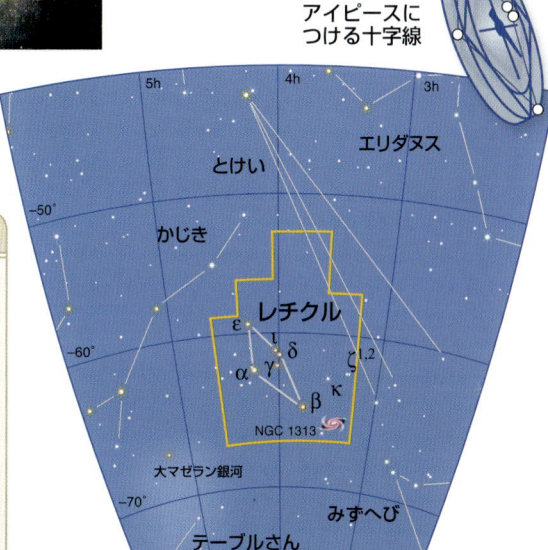

アイピースにつける十字線

## データ

- ıll 82
- ↔ 🖐
- ↕ 🖐
- ☆ α 3.4等
- 🌙 12月

全体が見える範囲：北緯23°〜南緯90°

## 見どころ

**レチクル座α** 3.4等の黄色巨星で、地球から135光年の距離にある。

**レチクル座β** 3.9等の橙色巨星で距離は約78光年。

**レチクル座ζ** この連星は双眼鏡で容易に分離できるが、黄色い2星はほとんど見分けがつかない。ζ¹は5.2等、ζ²は5.9等の明るさ。地球から39光年の距離に位置し、およそ80億歳と考えられている。つまり太陽よりかなり古いということになる。

## Reticuli（Ret）

# レチクル座

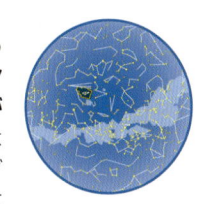

りゅうこつ座のカノープスから少し南、かじき座の大マゼラン銀河（LMC）の北西で暗い星が菱形に並ぶ。レチクル座の星は1621年に独立してRhombus（ダイヤモンド座）と呼ばれた小さな星座に一旦まとめられた。しかし1750年代、フランスの天文学者ニコラ・ルイ・ド・ラカイユが南アフリカにいた時期に現在の名で呼ばれるようになった。

南天

ラテン名の文字通りの意味は「網」であるが、この星座はラカイユらが天体の位置を正確に測定するために使った望遠鏡のアイピースに入っている十字線を描いたものと考えられている。天の川からある程度離れているために、この星座でアマチュア向けのおもな天体は有名な重星一つと複数の暗い銀河であろう。

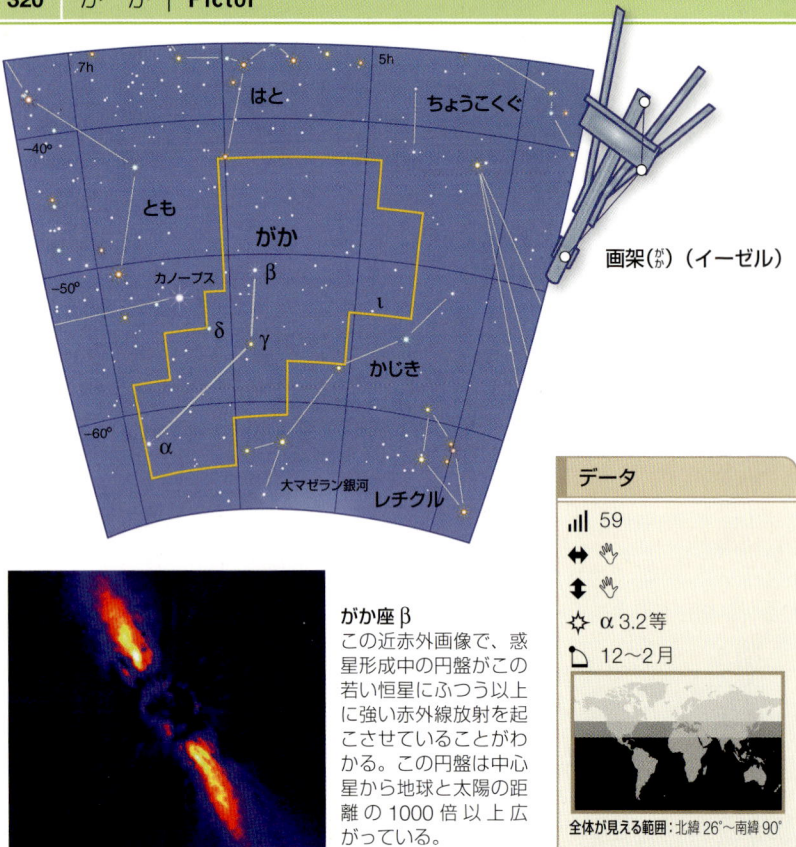

## がか | Pictor

画架（がか）（イーゼル）

### がか座 β
この近赤外画像で、惑星形成中の円盤がこの若い恒星にふつう以上に強い赤外線放射を起こさせていることがわかる。この円盤は中心星から地球と太陽の距離の1000倍以上広がっている。

### データ
- 59
- α 3.2等
- 12〜2月

全体が見える範囲：北緯26°〜南緯90°

### 見どころ

**がか座β** 赤外望遠鏡で見ると、63光年の距離にある3.9等のこの白い星のまわりで、ガスと塵でできた惑星形成中の円盤が回転している。最近の研究で、この恒星に近接して何か（新たに形成された惑星の可能性が高い）が存在し、それが円盤を歪ませていることがわかった。

**がか座δ** 約2400光年かなたにあるδは食変光星であるが、近接した2星は最も強力な望遠鏡でも分離できない。この連星は40時間ごとに明るさが4.7等から4.9等に落ちる。

## Pictoris (Pic)

# がか座

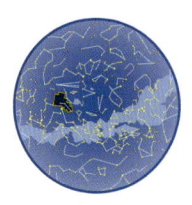

18世紀のフランスの天文学者ニコラ・ルイ・ド・ラカイユにより導入されたこの星座は、**はと座の南、りゅうこつ座のカノープスとかじき座の大マゼラン銀河（p.321）の間に位置する**。ラカイユはこの領域の星で画家が使うイーゼル（パレット付き）を描いた。最初の星座名は Equuleus Pictoris（絵を架ける台）であった。

南天

ラカイユの星座は概してそうであるが、がか座も一目でイーゼルとわかる代物ではない。しかしこの星座には、βなど非常に興味深い天体がある。がか座βにはおそらく新たに形成された惑星系があると考えられているのだ。この星座の北にカプタインの星がある。これは地球から13光年ほど離れた赤色矮星で、固有運動が最も速い恒星のひとつである。

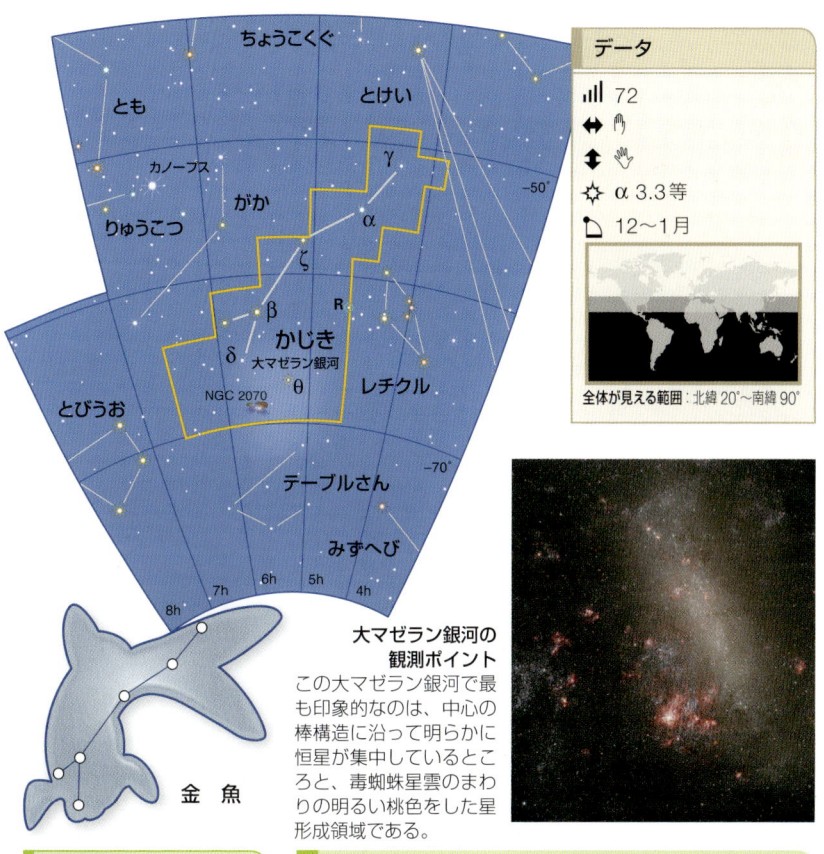

Dorado | かじき | 321

## データ

- ill 72
- ↔ ✋
- ↕ ✋
- ☆ α 3.3等
- 🌙 12〜1月

全体が見える範囲：北緯20°〜南緯90°

### 大マゼラン銀河の観測ポイント

この大マゼラン銀河で最も印象的なのは、中心の棒構造に沿って明らかに恒星が集中しているところと、毒蜘蛛星雲のまわりの明るい桃色をした星形成領域である。

### 見どころ

**大マゼラン銀河（LMC）**
命名は16世紀のポルトガルの探検家フェルディナンド・マゼランからであるが、南半球では古代から知られていた。アラビアの天文学者は10世紀にこれをAl Bakr（白い牛）と名づけている。これは不規則銀河で、約18万光年離れた私たちの銀河系のお伴でもある。この銀河中の天体を見るには小型望遠鏡が良い。

**NGC 2070（毒蜘蛛星雲）**
肉眼では単独星に見えるため、かじき座30の名がある。直径800光年のこの星雲は最大の星形成領域である。高温の青白い超巨星星団R136が内部で輝く。

## Doradus（Dor）

# かじき座

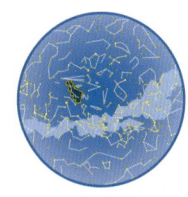

かじき座は**暗い星がりゅうこつ座の明るい一等星カノープスの近くで鎖のように連なる**。16世紀のオランダの航海者ピーテル・ディルクスゾーン・ケイセルとフレデリック・デ・ハウトマンにより導入された星座で、ラテン名は「金魚」を意味する。しかし実際のかじき座は熱帯性のシイラを描いている。メカジキで表される場合もある。

南天

この星座を結ぶ恒星は暗いが、ここには私たちの天の川銀河の伴銀河のひとつ大マゼラン銀河（LMC）もある。この銀河は肉眼でも見えるが、双眼鏡でも望遠鏡でも素晴しい光景になる。大マゼラン銀河はNGC 2070（毒蜘蛛星雲）を含む。この星雲は銀河系外にある星雲で唯一肉眼でも見える。

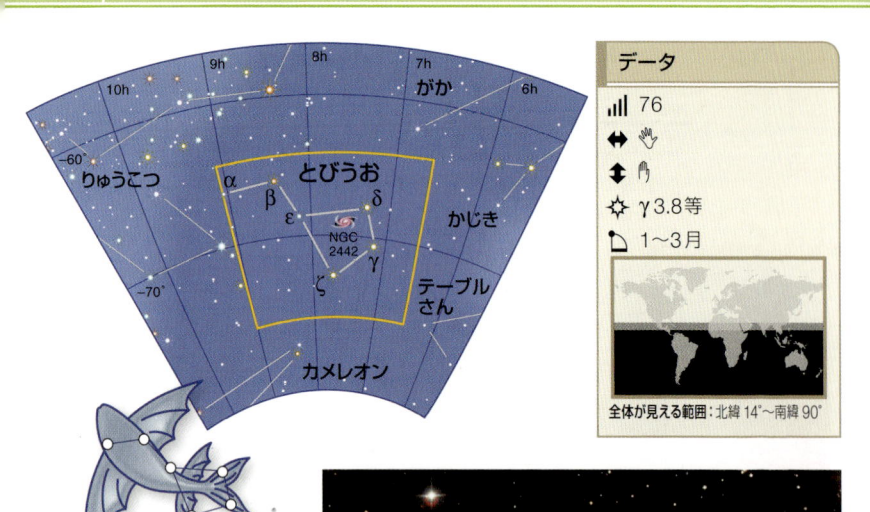

# とびうお | Volans

## データ

- 📊 76
- ↔ ✋
- ↕ ✋
- ☀ γ3.8等
- 🌙 1〜3月

全体が見える範囲：北緯14°〜南緯90°

**トビウオ**

### NGC 2442
この素晴しい渦巻銀河は非対称のS字形から別名肉鉤（にくかぎ）銀河とも呼ばれる。桃色の星形成領域と黒い塵の筋はこの銀河を目立たせている。

## 見どころ

**とびうお座γ** この星座で一番明るい恒星なのにバイヤー名γは誤り。小型望遠鏡で分離できる重星で、金色の3.8等星と黄白色の5.7等星が見える。いずれも地球から200光年離れている。

**とびうお座ε** これも興味深い重星で、青白い主星は550光年の距離から4.4等で輝く。8.1等の伴星は小型望遠鏡でしか見えない。

**NGC 2442** 5000万光年離れた正面向きのこの棒渦巻銀河は大型望遠鏡で見るのが良い。渦巻腕がS字形に張り出す素晴しい光景が見える。

## Volantis (Vol)

# とびうお座

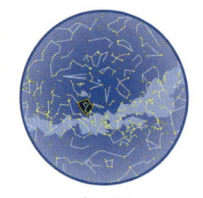

**暗く目立たない星座である**が、明るいりゅうこつ座の星々と天の南極とかじき座（p.321）の大マゼラン銀河（LMC）に囲まれているため見つけるのは簡単。16世紀のオランダの探検家ピーテル・ディルクスゾーン・ケイセルとフレデリック・デ・ハウトマンが鳥の星座を多くつくったが、この星座は例外で、インド洋でこの熱帯性の魚がヒレを翼のように広げて海面から飛び上がる習性に感銘して命名した。1598年に、地図製作者ヨドクス・ホンディウスが製作したペトルス・プランキウスの天球儀に描かれたのが最初である。ここには魅力的な重星がある。

南天

Mensa | テーブルさん

**南アフリカ、テーブル山(ざん)**

**頂上が平らな山**
南天の果てのテーブルさん座が、夜明けの空で桃色に染まった雲の上に見える。

### データ

- ▮▮▮ 75
- ↔ ✋
- ↕ ✋
- ☆ α 5.1等
- 🗓 12〜2月

全体が見える範囲：北緯5°〜南緯90°

### 見どころ

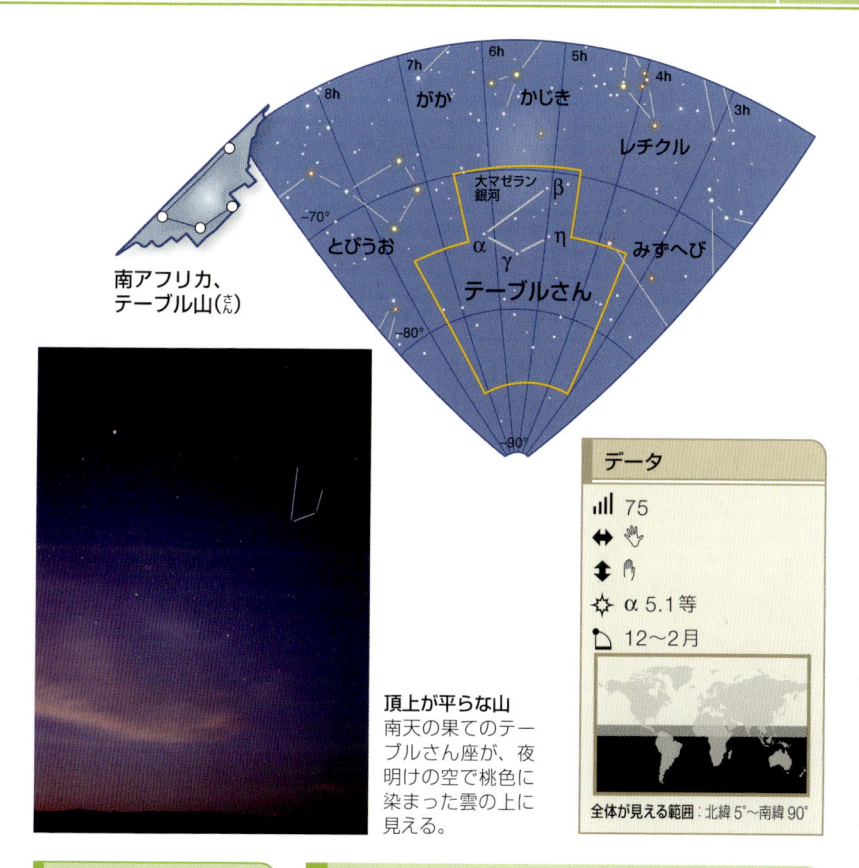

**テーブルさん座α** この星座で一番明るい星は5.1等でしかない。平均的な規模の黄色い太陽に似た星で、距離は30光年と比較的近い。

**テーブルさん座β** 同じく2番目に明るいβは5.3等でα同様黄色い恒星であるがずっと遠い。距離は300光年と推算されており、αより絶対等級が100倍も明るい超巨星と考えられている。

## Mensae (Men)

# テーブルさん座

南アフリカ、ケープタウンから**南天を観測していたフランスの天文学者ニコラ・ルイ・ド・ラカイユ**が、かの市を見渡せるテーブル山に敬意を表して1750年代に命名した（mensaはラテン語で「テーブル」を意味する）。ラカイユが創設した星座で唯一、科学技術や工具でないもの。

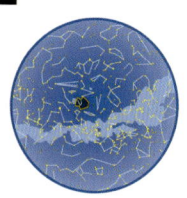

南天

テーブルさん座には5.0等より明るい恒星がないが、天の南極とかじき座の大マゼラン銀河（LMC）との間にあるため見つけやすい。88星座で最も暗い星座であり、かじき座との境界にまたがる大マゼラン銀河以外にアマチュアの興味をひく天体がない。この大マゼラン銀河はラカイユに、現実のテーブル山頂によくかかっていた雲を思い起こさせたかもしれない。

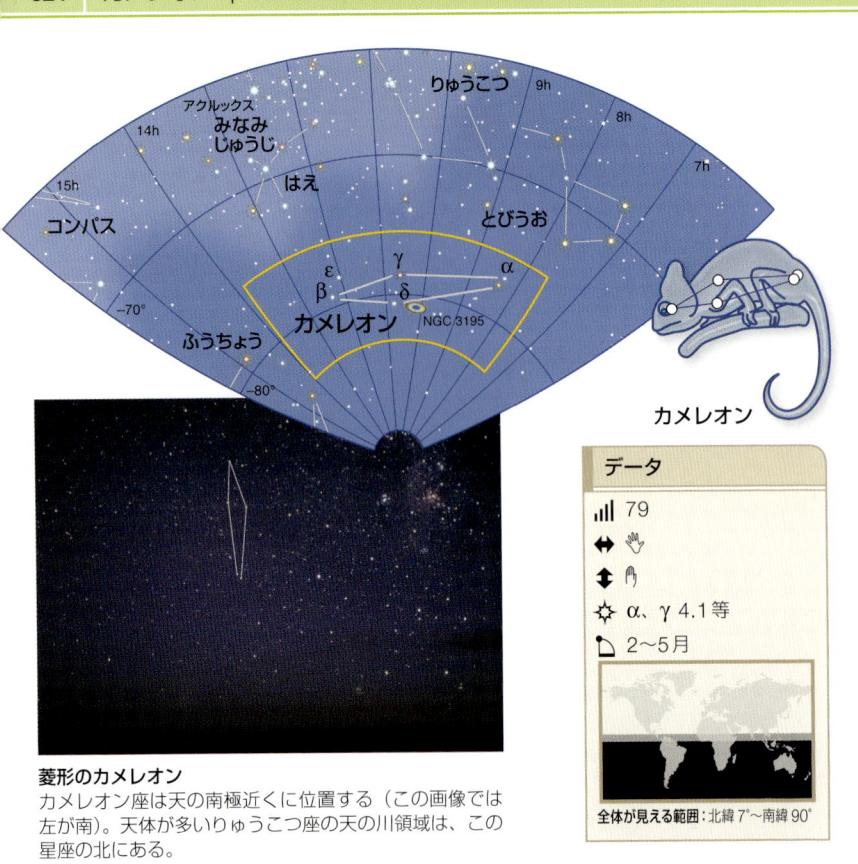

# カメレオン | Chamaeleon

**菱形のカメレオン**
カメレオン座は天の南極近くに位置する（この画像では左が南）。天体が多いりゅうこつ座の天の川領域は、この星座の北にある。

## データ

- ＩＩＩ 79
- ↔ ✋
- ↕ ✋
- ☼ α、γ 4.1等
- 🗓 2〜5月

全体が見える範囲：北緯7°〜南緯90°

## 見どころ

**カメレオン座α** 4.1等で輝く青白い恒星。地球から65光年の距離にある。

**カメレオン座δ** 見かけの重星で、双眼鏡で容易に分離できる。2星で近い方の$δ^1$は5.5等の橙色巨星で、地球からの距離は360光年。$δ^2$の方が4.4等と明るいが遠く、780光年の距離にある。

**NGC 3195** 10等の円形をした惑星状星雲。見かけの大きさは木星と近いが比較的暗く、観測には中型の望遠鏡が必要である。

## Chamaeleontis (Cha)

# カメレオン座

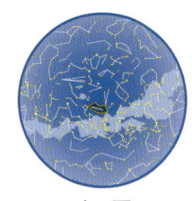

トカゲの仲間であるカメレオンは体色を変えて周囲に溶け込むが、星座のカメレオンも暗く目立たない。**周囲をみなみじゅうじ座、りゅうこつ座、はえ座、そして、はちぶんぎ座中の天の南極に囲まれた**カメレオン座は、1603年、ヨハン・バイヤーによる星図「ウラノメトリア」に最初に現れた。創設はおそらく1590年代、オランダの探検家ピーテル・ディルクスゾーン・ケイセルとフレデリック・デ・ハウトマンによると思われる。歪んだ菱形はトカゲにほとんど似ていない。しかし南半球からこの星座は常に地平線上にある。

カメレオン座ηは最近見つかった散開星団の中心にある星で、この星団は約800万年前に生まれた若く高温の星団である。

南天

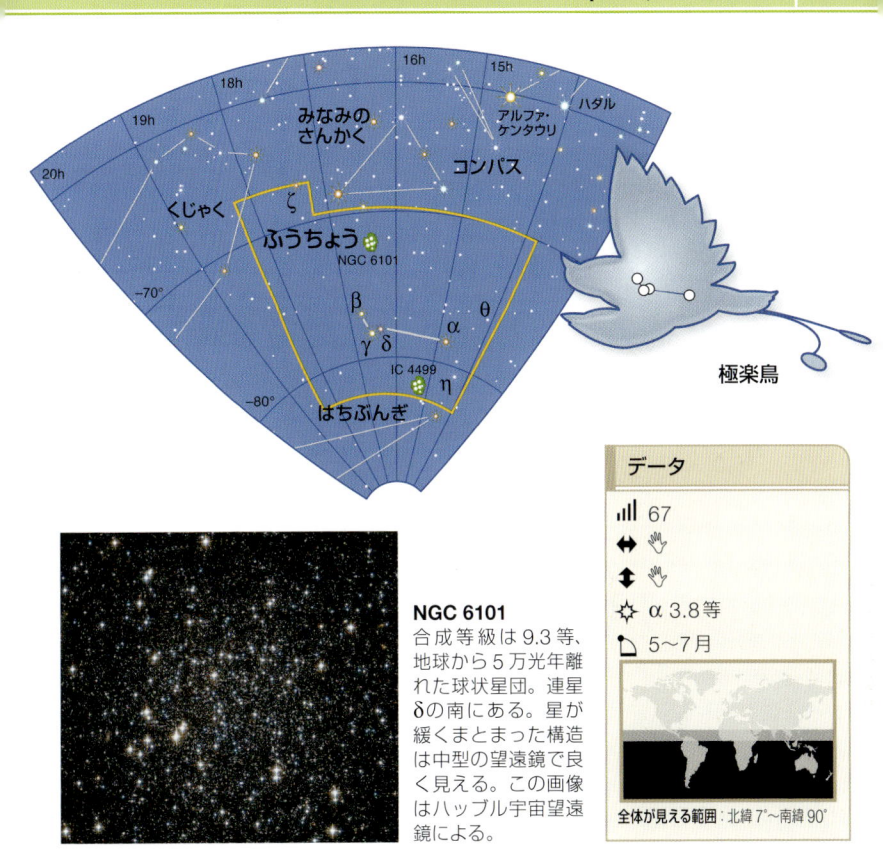

Apus | ふうちょう 325

極楽鳥

## NGC 6101
合成等級は 9.3 等、地球から 5 万光年離れた球状星団。連星 δ の南にある。星が緩くまとまった構造は中型の望遠鏡で良く見える。この画像はハッブル宇宙望遠鏡による。

### データ
- 67
- α 3.8 等
- 5〜7月

全体が見える範囲：北緯 7°〜南緯 90°

### 見どころ

**ふうちょう座 α** 3.8 等の橙色巨星。地球からの距離は約 230 光年。

**ふうちょう座 δ** 広く離れたこの連星は地球から約 310 光年の距離に位置し、ふうちょう座で一番興味深い天体である。4.3 等と 5.3 等の二つの橙色巨星が互いのまわりを回っている。2 星は双眼鏡で容易に分離できる。

**ふうちょう座 θ** 変光星で、明るさの変化は双眼鏡で楽に継続観測できる。変光周期 100 日で 6.4 等から 8.0 等まで明るさが変わる。

## Apodis (Aps)

# ふうちょう座

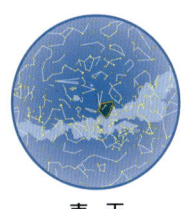

オランダの航海者で天文学者のピーテル・ディルクスゾーン・ケイセルとフレデリック・デ・ハウトマンが 1590 年代にニューギニアを探検中に見た鮮やかな極楽鳥をこの星座に名づけた。ラテン名の Apus は「足なし」を意味するが、当時原住民はこの豪華絢爛たる鳥が足をもたないと信じていたことによる。初めこの星座はしばしば Apis（ミツバチ座）と混同された。この混乱はミツバチ座が現在のはえ座に改名されるまで続いた。

南　天

　この星座はみなみのさんかく座の南に位置するが、簡単には見つからない。天の南極に近く、南半球のほぼ全域でけっして沈むことがない。天の川から遠いために比較的天体がまばらであり、この星座の見どころとしては連星ひと組と球状星団 NGC 6101、ずっと暗い IC 4499 がある。

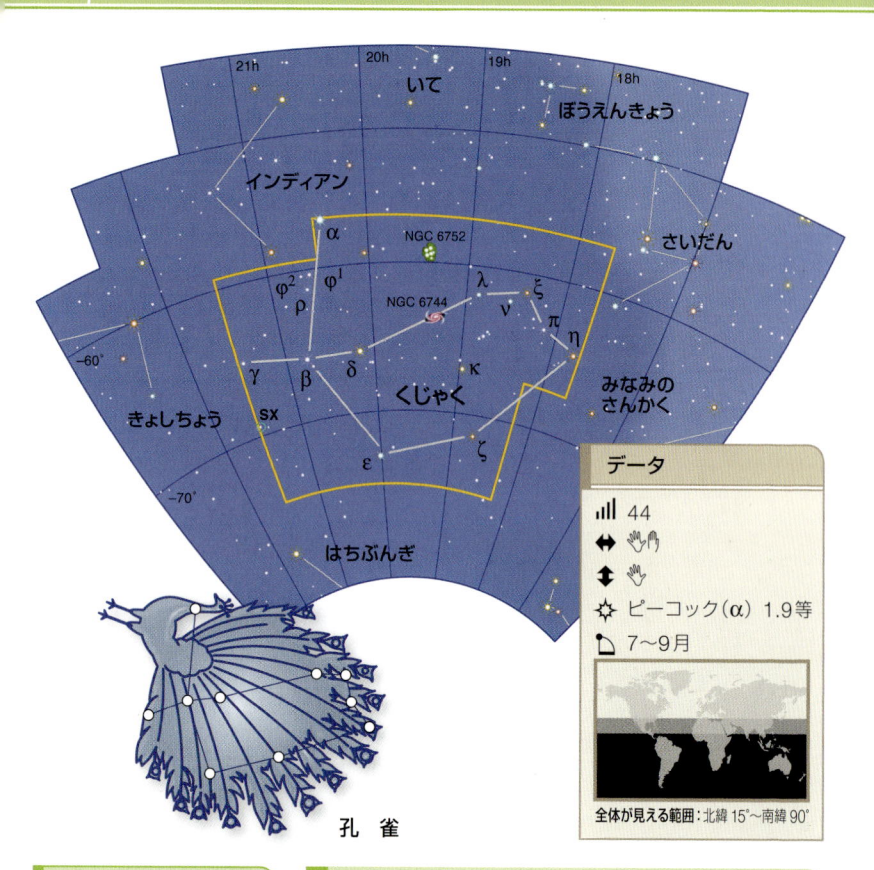

# くじゃく | Pavo

## データ

- 📶 44
- ↔ ✋
- ↕ ✋
- ☼ ピーコック（α） 1.9等
- 📅 7〜9月

**全体が見える範囲：北緯15°〜南緯90°**

## 見どころ

**くじゃく座α（ピーコック）** くじゃく座の領域で北東の隅にある1.9等の青白い巨星。素晴しく明るく、360光年も距離があるのに肉眼で見える。

**くじゃく座κ** 明るいケフェイド（p.232〜233）のひとつで、550光年離れた黄色超巨星。9.1日周期で膨張と収縮を繰り返し、明るさが3.9〜4.8等の間で変わる。

**NGC 6744** 正面向きの大きな渦巻銀河。3000万光年の距離にある。

**NGC 6752** 1万4000光年離れた球状星団で、この種の天体では最大かつ最も明るい。明るさは5等で肉眼でも見える。

## Pavonis（Pav）

# くじゃく座

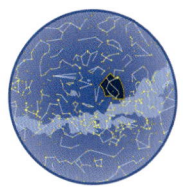

16世紀末にオランダの航海者で天文学者のピーテル・ディルクスゾーン・ケイセルとフレデリック・デ・ハウトマンが導入した**南天12星座**のひとつ。くじゃく座はこの二人が航海中に見かけた東南アジア産の孔雀を描いた星座である。もっと最近になって二等星のαはピーコック（孔雀）と命名された。ギリシア神話では、孔雀は神聖な鳥で、ゼウスの妻ヘラは孔雀が引く駕籠に乗って空中を移動した。孔雀の尾羽に目のように見える模様を描いたのはヘラとされる。

　この星座を見つけるにはいて座の南で天の川の端を探すと良い。くじゃく座には目立つ天体は少ないが、印象的な明るい球状星団が一つある。

**南天**

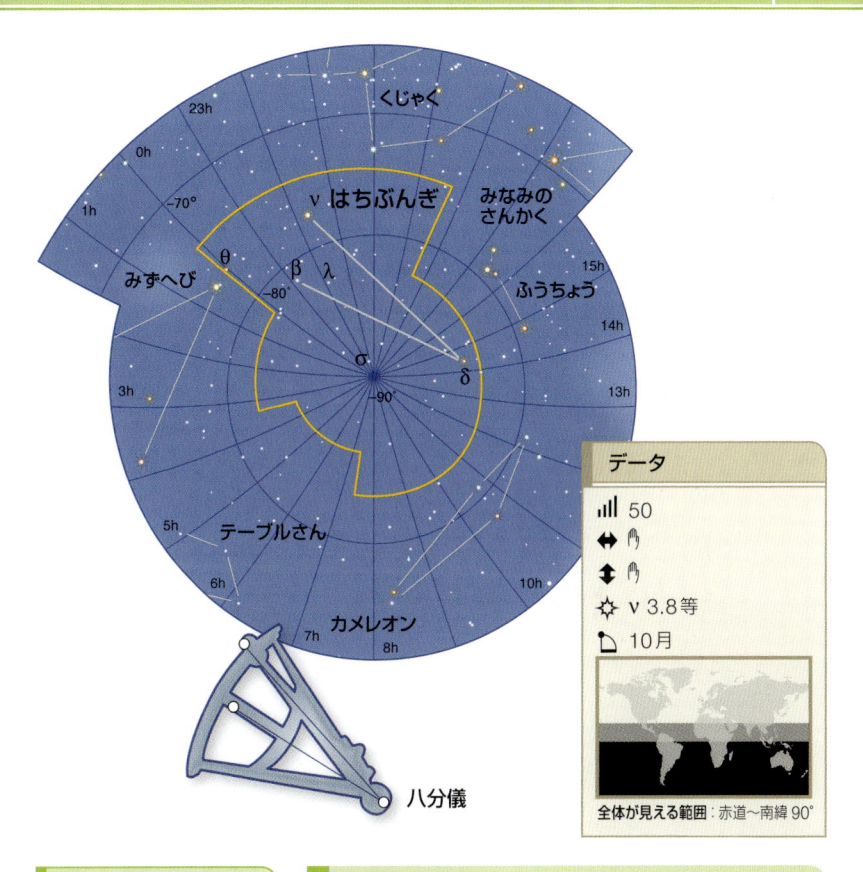

# Octans | はちぶんぎ

八分儀

## データ

- 📶 50
- ↔ ✋
- ↕ ✋
- ☆ ν 3.8等
- 🍂 10月

全体が見える範囲：赤道〜南緯90°

## 見どころ

**はちぶんぎ座β** 110光年離れた白い恒星。明るさは4.1等で、3.8等のνに次いでこの星座で2番目に明るい。

**はちぶんぎ座γ** 3星が並んだ見かけの重星で、肉眼でも分離できる。$γ^1$（5.1等、距離270光年）と$γ^3$（5.3等、240光年）は黄色巨星で、真ん中の$γ^2$（5.7等、310光年）は橙色巨星。

**はちぶんぎ座σ** 300光年の距離にあるこの「南極」星は黄白色の暗い星である。この星に注目すべき理由はただ、天の南極から約1°しか離れていない位置にあるというだけである。

## Octantis (Oct)

# はちぶんぎ座

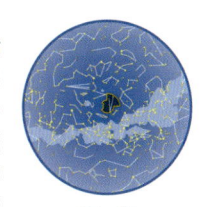

かつて Octans Nautica（船に搭載された八分儀）または Octans Hadleianus（ハドリーの八分儀）と記載されたこの星座は、18世紀にフランスの天文学者ニコラ・ルイ・ド・ラカイユが創設した。この星座は1730年頃イギリスの機械製作者ジョン・ハドリーが発明した航海用の八分儀を描いたもの。天の南極を含む以外に、この星座に興味をもつ理由はない。

肉眼で見える恒星としては、σが天の南極に最も近い。300光年の距離にあって明るさは5.4等のこの星はまったく目立たない。歳差のため天の南極ははちぶんぎ座σからゆっくり離れてカメレオン座方向に移動する。1500年後には天の南極は4.1等のカメレオン座δから1°離れた位置に来る。

南天

# データ集

以下の表に太陽系天体の詳しい情報（大きさ、軌道要素、物理的特性など）を掲載した。ほかに地球から観測しやすい恒星や星雲や銀河の一覧も載せた。メシエ天体全リストも p.336〜337 にある。

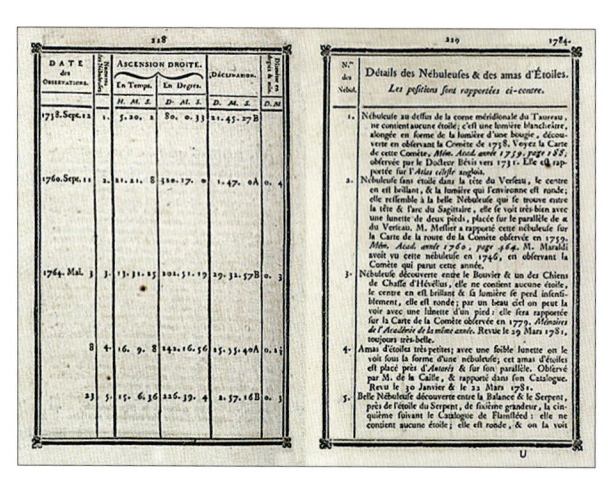

**メシエ天体目録**
天文史を通じてさまざまな理由で天体目録がつくられた。フランスの天文学者シャルル・メシエが1781年に出版した天体目録は、小型望遠鏡で彗星と間違えやすい103個の天体をリスト化したものである。

## 惑星

太陽系には惑星が八つある。太陽に近い方から四つ（水星、金星、地球、および火星）は比較的小さい岩石質の惑星である。一方、外側の4惑星（木星、土星、天王星、および海王星）は大半がガスからなる大型惑星である。この表は各惑星の軌道要素をまとめたもので、次ページには物理的特性の詳細を載せた。

### 惑星 軌道要素

| 惑星名 | 太陽からの平均距離（百万km） | 公転周期 | 自転周期 | 自転軸の傾き | 実視等級 |
|---|---|---|---|---|---|
| 水　星 | 57.9 | 88日 | 58.7日 | 00.1° | −2.4〜5.7 |
| 金　星 | 108.2 | 224.7日 | 243日 | 177.4° | −4.7〜−3.8 |
| 地　球 | 149.6 | 365.2日 | 23.9時間 | 23.4° | n/a |
| 火　星 | 227.9 | 687日 | 24.6時間 | 25.2° | −3.0〜−4.5 |
| 木　星 | 778.6 | 11.86年 | 9.9時間 | 3.1° | −2.8 |
| 土　星 | 1,430 | 29.46年 | 10.7時間 | 26.7° | −0.5〜1.2 |
| 天王星 | 2,875 | 84年 | 17.2時間 | 97.9° | 5.3 |
| 海王星 | 4,504 | 165.2年 | 16.1時間 | 28.3° | 7.8 |

## 惑星　物理的特性

| 惑星名 | 赤道直径 (km) | 質量の地球比 | かさの地球比 | 温度 (℃) | 重力 (地球比) | 衛星数 |
|---|---|---|---|---|---|---|
| 水　星 | 4,879 | 0.1 | 0.1 | 167 (地表) | 0.4 | 0 |
| 金　星 | 12,104 | 0.8 | 0.9 | 464 (地表) | 0.9 | 0 |
| 地　球 | 12,756 | 1.0 | 1 | 15 (地表) | 1 | 1 |
| 火　星 | 6,792 | 0.1 | 0.2 | −63 (地表) | 0.4 | 2 |
| 木　星 | 142,984 | 318.0 | 1,321 | −108 (雲の頂上) | 2.5 | 67 |
| 土　星 | 120,536 | 95.0 | 763.7 | −139 (雲の頂上) | 1.1 | 62 |
| 天王星 | 51,118 | 14.5 | 63.1 | −195 | 0.9 | 27 |
| 海王星 | 49,528 | 17.1 | 57.7 | −220 | 1.1 | 14 |

## 小惑星

数百万個もの小惑星が火星軌道と木星軌道の間の小惑星帯にある。ベスタ以外は地球から肉眼で見えないが、双眼鏡で見える小惑星はほかにもある。最大の小惑星ケレスは同時に準惑星にも分類される。

| 小惑星名 (識別番号) | 太陽からの平均距離 (百万km) | 軌道上の速度 (km/時) | 公転周期 (年) | 自転周期 (時間) | 長さ (km) |
|---|---|---|---|---|---|
| エロス (433) | 218 | 87,696 | 1.76 | 5.3 | 38 |
| ガスプラ (951) | 331 | 71,568 | 3.3 | 7.0 | 18 |
| アンネフランク (5535) | 331 | 不明 | 3.3 | 不明 | 6 |
| ベスタ (4) | 353 | 69,624 | 3.6 | 5.3 | 573 |
| トゥータティス (4179) | 376 | 60,084 | 4.0 | 5.4日と7.3日 (2軸) | 4.5 |
| マティルド (253) | 396 | 64,728 | 4.3 | 418 | 66 |
| ケレス (1) | 414 | 64,375 | 4.6 | 9.1 | 直径：952 |
| イダ (243) | 428 | 不明 | 4.8 | 4.6 | 60 |

## 流星群

彗星が軌道上に残した塵の流れに地球が遭遇する時期に群流星が出現する。流星群に属する流星(群流星)は空の一点から四方八方に飛ぶように見える。この点を輻射点と呼ぶ。

| 流星群 | 極大日(月/日) | 出現時期(月/日) | 最大出現数(1時間あたり) | 備考 |
|---|---|---|---|---|
| しぶんぎ座 | 1/3〜4 | 1/1〜6 | 100 | 黄色や青い流星が中程度の速度で飛ぶ |
| ケンタウルス座α | 2/8 | 1/28〜2/21 | 20 | 南天で非常に明るく速い流星 |
| 黄道群(おとめ座) | 4/7〜15 | 3/10〜4/21 | 5 | 複数の輻射点から長い痕、ゆっくり流れる |
| 4月こと座 | 4/21〜22 | 4/16〜28 | 約12 | サッチャー彗星起源。かなり速い |
| みずがめ座η | 5/6 | 4/21〜5/24 | 35 | ハリー彗星起源。非常に速く明るい南天の群 |
| おひつじ座昼間 | 6/7 | 5/22〜6/30 | 55 | 昼間群。未明に一部が確認できる |
| 6月うしかい座 | 6/28 | 6/27〜30 | 年による | 出現数が変動する遅い群。ときどき爆発的に増える。ポンス-ビネケ彗星起源 |
| やぎ座 | 7/5〜20 | 6/10〜7/30 | 5 | 遅く明るい。黄色や青の流星が流れる。極大と輻射点が複数ある |
| みずがめ座δ南<br>みずがめ座δ北 | 7/29<br>8/13〜14 | 7/14〜8/18<br>7/16〜9/10 | 20 | 南天の群 |
| みなみのうお座 | 7/28 | 7/16〜8/8 | 5 | かなり遅い南天の群 |
| やぎ座α | 8/1 | 7/15〜8/25 | 5 | 長く残る遅い火球が出現 |
| ペルセウス座 | 8/12 | 7/23〜8/22 | 80 | 痕を伴う明るい流星多し。スイフト-タットル彗星起源 |
| ぎょしゃ座α | 9/1 | 8/25〜9/7 | 7 | 1時間あたり100個を超える一時的なバースト出現例あり |
| ジャコビニ/10月りゅう座 | 10/9 | 10/6〜10 | 年による | ジャコビニ-ツィナー彗星起源の遅い群 |
| オリオン座 | 10/20 | 10/5〜30 | 25 | 速く、痕あり多し。ハリー彗星起源 |
| おうし座南<br>おうし座北 | 10/30〜11/7<br>11/4〜7 | 9/17〜11/27<br>10/12〜12/2 | 10 | エンケ彗星起源。明るく遅い |
| しし座 | 11/17 | 11/14〜21 | 年による | テンペル-タットル彗星起源。非常に速く痕を伴う |
| ふたご座 | 12/14 | 12/6〜18 | 100 | 中速の明るい群。小惑星ファエトン(3200 Phaethon)起源 |
| こぐま座 | 12/22 | 12/17〜28 | 10 | 遅いタットル彗星起源の群 |

## 一等星

地球から見た恒星の見かけの明るさを実視等級と呼ぶ。実視等級はその恒星の本当の明るさ(絶対等級)と地球からの距離という二つの要因で決まる。この表は最も明るい恒星20個の見かけの明るさと地球からの距離を示した。

| 明るい順 | 固有名 | 実視等級 | バイヤー名 | 地球からの距離(光年) |
|---|---|---|---|---|
| 1 | シリウス | −1.4 | おおいぬ座α | 8.6 |
| 2 | カノープス | −0.7 | りゅうこつ座α | 310 |
| 3 | アルファ・ケンタウリ | −0.3 | ケンタウルス座α | 4.3 |
| 4 | アークトゥルス | −0.04 | うしかい座α | 36 |
| 5 | ベガ | 0.0 | こと座α | 25 |
| 6 | カペラ | 0.1 | ぎょしゃ座α | 42 |
| 7 | リゲル | 0.1 | オリオン座β | 770 |
| 8 | プロキオン | 0.4 | こいぬ座α | 11.4 |
| 9 | アケルナル | 0.5 | エリダヌス座α | 140 |
| 10 | ベテルギウス | 0.0〜1.3 | オリオン座α | 430 |
| 11 | ハダル | 0.6 | ケンタウルス座β | 525 |
| 12 | アルタイル | 0.8 | わし座α | 17 |
| 13 | アルデバラン | 0.8〜1.0 | おうし座α | 65 |
| 14 | アクルックス | 0.8 | みなみじゅうじ座α | 320 |
| 15 | スピカ | 0.9〜1.2 | おとめ座α | 260 |
| 16 | アンタレス | 0.9〜1.8 | さそり座α | 600 |
| 17 | ポルックス | 1.1 | ふたご座β | 34 |
| 18 | フォーマルハウト | 1.2 | みなみのうお座α | 25 |
| 19 | ミモザ/ベクルックス | 1.15〜1.25 | みなみじゅうじ座β | 350 |
| 20 | デネブ | 1.3 | はくちょう座α | 1,500 |

## 近傍星

明るい星が必ずしも近いわけではない。たとえばカノープスは夜空で2番目に明るい恒星だが地球から310光年離れている。この表は恒星を地球に近い順に20個示した。見かけの明るさはさまざまなのがわかる。

| 近い順番 | 星　名 | 地球からの距離（光年） | 星　座 | 実視等級 |
|---|---|---|---|---|
| 1 | アルファ・ケンタウリ星系<br>プロキシマ・ケンタウリ(α3)<br>アルファ・ケンタウリ(α1α2) | 4.2<br>4.3 | ケンタウルス | 11.1<br>−0.3 |
| 2 | バーナードの星 | 6.0 | へびつかい | 9.6 |
| 3 | ボルフ 359 | 7.8 | しし | 13.4 |
| 4 | ラランド 21185 | 8.3 | おおぐま | 7.5 |
| 5 | シリウス | 8.6 | おおいぬ | −1.4 |
| 6 | ルイテン 726-8 | 8.7 | くじら | 12.5 |
| 7 | ロス 154 | 9.7 | いて | 10.4 |
| 8 | ロス 248 | 10.3 | アンドロメダ | 12.3 |
| 9 | エリダヌス座ε | 10.5 | エリダヌス | 3.7 |
| 10 | ラカイユ 9352 | 10.7 | みなみのうお | 7.3 |
| 11 | ロス 128 | 10.9 | おとめ | 11.1 |
| 12 | みずがめ座EZ | 11.3 | みずがめ | 13.3 |
| 13 | プロキオン | 11.4 | こいぬ | 0.4 |
| 14 | ベッセルの星 | 11.4 | はくちょう | 5.2 |
| 15 | ストルーベ 2398 | 11.5 | りゅう | 8.9 |
| 16 | グルームブリッジ34 | 11.6 | アンドロメダ | 8.1 |
| 17 | インディアン座ε | 11.8 | インディアン | 4.7 |
| 18 | かに座DX | 11.8 | かに | 14.8 |
| 19 | くじら座τ | 11.9 | くじら | 3.5 |
| 20 | GJ 1061 | 12.1 | とけい | 13.1 |

## おすすめの星団

星団には球状星団と散開星団の2種類がある。前者は非常に古い星が1万個から数百万個高密度に集まったもので、後者は若い星が数百個ゆるくまとまっているものである。散開星団は特に素晴しい。

| 名　称 | 種　類 | 星　座 | 実視等級 | 地球からの距離（光年） |
|---|---|---|---|---|
| きょしちょう座47 | 球状 | きょしちょう | 4.0 | 19,000 |
| M44(プレセペ) | 散開 | かに | 3.7 | 577 |
| M6 | 散開 | さそり | 4.2 | 2,000 |
| ヒアデス | 散開 | おうし | 4.2 | 160 |
| 宝石箱星団 | 散開 | みなみじゅうじ | 4.0 | 7,600 |
| M4 | 球状 | さそり | 7.4 | 7,000 |

| 名称 | 種類 | 星座 | 実視等級 | 地球からの距離(光年) |
|---|---|---|---|---|
| M12 | 球状 | へびつかい | 6.6 | 16,000〜18,000 |
| M14 | 球状 | へびつかい | 6.4 | 23,000〜30,000 |
| M15 | 球状 | ペガスス | 6.2 | 33,600 |
| M52 | 散開 | カシオペヤ | 7.3 | 5,000 |
| M68 | 球状 | うみへび | 7.5 | 33,000〜44,000 |
| M93 | 散開 | とも | 6.2 | 3,600 |
| M107 | 球状 | へびつかい | 8.9 | 20,900 |
| NGC 3201 | 球状 | ほ | 8.2 | 15,000 |
| NGC 4833 | 球状 | はえ | 5.3 | 17,000 |
| オメガ・ケンタウリ | 球状 | ケンタウルス | 3.7 | 17,000 |
| プレアデス(M45) | 散開 | おうし | 1.5 | 410 |

### おすすめの変光星
時間が経つと明るさが変わる変光星を多種そろえた。

| 星名 | 種類 | 星座 | 極小光度 | 極大光度 | 変光周期(日) | 地球からの距離(光年) |
|---|---|---|---|---|---|---|
| ラスアルゲティ | 食 | ヘルクレス | 4.0 | 2.8 | 128 | 380 |
| ケフェウス座 δ | 脈動 | ケフェウス | 4.4 | 3.5 | 5.3 | 982 |
| わし座 η | 脈動 | わし | 3.9 | 3.5 | 7.2 | 1,173 |
| ふたご座 η | 食 | ふたご | 4.2 | 3.3 | 233 | 349 |
| カシオペヤ座 γ | 不規則・食 | カシオペヤ | 3.0 | 1.6 | 変動 | 613 |
| おうし座 λ | 食 | おうし | 3.9 | 3.4 | 4 | 370 |
| ミラ | 脈動 | くじら | 10.0 | 2.0 | 332 | 418 |
| ケフェウス座 μ | 脈動 | ケフェウス | 5.1 | 3.4 | 約730 | 5,258 |
| おとめ座 W | II型ケフェイド | おとめ | 10.8 | 9.6 | 17 | 10,000 |
| かんむり座 R | 不規則 | かんむり | 14.8 | 5.8 | 変動 | 6,000 |
| こと座 RR | 脈動 | こと | 8.1 | 7.1 | 0.6 | 744 |
| アルゴル | 食 | ペルセウス | 3.4 | 2.1 | 2.87 | 93 |
| ふたご座 ζ | 脈動 | ふたご | 4.2 | 3.6 | 10.2 | 1,168 |

## おすすめの重星

重星は恒星が数個近接して見えるものである。実際に複数の恒星が公転し合っているもの（連星系）もあれば、地球から見て重なって見えるだけのもの（見かけの重星、光学的星対）もある。

| 星　名 | 星　座 | 星　数 | 実視等級 | 地球からの距離（光年） |
|---|---|---|---|---|
| カストル | ふたご | 6 | 1.6 | 50 |
| オリオン座σ | オリオン | 5 | 3.8 | 1,150 |
| アルキオーネ | おうし | 4 | 2.9 | 368 |
| アルゴル | ペルセウス | 3 | 2.1〜3.4 | 93 |
| アルマク | アンドロメダ | 4 | 2.3 | 355 |
| こと座ε | こと | 4 | 4.7 | 160 |
| ミザールおよびアルコル | おおぐま | 4 | 2.3 | 81 |
| オリオン座θ | オリオン | 4 | 4.7 | 1,800 |
| アルビレオ | はくちょう | 3 | 3.1 | 385 |
| いっかくじゅう座β | いっかくじゅう | 3 | 5.0 | 700 |
| エリダヌス座$o^2$ | エリダヌス | 3 | 4.4 | 16 |
| リゲル | オリオン | 3 | 0.1 | 770 |
| いっかくじゅう座15 | いっかくじゅう | 2 | 4.7 | 1,020 |
| ぎょしゃ座ε | ぎょしゃ | 2 | 3.1 | 2,040 |
| うしかい座ε | うしかい | 2 | 2.7 | 203 |
| M40 | おおぐま | 2 | 8.4 | 385 |
| 北極星 | こぐま | 2 | 2.0 | 430 |
| うしかい座ζ | うしかい | 2 | 3.8 | 180 |

## おすすめの星雲

星雲を大別すると発光星雲（惑星状星雲もこれに含める）と暗黒星雲の２種類になる。前者は電離ガスが光を放っているもの、後者は光を出さず背景の星からの光を遮っているものである。いずれにも属さないものとして超新星残骸がある。

| 名　称 | 種　類 | 星　座 | 実視等級 | 地球からの距離（光年） |
|---|---|---|---|---|
| 猫の目星雲 | 惑星状星雲 | りゅう | 8.1 | 3,600 |
| 円錐星雲 | 暗黒星雲 | いっかくじゅう | 3.9 | 2,500 |
| 三日月星雲 | 惑星状星雲 | はくちょう | 7.4 | 4,700 |
| 亜鈴星雲 | 惑星状星雲 | こぎつね | 7.6 | 1,000 |
| わし星雲（M16） | 発光星雲 | へび(尾) | 6.0 | 4,600 |
| 8字星雲（NGC 3132） | 惑星状星雲 | ポンプ | 8.2 | 2,000 |
| エスキモー星雲 | 惑星状星雲 | ふたご | 8.6 | 3,800 |
| りゅうこつ座の星雲 | 発光星雲 | りゅうこつ | 1.0 | 3,600 |

| 名　称 | 種　類 | 星　座 | 実視等級 | 地球からの距離（光年） |
|---|---|---|---|---|
| 螺旋星雲 | 惑星状星雲 | みずがめ | 6.5 | 700 |
| 砂時計星雲 | 惑星状星雲 | はえ | 11.8 | 8,000 |
| IC 2944 | 反射星雲 | ケンタウルス | 4.5 | 5,900 |
| 干潟星雲 | 発光星雲 | いて | 5.8 | 2,500 |
| オリオン大星雲 | 発光/反射星雲 | オリオン | 4.0 | 1,300 |
| ふくろう星雲 | 惑星状星雲 | おおぐま | 9.8 | 2,600 |
| 環状星雲 | 惑星状星雲 | こと | 8.8 | 2,150 |
| 土星星雲 | 惑星状星雲 | みずがめ | 8.0 | 1,430 |
| アカエイ星雲 | 惑星状星雲 | さいだん | 10.8 | 18,000 |
| 毒蜘蛛星雲 | 発光星雲 | かじき | 5.0 | 160,000 |
| 三裂星雲 | 発光星雲 | いて | 9.0 | 7,000 |
| 網状星雲 | 超新星残骸 | はくちょう | 7.0 | 1,500 |

### おすすめの銀河

下のリストのうちアンドロメダ銀河、ボーデの銀河、さんかく座の銀河、そして大小マゼラン銀河は肉眼でも見える。M51は双眼鏡で、残りは望遠鏡を使わないと見えない。

| 名　称（目録番号） | 種　類 | 星　座 | 実視等級 | 地球からの距離（万光年） |
|---|---|---|---|---|
| アンドロメダ銀河（M31） | 渦巻銀河 | アンドロメダ | 4.5 | 250 |
| 黒あざ銀河（M64） | 渦巻銀河 | かみのけ | 8.5 | 1,700 |
| ボーデの銀河（M81） | 渦巻銀河 | おおぐま | 6.9 | 1,000 |
| 葉巻銀河（M82） | 渦巻銀河 | おおぐま | 8.4 | 1,200 |
| 大マゼラン銀河（LMC） | 不規則銀河 | かじき | 0.4 | 18 |
| 小マゼラン銀河（SMC）（NGC 292） | 不規則銀河 | きょしちょう | 2.3 | 21 |
| ソンブレロ銀河（M104） | 渦巻銀河 | おとめ | 9.0 | 2,800 |
| さんかく座の銀河（M33） | 渦巻銀河 | さんかく | 5.7 | 260 |
| 子もち銀河（M51） | 渦巻銀河 | りょうけん | 8.4 | 2,300 |

## メシエ天体

1781年、フランスの天文学者シャルル・メシエは彗星と見間違えやすい天体103個の目録を出版した。以来この目録は110個まで数を増やした。すべてのメシエ天体は双眼鏡か小型望遠鏡で見える。

| メシエ番号 | 種別（通称） | 星座 |
|---|---|---|
| M1 | 超新星残骸（かに星雲） | おうし |
| M2 | 球状星団 | みずがめ |
| M3 | 球状星団 | りょうけん |
| M4 | 球状星団 | さそり |
| M5 | 球状星団 | へび(頭) |
| M6 | 散開星団（蝶星団） | さそり |
| M7 | 散開星団（プトレマイオスの星団） | さそり |
| M8 | 発光星雲（干潟星雲） | いて |
| M9 | 球状星団 | へびつかい |
| M10 | 球状星団 | へびつかい |
| M11 | 散開星団（野鴨星団） | たて |
| M12 | 球状星団 | へびつかい |
| M13 | 球状星団（大球状星団） | ヘルクレス |
| M14 | 球状星団 | へびつかい |
| M15 | 球状星団 | ペガスス |
| M16 | 散開星団/発光星雲（わし星雲） | へび(尾) |
| M17 | 発光星雲（オメガ星雲/白鳥星雲/ロブスター星雲/蹄鉄星雲） | いて |
| M18 | 散開星団 | いて |
| M19 | 球状星団 | へびつかい |
| M20 | 発光/反射/暗黒星雲（三裂星雲） | いて |
| M21 | 散開星団 | いて |
| M22 | 球状星団 | いて |
| M23 | 散開星団 | いて |
| M24 | 星野（いて座の星雲） | いて |

| メシエ番号 | 種別（通称） | 星座 |
|---|---|---|
| M25 | 散開星団 | いて |
| M26 | 散開星団 | たて |
| M27 | 惑星状星雲（亜鈴星雲） | こぎつね |
| M28 | 球状星団 | いて |
| M29 | 散開星団 | はくちょう |
| M30 | 球状星団 | やぎ |
| M31 | 渦巻銀河（アンドロメダ銀河） | アンドロメダ |
| M32 | 矮小楕円銀河 | アンドロメダ |
| M33 | 渦巻銀河（さんかく座の銀河） | さんかく |
| M34 | 散開星団 | ペルセウス |
| M35 | 散開星団 | ふたご |
| M36 | 散開星団 | ぎょしゃ |
| M37 | 散開星団 | ぎょしゃ |
| M38 | 散開星団 | ぎょしゃ |
| M39 | 散開星団 | はくちょう |
| M40 | 重星（ビネッケ4） | おおぐま |
| M41 | 散開星団 | おおいぬ |
| M42 | 発光/反射星雲（オリオン大星雲） | オリオン |
| M43 | 発光星雲（ド・メランの星雲） | オリオン |
| M44 | 散開星団（蜂の巣/プレセペ） | かに |
| M45 | 散開星団（プレアデス/すばる） | おうし |
| M46 | 散開星団 | とも |
| M47 | 散開星団 | とも |
| M48 | 散開星団 | うみへび |
| M49 | 楕円銀河 | おとめ |
| M50 | 散開星団 | いっかくじゅう |
| M51 | 渦巻銀河（子もち銀河） | りょうけん |
| M52 | 散開星団 | カシオペヤ |
| M53 | 球状星団 | かみのけ |

≫

| メシエ番号 | 種別(通称) | 星座 |
|---|---|---|
| M54 | 球状星団 | いて |
| M55 | 球状星団 | いて |
| M56 | 球状星団 | こと |
| M57 | 惑星状星雲(環状星雲) | こと |
| M58 | 棒渦巻銀河 | おとめ |
| M59 | 楕円銀河 | おとめ |
| M60 | 楕円銀河 | おとめ |
| M61 | 渦巻銀河 | おとめ |
| M62 | 球状星団 | へびつかい |
| M63 | 渦巻銀河(ひまわり銀河) | りょうけん |
| M64 | 渦巻銀河(黒あざ銀河) | かみのけ |
| M65 | 渦巻銀河 | しし |
| M66 | 渦巻銀河 | しし |
| M67 | 散開星団 | かに |
| M68 | 球状星団 | うみへび |
| M69 | 球状星団 | いて |
| M70 | 球状星団 | いて |
| M71 | 球状星団 | や |
| M72 | 球状星団 | みずがめ |
| M73 | 星つなぎ | みずがめ |
| M74 | 渦巻銀河 | うお |
| M75 | 球状星団 | いて |
| M76 | 惑星状星雲(小亜鈴星雲) | ペルセウス |
| M77 | 棒渦巻銀河 | くじら |
| M78 | 反射星雲 | オリオン |
| M79 | 球状星団 | うさぎ |
| M80 | 球状星団 | さそり |
| M81 | 渦巻銀河(ボーデの銀河) | おおぐま |
| M82 | 渦巻銀河(葉巻銀河) | おおぐま |
| M83 | 渦巻銀河(南天のねずみ花火銀河) | うみへび |
| M84 | レンズ状銀河 | おとめ |

| メシエ番号 | 種別(通称) | 星座 |
|---|---|---|
| M85 | レンズ状銀河 | かみのけ |
| M86 | レンズ状銀河 | おとめ |
| M87 | 楕円銀河(おとめ座A) | おとめ |
| M88 | 渦巻銀河 | かみのけ |
| M89 | 楕円銀河 | おとめ |
| M90 | 渦巻銀河 | おとめ |
| M91 | 棒渦巻銀河 | かみのけ |
| M92 | 球状星団 | ヘルクレス |
| M93 | 散開星団 | とも |
| M94 | 渦巻銀河 | りょうけん |
| M95 | 棒渦巻銀河 | しし |
| M96 | 渦巻銀河 | しし |
| M97 | 惑星状星雲(ふくろう星雲) | おおぐま |
| M98 | 渦巻銀河 | かみのけ |
| M99 | 渦巻銀河 | かみのけ |
| M100 | 渦巻銀河 | かみのけ |
| M101 | 渦巻銀河(ねずみ花火銀河) | おおぐま |
| M102 | | (天体を特定できない) |
| M103 | 散開星団 | カシオペヤ |
| M104 | 渦巻銀河(ソンブレロ銀河) | おとめ |
| M105 | 楕円銀河 | しし |
| M106 | 渦巻銀河 | りょうけん |
| M107 | 球状星団 | へびつかい |
| M108 | 渦巻銀河 | おおぐま |
| M109 | 棒渦巻銀河 | おおぐま |
| M110 | 矮小楕円銀河 | アンドロメダ |

# 用語解説

**太字**は別項目があることを示す。

**アソシエーション** 非常に緩やかな**散開星団**。属する**恒星**は同じ起源をもち、宇宙空間をともに移動している。

**天の川銀河（天の川）** 1) 私たちの太陽を含む**渦巻銀河**。2) 夜空を横切る光の帯で、私たちの銀河系内の大量の**恒星**と**星雲**が出す光が集まったもの。

**暗黒星雲** 塵を含む雲で、背景の**恒星**からの光を遮る。

**（月、惑星の）位相** 月または惑星面が特定の瞬間に太陽に照らされて見える割合。

**隕石** 地球大気に突入した**流星体**が地上まで到達して衝突後も残ったもの。**流星**も参照。

**インデックスカタログ（IC）** ニュージェネラルカタログ（**NGC**）を見よ。

**渦巻銀河** 中心部に**恒星**が集中し、その周囲に恒星、ガス、そして塵からなる円盤を伴い、目立つ部分が塊になって渦巻腕を形成している**銀河**。**天の川銀河**は渦巻銀河の典型である。

**宇宙線** 原子より小さい高エネルギー粒子（電子、陽子、あるいは原子核）。光速に近い速さで宇宙空間に飛び出す。

**（月の）海** 月面の低地で、黒く見える領域。溶岩で満たされている。

**衛星** 惑星のまわりを公転している天体。天然の衛星は**月**ともいう。

**X 線** **電磁放射**で、波長が紫外線より短く、ガンマ線よりは長いもの。**電磁スペクトル**も参照。

**NEA** 地球近傍小惑星を見よ。

**遠日点** 楕円軌道上で、**惑星**などの**太陽系**天体が太陽から最も遠くなる一点。**近日点**も参照。

**遠地点** 軌道上の天体が地球から最も遠くなる一点。**近地点**も参照。

**掩蔽（えんぺい）** ある天体が別の天体の手前を通過するとき、手前の天体が遠くの天体面を完全に隠す場合をいう。

**オールトの雲** 巨大な球形の領域で、**太陽系**の最遠。凍った**微惑星**と**彗星**を大量に含むと考えられている。

**オーロラ** 地球（や他の**惑星**）の上層大気で展開される輝く光の祭典。**太陽風**中の粒子が大気中の気体原子に衝突して光らせることが原因で起こる。

**外　合** 合を見よ。

**カイパーベルト** **太陽系**で海王星軌道より外側の領域。凍った**微惑星**がある。**オールトの雲**も参照。

**外惑星** **太陽系**惑星で、地球より外側を公転しているもの。火星、木星、土星、天王星、そして海王星を指す。**内惑星**も参照。

**核** 1) 原子核。原子の小さい中心部。2) **彗星**の核。氷を多く含む固体。3) **銀河**の中心核。

**核融合** 原子核が結合してもっと重い原子ができる過程で、大量のエネルギーが放出される。**恒星**の動力源は中心核で起こる核融合反応である。

**ガス惑星** 大型**惑星**で大部分水素とヘリウムからなる。**太陽系**では木星、土星、天王星、そして海王星。**岩石質惑星**も参照。

**褐色矮星** **恒星**と同様にガス雲が収縮して形成されたが、質量が小さすぎて通常の恒星にエネルギーを与えている**核融合反**応を起こせなかった天体。

**活動銀河** さまざまな波長域で大量のエネルギーを放射している**銀河**。

**ガリレオ衛星** 木星の四大衛星のいずれかを指し、1610年にイタリアの天文学者ガリレオ・ガリレイ（1564～1642）に発見された。大きい方からガニメデ、カリスト、イオ、そしてエウロパ。

**岩石質惑星** おもに岩石からなり、基本的な性質は地球に似ている**惑星**。**太陽系**では水星、金星、地球、そして火星を指す。**ガス惑星**も参照。

**ガンマ線** きわめて短波長の**電磁放射**（**X 線**より短い）。**電磁スペクトル**も参照。

**軌　道** 天体が比較的近い別の天体の重力の影響下で通る道。

**逆　行** 1) **惑星**が見かけ上一時的に逆方向に移動すること。たとえば太陽公転軌道上の火星を地球が追い越す場合に起こる。2) 公転軌道上の進行方向が**太陽系**の地球以下すべての他の惑星と逆であること。3) 軌道上の**衛星**の進行方向が母惑星と逆であること。

**球状星団** **恒星**が1万～数百万個重力で結びついた球形に近い**星団**。

**凝　集** 固体の小物体や粒子が衝突してくっつくこと。

**局部銀河群** 私たちの銀河系（**天の川銀河**）を含めて40個ほどの**銀河**が集まった小集団。**銀河団**も参照。

**巨星** 表面温度が同等の**主系列星**より大きく、絶対等級が明るい**恒星**。**超巨星**も参照。

**銀　河** ガスと塵の雲と**恒星**が重力で結びついた巨大な構造。

# 用語解説

銀河には楕円形、渦巻形、そして不規則形がある。**天の川銀河**も参照。

**銀河団** 銀河が50〜1000個重力で結びついた集団。**超銀河団**も参照。

**近日点** 楕円軌道上で、**惑星**などの**太陽系**天体が太陽から最も近くなる一点。**遠日点**も参照。

**近地点** 軌道上の天体が地球に最も近づく一点。**遠地点**も参照。

**クエイサー** きわめて高エネルギーの放射源。外見は**恒星**に似た小さな点であるが、実際は活動銀河核の非常に明るいものと考えられている。

**屈折望遠鏡** 光を集めて焦点を結ぶためにレンズを使う望遠鏡。**反射屈折望遠鏡**、**反射望遠鏡**も参照。

**ケフェウス型変光星(ケフェイド)** 変光星の一種で、規則的な変光パターンをもつ。絶対等級が明るいほど変光周期が長い。

**原始太陽系星雲** ガスと塵の雲で、その中で太陽と**惑星**が形成された。

**合(ごう)** 太陽系の二つ以上の天体が同一直線上に並び、地球から見てその複数天体が同じ場所にあるように見える現象。**惑星**が太陽から見て地球の反対方向に来る場合を外合(がいごう)と呼ぶ。一方、水星と金星が地球と太陽の間に合になる場合を内合(ないごう)と呼ぶ。**衝**も参照。

**恒星** 輝くプラズマでできた巨大な球。その中心部では**核融合**によりエネルギーが生成されている。

**恒星風** **恒星**大気から噴き出す電離した粒子の流れ。**太陽風**も参照。

**降着円盤** **恒星**や**ブラックホール**のまわりで回転するガス円盤。

**高度** 天体と地平線がなす角度。地平線上にある天体の高度は0°、頭の真上にある天体の高度は90°。**方位角**も参照。

**黄道** **天球**上で背景の**恒星**に対する太陽の通り道。1年かかって1周する。

**黄道帯** **天球**上で黄道に沿った帯状の領域。その中で太陽、月、そして**惑星**が移動する。太陽は年ごとにここに並ぶ13星座を移っていく。うち12星座は占星術でいう黄道12サインと同名。

**黄道面** 地球の太陽公転軌道を含む平面。

**光年** 真空中を光が1年かかって進む距離で、9兆4600億kmに相当。

**コロナ** **恒星**大気で最も外側の領域。

**歳差** 天体の自転軸の向きがゆっくり変化すること。

**散開星団** 同時期に形成された**恒星**が緩くまとまった集団。散開星団は**渦巻銀河**の腕に見つかる。

**散光星雲** ガスと塵でできたぼんやり光る雲。

**紫外線** 電磁放射で、波長が可視光線より短く、**X線**よりは長いもの。**電磁スペクトル**も参照。

**磁気圏** **惑星**のまわりで、電離粒子の運動に惑星磁場の影響が及ぶ範囲。

**視差** 異なる観測地から見た天体の位置が見かけ上移動すること。年周視差はこの視差により天体が平均位置に対して最大に離れた角度をいう。

**至点(夏至・冬至)** 黄道上で**天の赤道**に対し太陽が最大**離角**をとる二点のうち片方。**分点(春分・秋分)**も参照。

**重星** 空で二つ以上の**恒星**がくっついて見えること。この星が本当に互いに回り合っていれば連星系と呼ばれる。地球から見てたまたま同一視線上にある2星は見かけの重星と呼ばれる。

**主系列星** **恒星**の中心部で水素が**核融合**してヘリウムに変わっている展開段階にあるもの。太陽は現在主系列星である。

**準惑星** 太陽のまわりを公転する天体で、球形を保つほど重いが、軌道上にも他の天体が存在し、衛星でないもの。

**衝(しょう)** 地球から見て太陽と**外惑星**が正反対の位置で一直線に並ぶ状態。このときその**惑星**は地球に最も近づく。**合**も参照。

**小惑星** 小さく不規則な形状の**太陽系**天体で、岩石や金属からなり、直径が1000km未満のもの。メインベルト、地球近傍小惑星(**NEA**)も参照。

**食** 太陽と月または**惑星**が直線上に並び、別の天体面に影を落とす現象。

**食変光星** 連星系で、互いにもう一方の手前を通過するために、地球から見た明るさが定期的に変わるもの。

**深宇宙天体** 太陽系外の天体で、**恒星**を除くすべて。

**新星** **恒星**が突然明るくなり、数週間から数か月後に元の明るさに戻るもの。**超新星**も参照。

**彗星** 太陽のまわりを公転する、おもに塵まじりの氷でできた小天体。

**スターバースト銀河** 非常に高速で星形成を起こしている**銀河**。

**スペクトル** 天体が放射した光の波長域。**電磁スペクトル**も参照。

**スペクトル線** ある天体の**スペクトル**に現れる明るい線または黒い線。その天体が出す放射光が特定の波長で発光したり吸収されたりすることによって出現する。

**星雲** 星間宇宙にあるガスと

塵の雲。近くの恒星やそれ自体が宿す恒星により光るもの、遠くの星の光を遮るものがある。

**星 座** 1) 恒星をつないでできる形。2) 夜空の領域で、国際天文学連合が境界を定義したもの。星つなぎも参照。

**星 団** 恒星が数十個～数百万個ほど重力的に結びついた集団。星団中の恒星はすべて同一の巨大な星雲から形成されたと考えられている。

**セイファート銀河** きわめて明るい小型の核をもつ渦巻銀河。変光するものが多い。活動銀河の一種。

**赤 緯** 天の赤道から天体まで南北方向にはかった離角で、地球上の緯度に対応する。天の赤道に対して北へは+、南へは-の値になる。天の赤道上の天体の赤緯は0°、天の北極上の天体の赤緯は+90°。赤経も参照。

**赤外線** 電磁放射のうち波長が可視光より長く、マイクロ波や電波より短いもの。電磁スペクトルも参照。

**赤 経** 天の子午線から東向きに天体まではかった角度。地球の経度に対応する。赤緯と合わせて天球上の天体位置を規定する。

**赤色巨星** 大きく、絶対等級が明るく、表面温度が低いために赤く見える恒星。

**赤色超巨星** きわめて大型かつ絶対等級が明るい恒星で、表面温度が低い。

**赤色矮星** 低温の暗く赤い恒星。

**赤方偏移** スペクトル線が波長の長い方にずれること。光源が観測者に対して遠ざかっている場合に観測される。波長のずれは光源の後退速度に比例する。

**太陽系** 太陽を中心に四つの岩石質惑星、四つのガス惑星、そして多くの小天体（準惑星、衛星、小惑星、流星体、彗星、塵とガス）が公転している系。

**太陽活動周期** 太陽活動の周期的な変動。太陽活動はおよそ11年ごとに極大になる。

**太陽黒点** 太陽光球（目に見える外層）の一領域で、周囲より温度が低いために黒く見える部分。黒点は太陽の磁場が局所的に乱れた結果生じる。

**太陽風** 太陽から放射された荷電粒子の高速で絶え間ない流れで、太陽系全体に浸透している。

**楕円銀河** 円いか楕円形の銀河。

**地球近傍小惑星（NEA）** 地球に接近したり、地球の公転軌道を横切る小惑星。

**中性子星** きわめて小さく高密度の恒星で、成分はほとんど中性子（電荷がゼロの原子未満の粒子）である。

**超巨星** きわめて大きく絶対等級が明るい恒星。太陽の数百倍大きく、数千倍明るい。巨星も参照。

**超銀河団** 銀河団の集団。超銀河団一つは約1万個の銀河を含む。

**超新星** 一恒星が起こしたきわめて激しい大爆発。この爆発で星の大部分が吹き飛ばされ、はなはだしく増光する。

**超新星残骸** 超新星爆発で生じた雲の破片が拡大を続けているもの。

**通 過** 小さい天体が大きい天体の手前を通過すること。一例として、金星の太陽面通過。

**月** 1) 惑星のまわりを公転する天然の衛星。2) 地球の天然の衛星。

**天 球** 地球を包む仮想上の球で、表面にすべての天体が張りついているとする。

**電磁スペクトル** 宇宙のさまざまな天体から放射されるエネルギー（波長が最も短いガンマ線から最も長い電波まで）の全域。

**電磁放射** 振動する電磁変動が波として伝搬するエネルギー（電磁波）。例：可視光、電波。

**天の子午線** 天球に引いた仮想線で、天の両極（北極南極）と春分点をすべて通るもの。天の子午線は赤経0°である。

**天の赤道** 天球上の大円で、地球の赤道を天球に投影したもの。

**天の両極** 地球上の北極と南極を天球上に投影したもの。夜空は天の両極を結ぶ直線を軸に回転するように見える。

**電 波** 電磁放射で、波長がマイクロ波より長いもの。電磁スペクトルも参照。

**電波銀河** 特に電波を強く放射している銀河。

**電波望遠鏡** 天体が放射する電波を検出するよう設計された観測装置。

**等 級** 天体の明るさを表す尺度。絶対等級はある天体の本質的な明るさを指す。実視等級は地球から見た天体の明るさを指す。天体が明るく見えるほど実視等級の値は小さい。非常に明るい天体ではマイナスの値になることもある。一等星は実視等級 1.49以上の明るさの恒星で、二等星は 1.50 ～ 2.49 の明るさ、以下同様に続く。

**内 合** 合を見よ。

**内惑星** 太陽系惑星で、地球より内側を公転しているもの。水星と金星を指す。外惑星も参照。

**ニュージェネラルカタログ（NGC）** 星雲、星団、そして銀河を集めた天体目録で、初版発行は 1888 年。収録天体は NGC に続く数字で識別される。この NGC の補遺がインデックスカタログ（IC）で、追加天体には IC に

# 用語解説　341

数字が続く識別記号がつく。**メシエカタログ**も参照。

**白色矮星**　太陽ほどの質量の**恒星**が晩年を迎えたもので、高温高密度の恒星が激しく輝く。**惑星状星雲**も参照。

**発光星雲**　ガスと塵の雲で、若くて明るい高温の**恒星**を包んでいるもの。それらの恒星が放射する紫外線が周囲のガスを光らせる。

**パルサー**　高速回転する**中性子星**で強い磁場を帯びる。パルサーの磁極が自転軸と一致しない場合、放射ジェットが高速で宇宙にまき散らされる。

**ハロー**　銀河のまわりの球形をした領域で、**球状星団**、散在する**恒星**、そしてガスを含む。ダークマター・ハローはダークマターの集積で、その中に銀河が埋まっている。

**半影**　1) 不透明な天体が落とす影で色が薄い外側の部分。2) **太陽黒点**で色が薄く温度がさほど低くない周辺域。**本影**も参照。

**反射屈折望遠鏡**　光を集めて焦点を結ぶためにレンズと鏡を両方使う望遠鏡。**屈折望遠鏡**、**反射望遠鏡**も参照。

**反射星雲**　微細な塵粒子を含む星雲で、近くの明るい**恒星**から来る光を反射して光る。

**反射望遠鏡**　光を集めて焦点を結ぶために凸面鏡を使う望遠鏡。**反射屈折望遠鏡**、**屈折望遠鏡**も参照。

**ビッグバン**　現在私たちが見ている宇宙の始まり。

**微惑星**　岩石と氷からなる大量の小天体のひとつ。**原始太陽系星雲**の中で形成され、それ自身が凝集して**惑星**ができる。

**ファインダー**　望遠鏡に装着して天体を望遠鏡の視野に入れるのを助ける光学器具。

**不規則銀河**　はっきりした構造も対称性ももたない**銀河**。

**輻射点**　空で群**流星**の経路を逆方向に延長して交わる一点。

**複連星**　三つ以上の**恒星**が重力で結びついた系で、互いに公転し合う。**連星**も参照。

**プラズマ**　イオンと電子の混合物で気体としてふるまうが、電荷を帯び磁場の影響を受けるもの。

**ブラックホール**　宇宙の狭い領域で、崩壊した物質を取り囲んでいる。その中からは重力が強すぎて何もの（光さえ）も出られない。

**分点（春分・秋分）**　太陽が赤道に対して垂直になり、昼と夜の長さが等しくなるとき。**至点（夏至・冬至）**も参照。

**変光星**　明るさが変わる**恒星**。脈動変光星は周期的に膨張と収縮を繰り返して変光する。爆発変光星は増光と減光が突然起こる。**ケフェウス型変光星（ケフェイド）**、**新星**も参照。

**方位角**　観測者の地平線上における北と天体との角度。地平線を時計回りにはかる。真北の方位角は0°、真東は90°、真南は180°、そして真西は270°。**高度**も参照。

**棒渦巻銀河**　棒のように伸びた核の両端から渦巻腕が出ている**銀河**。**渦巻銀河**も参照。

**放射点**　**輻射点**を見よ。

**星つなぎ**　**恒星**をつないでできる形で**星座**でないもの。例：北斗七星（おおぐま座という星座の一部）。

**本影**　1) 不透明な天体が落とす影で色の濃い中心部。2) **太陽黒点**で色が濃く温度が低い中心域。**半影**も参照。

**マイクロ波**　電磁放射で波長が**赤外線**や可視光線より長く、**電波**より短いもの。**電磁スペクトル**も参照。

**ミラ型変光星**　**変光星**の一種で、**恒星**ミラから命名された。低温の巨星で脈動し100〜500日周期で明るさが変わる。

**明暗境界線**　月または**惑星**面で太陽光により光っている部分の端。

**メインベルト**　太陽系で火星軌道と木星軌道の間で**小惑星**が集中している領域。

**メシエカタログ**　1781年発行の星雲状天体（大部分は**星雲**、**星団**、または**銀河**）目録。掲載された天体はMに続く数字で識別される。**ニュージェネラルカタログ（NGC）**も参照。

**離角**　太陽と他の**惑星**または小天体との角度差。最大離角とは地球軌道より内側にある水星と金星が太陽と最も離れうる離角のこと。

**流星**　空で短時間光る点が筋状に流れる現象（流れ星）。**流星体**が地球大気に突入すると摩擦で熱せられて光る。**隕石**も参照。

**流星体**　岩石、金属、または氷の小さい塊で**惑星**間宇宙を公転しているもの。**小惑星**、**彗星**、**流星**、**隕石**も参照。

**レンズ状銀河**　凸レンズに似た形状の**銀河**。中央バルジが周辺の円盤に溶け込んでいるが、渦巻構造はもたない。

**連星**　重力で結びついた一対の**恒星**。この2星は共通の重心のまわりを公転する。

**矮星**　質量が太陽以下の**恒星**。

**惑星**　**恒星**のまわりを公転する天体で、軌道上から他の小天体を一掃するほど重く、ほぼ球形のもの。**準惑星**も参照。

**惑星状星雲**　太陽と同じくらいの重さの**恒星**が晩年に吹き飛ばした輝くガスの殻。

# 索引

ページの**太字**は見出し項目

## 【欧　文】

BL Lac　245
C/1995 O1（ヘール・ボップ彗星）　25, 108
ESO 325-G004　142
GJ 1061　127, 332
GPS（全地球測位システム）　50
IC（インデックスカタログ）　24
IC 10　146
IC 1613　146
IC 2391（南のプレアデス）　303
IC 2602（南のプレアデス）　304
IC 4499　325
KBO（カイパーベルト天体）　107
LGS 3　146
M1（かに星雲）　24, 130, 252, 336
M2　203, 272, 336
M3　240, 336
M4　290, 332, 336
M5　262, 336
M6（蝶星団）　134, 185, 191, 290, 332, 336
M7　185, 191, 336
M8（干潟星雲）　14, 128, 131, 191, 197, 289, 335, 336
M11（野鴨星団）　265, 336
M12　333, 336
M13　14, 39, 184, 185, 242, 336
M14　333
M15　14, 208, 271, 333, 336
M16　262, 263, 336
M22　39, 136, 191, 289, 336
M24　191, 336
M27（亜鈴星雲）　55, 131, 196, 197, 268, 334, 336
M30　291, 336
M31（アンドロメダ銀河）　15, 27, 39, 144, 146, 208, 209, 214, 215, 232, 234, 248, 249, 335, 336
M32　144, 146, 209, 336
M33（さんかく座の銀河）　39, 145, 146, 246, 335, 336
M35　251, 336
M36　236, 336
M37　236, 336
M38　236, 336
M40　334, 336
M41　155, 275, 336
M42（オリオン大星雲）　1〜3, 39, 52, 128, 130, 154, 155, 276, 277, 335, 336
M44（プレセペ）　135, 136, 254, 332, 336
M45（プレアデス）　14, 24, 36, 39, 128, 135, 137, 220, 221, 252, 253, 333, 336
M47　302, 336
M48　280, 336
M50　279, 336
M51（子もち銀河）　144, 240, 335, 336
M52　234, 333, 336
M53　256, 336
M57（環状星雲）　131, 196, 197, 243, 335, 337
M64（黒あざ銀河）　256, 335, 337
M67　254, 337
M68　333
M71　266, 337
M74　273, 337
M81（ボーデの銀河）　166, 238, 239, 335, 337
M82（葉巻銀河）　145, 166, 238, 335, 337
M83（ねずみ花火銀河）　15, 143, 281, 337
M84　146, 337
M86　146, 337
M87　146, 258, 337
M93　333
M104（ソンブレロ銀河）　24, 258, 259, 335, 337
M110　144, 146, 209, 337
NGC（ニュージェネラルカタログ）　24, 340
NGC 55　294
NGC 104（きょしちょう座47）　14, 136, 203, 209, 316, 332
NGC 147　146
NGC 185　146
NGC 253　294
NGC 288　294
NGC 292　335
NGC 869　39, 220, 247
NGC 884　39, 220, 247
NGC 1097　295
NGC 1261　318
NGC 1300　299
NGC 1313　319
NGC 1316　295
NGC 1365（ろ座銀河団）　295
NGC 1427A　143
NGC 1502　235
NGC 1512　318
NGC 1792　300
NGC 1851　300
NGC 2017　297
NGC 2070（青蜘蛛星雲）　145, 321, 335
NGC 2244（ばら星雲）　279
NGC 2362　275
NGC 2392　251
NGC 2403　235
NGC 2419　237
NGC 2442（肉鉤銀河）　322
NGC 2613　301
NGC 2997　282
NGC 3109　146
NGC 3115（紡錘銀河）　283
NGC 3132（8字星雲）　282, 334
NGC 3195　324
NGC 3201　303, 333
NGC 3242　280
NGC 3344　255
NGC 3372（りゅうこつ座の星雲）　122, 123, 130, 173, 304, 334
NGC 3981　284
NGC 4038/4039（触角銀河）　285
NGC 4755（宝石箱星団）　14, 173, 185, 305, 332
NGC 4833　306, 333
NGC 5128（ケンタウルス座A）　286
NGC 5139（ケンタウルス座ω）　14, 39, 134, 137, 185, 286, 333
NGC 5179　287
NGC 5195　144
NGC 5315　307
NGC 5822　288
NGC 5866　142
NGC 6025　309
NGC 6067　308
NGC 6087　308
NGC 6101　325
NGC 6188　310
NGC 6193　310
NGC 6397　310
NGC 6541　311
NGC 6543（猫の目星雲）　230, 231, 334
NGC 6584　312
NGC 6709　267
NGC 6744　326
NGC 6752　326
NGC 6822　146
NGC 6925　292
NGC 6992　244
NGC 7000（北アメリカ星雲）　202
NGC 7009（土星状星雲）　272, 335
NGC 7205　313
NGC 7243　245
NGC 7293（螺旋星雲）　129, 203, 272, 335
NGC 7582　314
NGC 7662　209, 249
PSR 1919+21　268
SagDIG　146
SDO　71
SN2011dh　132
WLM　146

## 索引

### 【あ】
相乗り法 54
アイピース 38, 40, 41, 44, 45, 47～50, 55, 57
アイピースフィルター 53
青い雪玉 209
赤い惑星 90
明るさ(等級) **26**, 27
アキューベンス 254
アークトゥルス 35, 167, 172, 173, 178, 179, 184, 185, 190, 241, 331
アクルックス 173, 305, 331
アケルナル 155, 203, 209, 215, 221, 298, 331
アステローペ 253
アソシエーション 141, 338
アダムズ環 105
アテン群 115
アドニス 115
アドラステア 96
アナレンマ 23
アペニン山脈 76, 77, 79, 80
アポロ(群) 115
アポロ計画 75, 77
天の川銀河(天の川) 6～8, 11, 14, 15, 27, 39, 135, **138**～141, 228, 338
アームストロング, ニール・ 75
雨の海 76, 77, 80
アモール(群) 115
アラゴ環 105
嵐の太洋 76
アリアドネの小川 80
アリオト 19
アリエル 12, 103
アリスタルコス・クレーター 76, 78, 81
アリスタルコス高原 81
アルカイド 19
アルカブ 289
アルギエバ 257
アルキバ 285
アルゴル 126, 214, 215, 238, 247, 333, 334
アルジェディー 202, 291
アルシャイン 267
アルジャッバー 276
アルタイル 27, 184, 185, 190, 196, 202, 209, 214, 267, 331
アルタルフ 254
アルデバラン 35, 154, 220, 221, 252, 331
アルデラミン 17
アルナーイル 314
アルナト 236, 252
アルネブ 297
アルビレオ 244, 334
アルファ・ケンタウリ ➡ケンタウルス座α
アルファルド 280

アルフェッカ 261
アルフェラツ 209, 248
アルプス谷 81
アルマク 248, 334
アルマーズ 236
アルレシャ 273
亜鈴星雲(M27) 55, 131, 196, 197, 268, 334, 336
アンカー 315
暗黒星雲 14, 129, 338
アンサー 268
暗順応 31
アンタレス 178, 184, 185, 191, 290, 331
アンドロメダ銀河(M31) 15, 27, 39, 144, 146, 208, 209, 214, 215, 232, 234, 248, 249, 335, 336
アンドロメダ座 39, 160, 208, 209, 214, 215, 220, 248, 249
アンドロメダ座α ➡アルフェラツ
アンドロメダ座γ ➡アルマク
アンネフランク 329
イアペトゥス 100
イオ 96, 119
イカルス 115
イーザール 241
位 相 338
 月の―― 74, 338
 惑星の―― 65, 338
イ ダ 13, 114, 117, 229, 329
1月の空 **154**～159
位置測定法 **34**
いっかくじゅう座 35, 161, **279**
いっかくじゅう座α 279
いっかくじゅう座β 279, 334
一等星 331
いて座 10, 21, 39, 185, 190, 191, 196, 197, 203, **289**
 ――の矮小銀河 138
いて座β 289
いて座ε 289
いて-りゅうこつ腕 138
イート 279
緯 度 22, 33, 228
 観測地の―― 153
糸 川 117
いるか座 **269**
いるか座α 269
いるか座β 269
いるか座γ 269
色収差 40
隕 石 112, 113, 338
インディアン座 **313**
インディアン座α 313
インディアン座β 313
インディアン座ε 127, 313, 332
インデックスカタログ(IC) 24

ウエイト(望遠鏡の) 47
ウェブカメラ 57
うお座 21, 214, 215, 220, 221, **273**
うお座α 273
うお座η 273
ウォルフ-ライエ星 303, 306
うさぎ座 35, **297**
うさぎ座R 297
うさぎ座α 297
うさぎ座γ 297
うしかい座 35, 167, 172, 173, 178, 179, 184, 185, 190, **241**, 330
うしかい座α ➡アークトゥルス
うしかい座ε 241, 334
うしかい座τ 241
渦巻銀河 143, 338
宇 宙 **8**, **148**, 149
 観測可能な―― 9
 膨張する―― 9, 26
 ――の起源 9
 ――の規模 8
宇宙マイクロ波背景放射(CMB) 148, 149
ウヌカルハイ 262
海
 月の―― 39, 77, 338
うみへび座 172, 173, **280**, 281, 285
うみへび座α 280
うみへび座ε 280
ウラノグラフィア 255
ウラノメトリア 309, 314, 324
ウンブリエル 12, 103
衛 星 338
 海王星の―― 104
 火星の―― 92
 天王星の―― 103
 土星の―― 100
 木星の―― 39, 94, 96
 惑星の―― 12
エイトケン・クレーター 76
エイベル1689 15
エイベル2065 261
エウロパ 96
エスキモー星雲 251, 334
エータ・カリーナ 173, 304
X 線 149, 338
F 値(口径比) 44
エムダヌス, ペトルス・テオドロス・ 309
エラトステネス・クレーター 76, 79
エリス 107
エリダヌス座 155, 203, 215, 221, **298**, 299
エリダヌス座α ➡アケルナル
エリダヌス座ε 127, 298, 332
エリダヌス座θ² 298
エレクトラ 253
エロス 63, 115, 117, 329
エンケラドゥス 100

# 索 引

遠3kpc腕　138, 139
遠日点　338
遠地点　338
月の——　73
掩　蔽　82, 338
尾
　彗星の——　109, 110
おうし座　21, 35, 39, 154, 155, 160, 209, 214, 215, 220, 221, **252**, 253, 330
おうし座α　→アルデバラン
おうし座β　236
おうし座流星群　214, 330
おおいぬ座　35, 154, 160, 161, 215, 214, **275**
おおいぬ座α　→シリウス
おおいぬ座β　275
おおかみ座　197, **288**
おおかみ座α　288
おおかみ座β　288
おおかみ座μ　288
おおぐま座　18, 19, 35, 154, 160, 166, 172, 178, 190, 202, 220, **238**, 239
おおぐま座45　→メラク
おおぐま座Ⅰ　146
おおぐま座Ⅱ　146
おおぐま座α　→ドゥーベ
おおぐま座β　→メラク
おおぐま座ζ　→ミザール
おとめ座　21, 35, 166, 167, 172, 173, 178, 179, **258**, 259, 330
おとめ座α　→スピカ
おとめ座銀河団　27, 146, 259
おひつじ座　21, 215, **250**, 330
おひつじ座α　250
おひつじ座γ　250
おひつじ座λ　250
おひつじ座の起点　250
オベロン　12, 103
オメガ・ケンタウリ　→ケンタウルス座ω
オリオン・アソシエーション　141
オリオン殻　141
オリオン座　19, 32, 33, 35, 39, 52, 53, 113, 154, 155, 160, 167, 209, 214, 215, 220, 221, **276**, 277, 330
オリオン座α　→ベテルギウス
オリオン座β　→リゲル
オリオン座流星群　113, 208, 276, 330
オリオン大星雲(M42)　1～3, 39, 52, 128, 130, 154, 155, 276, 277, 335, 336
オリオンの突起　139
オリュンポス山　92
オールトの雲　8, 13, 26, 62, 109, 338
オーロラ　67, 69, **118**, 119, 338

## 【か】

海王星　12, 62～65, **104**, 105, 328, 329
皆既月食　83
皆既日食　1～3, 67, 84, 85
外　合　65, 338
懐中電灯　33
ガイド用望遠鏡　40, 44, 47, 48, 50, 70
カイパーベルト　13, 26, 62, **106**, 107, 109, 338
カイパーベルト天体(KBO)　107
外惑星　64, 65, 338
がか座　**320**
がか座β　320
がか座δ　320
火　球　112, 113
核　338
　彗星の——　110, 111
核融合　10, 12, 66, 125, 338
ガクルックス　35
暈　120, 121
飾り環　273
カシオペヤ座　154, 160, 166, 172, 190, 196, 202, 208, 214, 233, **234**
カシオペヤ座γ　234, 333
カシオペヤ座ρ　234
かじき座　209, 215, **321**
かじき座30　321
可視光　149
カストル　154, 155, 160, 161, 172, 178, 221, 251, 334
ガスプラ　116, 329
ガス惑星　12, 63, 338
火　星　12, 23, 31, 57, 62～65, **90**～93, 328, 329
架　台　39, **42**, 46, 51
カッシーニ-ホイヘンス計画　98, 99
カッチャトーレ, ニッコロ・269
活動銀河　133, 338
要　石　184, 185, 242
かに座　21, 161, **254**
かに座DX　127, 332
かに座α　254
かに座β　254
かに星雲(M1)　24, 130, 252, 336
ガニメデ　27, 96
ガニュメデス　267
ガーネット・スター　232
カノープス　161, 167, 215, 221, 304, 331
カプタインの星　320
カペラ　154, 155, 160, 172, 202, 208, 220, 236, 330, 331
かみのけ座　**256**
かみのけ座星団(メロッテ111)　256

ガム星雲　141
カメレオン座　**324**
カメレオン座α　324
カメレオン座δ　324
からす座　**285**
からす座α　285
からす座γ　285
からす座δ　285
カリスト　96
ガリレイ, ガリレオ　40, 96
ガリレオ衛星　31, 96, 97, 338
カルパティア山脈　74, 76, 77, 80
ガレ環　105
カロリス盆地　86
カロン　13, 106
環状星雲(M57)　131, 196, 197, 243, 335, 337
岩石質惑星　12, 63, 338
観　測
　天の川の——　140
　ウェブカメラ——　57
　オーロラの——　119
　海王星の——　105
　火星の——　93
　金星の——　89
　小惑星の——　115
　水星の——　87
　星雲の——　128
　星団の——　135
　太陽の——　**70**
　月の——　74
　天体写真——　54
　天王星の——　103
　土星の——　101
　日食の——　84
　木星の——　97
　夜の——　30
　流星群の——　113
　惑星の——　**64**
　——できる範囲　17
　——の基本　**30**
観測可能な宇宙　9
　——の限界　27
観測記録　**58**, 59
観測時刻　32
観測地　32
　——のデータ入力　51
ガンマ線　149, 338
ガンマ線バースト　133
かんむり座　190, **261**
かんむり座R　261, 333
かんむり座T　261
かんむり座α　261
気象現象
　地球の——　**120**, 121
季　節　**20**
季節変化
　火星の——　90, 91
北アメリカ星雲(NGC 7000)　202
北回帰線　20

# 索 引

北十字　190, 244
キタルファ　270
軌　道　338
危難の海　76, 77
逆二乗の法則　27
逆　行　65, 91, 338
吸収線　148
球状星団　14, 134〜136, 139, 332, 338
鏡　筒　40, 45, 47
極　冠
　火星の——　90, 93
極軸合せ（望遠鏡の）　48, 49
極軸望遠鏡　49
極小期（太陽活動周期の）　68
局所泡　141
極大期（太陽活動周期の）　68, 69
局部銀河群　146, 246, 338
きょしちょう座　197, 203, 209, 215, 316
きょしちょう座47（NGC 104）　14, 136, 203, 209, 316, 332
きょしちょう座矮小銀河　146
ぎょしゃ座　154, 160, 172, 202, 208, 220, **236**
ぎょしゃ座α　➡カペラ
ぎょしゃ座γ　236
ぎょしゃ座ε　236, 334
ぎょしゃ座ζ　236
距離（天体の）　26, 27
ギリシア文字　228
きりん座　**235**
きりん座α　235
きりん座β　235
銀　河　8, 15, 133, 138, 139, **142**〜147, 335, 338
　衝突中の——　143
銀河系中心　27, 138, 141
銀河系ハブ　138
銀河団　8, **146**, 147, 339
金環食　85
近3kpc腕　139
近日点　339
金　星　12, 26, 27, 31, 62〜65, **88**, 89, 328, 329
近地点　339
　月の——　73
近傍星　**126**, 127, 332
クエイサー　27, 133, 339
9月の空　**202**〜207
くじゃく座　215, **326**
くじゃく座α　326
くじゃく座κ　326
くじら座　214, 215, 220, **274**
くじら座YZ　127
くじら座ο　➡ミラ
くじら座τ　127, 274, 332
屈折望遠鏡　40, 44, 339
曇りの海　76, 81
クラビウス・クレーター　76, 78
グリーゼ581　260
グリマルディ・クレーター　76

クリムゾンスター
　ハイドンの——　297
グルームブリッジ34　127, 332
クレーター
　水星の——　86
　月の——　11, 78, 79
黒あざ銀河（M64）　256, 335, 337
クロートス　289
群流星　108
経緯台　42, 43
ケイセル．ピーテル・ディルクスゾーン．　306, 309, 313〜317, 321, 322, 324〜326
経　度　33
夏　至　17, 20, 23, 184, 220
ケック望遠鏡　103
月　暈　121
月　食　82, 83
月　相　23
月　面　76, **80**
月面図　76
ケフェウス型変光星（ケフェイド）　126, 202, 229, 232, 233, 326, 339, 249
ケフェウス座　202, 208, 214, **232**, 233, 249
ケフェウス座β　232
ケフェウス座δ　232, 333
ケフェウス座μ　232, 333
ケプラー宇宙望遠鏡　141
ケプラー・クレーター　76
ケプラー計画　141
ケルベロス　106
ケレス　13, 62, 107, 114, 115, 329
幻月（ムーンドッグ）　121
幻日（サンドッグ）　120, 121
賢者の海　76
原始惑星円盤　62
ケンタウルス座　35, 39, 155, 161, 173, 178, 203, **286**, 287
ケンタウルス座A（NGC 5128）　286
ケンタウルス座α　35, 127, 167, 179, 197, 286, 287, 331, 332
ケンタウルス座β　167, 179, 197, 287, 331
ケンタウルス座ω（NGC 5139）　14, 39, 134, 137, 185, 286, 333
けんびきょう座　**292**
けんびきょう座U　292
けんびきょう座α　292
けんびきょう座γ　292
けんびきょう座θ　292
ケンブルの滝　235
こいぬ座　35, 154, 155, 160, 167, 221, **278**
こいぬ座α　➡プロキオン
こいぬ座β　278

合　65, 339
光　害　31, 32
光　球　10, 67, 68
口　径
　双眼鏡の——　36, 37
　望遠鏡の——　44, 45
口径比（F値）　44
恒　星　10, 31, **124**, 126, 127, 339
　——の大きさ　124
　——の重さ　124
　——の軌跡　54
　——の形成　124
　——の死　125
　——の生涯　125
　——の呼び名　24
降着円盤　133, 339
紅茶ポット　191, 289, 311
公　転
　地球の——　32
　月の——と自転の同期　73
高　度　34, 42, 43, 50, 339
黄　道　16, 20, 21, 152, 339
黄道光　120, 121
黄道12サイン　21
黄道星座　**20**, 264
黄道星図　152
黄道帯　20, 21, 31, 339
黄道面　16, 21, 23, 339
光　年　8, 26, 27, 339
こうま座　**270**, 264
こうま座α　270
こうま座ε　270
氷の海　76
5月の空　**178**〜183
コカブ　229
こぎつね座　197, **268**
こぎつね座α　268
国際宇宙ステーション　120
黒点（太陽の）　68, 70, 340
こぐま座　35, 154, 160, 184, 190, 220, **229**, 231, 330
こぐま座α　➡北極星
こぐま座β　229
こじし座　**255**
こじし座46　255
こじし座R　255
こじし座β　255
go-to望遠鏡　**50**, 51
コックロフト・クレーター　76
コップ座　**284**, 285
コップ座α　284
コップ座γ　284
コップ座δ　284
こと座　172, 178, 184, 185, 190, 191, 196, 202, 208, **243**, 330
こと座α　➡ベガ
こと座ε　126, 243, 334
こと座流星群　172, 243, 330
小びしゃく　229
コペルニクス・クレーター　59, 74, 76, 78

コ マ
　彗星の── 13, 108, 109
コマ収差 41
ゴメイザ 278
子もち銀河(M51) 144, 240, 335, 336
子ヤギ 236
固有距離 26
コルカロリ 240
コールシュッター・クレーター 76
コルネフォロス 242
コロナ 67, 68, 85, 339
コロナ質量放出(CME) 68, 69
コンパス座 **307**
コンパス座α 307
コンパス座γ 307
コンパス座θ 307

## 【さ】

歳 差 16, 17, 21, 339
彩 層 67
さいだん座 **310**
さいだん座α 310
さいだん座γ 310
逆立ちの空 33
さそり-ケンタウルス・アソシエーション 141
さそり-ケンタウルス殻 141
さそり座 21, 167, 173, 178, 184, 185, 190, 191, 197, 203, **290**
さそり座α ➡アンタレス
サテュロス 289
座 標 43
　彗星の── 58
　天体(天球)の── 17, 49
　──の入力 50
サフ 276
散開星団 14, 134〜137, 332, 339
さんかく座 39, **246**
さんかく座6 246
さんかく座α 246
さんかく座β 246
さんかく座の銀河(M33) 39, 145, 146, 246, 335, 336
3月の空 **166**〜171
三 脚 40, 46, 51, 54〜56
散光星雲 339
散在流星 113
シーイング 33
シェアト 271
シェダル 234
ジェーナ 285
シェラタン 250
紫外線 149, 339
4月の空 **172**〜177
磁気圏 119, 339
磁 極 118, 119
子午線
　天の── 17, 340
視 差 26, 339

しし座 19, 21, 34, 35, 160, 161, 166, 167, 172, 173, 178, 179, **257**, 330
しし座Ⅰ 146
しし座Ⅱ 146
しし座A 146
しし座R 257
しし座α ➡レグルス
しし座γ 257
しし座流星群 13, 112, 150, 151, 214
CCD(電荷結合素子)カメラ 56
ししの大鎌 167
静かの海 76, 77, 80
7月の空 **190**〜195
実視等級 26, 27, 331
質量放出 118
自転軸
　地球の── 16, 17, 20
しぶんぎ 241
しぶんぎ座(りゅう座ι)流星群 154, 330
湿りの海 76
写真観測 **54**
シャム 266
11月の空 **214**〜219
10月の空 **208**〜213
重 星 **126**, 334, 339
12月の空 **220**〜225
秋 分 20, 23, 341
秋分点 16
主系列星 125, 339
主焦点撮影 55, 56
ジュノー 115
シュバスマン-バハマン第3彗星 58
シューメーカー-レビー第9彗星 110
ジュラ山脈 81
シュレーターの谷 81
春 分 20, 23, 341
春分点 17, 273
準惑星 13, **106**, 107, 114, 339
衝 65, 339
じょうぎ座 **308**
じょうぎ座γ 308
じょうぎ座ι 308
蒸気の海 76
焦点距離
　望遠鏡の── 45
衝突クレーター **78**
小びしゃく 184, 229
小マゼラン銀河(SMC) 145, 146, 197, 203, 209, 215, 221, 233, 316, 335
擾 乱 32, 68
小惑星 11, 13, 25, 62, 63, **114**〜117, 329, 339
食 21, **82**〜85, 127, 339
食変光星(食連星) 126, 127, 214, 247, 261, 339
触角銀河(NGC 4038/4039)

285
ジョット探査機 110
シリウス 27, 32, 35, 127, 154, 155, 160, 161, 167, 173, 215, 220, 221, 275, 331, 332
深宇宙フィルター 53
新 星 339
水 星 12, 62〜65, **86**, 87, 328, 329
彗 星 13, 25, 62, 63, 106, **108**〜111, 113, 339
スイフト-タットル彗星 111, 113
スケッチ
　彗星の── 58
　星雲の── 128
　月の── 59
スターバースト銀河 319, 339
ストルーベ2398 127, 332
スピカ 35, 166, 167, 172, 173, 178, 179, 258, 331
スピキュール 69
スピッツァー宇宙望遠鏡 101, 137
スピリットのローバー 12, 92
スペクトル 339
　恒星の── 125, 148
ズベンエシュマリー 260
ズベンエルジェヌビー 260
ズベンエルハクラブ 260
スローン・グレートウォール 147
スワローシン 269
寸法をはかる 34
星 雲 14, **128**〜131, 334, 339
星間物質 14
星 **18**, 19, 340
星座早見 30
青色巨星 124
星 団 14, **134**〜137, 332, 340
赤 緯 17, 43, 47, 49, 228, 340
赤外線 149, 340
赤 経 17, 43, 46, 47, 49, 228, 340
石質隕石 113
赤色巨星 66, 124, 125, 340
赤色矮星 124, 125, 127, 340
石炭袋星雲 129, 173, 185, 305, 306
石鉄隕石 113
赤 道
　地球の── 16, 21, 22
　天の── 16, 17, 21, 43, 152, 202, 340
赤道儀 43, 46, 49, 51
赤方偏移 147, 340
絶対等級 26, 27, 331
繊維構造 8
遷移領域(太陽の) 67

占星術　21
全地球測位システム（GPS）　50
全天星図　153
双眼鏡　52, 65
　——の拡大率　36
　——の口径　36
　——の種類　**36**
　——の調整　38
　——のデザイン　37
　——を支える　39
　——を使う　**38**
創造の柱　263
ソビエスキの盾座　265
ソーラー・ダイナミクス・オブザバトリー（SDO）　71
ソンブレロ銀河（M104）　24, 258, 259, 335, 337

【た】
ダイアゴナル　40, 53
大赤斑　96, 97
対日照　121
対物鏡　41, 44
対物レンズ　36, 44
大マゼラン銀河（LMC）　15, 145, 146, 209, 215, 221, 321, 335
ダイヤモンドリング　85
太　陽　10, 23, 26, 27, 59, **66**～71
太陽活動周期　68, 340
太陽観測計画　71
太陽観測所　71
太陽系　8, 21, 25, **62**, 63, 139, 340
太陽系外惑星　141
太陽黒点　68, 340
太陽震　69
太陽フィルター　70
太陽風　13, 66, 67, 118, 119, 340
太陽フレア　68, 69
太陽望遠鏡　59, 70
楕円銀河　142, 143, 340
ダークエネルギー　9
ダクティル　114, 117
ダークマター　9, 147
ダストトレイル
　彗星の——　113
たて座　**265**
たて座R　265
たて座δ　265
たて・みなみじゅうじ-ケンタウルス腕　139
たて腕　138
ダービー　291
タラゼド　267
タレース（ミレトスの）　229
短周期彗星　109
地　殻
　月の——　73
　——の気象現象　120, 121
地　球　26, 62～65, 328, 329

地球近傍小惑星（NEA）　63, 115, 117, 340
地平線　153
中性子星　132, 133, 340
超巨星　125, 340
超銀河団　8, 146, 149, 340
ちょうこくぐ座　**296**
ちょうこくぐ座R　296
ちょうこくぐ座α　296
ちょうこくぐ座β　296
ちょうこくぐ座γ　296
ちょうこくしつ座　**294**
ちょうこくしつ座α　294
長周期彗星　109
超新星　15, 125, 129, 132, 340
超新星1987A　15
超新星残骸　129, 340
調整ケーブル　47
蝶星団（M6）　134, 185, 191, 290, 332, 336
直線壁　81
ツィオルコフスキー・クレーター　76
通　過　82, 340
月　11, 21, 26, 27, 31, 64, **72**～81, 340
　双眼鏡で見た——　65
　——の位相　74
　——の動き　23
　——の海　39, **77**
　——のクレーター　78, 79
つる座　215, **314**
つる座α　314
つる座β　314
つる座δ　314
ディオネ　100
ティーガーデンの星　127
ティコ・クレーター　74, 76, 79
ディケー　258, 259
ティタン　98, 100
テイデ山観測所　71
ティテーニア　12, 103
ディープ・インパクト　111
デイモス　92
テウメーッソスの狐　275
デジスコ　55
デジタル画像処理　57
デジタルカメラ　55, 56
鉄隕石　113
テティス　100
デネブ　27, 178, 184, 190, 196, 202, 203, 209, 214, 244, 331
手の幅　34
デ・ハウトマン，フレデリック・　306, 309, 313～317, 321, 322, 324～326
テーブルさん座　**323**
テーブルさん座α　323
テーブルさん座β　323
デメテル　259
デルトトン　246

天　球　**16**～19, 23, 43, 228, 340
天球座標　17
電磁スペクトル　149, 340
電子星図　30
天体写真術　54, 56
天体スケッチ　59
天　頂　33, 153
天王星　12, 27, 31, 62～65, **102**, 103, 328, 329
電　波　149, 340
てんびん座　21, **260**
てんびん座48　260
てんびん座α　260
てんびん座μ　260
天文ソフト　30, 50
天文単位（AU）　26
投影照準器　47～49
等級（明るさ）　26, 27, 340
冬　至　17, 20, 23, 220
トゥータティス　115, 117, 329
トゥバーン　230
ドゥーベ　19, 35, 178, 238
透明度　33
とかげ座　**245**
とかげ座BL　245
とかげ座α　245
毒蜘蛛星雲（NGC 2070）　145, 321, 335
とけい座　**318**
とけい座α　318
土　星　12, 26, 27, 57, 62～65, **98**～101, 328, 329
土星状星雲（NGC 7009）　272, 335
ドップラー・クレーター　76
とびうお座　**322**
とびうお座γ　322
とびうお座ε　322
ドブソニアン式経緯台　42
とも座　161, **302**
とも座L　302
とも座ζ　302
ド・ラカイユ，ニコラ・ルイ・　282, 292, 294～296, 301, 302, 304, 307, 308, 312, 318～320, 323, 327
トラペジウム　52, 130, 276
トリトン　104
トロヤ群　63, 115
トンボー，クライド・　107

【な】
内　合　65, 340
ナイル川　246, 275, 298
内惑星　64, 65, 340
ナオス　302
流れ星　13, 113
夏の大三角　184, 190, 196, 202, 203, 214, 243, 267
七姉妹　➡プレアデス
南　極
　地球の——　16

月の―― 60, 61
　天の―― 16, 32, 35, 46, 153, 228
南極-エイトケン盆地 76
南極光 118
南天の三角形 309
NEARシューメーカー探査機 117
2月の空 160～165
肉鉤銀河(NGC 2442) 322
肉眼観測 30, 31
虹の入江 76, 81
二重星団 137, 220, 247
にせ十字 303
日量 121
ニックス 13, 106
日誌 58
日周運動 22
日周弧 121
日食 82, 84, 85
ニュージェネラルカタログ(NGC) 24, 340
ニュー・ホライズンズ探査機 106
猫の目星雲(NGC 6543) 230, 231, 334
ねずみ花火銀河(M83) 15, 143, 281, 337
ネレイド 104
年周視差 26
野鴨星団(M11) 265, 336

【は】
バイヤー, ヨハン・ 24, 309, 314, 324
倍率
　望遠鏡の―― 45
ハウトマン ➡デ・ハウトマン
ハウメア 106, 107
はえ座 **306**
はえ座α 306
はえ座β 306
はえ座θ 306
白色矮星 124, 125, 341
はくちょう座 178, 184, 190, 191, 196, 197, 202, **244**
はくちょう座61 127
はくちょう座α ➡デネブ
はくちょう座β 244
はくちょう座の裂け目 140, 196, 244, 266
白斑 69
ハーシェル, ウィリアム・ 102
パーセク 26
ハダル 35, 197, 286, 331
8月の空 **196**～201
8字星雲(NGC 3132) 282, 334
88星座 229～327
蜂の巣星団 136
はちぶんぎ座 **327**
はちぶんぎ座β 327
はちぶんぎ座γ 327

はちぶんぎ座σ 327
発光星雲 14, 128, 139, 341
ハッブル宇宙望遠鏡 10, 107, 141～143, 231, 239, 259, 263, 277, 325
ハッブル・ウルトラ・ディープフィールド 295
馬頭星雲 129
はと座 **300**
はと座α 300
はと座β 300
ハートリー第2彗星 111
ハドリーの小川 80
パドル 50
バーナードの星 127, 264, 332
葉巻銀河(M82) 145, 166, 238, 335, 337
ハマル 250
はやぶさ探査機 117
パラス 115
ばら星雲(NGC 2244) 279
ハリー, エドモンド・ 110
ハリー彗星 110
パルサー 133, 341
パルチウス, ヤコブス・ 279
晴れの海 76, 77
ハロー 135, 341
バーローレンズ 45
パン 291
バン=アレン帯 119
半影 68, 83, 84, 341
反射屈折望遠鏡 41, 56, 341
反射星雲 14, 128, 341
反射望遠鏡 40, 41, 46, 341
反復新星 301, 317
ヒアデス 14, 154, 220, 221, 252, 253, 332
干潟星雲(M8) 14, 128, 131, 191, 197, 289, 335, 336
光の円 121
ピーコック 326
ビッグバン 9, 148, 341
ヒドラ 13, 106
ヒペリオン 100
百武彗星 63, 110
秤動
　月の―― 73
ビルト第2彗星 111
微惑星 62, 341
ファインダー 47, 48, 341
ファクト 300
ファード 19
ファブリツィウス, ダービド・ 274
フィラメント 69
フィルター 53
ふうちょう座 **325**
ふうちょう座α 325
ふうちょう座δ 325
ふうちょう座θ 325
夫婦ねずみ銀河 143
フォエベ 100
フォーク式経緯台 42

フォボス 92
フォーマルハウト 203, 209, 215, 293, 331
フォーマルハウトb 141
不規則銀河 143, 341
輻射点 113, 341
ふたご座 21, 154, 155, 160, 161, 172, 173, 178, 214, 220, 221, **251**, 330
ふたご座α ➡カストル
ふたご座β ➡ポルックス
ふたご座流星群 220, 251, 330
フック, ロバート・ 250
物質-エネルギー 9
プトレマイオス星座 18, 261, 269, 270, 274, 278, 284, 288, 293
部分食 83, 84
部分日食 85
冬の大三角 160, 161
プラズマ 10, 66, 69, 341
ブラックホール 125, 132, 133, 307, 341
プラトー・クレーター 76
フラムスティード, ジョン・ 24
フラムスティードの星図書 18
プランキウス, ペトルス・ 235, 279, 300, 313, 322
プレアデス(M45) 14, 24, 36, 39, 128, 135, 137, 220, 221, 252, 253, 333, 336
ブレイザー 245
ブレイズ・スター 261
プレセペ(M44) 135, 136, 254, 332, 336
プロキオン 127, 154, 155, 160, 161, 167, 173, 221, 278, 331, 332
プロキシマ・ケンタウリ 26, 127, 332
ブロッキの星団 268
プロミネンス 68, 69
分解能 45
分光学 148
フンボルト・クレーター 76, 79
ベイリー, フランシス・ 255
ベイリーの数珠 85
ベガ 17, 27, 172, 178, 184, 185, 190, 191, 196, 202, 203, 208, 209, 214, 243, 331
ペガスス座 14, 202, 208, 209, 215, 221, **271**
ペガスス座51 271
ペガスス座α 271
ペガスス座β 271
ペガススの四辺形 208, 209, 214, 271
ベクルックス 173, 305, 331
ベスタ 27, 115, 116, 329
ベータ・ケンタウリ ➡ハダル
ペタビウス・クレーター 76
ベテルギウス 10, 52, 124,

155, 160, 161, 221, 276, 331
ベナトール，ニコラウス・ 269
へび座 179, **262**, 263
へび座α 262
へびつかい座 21, 178, 179, 184, 190, 191, **264**
へびつかい座α 264
へびつかい座ρ 264
ヘベリウス，ヨハネス・ 237, 240, 245, 255, 265, 268, 283
ヘリオスタット 71
ヘール，アラン・ 25
ヘルクレス座 39, 184, 185, 190, 191, **242**
ヘルクレス座α 242
ペルセウス座 39, 160, 214, 215, 220, **247**
ペルセウス座α 247
ペルセウス座β ➡アルゴル
ペルセウス座流星群 111, 196, 330
ペルセウス腕 138, 139
ヘルツシュプルング・クレーター 76
ヘール・ボップ彗星（C/1995 O1） 25, 108
変光星 **126**, 127, 214, 274, 333, 341
ボイジャー（1号，2号） 59, 102～105
ホイヘンス山 80
方 位 **34**, 42, 43, 50, 153, 341
棒渦巻銀河 139, 341
望遠鏡 31, 43, 47, 50, 54, 56, 57, 65
　――の架台 **42**
　――の極軸合せ **48**, 49, 51
　――の種類 **40**
　――の性能 **44**, 45
　――の設定 **46**
　――の像 53
望遠鏡観測 **52**
ぼうえんきょう座 **312**
ぼうえんきょう座α 312
ぼうえんきょう座δ 312
ほうおう座 215, **315**
ほうおう座α 315
ほうおう座β 315
ほうおう座ζ 315
ほうおう座矮小銀河 146
放射線 149
放射層
　太陽の―― 67
紡錘銀河（NGC 3115） 283
宝石箱星団（NGC 4755） 14, 173, 185, 305, 332
北斗七星 18, 19, 24, 35, 166, 172, 178, 238
ほ 座 161, 167, **303**
ほ座γ 303

ほ座超新星残骸 141, 303
星空観察会 31
星つなぎ **18**, 19, 35, 341
星渡り 34, 35
補正板 41, 42
北 極
　地球の―― 16, 22
　天の―― 16, 17, 22, 32, 43, 46, 153, 228
北極光 118
北極星 17, 35, 49, 154, 166, 178, 184, 190, 202, 208, 220, 229, 334
ボップ，トム・ 25
ボーデの銀河（M81） 166, 238, 239, 335, 337
ボネビー・クレーター 92
ホームズ彗星 111
ポリマ 258
ポルックス 154, 155, 160, 161, 172, 178, 221, 251, 331
ボルフ 359 127, 257, 332
本 影 68, 83, 84, 341
ホンディウス，ヨドクス・ 322
ポンプ座 **282**
ポンプ座α 282
ポンプ座θ 282

## 【ま】

マイクロ波 149, 341
マクノート彗星 13, 111
マケマケ 106, 107
マゼラン，フェルディナンド・ 316
マティルド 25, 116, 329
マリネリス峡谷 92
マルカブ 271
マルカリアン，B.E. 259
マルカリアンの鎖 259
マントル（月の） 73
三日月 74
神酒の海 76
ミザール 19, 238, 334
水
　火星の―― 90
みずがめ座 21, 105, 202, 203, 215, 221, **272**, 330
みずがめ座 EZ 127, 332
みずがめ座δ流星群 191, 330
みずがめ座η流星群 178, 179, 272, 330
みずへび座 **317**
みずへび座 VW 317
みずへび座α 317
みずへび座β 317
みずへび座π 317
満ち欠け（月の相変化） 65
みつばち星の群れ 136
南回帰線 20
みなみじゅうじ座 14, 35, 155, 161, 167, 173, 178, 179, 185, 197, 203, 287, **305**

みなみじゅうじ座α ➡アクルックス
みなみじゅうじ座β ➡ベクルックス
みなみのうお座 203, 209, 215, **293**, 330
みなみのうお座α ➡フォーマルハウト
みなみのうお座β 293
みなみのうお座γ 293
みなみのかんむり座 191, **311**
みなみのかんむり座 R 311
みなみのかんむり座α 311
みなみのかんむり座β 311
みなみのかんむり座γ 311
みなみのさんかく座 **309**
みなみのさんかく座α 309
みなみのさんかく座β 309
みなみのさんかく座γ 309
南のプレアデス（IC 2391, 2602） 303, 304
ミマス 100
ミ ラ 214, 215, 274, 333
ミランダ 12, 103
ミルザム 275
ミルファク 247
無限焦点撮影（デジスコ） 55
明暗境界線 59, 74, 341
冥王星 13, 27, 106, 107
メインベルト 13, 62, 63, 107, 114～117, 341
メインリング
　土星の―― 101
　木星の―― 96
メグレズ 19
メサルティム 250
メシエ，シャルル・ 24, 328, 336
メシエ天体 336
メシエマラソン 28, 29
メタン 91, 102
メティス 96
メラク 19, 24, 35, 178, 238
メロッテ 111（かみのけ座星団） 256
メロペ 253
網状星雲 129, 244, 335
木 星 12, 59, 62～65, **94**～97, 328, 329
　――の衛星 39
　――の帯模様 97
　――のオーロラ 119
木星の幽霊 280
モスクワの海 76
モータードライブ 43, 47

## 【や】

やぎ座 21, 203, **291**, 330
やぎ座α 202, 291, 330
やぎ座β 291
夜光雲 120, 121
や 座 **266**
や座 S 266

や座α 266
や座β 266
や座γ 266
夜周弧 121
やまねこ座 **237**
やまねこ座12 237
やまねこ座α 237
ユースティティア 259
豊かの海 76
ユニコーニー 279
指の幅 34
ユリシーズ探査機 110
陽 子 67
洋服掛け 268

## 【ら】

ラカイユ ➡ド・ラカイユ
ラカイユ9352 127, 332
ラサルモサラー 246
ラシーヤ天文台 287
らしんばん座 **301**
らしんばん座T 301
らしんばん座α 301
らしんばん座β 301
ラスアルゲティ 242, 333
ラスアルハグェ 264
螺旋星雲(NGC 7293) 129, 203, 272, 335
ラッセル環 105
ラランド21185 127, 332
離 角 65, 87, 141
リゲル 127, 221, 276, 331, 334
リゲル・ケンタウルス ➡ケンタウルス座α
リーゴール 303
りゅうこつ座 155, 161, 167, 173, 215, 221, **304**
りゅうこつ座α ➡カノープス
りゅうこつ座η ➡エータ・カリーナ
りゅうこつ座の星雲(NGC 3372) 122, 123, 130, 173, 304, 334
りゅう座 184, 190, **230**, 231, 233, 330
りゅう座16 230
りゅう座17 230
りゅう座α 230
りゅう座ν 230
りゅう座ι流星群 154
りゅう座流星群(10月) 231
流 星 13, **112**, 113, 341
流星群 113, 330
流星痕 113
流星体 11, 112, 113, 341
りょうけん座 **240**
りょうけん座α 240
ルイテン726-8 127, 332
ルイテンの星 127
ルテティア 117
ルナ(3号, 9号) 75
ルナー・リコネサンス・オービター(LRO) 75
ルペス・レクタ 81
ルベリエ環 105
レ ア 100
レグルス 35, 166, 167, 173, 257
レチクル座 **319**
レチクル座α 319
レチクル座β 319
レチクル座ζ 319
レビット, ヘンリエッタ・ 233
レラプス 275
レンズ状銀河 142, 143, 341
連 星 126, 341
6月の空 **184**〜189
ろくぶんぎ座 **283**
ろくぶんぎ座A 146
ろくぶんぎ座B 146
ろくぶんぎ座α 283
ろくぶんぎ座β 283
ろ 座 **295**
ろ座α 295
ろ座銀河団(NGC 1365) 295
露 出 55〜57
露出時間 54
ロス128 127, 332
ロス154 127, 332
ロス248 127, 332
ロゼッタ探査機 117
ロータネブ 269

## 【わ】

環
 海王星の— 104, 105
 天王星の— 102, 103
 土星の— 98, 99, 101
 木星の— 96
 惑星の— 12
惑 星 12, 31, **62**, 328, 341
 太陽系以外の— 271
惑星状星雲 14, 125, 129, 341
わし座 184, 185, 190, 196, 197, 202, **267**
わし座α ➡アルタイル
わし座β 267
わし座の裂け目 141
わし星雲 124, 263, 334
ワーズン 300

Stapleton Collection (t). **19 Corbis**: Radius Images (t). **22 Corbis**: Kerrick James (t/s). **Dreamstime.com**: Windsteel (cla, clb, bl). **ESO**: (crb). **Getty Images**: Takanori Yamakawa/Sebun Photo (br). **23 Getty Images**: Chris Walsh (t). **Science Photo Library**: Frank Zullo (b). **24-25 NASA**: ESA, J. Hester and A. Loll (Arizona State University) (b). **25 Getty Images**: William James Warren/Science Faction (tl). **Science Photo Library**: NASA (tr). **26 Corbis**: Bettmann (b/Venus). **Dreamstime.com**: Yiannos1 (b/earth). **NASA**: JPL/USGS (b/moon); JPL/Space Science Institute (b/Saturn). **27 Dorling Kindersley**: Luciano Corbella (b/Andromeda galaxy). **NASA**: A Fujii/ESA/HST (t). **Science Photo Library**: Celestial Image Co. (bc); Mark Garlick (br). **28-29 Science Photo Library**: Babak Tafreshi. **31 Corbis**: Reuters (t). **Science Photo Library**: Pekka Parviainen (b). **33 Fotolia**: Anton Balazh (t). **36 Galaxy Picture Library**: Robin Scagell (t). **37 Galaxy Picture Library**: Robin Scagell (cl, tc, br). **38 Galaxy Picture Library**: Robin Scagell (cb, br, c, bc). **39 Galaxy Picture Library**: Robin Scagell (cr, br). **43 Getty Images**: Travel Ink (bl). **45 Corbis**: Dennis di Cicco (tc, tr). **48 Corbis**: Keren Su (c, fcr, br). **50 Corbis**: HO/Reuters (cl). **52 Alamy Images**: Adam van Bunners (cl). **ESO**: (cr). **(c) Robin Jackson**: (tr). **Stuart Macintosh**: (bl). **53 Corbis**: Richard Crisp (bl); Roger Ressmeyer (tr, tl/detail). **54 Galaxy Picture Library**: Robin Scagell (t). **55 Science Photo Library**: J-P Metsavainio (tr). **57 Galaxy Picture Library**: Dave Tyler (br). **Science Photo Library**: John Chumack (cr). **58 www.nightskyhunter.com**: (bl). **59 Krzysztof Jastrzebski, Poland - Skawina**: (cl). **Serge Veillard** (crb). **Roel Weijenberg, www.roelblog.nl**: (br). **60-61 Galaxy Picture Library**: Dave Taylor. **63 Corbis**: Bettmann (cla/Venus); Walter Myers/Stocktrek Images (ca/Jupiter). **Dreamstime.com**: Yiannos1 (clb/Earth). **Getty Images**: Yoshinori Watabe (bc). **NASA**: Johns Hopkins University Applied Physics Laboratory/Arizona State University/Carnegie Institution of Washington (ca/Mercury); NEAR-JHUAPL (br); JPL/Space Science Institute (cra/Saturn); JPL (cb/Uranus); Erich Karkoschka, University of Arizona (crb/Neptune). **U.S. Geological Survey**: Astrogeology Research Program (cb/Mars). **64 Science Photo Library**: Babak Tafreshi (b). **65 Alamy Images**: Galaxy Picture Library (tc). **Will Gater**: (tl, tr). **66 Corbis**: Bettmann (c/Venus); Walter Myers/Stocktrek Images (c/Jupiter). **Dreamstime.com**: Yiannos1 (clb, c/Earth). **NASA**: Johns Hopkins University Applied Physics Laboratory/Arizona State University/Carnegie Institution of Washington (c/Mercury); SDO (t, bl, c/Sun); Erich Karkoschka, University of Arizona (c/Neptune); JPL/Space Science Institute (c/Saturn); JPL (c/Uranus). **U.S. Geological Survey**: Astrogeology Research Program (c/Mars). **67 Corbis**: Jay Pasachoff/Science Faction (br). **NASA**: SDO/AIA (tr/corona); SOHO (ESA & NASA) (bl). **68 Corbis**: Michael Benson/Kinetikon Pictures (cr). **NASA**: SOHO (ESA & NASA) (cl). **Science Photo Library**: Greg Piepol (b). **69 NASA**: SOHO (ESA & NASA) (c, br). **Science Photo Library**: NOAO (t). **70 Galaxy Picture Library**: Robin Scagell (bl). **71 Corbis**: Francesc Muntantada (t). **NASA**: SDO and the AIA, EVE, and HMI science teams (b). **72 Corbis**: Bettmann (c/Venus); Walter Myers/Stocktrek Images (c/Jupiter). **Dreamstime.com**: Yiannos1 (c/Earth, bc). **NASA**: Johns Hopkins University Applied Physics Laboratory/Arizona State University/Carnegie Institution of Washington (c/Mercury); JPL/USGS (t, bl); JPL (c/Uranus); Erich Karkoschka, University of Arizona (c/Neptune); JPL/Space Science Institute (c/Saturn); SDO/GSFC (c/Sun). **U.S. Geological Survey**: Astrogeology Research Program (c/Mars). **74 Corbis**: Mikael Svensson/Johnér Images (bc/binocular view). **NASA**: JPL/USGS (bc/telescope). **Science Photo Library**: John Sanford (br); Eckhard Slawik (t). **75 Alamy Images**: Ria Novosti (t). **Getty Images**: Time & Life Pictures (b). **NASA**: (c). **76 NASA**: GSFC/Arizona State University (b, t). **77 Alamy Images**: Galaxy Picture Library (tr). **NASA**: Johnson Space Center (br); nssdc/gsfc (cl, bl). **78 Galaxy Picture Library**: Jamie Cooper (tl). **NASA**: JPL/USGS (b). **SuperStock**: science & society (c). **79 Galaxy Picture Library**: Damian Peach (b). **Getty Images**: (t); Space frontiers/Stringer (cl). **80 Galaxy Picture Library**: NASA (clb). **NASA**: (b); NSSDC/GSFC (tr); (cr). **81 Getty Images**: Jamie Cooper/SSPL (tr). **Science Photo Library**: NASA (tl). **SuperStock**: Science and Society (br, cl). **82 Science Photo Library**: Thierry Legault/Eurelios (tl). **83 Science Photo Library**: John Bova (cl, cr, bl, br). **84 Corbis**: Jean-Christophe Bott/epa (cb). **E. Israel**: (br). **85 Corbis**: Jay Pasachoff/Science Faction (br). **Getty Images**: AFP (b); SPL/Rev. Ronald Royer (r); SSPL (cr). **Science Photo Library**: H R Bramaz, ISM (cl). **86 Corbis**: Bettmann (c/Venus); Walter Myers/Stocktrek Images (c/Jupiter). **Dreamstime.com**: Yiannos1 (bc, c/Earth). **NASA**: Johns Hopkins University Applied Physics Laboratory/Arizona State University/Carnegie Institution of Washington (tl, c/Mercury, bl); JPL/Space Science Institute (c/Saturn); JPL (c/Uranus); Erich Karkoschka, University of Arizona (c/Neptune); SDO/GSFC (c/Sun). **U.S. Geological Survey**: Astrogeology Research Program (c/Mars). **87 Galaxy Picture Library**: Maurice Gavin (br). **88 Corbis**: Bettmann (t, bl, c/Venus); Walter Myers/Stocktrek Images (c/Jupiter). **Dreamstime.com**: Yiannos1 (bc, c/Earth). **NASA**: Johns Hopkins University Applied Physics Laboratory/Arizona State University/Carnegie Institution of Washington (c/Mercury); Erich Karkoschka, University of Arizona (c/Neptune); JPL/Space Science Institute (c/Saturn); JPL (c/Uranus); SDO (c/Sun); SDO (c/Sun). **U.S. Geological Survey**: Astrogeology Research Program (c/Mars). **89 Will Gater**: (b). **90 Corbis**: Bettmann (c/Venus); Walter Myers/Stocktrek Images (c/Jupiter). **Dreamstime.com**: Yiannos1 (br, c/earth). **NASA**: Johns Hopkins University Applied Physics Laboratory/Arizona State University/Carnegie Institution of Washington (c/Mercury); Erich Karkoschka, University of Arizona (c/Neptune); JPL/Space Science Institute (c/Saturn); JPL (c/Uranus); SDO/GSFC (c/Sun). **U.S. Geological Survey**: Astrogeology Research Program (t, bl, c/Mars). **92 NASA**: JPL (t); JPL/Cornell (c); JPL-Caltech/University of Arizona (br); JPL/University of Arizona (bc). **93 Galaxy Picture Library**: Robin Scagell (cl, clb); Dave Tyler (bl). **94 Corbis**: Bettmann (c/Venus); Walter Myers/Stocktrek Images (t, bl, c/Jupiter). **Dreamstime.com**: Yiannos1 (c/earth, bc). **NASA**: Johns Hopkins University Applied Physics Laboratory/Arizona State University/Carnegie Institution of Washington (c/Mercury); SDO/GSFC (c/(Sun)); JPL/Space Science Institute (c/Saturn); JPL (c/Uranus); Erich Karkoschka, University of Arizona (c/Neptune). **U.S. Geological Survey**: Astrogeology Research Program (c/Mars). **96 NASA**: Johns Hopkins University Applied Physics Laboratory Southwest Research Institute (clb); JPL/DLR (t, cra, c/Mars); JPL/University of Arizona (c); JPL (b). **97 Alamy Images**: Galaxy Picture Library (bl, bc). **Corbis**: Walter Myers/Stocktrek Images (tl). **Will Gater**: (br). **98 Corbis**: Bettmann (c/Venus); Walter Myers/Stocktrek Images (c/Jupiter). **Dreamstime.com**: Yiannos1 (bc, c/Earth). **NASA**: Johns Hopkins University Applied Physics Laboratory/Arizona State University/Carnegie Institution of Washington (c/Mercury); Erich Karkoschka, University of Arizona (c/Neptune); JPL/Space Science Institute (c/Saturn); JPL (t, bl, c/Uranus); SDO/GSFC (c/Sun). **U.S. Geological Survey**: Astrogeology Research Program (c/Mars). **100 NASA**: JPL/Space Science Institute (tc, tr, cl, cr, bl, bc, br, tl); JPL (c). **101 Galaxy Picture Library**: Robin Scagell (bl, bc); Dave Tyler (b). **NASA**: JPL/Space Science Institute (c); The Hubble Heritage Team (STScI/AURA) Acknowledgment: R.G. French (Wellesley College), J. Cuzzi (NASA/Ames), L. Dones (SwRI), and J. Lissauer (NASA/Ames) (tr). **102 Corbis**: Bettmann (c/Venus); Walter Myers/Stocktrek Images (c/Jupiter). **Dreamstime.com**: Yiannos1 (bc, c/Earth). **NASA**: Johns Hopkins University Applied Physics Laboratory/Arizona State University/Carnegie Institution of Washington (c/Mercury); Erich Karkoschka, University of Arizona (c/Neptune); JPL/Space Science Institute (c/Saturn); JPL (t, bl, c/Uranus); SDO/GSFC (c/Sun). **U.S. Geological Survey**: Astrogeology Research Program (c/Mars). **103 Corbis**: (br). **W.M. Keck Observatory**: (tc). **NASA**: JPL (tr). **104 Corbis**: Bettmann

(c/Venus); Walter Myers/Stocktrek Images (c/Jupiter). **Dreamstime.com**: Yiannos1 (bc, c/Earth). **NASA**: Johns Hopkins University Applied Physics Laboratory/Arizona State University/Carnegie Institution of Washington (c/Mercury); Erich Karkoschka, University of Arizona (t, bl, c/Neptune); JPL/Space Science Institute (c/Saturn); JPL (c/Uranus); SDO/GSFC (c/Sun). **U.S. Geological Survey**: Astrogeology Research Program (c/Mars).
**105 Corbis**: NASA/Roger Ressmeyer (tr). **Science Photo Library**: John Chumack (br). **106 NASA**: ESA, and M. Showalter (SETI Institute) (tl).
**107 Lowell Observatory Archives**: (b). **NASA**: ESA, J. Parker (southwest Research Institute), P. Thomas (Cornell University), L. Mc Fadden (University of Maryland, College Park) and M. Mutchler and Z. Levay (STScI) (tl); ESA, and M. Buie/Southwest Research Institute (tr). **108 Corbis**: Dennis di Cicco (t). **110 Corbis**: Tony Moow/amanaimages (tr). **Getty Images**: Yoshinori Watabe (tl). **146 Getty Images**: Malcolm Park (tr). **NASA**: JPL; JPL/Caltech/UMD (bl). **Science Photo Library**: Rev. Ronald Royer (br). **112 Science Photo Library**: Tony and Daphne Hallas (t). **113 Dorling Kindersley**: Colin Keates/Natural History Museum (cl, clb, bl). **Getty Images**: Barcroft Media (br). **114 NASA**: JPL/USGS (t). **115 NASA**: R Evans and K Stapelfeldt (JPL) (br).
**116 NASA**: JPL-Caltech/UCLA/MPS/DLR/IDA (t); JPL/JHUAPL (bl); JPL/USGS (br). **117 ESA**: MPS/UPD/.LAM/IAA/RSSD/INTA/UPM/DASP/IDA (bl). **Japan Aerospace Exploration Agency (JAXA)**: ISAS (cr). **NASA**: JHUAPL (tr); JPL/USGS (cl); JPL/Steve Ostro (br).
**118 Alamy Images**: Design Pics Inc (t). **119 Science Photo Library**: NASA/ESA/CXS/STScI (br). **120 Alamy Images**: Sunpix Travel (t). **121 NAOJ**: H. Fukushima, D. Kinoshita, & J. Watanabe (br). **Science Photo Library**: Stephen J Krasemann (tl); Pekka Parviainen (bl); Babak Tafreshi (bc).
**122-123 NASA and The Hubble Heritage Team (AURA/STScI)**: NASA, ESA, N. Smith (University of California, Berkeley),. **124 ESO**: (c). **126 Galaxy Picture Library**: Damian Peach (t). **127 The Art Agency**: Terry Pastor (b). **128 NASA**: ESA M. Roberto Space Telescope Science Institute/ESA and the Hubble Space Telescope Orion Treasury Project Team (t); ESA AURA/Caltech (c). **Jeremy Perez**: (b).
**129 Corbis**: Stocktrek Images (t). **ESO**: (cl). **Getty Images**: Stocktrek Images (b). **130 Corbis**: Robert Gendler/Stocktrek Images (b); Stocktrek Images (c). **Will Gater**: (t). **131 Corbis**: Stocktrek Images (t); Visuals Unlimited (b). **NASA**: JPL-Caltech/UCLA (c).
**132 Pedro Ré. . Laboratorio Maritimo da Guia, Portugal. .** : (bc, br). **133 ESO**: L. Calçada (t). **134 ESO**: (t). **Science Photo Library**: Celestial Image Co. (b). **135 Will Gater**: (t, ca, c). **136 Corbis**: Visuals Unlimited (cl). **ESO**: (bl). **Will Gater**: (t). **NASA**: ESA, and G. Meylan (Ecole Polytechnique Federale de Lausanne

(bc). **137 Corbis**: Stocktrek Images (bl). **Will Gater**: (tl, br). **NASA**: JPL-Caltech, J Stauffer (SSC/Caltech) (tr).
**138-139 The Art Agency**: Stuart Jackson-Carter. **140 Corbis**: Momatiuk - Eastcott (t). **Will Gater**: (b). **141 NASA**: Ames Research Center, W.Stenzel (br); ESA, P. Kalas, J. Graham, E. Chiang, E. Kite (University of California, Berkeley), M. Clampin (NASA Goddard Space Flight Center), M. Fitzgerald (Lawrence Livermore National Laboratory), and K. Stapelfeldt and J. Krist (NASA Jet Propulsion Laboratory) (bc, bl). **142 NASA**: NASA, ESA, and N. Pirzkal (European Space Agency/STScI) and the HUDF Team (STScI) (cl, cr); NASA, ESA, and The Hubble Heritage Team (STScI/AURA) (br, bl). **143 ESA**: NASA (br). **ESO**: (tr). **NASA**: NASA, Holland Ford (JHU), the ACS Science Team and ESA (tl). **144 Corbis**: Tony Hallas/Science Faction (b); Stocktrek Images (t). **NASA**: JPL-Caltech/Harvard-Smithsonian CfA/NOAO (c). **145 Corbis**: Stocktrek Images (b, tr); Visuals Unlimited (t). **146 Getty Images**: Stocktrek Images (b). **The Art Agency**: Terry Pastor (t). **147 NASA**: ESA and R. Massey (California Institute of Technology) (tl, tr). **Sloan Digital Sky Survey (SDSS)**: M. Blanton & SDSS Collaboration, www.sdss.org (b). **148 NASA**: WMAP Science Team (t).
**150-151 Galaxy Picture Library**: Nigel Evans. **152 Galaxy Images**: Galaxy Picture Library (bl, cb).
**155 NASA**: Atlas Image courtesy of 2MASS/UMass/IPAC-Caltech/NASA/NSF (br). **160 Alamy Images**: Galaxy Picture Library (br). **167 Corbis**: Roger Ressmeyer (br). **173 ESO**: IDA/Danish 1.5 m/R.Gendler, J-E. Ovaldsen, C. Thöne, and C. Feron. (br). **179 Alamy Images**: Galaxy Picture Library (bl).
**185 Corbis**: Takashi Katahira/amanaimages (br). **190 ESO**: A. Fuji (bl). **197 Corbis**: Stocktrek Images (br). **203 Corbis**: Stocktrek Images (bl). **208 Alamy Images**: Galaxy Picture Library (b). **214 Corbis**: Tony Hallas (br). **220 Corbis**: Stocktrek Images (bl). **228 Till Credner/AlltheSky.com**: (cr). **231 Till Credner/AlltheSky.com**: (br). **NASA**: ESA, HEIC, and The Hubble Heritage Team (STScI/AURA) (tr). **233 Till Credner/AlltheSky.com**: (b). **236 NOAO/AURA/NSF**: T.A.Rector and B.A.Wolpa, Copyright WIYN Consortium, Inc., all rights reserved (cl). **238 Till Credner/AlltheSky.com**: (t). **239 NASA**: NASA, ESA, and The Hubble Heritage Team (STScI/AURA) (bl). **243 Till Credner/AlltheSky.com**: (t). **244 NASA**: ESA, the Hubble Heritage (STScI/AURA)-ESA/Hubble Collaboration, and the Digitized Sky Survey 2. J. Hester (Arizona State University) and Davide De Martin (ESA/Hubble) (cl). **245 Till Credner/AlltheSky.com**: (b). **246 NASA**: JPL-Caltech (cr). **249 NASA**: 2002 R. Gendler (b). **Hunter Wilson**: (t). **253 Science Photo Library**: Eckhard Slawik (br). **Hunter Wilson**: (tr). **255 NOAO/AURA/NSF**: Peter Kukol/Adam Block (tr). **256 NASA**: The Hubble Heritage Team (STScI/AURA) Acknowledgment: R.G. French (Wellesley College), J. Cuzzi (NASA/

Ames), L. Dones (SwRI), and J. Lissauer (NASA/Ames) (cr). **259 Corbis**: Stocktrek Images (b). **ESA**: Image by C. Carreau (t). **260 Till Credner/AlltheSky.com**: (cr). **261 Till Credner/AlltheSky.com**: (t).
**262 Hunter Wilson**: (tl). **263 ESO**: (cr). **NASA**: ESA, STScI, J. Hester and P. Scowen (Arizona State University) (b).
**265 Corbis**: Rolf Geissinger/Stocktrek Images (cl). **266 Till Credner/AlltheSky.com**: (tl). **266-277 Corbis**: ⓒ Stocktrek Images/Miguel Claro/Stocktrek Images. **268 ESO**: (cr). **269 Till Credner/AlltheSky.com**: (cr). **270 Till Credner/AlltheSky.com**: (cr). **275 NASA**: JPL-Caltech/Harvard-Smithsonian CfA (cr). **277 NASA**: ESA, M. Robberto (Space Telescope Science Institute/ESA) and the Hubble Space Telescope Orion Treasury Project Team (b). **278 Till Credner/AlltheSky.com**: (cl). **280 Hunter Wilson**: (tr). **281 ESO**: IDA/Danish 1.5 m/R. Gendler, S. Guisard (www.eso.org/~sguisard) and C. Thöne (b). **282 Daniel Verschatse - Observatorio Antilhue - Chile**: ⓒ Copyright 2001-2008 by Daniel Verschatse (cr). **283 Galaxy Picture Library**: Gordon Garradd (cr).
**284 NOAO/AURA/NSF**: Bill and Sean Kelly/Adam Block (cl). **285 NASA**: ESA, and the Hubble Heritage Team (STScI/AURA)-ESA/Hubble Collaboration (cr). **287 ESO**: (t). **NASA**: A Fujii (b).
**291 NASA**: ESA (cr). **292 Joseph Brimacombe**: (cl). **293 Till Credner/AlltheSky.com**: (cl). **294 NASA**: ESA, Hubble & NASA (cl). **295 ESO**: (cr). **296 Galaxy Picture Library**: Robin Scagell (tr). **298 Till Credner/AlltheSky.com**: (t). **299 Alamy Images**: Stocktrek Images, Inc. (bl).
**300 ESO**: P. Barthel (cl). **301 ESO**: IDA/Danish 1.5 m/R. Gendler, J-E. Ovaldsen, C. Thöne, and C. Féron (cl). **305 ESO**: S. Brunier (cl); (c). **306 NASA**: NASA, ESA, and The Hubble Heritage Team (STScI/AURA) (cl). **307 NASA**: (cl). **308 Guillermo Yanez, Lo Barnechea, Chile**: (cl). **309 Till Credner/AlltheSky.com**: (cl); (t). **310 Science Photo Library**: Robert Gendler, Martin Pugh (cr). **311 ESO**: Loke Kun Tan (StarryScapes.com) (cr). **312 Science Photo Library**: NASA/ESA/STScI (cl).
**315 Till Credner/AlltheSky.com**: (cr). **317 Till Credner/AlltheSky.com**: (cl). **319 ESO**: (cr). **320 ESO**: (cl). **321 Corbis**: Stocktrek Images (cr). **322 ESO**: (cr). **323 Till Credner/AlltheSky.com**: (cl). **324 Till Credner/AlltheSky.com**: (cl). **325 Science Photo Library**: NASA/ESA/STSCL (cr).

**Jacket images**:
Front : **ESO**: tr; **NASA**: ftl, JPL/Space Science Institute b; Back : **Corbis**: Tony Hallas/Science Faction br; **U.S. Geological Survey**: Astrogeology Research Program bl; Spine : **Corbis**: Robert Gendler/ Stocktrek Images cb; **NASA**: JPL/Space Science Institute t, JPL/University of Arizona ca.

All other images ⓒ Dorling Kindersley
For further information see:
**www.dkimages.com**